现代物理基础丛书·典藏版

引 力 理 论

（下册）

王永久　著

科 学 出 版 社

北 京

内 容 简 介

本书系统地阐述了广义相对论的基本内容和相关领域近年来的新进展,包括作者和合作者们以及国内外同行学者们的近期研究成果. 全书包括绪论、广义相对论基础、一些特殊形式的引力场、广义相对论流体动力学、黑洞物理、广义相对论宇宙学、宇宙的暴胀、量子宇宙学、Brans-Dicke 理论和膜宇宙、广义相对论引力效应十篇, 共 37 章 230 节.

本书可供理论物理、天体物理和应用数学专业的硕士生、博士生和研究人员阅读, 也可供本科高年级学生和自学者参考.

图书在版编目 (CIP) 数据

引力理论. 下册 / 王永久著. —北京: 科学出版社, 2011
 (现代物理基础丛书·典藏版)
 ISBN 978-7-03-031070-5

I. ①引… II. ①王… III. ①引力理论 IV. ①O314

中国版本图书馆 CIP 数据核字 (2011) 第 088586 号

责任编辑: 钱 俊 张 静 / 责任校对: 张怡君
责任印制: 赵 博 / 封面设计: 陈 敬

科 学 出 版 社 出版
北京东黄城根北街 16 号
邮政编码: 100717
http://www.sciencep.com

涿州市般润文化传播有限公司印刷
科学出版社发行 各地新华书店经销

*

2011 年 6 月第一版 开本: B5(720 × 1000)
2021 年 6 月印 刷 印张: 50
字数: 966 000
定价: 198.00 元 (上、下册)
(如有印装质量问题, 我社负责调换)

前　　言

《引力理论和引力效应》一书自 1990 年出版以来有幸受到诸多读者的欢迎, 出版不到两年时间便已售完, 不少读者希望再版. 本书在对《引力理论和引力效应》进行修改的基础上增加了广义相对论近年来的新成果和新进展. 由于篇幅限制, 关于黑洞量子化的部分内容 (黑洞的面积量子化、质量量子化和电荷量子化) 以及宇宙学的部分内容 (宇宙暴胀的机制、圈量子宇宙和大爆炸的量子特性) 未做详细阐述, 有兴趣的读者可分别参阅《经典黑洞和量子黑洞》(王永久, 2008) 和《经典宇宙和量子宇宙》(王永久, 2010).

1687 年, 牛顿创立了第一个引力理论, 这是人类对自然界普遍存在的力 —— 引力的认识的第一次升华. 牛顿引力理论首次揭开了行星运动之谜, 奇迹般地预言了两个行星 (海王星和冥王星) 的存在并被天文观测所证实, 从此牛顿的名字誉满全球. 直至 20 世纪初, 这一理论是人们普遍接受的、唯一正确的引力理论. 随着人类智慧的发展, 牛顿引力理论的困难日益引起学者们的重视: 它无法解释天文学家观测到的事实 —— 水星近日点的移动, 无法解释物体的引力质量为何等于惯性质量……

牛顿引力理论无法用来研究宇宙. 用牛顿引力理论研究宇宙会导致著名的纽曼 (Newman) 疑难.

1916 年, 爱因斯坦以全新的观点创立了新的引力理论 —— 广义相对论, 这是人类对引力认识的第二次升华. 爱因斯坦引力理论将时–空几何和引力场统为一体, 以其简洁的逻辑和优美的结构令学者们叹服甚至陶醉. 它圆满地解决了牛顿引力理论的困难, 并将牛顿引力理论纳入自己的特殊情况 (弱场近似).

爱因斯坦引力理论的建立, 第一次为宇宙学提供了动力学基础, 使宇宙学成为一门定量的科学. 爱因斯坦的引力场方程可以用于宇宙, 作为宇宙演化的动力学方程. 因此, 应用广义相对论, 可以根据宇宙的现在研究宇宙的过去和未来.

引力理论的发展在很大程度上取决于爱因斯坦场方程的严格解及其物理解释. 本书第一部分以场方程的严格解为中心论述广义相对论的基本内容, 给出了爱因斯坦引力场方程的数十个严格解的推导过程和诸种生成解技术; 系统地叙述了广义相对论流体动力学; 阐述了黑洞的时空理论、经典黑洞热力学、黑洞熵的量子修正和黑洞的量子效应.

大爆炸宇宙学成功地解释了自 $t = 10^{-2}$ 秒 (轻核形成) 至 $t = 10^{10}$ 年 (现在) 宇宙演化阶段的观测事实. 其中包括元素的起源 (氦丰度测量)、星系光谱的宇宙学红移、3K 微波背景辐射、星系计数、宇宙大尺度的均匀各向同性等. 宇宙背景辐射的观测两次获得诺贝尔物理学奖 (1978 年, 2006 年), 就是因为它们支持了大爆炸宇宙模型. 由于大爆炸宇宙模型普遍为人们所接受, 故称其为标准宇宙模型. 然而标准宇宙模型仍有它的困难, 就是在 $t = 10^{-10}$ 秒这一极早期演化阶段中的四个问题: 奇点问题、视界问题、平直性问题和磁单极问题. 本书第七篇阐述了宇宙的暴胀理论. 这一理论解决了上述四个问题中的后三个. 它已经把我们带到 $t = 10^{-36}$ 秒的宇宙极早期, 已接近宇宙的开端. 我们可以把加入了暴胀理论的大爆炸宇宙模型称为新的标准宇宙模型. 标准宇宙模型原来的四个困难问题还剩下一个, 即宇宙的初始奇点 (宇宙的创生) 问题, 这是本书第八篇 (量子宇宙学) 的内容.

　　广义相对论宇宙学是建立在爱因斯坦引力理论基础上的. 严格地说, 量子宇宙学应该建立在量子引力理论的基础上. 然而, 至今尚未建立一个令人满意的量子引力理论. 尽管如此, 人们仍然可以根据已经了解到的量子引力的某些特征, 去寻找各种途径, 尝试解决量子宇宙学的主要问题 —— 宇宙的创生问题. 20 世纪末, 哈特 (Hartle)、霍金 (Hawking)、维林金 (Vilenkin) 等提出, 用宇宙波函数来描述宇宙的量子状态, 宇宙动力学方程即惠勒–德维特方程. 这样, 只要确定宇宙的边界条件, 便可定量地研究宇宙的创生问题了. 本书第八篇阐述了哈特–霍金的量子宇宙学理论.

　　由引力场方程和场源物质及试验粒子的运动方程, 可以引出许多新的推论, 其中有一些具有明显的物理意义. 这些推论是牛顿力学中所没有的, 称为广义相对论引力效应. 本书第十篇收集了 141 种广义相对论引力效应. 除了和几个经典实验相对应的引力效应以外, 还有更多的引力效应不能为目前的实验所检验. 随着观测技术、引力辐射探测技术和空间技术的发展, 太阳系不再是检验引力理论的唯一场所, 这一点已经越来越明显. 可望在今后的 10 年内, 有更多的引力效应为新的实验所检验.

　　全书包括绪论、广义相对论基础、一些特殊形式的引力场、广义相对论流体动力学、黑洞物理、广义相对论宇宙学、宇宙的暴胀、量子宇宙学、Brans-Dicke 理论和膜宇宙、广义相对论引力效应十篇, 共 37 章 230 节.

　　作者与同事和合作者荆继良教授、余洪伟教授和唐智明教授获得过两次国际引力研究荣誉奖 (美国)、两次中国图书奖和一次教育部科技进步奖; 在几种相关杂志上发表过一些文章 (*Phys.Rev.D* 47 篇, *Ap.J.Lett.* 3 篇, *Ap.J.* 3 篇, *JCAP* 3 篇, *Nucl. Phys.* B 21 篇, *JHEP* 9 篇, *Phys. Lett. A&B* 32 篇, 《中国科学》4 篇), 加上诸多国内外同行学者的原始论文, 其中部分相关内容经补充推导和加工整理已写入书中.

　　作者深深感谢刘辽教授、郭汉英研究员、张元仲研究员、D.Kramer 教授、C.Will 教授、V.Cruz 教授、易照华教授和王绶琯院士、曲钦岳院士、杨国桢院士、周又元院士、陆埈院士, 他们曾对作者的部分论文的初稿提出过有益的意见, 对作者的科研工作给予热情的关心和支持.

作者和须重明教授、彭秋和教授、梁灿彬教授、赵峥教授、王永成教授、李新洲教授、桂元星教授、钟在哲教授、黄超光研究员、沈有根研究员、罗俊教授、李芳昱教授进行过多次讨论和交流, 受益颇多, 在此一并致谢.

作者还要感谢樊军辉教授、吕君丽教授、郭鸿钧教授、黎忠恒教授、鄢德平编审以及黄亦斌、罗新炼、陈菊华、黄秀菊、陈松柏、潘启元、张佳林、龚添喜诸位博士, 他们对作者的科研工作和本书的出版给予了热情的帮助和支持.

本书和作者的前两本书《经典黑洞和量子黑洞》(王永久, 2008)、《经典宇宙和量子宇宙》(王永久, 2010) 分别得到了国家 "973" 计划、国家理论物理重点学科和中国科学院科学出版基金的资助, 作者深表感谢.

王永久

于湖南师范大学物理研究所

2010 年 4 月

目　录

第七篇　宇宙的暴胀

第八篇　量子宇宙学

第六篇　广义相对论宇宙学

在迄今为止人们所知道的各种力中, 引力是唯一不可屏蔽的长程力. 对于分布于大范围空–时中的大量物质和空–时本身, 引力应是起决定作用的力. 因此, 引力决定宇宙动力学, 从而决定宇宙的演化; 任何定量的宇宙学理论必须以引力理论为基础.

每种引力理论都有相应的宇宙模型, 如标量引力理论、FSG 理论等. 本篇只研究建立在爱因斯坦引力理论基础上的宇宙模型.

第1章 宇宙学原理和 Robertson-Walker 度规

宇宙学是论述整个宇宙的, 而人类对宇宙的观测只涉及宇宙的一小部分. 对这一小部分的观测又只有很短的历史. 对行星系的观测有几千年, 对其他星系的观测只有 100 年. 尽管如此, 人们以观测资料为基础, 根据爱因斯坦的引力理论, 已构成一幅宇宙演化的图像. 可以证明, 这一图像是自洽的, 与迄今为止的观测资料相符合. 按照下面要介绍的宇宙学原理, 人们没有必要知道尚未观测到的空间区域的任何情况.

1.1 宇宙学原理

按照现代的观测技术, 可观测区域已扩展到 3×10^9 光年. 为了以这一观测区域的信息为基础来研究宇宙的总体结构, 需要有一些假设. 在可观测到的区域内发现, 在宇观尺度上, 星系分布、射电源数目和微波背景辐射等基本上都是均匀的、各向同性的. 人们假设: 在宇观尺度上, 任何时刻三维宇宙空间是均匀的和各向同性的, 这就是**宇宙学原理**. 根据这一原理, 宇宙中一切位置都是等同的. 这样一来, 在宇宙中没有优越的位置和优越的方向, 当然也就没有必要知道尚未观测到的区域的情况. 宇宙中每一个星系或者星系团都是构成宇宙的平等元素. 根据宇宙学原理, 宇宙中任一点和任一方向都不可能用任一物理量的不同来区分. 但是同一点的物理量在不同时刻却可以有不同的值. 所以宇宙学原理允许宇宙随时间变化. 为了研究宇宙随时间的变化, 不同位置的观察者之间要能够比较他们的观测结果, 于是就必须有一共同的时间标准, 这一时间称为**宇宙时**. 宇宙时的存在也是宇宙学原理成立的前提.

1.2 Robertson-Walker 度规

宇宙学原理用几何术语表述为: 三维空间应是具有最大对称性的空间, 即一个具有常曲率但曲率可以随时间变化的空间. 根据第二篇、第三章的讨论, 满足上述要求的四维空–时一定具有 Robertson-Walker 度规

$$ds^2 = dt^2 - R^2(t) \left[\frac{dr^2}{1 - kr^2} + r^2(d\theta^2 + \sin^2\theta d\varphi^2) \right]. \tag{1.2.1}$$

因此, 这个均匀宇宙模型的度规实际上已经由对称性要求所确定. 式中 $R(t)$ 是时间的未知函数, k 是一个常数, 适当选择 r 的单位, 可以使 k 取值为 $+1, 0$ 或 -1. 爱因斯坦引力场方程则作为宇宙动力学方程, 确定宇宙的时间行为 (宇宙的演化), 即确定函数 $R = R(t)$, 并确定局部空间性质即 k 的值. 这些问题将在第 2 章中讨论.

引入变换

$$r = \bar{r}\left(1 + \frac{1}{4}k\bar{r}^2\right)^{-1}, \tag{1.2.2}$$

可将 (1.2.1) 改写为

$$ds^2 = dt^2 - \frac{R^2(t)}{(1 + kr^2/4)^2}[d\bar{r}^2 + \bar{r}^2(d\theta^2 + \sin^2\theta d\varphi^2)]. \tag{1.2.3}$$

再作一次变换, 令

$$\bar{R}^2(t) = R^2(t)\left(1 + \frac{1}{4}k\bar{r}^2\right)^{-2},$$

$$d\bar{t} = \frac{dt}{\bar{R}(t)}. \tag{1.2.4}$$

则 (1.2.3) 化为

$$ds^2 = \bar{R}^2(t)[d\bar{t}^2 - d\bar{r}^2 - \bar{r}^2(d\theta^2 + \sin^2\theta d\varphi^2)] = \bar{R}^2 d\bar{s}^2 \tag{1.2.5}$$

式中 $d\bar{s}^2 = d\bar{t}^2 - d\bar{r}^2 - \bar{r}^2(d\theta^2 + \sin^2\theta d\varphi^2)$ 为平直空–时度规. 由此可知, R-W 空–时和闵可夫斯基空–时是共形的, 即 R-W 空–时是共形平直的.

如果引入记号

$$f(\chi) = r = \begin{cases} \sin\chi, & \text{当} k = +1; \\ \chi, & \text{当} k = 0; \\ \text{sh}\chi, & \text{当} k = -1, \end{cases} \tag{1.2.6}$$

则 R-W 度规 (1.2.1) 可改写为

$$ds^2 = dt^2 - R^2(t)[d\chi^2 + f^2(\chi)(d\theta^2 + \sin^2\theta d\varphi^2)]. \tag{1.2.7}$$

式 (1.2.7)、(1.2.3) 和 (1.2.1) 是 R-W 度规的三种不同形式.

在 (1.2.1) 中, $R(t)$ 称为**宇宙半径 (或宇宙标度因子)**, k 标志空–时曲率. $k = +1, 0, -1$ 分别对应于子空间 M 的曲率 $K > 0, K = 0, K < 0$. 在 (1.2.1) 中作代换, 令 $\sqrt{k}r = \bar{r}(k > 0)$, 得

$$ds^2 = dt^2 - \frac{R^2(t)}{k}\left[\frac{d\bar{r}^2}{1 - \bar{r}^2} + \bar{r}^2(d\theta^2 + \sin^2\theta d\varphi^2)\right]. \tag{1.2.8}$$

空间部分可表示为

$$ds^2_{(3)} = \frac{R^2(t)}{k} \left[\frac{\mathrm{d}\bar{r}^2}{1-\bar{r}^2} + \bar{r}^2(\mathrm{d}\theta^2 + \sin^2\theta\mathrm{d}\varphi^2) \right]. \tag{1.2.9}$$

由此可得

$$K_{(3)} = \frac{k}{R^2(t)}. \tag{1.2.10}$$

三维平直空间 $\mathrm{d}\sigma^2 = \delta_{ij}\mathrm{d}x^i\mathrm{d}x^j$ 中的二维曲面 $\delta_{ij}x^ix^j = \frac{1}{K} = R$ 就是一个曲率为 K 的常曲率空间. 图 6-1 是三种情况的示意图.

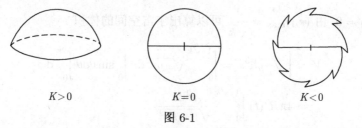

$$K>0 \qquad\qquad K=0 \qquad\qquad K<0$$

图 6-1

曲率为 K 的三维常曲率空间可以看作包容于四维平直空间的子空间 M.

1.3 空间距离和曲率

1. 固有空间距离

对于 R-W 度规 (1.2.1), 由坐标时与标准时的关系 $\mathrm{d}\tau = \sqrt{g_{00}}\mathrm{d}t$, 可得

$$\mathrm{d}\tau = \mathrm{d}t. \tag{1.3.1}$$

所以在 R-W 空–时中, 坐标时即标准时, 也就是本章开头提到的宇宙时. 按照所选用的单位, $c = G = 1$, 我们有 $\mathrm{d}s = \mathrm{d}\tau = \mathrm{d}t$.

考虑任意两恒星 A 和 B, 选择坐标轴的方向, 使 r 轴通过 AB, 则 A 和 B 的空间距离为

$$l = \int_A^B \mathrm{d}l = \int_A^B \sqrt{r_{ij}\mathrm{d}x^i\mathrm{d}x^j} = \int_{r_A}^{r_B} \sqrt{-g_{11}}\mathrm{d}r$$
$$= R(t)\int_{r_A}^{r_B} \frac{\mathrm{d}r}{\sqrt{1-kr^2}}. \tag{1.3.2}$$

如果 r_A 和 r_B 固连, 则上式表明: 当 $R(t)$ 是时间 t 的增函数时, 任意两恒星间的空间距离都随时间增大, 即宇宙是膨胀的; 当 $R(t)$ 是时间 t 的减函数时, 任意两恒星的空间距离都随时间减小, 宇宙是收缩的; 当 $R(t)$ 为常数时, 宇宙是静态的.

2. 空间的曲率

我们讨论 $k > 0, k = 0$ 和 $k < 0$ 的三种宇宙空间.

(1) $k > 0$ 的宇宙空间. 在 $k > 0$ 的情况下, 积分 (1.3.2) 给出

$$l = \frac{R(t)}{\sqrt{k}}[\arcsin(\sqrt{k}r_B) - \arcsin(\sqrt{k}r_A)]. \tag{1.3.3}$$

上式表明, $\sqrt{k}r_B \leqslant 1, \sqrt{k}r_A \leqslant 1, l \leqslant \dfrac{\pi R(t)}{\sqrt{k}}$, 即任意时刻、任意两颗恒星 (空间任意两点) 间的距离都是有限的, 也就是说, 在任何给定的时刻, 宇宙空间中不存在相距无限远的两个点.

设 $r_A = 0$, 由 $(r_B)_{\max} = \dfrac{1}{\sqrt{k}}$ 可以算出宇宙空间的体积

$$\begin{aligned}
V &= \int \sqrt{-g}\mathrm{d}^3x = \int_0^{1/\sqrt{k}} \sqrt{-g}r^2\mathrm{d}r \int_0^\pi \sin\theta\mathrm{d}\theta \int_0^{2\pi} \mathrm{d}\varphi \\
&= 4\pi R^3(t) \int_0^{1/\sqrt{k}} \frac{r^2\mathrm{d}r}{\sqrt{1-kr^2}} \\
&= \pi^2 R^3(t)k^{-3/2}.
\end{aligned} \tag{1.3.4}$$

任何时刻宇宙空间的体积都是有限的. 所以, $k > 0$ 的宇宙空间是有限的.

(2) $k < 0$ 的宇宙空间. 此时积分 (1.3.2) 给出

$$l = \frac{R(t)}{\sqrt{k}} \ln \frac{\sqrt{-k}r_B + \sqrt{1-kr_B^2}}{\sqrt{-k}r_A + \sqrt{1-kr_A^2}}. \tag{1.3.5}$$

上式表明, 任一时刻 AB 间的距离没有上限. 所以 $k < 0$ 的宇宙空间是无限的.

(3) $k = 0$ 的宇宙空间. 此时, 积分 (1.3.2) 给出

$$l = R(t)r. \tag{1.3.6}$$

显然, $k = 0$ 的宇宙空间也是无限的.

1.4　粒子和光子的行为

现在我们讨论粒子 (质点) 和光子在 R-W 空–时中的运动, 采用 (1.2.7). 在 (1.2.7) 的坐标系中, 一个静止的恒星相对于原点的固有 (纯空间) 位移 D 由式

$$D = \sqrt{-g_{11}}\chi = R(t)\chi \tag{1.4.1}$$

确定. 如果宇宙半径 R 随时间变化, 则恒星之间以及星系之间的距离也将随时间变化, 好像球面上两个固定点之间的距离 (沿球面上的短程线) 随着球半径的变化而变化一样. 由此产生的速度 $\dot{D}$ 和位移 D 成正比:

$$\dot{D} = \frac{\partial D}{\partial t} = \frac{\dot{R}}{R}D. \tag{1.4.2}$$

适当选择坐标轴的方向, 使一个自由运动的试验粒子沿一条径向轨道 ($\chi = \chi(s)$, $\theta = $ 常数, $\varphi = $ 常数) 运动. 这时粒子的世界线是度规

$$ds^2 = dt^2 - R^2(t)d\chi^2 \tag{1.4.3}$$

的短程线. 由短程线方程可以得到守恒定律

$$R^2(t)\frac{d\chi}{ds} = \frac{R^2}{\sqrt{1 - R^2\left(\dfrac{d\chi}{dt}\right)^2}}\frac{d\chi}{dt} = \text{const.} \tag{1.4.4}$$

设粒子的静止质量为 m_0, 用 v 表示速度 $R\dfrac{d\chi}{dt}$, 用 p 表示动量 $mv = m_0 v/\sqrt{1 - v^2}$, 则守恒定律 (1.4.4) 在三维空间具有形式

$$pR = \text{const.} \tag{1.4.5}$$

上式表明, 对于自由运动的粒子, 其动量和宇宙半径的乘积等于常数.

对于光子, 人们期望得到一个类似的结果, 即光子的波长或频率和宇宙半径的关系.

和导出 (1.3.2) 的情况一样, 设 AB 两点沿坐标 r 的方向. A 点有一光源, 于 $t = t_A$ 时刻发出一波面, 传播到 B 点的时刻为 t_B. 将 $ds = d\theta = d\varphi = 0$ 代入度规 (1.2.1) 得

$$dt^2 - R^2(t)\frac{dr^2}{\sqrt{1 - kr^2}} = 0, \tag{1.4.6a}$$

分离变量并积分, 得到

$$\int_{t_A}^{t_B}\frac{dt}{R(t)} = \int_{r_A}^{r_B}\frac{dr}{\sqrt{1 - kr^2}}. \tag{1.4.6b}$$

另一波面于 $t_A + \Delta t_A$ 时刻自 A 点发出, 于 $t_B + \Delta t_B$ 时刻到达 B 点. 同理可得

$$\int_{t_A + \Delta t_A}^{t_B + \Delta t_B}\frac{dt}{R(t)} = \int_{r_A}^{r_B}\frac{dr}{\sqrt{1 - kr^2}}. \tag{1.4.7}$$

假设在上述过程中 r_A 和 r_B 都保持不变, 两式相减, 得到

$$\int_{t_A + \Delta t_A}^{t_B + \Delta t_B}\frac{dt}{R(t)} - \int_{t_A}^{t_B}\frac{dt}{R(t)} = 0,$$

即

$$\left(\int_{t_A + \Delta t_A}^{t_A}\frac{dt}{R(t)} + \int_{t_A}^{t_B + \Delta t_B}\frac{dt}{R(t)}\right) - \left(\int_{t_A}^{t_B + \Delta t_B}\frac{dt}{R(t)} + \int_{t_B + \Delta t_B}^{t_B}\frac{dt}{R(t)}\right) = 0,$$

$$\int_{t_A}^{t_A+\Delta t_A} \frac{\mathrm{d}t}{R(t)} = \int_{t_B}^{t_B+\Delta t_B} \frac{\mathrm{d}t}{R(t)}.$$

根据积分中值定理, 有

$$\frac{\Delta t_A}{R(\bar{t}_A)} = \frac{\Delta t_B}{R(\bar{t}_B)}. \tag{1.4.8}$$

式中 $t_A \leqslant \bar{t}_A \leqslant t_A + \Delta t_A, t_B \leqslant \bar{t}_B \leqslant t_B + \Delta t_B$. 考虑无限近的两个波面, 即 $\Delta t_A \to 0, \Delta t_B \to 0$, 我们有

$$\frac{\Delta t_A}{R(t_A)} = \frac{\Delta t_B}{R(t_B)} \quad (\text{当}\Delta t_A \to 0, \Delta t_B \to 0).$$

由此得

$$\lim_{\Delta t \to 0} \frac{\Delta t_B}{\Delta t_A} = \frac{\nu_A}{\nu_B} = \frac{\lambda_B}{\lambda_A} = \frac{R(t_B)}{R(t_A)}, \tag{1.4.9a}$$

或

$$\nu R = \mathrm{const.} \tag{1.4.9b}$$

由 (1.4.9a) 可以得到红移 z 的表达式

$$z \equiv \frac{\lambda_B - \lambda_A}{\lambda_A} = \frac{R(t_B)}{R(t_A)} - 1. \tag{1.4.9c}$$

当 $R(t_B) > R(t_A)$(宇宙膨胀) 时, $z > 0$(红移); 当 $R(t_B) < R(t_A)$(宇宙收缩) 时, $z < 0$(紫移); 当 $R(t_B) = R(t_A)$(宇宙为静态) 时, $z = 0$(无频移).

如果在比较短的时间 $(t - t_A)$ 内 $R(t)$ 的变化比较小, 可将 $R(t)$ 展开为 $(t - t_A)$ 的泰勒级数并取其前几项. 展开式为

$$R(t) = R(t_A) + \dot{R}(t_A)(t - t_A) + \frac{1}{2}\ddot{R}(t_A)(t - t_A)^2 + \cdots$$

$$\equiv R(t_A)\left[1 + H(t - t_A) - \frac{1}{2}qH^2(t - t_A)^2 + \cdots\right]. \tag{1.4.10}$$

式中

$$H(t_A) \equiv \frac{\dot{R}(t_A)}{R(t_A)} \tag{1.4.11}$$

称为**哈勃 (Hubble)**常数;

$$q(t_A) \equiv -\frac{\ddot{R}(t_A)R(t_A)}{\dot{R}^2(t_A)}, \tag{1.4.12}$$

称为**减速因子**.

将 (1.4.10) 代入 (1.4.9c), 得到红移 z 和光的传播时间的关系

$$z = H(t_A - t_B) + \left(1 + \frac{q}{2}\right)H^2(t_A - t_B)^2 + \cdots. \tag{1.4.13}$$

通常, 用红移与光源距离的关系来检验 R-W 度规用于宇宙模型的正确性. 在一级近似下, 将 (1.4.10) 代入 (1.4.3)(d$s=0$), 积分得

$$\chi = \int_{t_A}^{t_B} \frac{\mathrm{d}t}{R(t)} \approx \frac{t_B - t_A}{R(t_B)} + \frac{H(t_B-t_A)^2}{2R(t_B)} + \cdots. \tag{1.4.14}$$

应用 (1.4.1) 和 (1.4.2), 得到

$$z = HD + \frac{1}{2}(q+1)H^2D^2 + \cdots = \dot{D} + \frac{1}{2}(\dot{D}+D\ddot{D}) + \cdots. \tag{1.4.15}$$

上式表明, 在一级近似下红移正比于光源与观察者的固有距离, 或正比于光源速度 $\dot{D}$ 与光速 ($c=1$) 的比值. 这就是**哈勃定律**. 这一定律是哈勃 (1929) 在总结大量观测资料的基础上发现的, 它表明宇宙中任何两颗恒星 (或星系) 都在相互退行, 即**宇宙在膨胀.**

第2章 宇宙动力学

要确定宇宙的演化, 就必须确定 R-W 度规中的宇宙半径的函数形式 $R = R(t)$ 和标志曲率的参量 k. 宇宙动力学的任务是根据宇宙物质的性质和爱因斯坦引力场方程计算这两个量.

2.1 爱因斯坦场方程

理想流体的爱因斯坦场方程具有形式

$$R_{\mu\nu} - \frac{1}{2}g_{\mu\nu}R + g_{\mu\nu}\lambda = 8\pi T_{\mu\nu},$$
$$T_{\mu\nu} = (\rho + p)u_\mu u_\nu - pg_{\mu\nu}. \tag{2.1.1}$$

在随动系中, $u_\mu = \delta_\mu^0$, 对于均匀宇宙, ρ 和 p 只是时间 t 的函数. 由 R-W 度规可得

$$g_{00} = 1, \quad g_{0i} = 0, \quad g_{11} = -\frac{R^2(t)}{1 - kr^2},$$
$$g_{22} = -r^2 R^2(t), \quad g_{33} = -r^2 R^2(t)\sin^2\theta; \tag{2.1.2}$$

$$R_{00} = -3\ddot{R}/R, \quad R_{0i} = 0,$$
$$R_{ij} = \frac{(R\ddot{R} + 2\dot{R}^2 + 2k)g_{ij}}{R^2}. \tag{2.1.3}$$

注意到 $u_\mu = \delta_\mu^0$, 我们有

$$S_{\mu\nu} \equiv T_{\mu\nu} - \frac{1}{2}g_{\mu\nu}T = \frac{1}{2}(p - \rho)g_{\mu\nu} + (\rho + p)u_\mu u_\nu,$$
$$S_{00} = \frac{1}{2}(\rho + 3p), \quad S_{0i} = 0,$$
$$S_{ij} = \frac{1}{2}(\rho - p)g_{ij}. \tag{2.1.4}$$

于是, 便可组成爱因斯坦场方程 $R_{\mu\nu} = 8\pi S_{\mu\nu}$. 它的 $0i$ 分量为一恒等式, 00 分量和 ii 分量分别为

$$\frac{3\ddot{R}}{R} = -4\pi(\rho + 3p), \tag{2.1.5}$$

$$R\ddot{R} + 2\dot{R}^2 + 2k = 4\pi(\rho - p)R^2. \tag{2.1.6}$$

消去 $\ddot{R}$, 得到

$$\frac{\dot{R}2}{R^2} + \frac{k}{R^2} = \frac{8\pi}{3}\rho.$$ (2.1.7)

同时, 将 (2.1.1) 和 $u_\mu = \delta_\mu^0$ 代入 $T_{;\nu}^{\mu\nu} = 0$ 得到守恒方程的具体形式

$$\dot{p}R^3 = \frac{\mathrm{d}}{\mathrm{d}t}[R^3(\rho + p)],$$

即

$$\frac{\mathrm{d}}{\mathrm{d}R}(\rho R^3) = -3pR^2.$$ (2.1.8)

(2.1.5)~(2.1.8) 中只有两个方程是独立的. 当给定物态方程 $p = p(\rho)$ 时, 由上式可以确定函数 $\rho = \rho(R)$, 从而由 (2.1.7) 积分定出 $R = R(t)$. 所以, 宇宙动力学的基本方程是爱因斯坦方程 (2.1.7)、能量守恒方程 (2.1.8) 和物态方程 $p = p(\rho)$.

以 R-W- 度规为基础, 按上述程序确定 $R(t)$ 的宇宙模型称为弗里德曼 (Friedmann) 模型, 或称**标准宇宙模型**.

2.2 弗里德曼宇宙模型

在不知道物态方程 $p = p(\rho)$ 的情况下, 分析场方程和守恒方程, 也可以得到许多关于弗里德曼 (Friedmann) 宇宙现在、过去和将来的膨胀情况.

由方程 (2.1.5) 可知, 只要 $\rho + 3p > 0$, 就有 $\ddot{R}/R < 0$. 根据现在的观测事实, 有 $\dot{R}/R > 0$(观测到红移), $R > 0$. 由此可画出函数 $R = R(t)$ 的曲线 (图 6-2). 设曲线与 t 轴的交点为 $t = 0$, 即

$$R(0) = 0.$$ (2.2.1)

此时容易证明, 当 $t = 0$ 时曲率标量

$$\left|R_\mu^\mu\right| = \frac{6}{R(t)}\left|= \ddot{R}(t) + \frac{1}{R(t)}(\dot{R}^2(t) + k)\right| \to \infty.$$ (2.2.2)

上式表明宇宙必然在过去的某一时刻为一奇点, 从那时开始"爆炸"开来, 膨胀到今天方有这么大的宇宙半径 $R(t_0)$. 从宇宙为奇点到现在所经历的时间 t_0 自然被称为宇宙年龄. 如图 6-2 所示.

根据哈勃常数定义(1.4.11)有 $H_0 = \dot{R}(t_0)/R(t_0)$, 由上式得到

$$t_0 = \frac{1}{H_0} \qquad (\ddot{R} = 0, 当 0 < t < t_0).$$ (2.2.3)

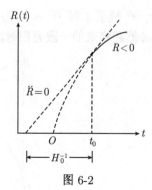

图 6-2

如果 $\ddot{R}(t) = 0$, 当 $(0 < t < t_0)$, 则
$$\dot{R}(t) = A = \mathrm{const}, \ R(t) = At.$$
根据观测得到的哈勃常数值 $H_0 = 50\mathrm{km}^{-1}\cdot\mathrm{s}\cdot\mathrm{Mpc}^{-1}(1\mathrm{Mpc} = 3.08 \times 10^{24}\mathrm{cm})$, 可知 $H_0^{-1} \approx 2 \times 10^{10}$ 年.

如果 $\ddot{R}(t) < 0$(当$0 < t < t_0$), 则有
$$t_0 < \frac{1}{H_0}. \tag{2.2.4}$$
宇宙年龄的计算将在 2.4 节中给出.

顺便提一下, 上面讨论的是 $\rho + 3p > 0$ 的情况, 如果在宇宙早期有 $\rho + 3p = 0$, 则宇宙不存在初始奇点. 宇宙早期以辐射为主, 因而有态方程 $p = \frac{1}{3}\rho$, 此式与 $\rho + 3p = 0$ 一起, 导致 $p = \rho = 0$. 此时由 (2.1.5) 和 (2.1.6) 得到 $\ddot{R} = 0, \dot{R}^2 = -k(k \leqslant 0)$, 从而有 $R_{\mu\nu} = 0$, 即宇宙空–时是**Ricci 平直的.** 此时 $|R_\mu^\mu|_{t=0} =$ 有限值. 因此 $3p + \rho = 0$ 的宇宙模型没有初始奇点.

Friedmann 宇宙的未来是无限膨胀还是收缩取决于空间曲率 k 的符号. 由 (2.1.8) 可知, 只要 $p \geqslant 0$, 则 $\mathrm{d}(\rho R^3)/\mathrm{d}R \leqslant 0, \rho$ 随 R 增大而减小的速率至少等于 R^{-3}. 所以 $\rho R^2 \to 0$(至少正比于 R^{-1}), 代入 (2.1.7) 有
$$\dot{R}^2 + k \to 0.$$
如果 $k = -1$, 由于 $\dot{R}^2 > 0$, 所以 $R(t)$ 必然继续增大. 由上式可知 $\dot{R}^2 \to -k, R \to t$. 因此, 如果 $k = -1$, 宇宙将无限膨胀, 若 $k = 0$, 则 $\dot{R}^2 \to 0$ 且 $\dot{R}2 > 0$, 所以 $R(t)$ 继续增大, 只是比 t 增大得慢. 因此,$k = 0$ 宇宙也将无限膨胀. 对于 $k = +1,(2.1.7)$ 可改写为
$$\dot{R}^2 = \frac{8\pi}{3}\rho R^2 - k = \frac{8\pi}{3}\rho R^2 - 1. \tag{2.2.5}$$
当 ρR^2 减至 1 时 $\dot{R}^2 = 0$. 由于 $\ddot{R}(t) < 0$, 图线向下弯, 所以此后 $R(t)$ 减小, 最后宇宙必然在将来的一段有限时间内再次缩至奇点 $(R = 0)$, 如图 6-3 所示.

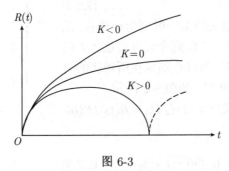

图 6-3

大约在弗里德曼模型提出 7 年以后, E.P.Hubble 于 1929 年发现了宇宙红移现象, 这是对广义相对论宇宙学的重要验证之一. 宇宙红移的发现不仅证明了广义相对论宇宙学特别是宇宙膨胀概念的正确, 而且可以通过对红移的严格计算确定均匀、各向同性宇宙模型中哪一个更适合于描述真实的宇宙. 原则上可以由红移 [作为距离的函数, 见 (1.4.15)] 确定哈勃常数 H 和减速因子 q, 从而确定宇宙的演化.

2.3 宇宙物质的密度和压强

将哈勃常数 $H = \dfrac{\dot{R}}{R}$ 和减速因子 $q = -\dfrac{\ddot{R}R}{\dot{R}^2}$ 代入场方程 (2.1.5) 和 (2.1.6), 得到

$$\rho_0 = \frac{3}{8\pi}\left(\frac{k}{R_0^2} + H_0^2\right), \tag{2.3.1}$$

$$p_0 = -\frac{1}{8\pi}\left[\frac{k}{R_0^2} + H_0^2(1 - 2q_0)\right]. \tag{2.3.2}$$

式中下标 0 表示取现在的值. 令

$$\rho_c = \frac{3H_0^2}{8\pi}. \tag{2.3.3}$$

由 (2.3.1) 可知

$$\rho_0 > \rho_c \rightleftharpoons k > 0,$$
$$\rho_0 < \rho_c \rightleftharpoons k < 0,$$
$$\rho_0 = \rho_c \rightleftharpoons k = 0. \tag{2.3.4}$$

取 $H_0 = 50\text{km·s}^{-1}\text{·Mpc}^{-1}$, 可得 $\rho_c = 5 \times 10^{-30}\text{g·cm}^{-3}$. 根据观测, 可认为宇宙现在的物质形式主要是非相对论性的, 且满足条件

$$p_0 \ll \rho_0. \tag{2.3.5}$$

此时由 (2.3.2) 和 (2.3.1) 得到

$$k = R_0^2(2q_0 - 1)H_0^2,$$
$$\frac{\rho_0}{\rho_c} = 2q_0, \tag{2.3.6}$$

从而有

$$q_0 > \frac{1}{2} \rightleftharpoons k > 0,$$
$$q_0 < \frac{1}{2} \rightleftharpoons k < 0,$$

$$q_0 = \frac{1}{2} \rightleftharpoons k = 0. \tag{2.3.7}$$

宇宙是闭合的还是开放的, 按照 (2.3.4) 取决于 ρ_0. $\rho_0 \leqslant \rho_c$, 宇宙是开放的; $\rho_0 > \rho_c$, 宇宙是闭合的. 或者按照 (2.3.7) 取决于减速因子 q_0. $q_0 \leqslant 1/2$, 宇宙是开放的; $q_0 > 1/2$, 宇宙是闭合的. ρ_0 可以通过测量星系质量 (由测量光度得到) 来确定, 结果为

$$\frac{\rho_0}{\rho_c} = 0.010 \sim 0.028. \tag{2.3.8}$$

q_0 可以由红移–光度关系的观测确定, 结果为

$$q_0 \approx 1, \ \rho_0 \approx 2\rho_c. \tag{2.3.9}$$

根据 (2.3.8), 宇宙是开放的; 根据 (2.3.9), 宇宙是闭合的. 为了解决这一矛盾, 可以假设 $q_0 \approx 1$ 是正确的, 再设法寻找普通星系之外的质量, 这一至今还未找到的质量的平均密度应为 $2 \times 10^{-29} \mathrm{g \cdot cm^{-3}}$. 经过几十年的努力, 在这方面有了一定的进展, 如黑洞、暗物质、中微子的静质量 $\cdots\cdots$ 如果存在的话, 都会有助于这一问题的解决.

2.4　宇宙年龄的计算

由 2.2 节中的讨论可知, 宇宙物质静质量的能量密度 $\rho \sim R^{-3}$, 而辐射的能量密度 $\rho_r \sim R^{-4}$. 因此, 可以认为在现在的宇宙中, 已知形式的辐射能量密度小于静质量的能量密度. 宇宙物质主要由非相对论的松散物质 (尘埃) 构成. 在这个时间, 宇宙动力学方程 (爱因斯坦方程) 为 (2.1.7)

$$\dot{R}^2 + k = \frac{8\pi}{3}\rho R^2. \tag{2.4.1}$$

由于 $\rho \sim R^{-3}$, 故有

$$\frac{\rho}{\rho_0} = \left(\frac{R}{R_0}\right)^{-3}. \tag{2.4.2}$$

由 (2.3.6) 可得

$$\frac{k}{R_0^2} = (2q_0 - 1)H_0^2, \quad \frac{8\pi}{3}\rho_0 = 2q_0 H_0^2.$$

代入 (2.4.1) 和 (2.4.2), 得到

$$\left(\frac{\dot{R}}{R_0}\right)^2 = H_0^2\left[1 - 2q_0 + 2q_0\left(\frac{R_0}{R}\right)\right]. \tag{2.4.3}$$

积分上式, 给出 t 的表达式

$$t = \frac{1}{H_0}\int_0^{R/R_0}\left(1 - 2q_0 + \frac{2q_0}{x}\right)^{-1/2}\mathrm{d}x, \tag{2.4.4}$$

代入 $R = R_0$, 得到宇宙现在的年龄

$$t_0 = \frac{1}{H_0} \int_0^1 \left(1 - 2q_0 + \frac{2q_0}{x} \right)^{-1/2} dx. \tag{2.4.5}$$

只要 $q_0 > 0$, 必有 $t_0 < H_0^{-1}$, 即 (2.2.4) 式. 上式给出的函数关系如图 6-3 所示.

当 $q_0 > \frac{1}{2} (k = +1, \rho_0 > \rho_c)$ 时, 积分得

$$t_0 = \frac{q_0}{H_0} (2q_0 - 1)^{-3/2} \left[\arccos \left(\frac{1}{q_0} - 1 \right) - \frac{1}{q_0} (2q_0 - 1)^{1/2} \right]. \tag{2.4.6}$$

代入 $q_0 \approx 1, H_0^{-1} \approx 2 \times 10^{10}$ 年, 得到

$$t_0 \approx \left(\frac{\pi}{2} - 1 \right) H_0^{-1} \approx 1.1 \times 10^{10} \text{年}. \tag{2.4.7}$$

由 (2.4.5) 还可以求出两次 $R = 0$ 之间的时间间隔, 即宇宙的"寿命".

$$\tau \approx 13 \times 10^{10} \text{年}. \tag{2.4.8}$$

当 $q_0 = \frac{1}{2} (k = 0, \rho_0 = \rho_c)$ 时, 积分 (2.4.4) 给出

$$\frac{R(t)}{R_0} = \left(\frac{3H_0 t}{2} \right)^{2/3}. \tag{2.4.9}$$

上式表明 $R(t)$ 无限增大. 代入 $H_0^{-1} \approx 2 \times 10^{10}$ 年, 得到

$$t_0 = \frac{2}{3} H_0^{-1} \approx 1.3 \times 10^{10} \text{年}. \tag{2.4.10}$$

这一模型称为**Einstein-de Sitter 宇宙模型**.

当 $0 < q_0 < \frac{1}{2} (k = -1, \rho_0 < \rho_c)$ 时, 积分 (2.4.5) 给出

$$t_0 = \frac{1}{H_0} \left[(1 - 2q_0)^{-1} - q_0 (1 - 2q_0)^{-3/2} \text{arch} \times \left(\frac{1}{q_0} - 1 \right) \right]. \tag{2.4.11}$$

如果取 ρ_0 为星系内的质量密度, $q_0 \approx 0.014, H_0^{-1} \approx 2 \times 10^{10}$ 年, 则有

$$t_0 = 0.96 H_0^{-1} \approx 1.9 \times 10^{10} \text{年}.$$

根据同位素衰变的方法和天文学其他方法测得地球的年龄大约为 4.5×10^9 年, 太阳系的年龄大约为 5×10^9 年, 银河系的年龄大约为 1.1×10^{10} 年.

2.5 粒子视界和事件视界

光速是所有信号传播速度的上限. 设在 r_1 处于时刻 t_1 发出的光在时刻 t 到达 $r = 0$, 则 $r = 0$ 处的观察者在时刻 t 只能观测到来自区域 $r < r_1$ 的信号, 即只能看到这个区域内的粒子 (星系).

径向光线的传播方程可写为 (1.4.6)

$$\int_{t_1}^{t} \frac{\mathrm{d}t}{R(t)} = \int_{0}^{r_1} \frac{\mathrm{d}r}{1-kr^2}. \tag{2.5.1}$$

如果当 $t_1 \to 0$ 时左端积分发散, $r=0$ 处观察者能够观测到宇宙中任何随动粒子 (星系) 在足够早时发出的信号. 如果当 $t_1 \to 0$ 时左端的积分收敛, 则由上式可以确定 r_1, 即存在一个有限的区域, $r=0$ 处观察者在时刻 t 只能看到这区域内的随动粒子 (星系). 这一区域的边界称为粒子视界. 以 $r_H(t)$ 表示粒子视界的径向坐标, 则相应的固有空间距离为

$$\begin{aligned} D_H(t) &= \int_0^{r_H(t)} \sqrt{-g_{11}}\,\mathrm{d}r = R(t)\int_0^{r_H(t)} \frac{\mathrm{d}r}{\sqrt{1-kr^2}} \\ &= R(t)\int_0^t \frac{\mathrm{d}t}{R(t)}. \end{aligned} \tag{2.5.2}$$

由 (2.4.3) 将 $\mathrm{d}t$ 解出, 代入上式右端被积式中, 积分得到

当 $q_0 > \dfrac{1}{2}(k=+1)$ 时

$$D_H(t) = \frac{R(t)}{R_0 H_0}(2q_0-1)^{-1/2}\arccos\left[1 - \frac{(2q_0-1)R(t)}{q_0 R_0}\right].$$

当 $q_0 = \dfrac{1}{2}(k=0)$ 时

$$D_H(t) = \frac{2}{H_0}\left[\frac{R(t)}{R_0}\right]^{3/2}.$$

当 $q_0 < \dfrac{1}{2}(k=-1)$ 时

$$D_H(t) = \frac{R(t)}{R_0 H_0}(1-2q_0)^{-1/2}\mathrm{arch}\left[1 + \frac{(1-2q_0)R(t)}{q_0 R_0}\right]. \tag{2.5.3}$$

对于一些宇宙模型, 在宇宙的全部演化过程 ($R=0 \to R_{\max} \to 0$), 空间一点 ($r=0$) 的观察者所能看到的全部事件也只能在有限范围内, 这一范围的边界叫做**事件视界**.

在积分 (2.5.1) 中, 当 $t \to \tau$(宇宙寿命) 或 $t \to \infty$ 时, 若左端积分发散, 则不存在事件视界, 位于 $r=0$ 的观察者只要等待有限长时间就能观测到宇宙中任一事件. 若 (2.5.1) 左端积分收敛, 则存在事件视界, 此时有

$$\int_{t_1}^{\tau} \frac{\mathrm{d}t}{R(t)} \geqslant \int_0^{r_1} \frac{\mathrm{d}r}{\sqrt{1-kr^2}}, \tag{2.5.4}$$

式中 τ 为宇宙年龄或无限大, r_1 为事件视界 [到观察点 ($r=0$)] 的径向坐标. 对于

$q_0 \leqslant \frac{1}{2}$ 的模型, $t \to \infty$ 时左端积分发散, 没有事件视界. $q_0 > \frac{1}{2}$ 的模型, 左端积分收敛, 存在事件视界, 此时由 (2.5.4) 可以确定事件视界与点 $r = 0$ 的固有空间距离:

$$D_E(t_1) = R(t_1) \int_{t_1}^{\tau} \frac{\mathrm{d}t}{R(t)} = \frac{R(t_1)}{R_0 H_0}(2q_0 - 1)^{-1/2} \cdot \left\{ 2\pi - \arccos \left[1 - \frac{(2q_0 - 1)R(t_1)}{q_0 R_0} \right] \right\}. \tag{2.5.5}$$

2.6 含有宇宙因子的模型

我们回到 $\lambda \neq 0$ 的引力场方程, 讨论相应的几种宇宙模型.

对于含有宇宙项的场方程, 代入 R-W 度规并进行和得到 (2.1.5)~(2.1.6) 一样的运算, 得到

$$\frac{\dot{R}^2}{R^2} + \frac{k}{R^2} - \frac{\lambda}{3} = \frac{8\pi}{3}\rho, \tag{2.6.1}$$

$$\frac{2\ddot{R}}{R} + \frac{\dot{R}^2}{R^2} + \frac{k}{R^2} - \lambda = -8\pi p. \tag{2.6.2}$$

将 (2.6.1) 对 t 微分并代入 (2.6.2), 得到关系式

$$\frac{\mathrm{d}}{\mathrm{d}t}(\rho R^3) + p\frac{\mathrm{d}}{\mathrm{d}t}R^3 = 0. \tag{2.6.3}$$

这就是 (2.1.8). 在 2.1 节我们由守恒定律得到了此式. 与那里的情况一样, 方程 (2.6.1)~(2.6.3) 中只有两个是独立的.

对于零压 ($p = 0$) 的情况, 由 (2.6.3) 可知 $\rho R^3 = $ 常数. 为了方便起见, 令

$$C = \frac{8\pi}{3}\rho R^3, \tag{2.6.4}$$

代入 (2.1.7), 得到

$$\dot{R}^2 = \frac{C}{R} + \frac{\lambda}{3}R^2 - k \equiv F(R, \lambda, k), \tag{2.6.5}$$

上式称为**弗里德曼膨胀方程**. 由这一方程可知, 如果 $a(t)$ 是一个解, 则将 t 换为 $t' = \pm t + \mathrm{const}.$ 之后对应的 $a(t')$ 仍是一个解, 因此, 可以任意选择时间坐标起点 $t = 0$. 又因为 $R = 0$ 为奇点, 通过此点时 R 不应改变, 所以 $R(t)$ 不变号. 现在 $R > 0$, 于是始终有 $R(t) \geqslant 0$. 作为例子, 下面讨论爱因斯坦宇宙和 de Sitter 宇宙.

1. 爱因斯坦宇宙

爱因斯坦在建立场方程后不久, 就试图用于宇宙学. 当时还没有发现哈勃定律, 爱因斯坦致力于建立一个静态的宇宙模型, 后来称为**爱因斯坦宇宙**. 在上面两个方程中令所有的时间导数等于零, 并令 $\lambda = 0$(爱因斯坦开始建立的场方程), 得到

$$\frac{k}{R^2} = \frac{8\pi}{3}\rho, \quad \frac{k}{R^2} = -8\pi p.$$

观测结果是 $\rho > 0, p \approx 0$. 上式无法与观测结果一致. 因此, 爱因斯坦在场方程中人为地引入了宇宙项 $\lambda g_{\mu\nu}$. 引入宇宙项后的静态场方程为

$$\frac{k}{R^2} - \frac{\lambda}{3} = \frac{8\pi}{3}\rho, \quad \frac{k}{R^2} - \lambda = -8\pi p.$$

代入 $p \approx 0$, 得到 $\dfrac{k}{R^2} = \lambda = 4\pi\rho$. 由于 $\rho > 0$, 所以有 $\lambda > 0, k = +1$. 因此,静态的爱因斯坦宇宙是一个具有正的常曲率的闭合宇宙. 此时度规 (1.2.7) 具有形式

$$\mathrm{d}s^2 = \mathrm{d}t^2 - R^2[\mathrm{d}x^2 + \sin^2 x(\mathrm{d}\theta^2 + \sin^2\theta\mathrm{d}\varphi^2)], \; R = \text{const.} \tag{2.6.6}$$

2. de Sitter 宇宙

这是一个假想的既无物质又无辐射的宇宙模型. 由含宇宙项的场方程可知, 没有物质 $(T_{\mu\nu} = 0)$ 的空间也是弯曲的. 将 $\rho = p = 0$ 代入 (2.6.1) 和 (2.6.2), 得到

$$\lambda = \frac{3}{R^2}(\dot{R}2 + k), \quad R\ddot{R} = \dot{R}^2 + k = \frac{R^2}{3}\lambda.$$

积分上式, 对于 $\lambda > 0$, 得到

$$R = \frac{1}{A_1}\mathrm{ch}A_1 t, \quad k = +1,$$
$$R = \frac{1}{A_1}\mathrm{sh}A_1 t, \quad k = -1,$$
$$R = Ce^{A_1 t}, \quad k = 0. \tag{2.6.7}$$

式中 $A_1 \equiv (\lambda/3)^{1/2}$; 对于 $\lambda < 0$, 得到

$$R = \frac{1}{A_2}\cos A_2 t, \quad k = -1. \tag{2.6.8}$$

式中 $A_2 \equiv (-\lambda/3)^{1/2}$; 对于 $\lambda = 0$, 得到

$$R = \text{const.}, \quad k = 0. \tag{2.6.9}$$

由 (2.6.7)～(2.6.9) 确定的宇宙称为 de Sitter 宇宙. 该宇宙对应的空间是具有最大对称性的四维常曲率空间. 为简单起见, 设 $R(t) = e^t$, 此时 Killing 方程具有形式

$$\frac{\partial \xi^0}{\partial t} = 0, \; \frac{\partial \xi}{\partial x^i}g^{ij} + \frac{\partial \xi^i}{\partial t} = 0, \tag{2.6.10a}$$

$$\frac{\partial \xi^i}{\partial x^j} + \frac{\partial \xi^j}{\partial x^i} = 2\delta_{ij}\xi^0. \tag{2.6.10b}$$

这一方程组的解含有 14 个参量 (A^μ 和 $B^{\mu\nu}$):

$$\xi^0 = A^0 + B_{0i}x^i,$$

$$\xi^i = A^i - \frac{1}{2}A^0 x^i - \frac{1}{2}B^{0i}\mathrm{e}^{-2t} - \frac{1}{4}B_{0k}x^k x^i$$
$$+ \frac{1}{4}\delta_{jk}B^{0i}x^j x^k + B_k^i x^k. \tag{2.6.11}$$

由 (2.6.10b) 可知, $B^{\mu\nu}$ 中只有 6 个独立分量, 所以实际上有 10 个独立的 Killing 矢量. 因为 n 维空间最多存在 $n(n+1)/2$ 个 Killing 矢量, 所以 de Sitter 空间是具有最大对称性的空间. 这就是说, 四维最大对称空间有 Minkowski 空间和 de Sitter 空间. 在这样的空间中既不存在任何优越的空间方向, 也不存在任何优越的时间方向.

de Sitter 空间的 10 个参量等度量变换群正是五维"转动"群, 它保持元素 $+1+1+1+1-1$ 的对角矩阵不变, 这个群群常称为 de Sitter 群. de Sitter 宇宙虽然因为没有物质又没有辐射而不能作为真实的宇宙模型, 但是任何 $\lambda > 0$ 的宇宙当 $r \to \infty$ 时都过渡到 de Sitter 宇宙.

3. Lemaitre 宇宙

Lemaitre 于 1927 年提出一个比爱因斯坦宇宙具有更多物质的宇宙模型. 膨胀方程 (2.6.5) 中的常数 $C > 0, k = +1$. 由 (2.6.5) 确定的 R-t 曲线可知标度因子 $R(t)$ 自 $t = 0$ 开始增大, 宇宙膨胀, 随后膨胀变慢. 在 R 等于某一常数 R_c 时膨胀速率达极小值, 此后膨胀又加快, 最后趋于 de Sitter 宇宙解 (2.6.7). 这一模型的特点是持续膨胀, 但中间一段膨胀曲线有拐点. 这是一种自初始奇点 $R(0) = 0$ 出发无限膨胀的模型.

2.7 宇宙早期结构和背景辐射

原则上讲, 直接观测遥远的恒星可以得到宇宙过去的信息, 但是宇宙起源于类空奇点, 对应于无限大的红移. 在宇宙诞生后的一段时间里仍然有很大的红移, 因此实际上看不到遥远的天体. 于是, 人们只能观测离地球较近的星, 根据它们现在的情况和局部演化规律来推断宇宙早期的状态.

所有的观测和计算都表明, 早期宇宙 (大约 10^{10} 年以前) 和今天的宇宙很不相同. 早期宇宙物质处于高密状态, 基本粒子的相互作用起决定性作用, 这时时间尺度也要有所改变. 人们注意到, 时间概念本身是没有绝对意义的, 时间的测量总要和物质的性质联系在一起. 弗里德曼的坐标时间 (世界时) t 是宇宙大量元素的固有时间. 从现在的宇宙来看, 一个星系就是一个很好的钟, 但在宇宙早期只有基本粒子和它们的相互作用起决定作用, 所以只能以它们的相互作用和转化作为钟. 用这样的相继发生的一系列物理过程测量时间, 即使是宇宙早期, 距 $R = 0$ 也是无限遥远的. 因此人们又分出一个"宇宙极早期".

1. 宇宙演化简史

现在宇宙物质的能量–动量张量, 其主要部分由星系物质构成, 辐射部分是极其微小的. 人们推断宇宙早期是以辐射为主的. 这样的物态方程可写为

$$p = \frac{3}{\rho}, \tag{2.7.1}$$

其能量–动量张量可形式地用理想流体的能量–动量张量 (2.1.1) 表示, 将这一物态方程代入 (2.6.1)~(2.6.2) 的相容条件

$$\frac{\dot{\rho}}{\rho + p} = -\frac{3\dot{R}}{R}, \tag{2.7.2}$$

积分得到

$$\rho R^4 = A = \text{const.} \tag{2.7.3}$$

而将零压尘埃的能量–动量张量 $T_{\mu\nu} = \rho u_\nu u_\mu$ 代入 (2.7.2), 积分得

$$\rho R^3 = M = \text{const.} \tag{2.7.4}$$

比较 (2.7.3) 和 (2.7.4) 可以看出, 当宇宙半径 R 减小时, 辐射能量密度比尘埃能量密度增大得更快; 当然, 辐射温度也会升高, 量子辐射将转变为高能辐射, 粒子对将大量产生. 由此可以推断早期宇宙的演化模型.

宇宙早期, 物质开始处于一种高温 (约 10^{12}K) 高密状态. 所有基本粒子 (包括它们的反粒子) 都被束缚于热力学平衡态. 随着宇宙的迅速膨胀, 温度降低, 平衡向有利于稳态粒子产生的方向移动, 电子、质子、较轻的原子核、中微子和光子从束缚态释放出来. 随着宇宙的继续膨胀和冷却, 光子发生退耦: 光子不再有足够的能量形成正反粒子对, 也不再把能量给予别的粒子; 同时, 光子气的能量密度比其他物质的能量密度减小得更快, 它们不再影响以后的膨胀. 当温度大约为 10^9K 时, 中子和质子聚变成较重的核, 剩下由氢和 He^4 以及其他元素组成的电离气体; 按质量计大约含有 27% 的氦. 此后光子、中微子和反中微子气继续自由膨胀, 一直到 $T \approx 4000$K 时氢的复合为止. 在 10^3K 和 10^5K 之间的某一温度, 光子、中微子和反中微子的能量密度开始小于氢和氦的静质量密度, 宇宙进入物质为主的时期.

近年来, 建立在大统一理论基础上的暴胀宇宙学已经涉及 $t \approx 10^{-36}$s 的极早期, 那时宇宙已开始出现正反粒子数的不对称.

2. 微波背景辐射

从光子和物质退耦时开始, 光子气单独满足守恒方程 $T_{\text{光};\nu}^{\mu\nu} = 0$. 代入 (2.7.2), 得到

$$\rho_{\text{光}} R^4 = A. \tag{2.7.5}$$

与 (2.7.3) 不同, $\rho_\text{光}$ 不支配 $R(t)$ 的变化. 由普朗克辐射定律有

$$\rho_\text{光} \sim T^4. \tag{2.7.6}$$

所以, 随着半径 $R(t)$ 的增大, 宇宙温度 T 按规律

$$T \sim R^{-1}(t) \tag{2.7.7}$$

降低.

1965 年, A. A. Penzias 和 R.W.Wilson 完成了对 T_0(现在的宇宙背景温度) 的测量, 发表了题为《在 4080MHz 处剩余天线温度的测量》的论文, 公布了测量结果

$$T_0 = 3.5\text{K} \pm 1\text{K}. \tag{2.7.8}$$

观测结果和理论预言相符合. 这一发现是自从哈勃定律以来广义相对论宇宙学获得的最大成功. 此后又有重复观测, 均得到一致的结果. 宇宙演化到现在, 残留的辐射是各向同性的, 其频谱对应于温度 $T_0 \approx 2.7\text{K}$ 的黑体辐射.

宇宙温度约为 4000K 时光子和其他物质已经退耦. 由 (2.7.8)、(2.7.7) 和 (1.4.9c) 可以得到那时的红移

$$z = \frac{4000}{2.7} - 1 \approx 1480. \tag{2.7.9}$$

因此, 宇宙背景辐射使我们能够追溯到更早期的宇宙历史, 比观测遥远天体所涉及的时间早得多, 甚至可以追溯到宇宙诞生后的几秒钟. 观测到的这种辐射的高度各向同性表明: 直到现在, 宇宙还是类弗里德曼的, 地球相对于宇宙物质整体的静止系以极小的速度运动.

第 3 章　经典宇宙学问题专论

除前一章讨论的几种宇宙模型外, 还有一些不同的宇宙模型. 实际上, 宇宙模型就是能够正确描述观测到的宇宙性质的引力场方程的严格解. 虽然只有一个真实的宇宙, 但由于观测到的数据是有限的, 而且有些观测结果还很不确定 (如减速因子的数值), 故只要能够和现阶段观测结果相符, 那些在宇宙奇点附近不同的模型都应该是同等有效的. 有些已知的宇宙解在 $t = 0$ 附近是高度不均匀的和各向异性的, 然后逐渐趋于弗里德曼宇宙, 所以仍然和现在的观测结果一致. 换言之, 所有能够导致观测到的红移和微波背景辐射的模型都不会被淘汰. 甚至有些宇宙解不能解释现在观测到的宇宙现象, 人们也要去研究. 这是因为任何一个模型都是对真实的宇宙作了大量的简化才得到的, 只有通过大量模型的研究才能确定哪些简化是允许的, 哪些假定是必需的.

3.1　Bianchi-I 型宇宙

按照混沌宇宙模型, 宇宙早期可能是各向异性的. 本节讨论的就是比均匀各向同性空间的对称性差一些的空间 —— 均匀各向异性空间. 在这类空间中只有与平移变换相对应的 3 个 Killing 矢量 $\xi_\mu^i (i = 1, 2, 3)$. 假设 $\xi_\mu^i \xi_i^\nu = \delta_\mu^\nu$, 以空间度规

$$\mathrm{d}l^2 = \gamma_{ij}\mathrm{d}x^i\mathrm{d}x^j,$$
$$\gamma_{ij} = -g_{ij} \tag{3.1.1}$$

表示的三维空间的 Killing 方程为

$$\gamma_{ij,l} + \xi_{m,j}^k \xi_l^m \gamma_{ik} + \xi_{m,i}^k \xi_l^m \gamma_{ki} = 0. \tag{3.1.2}$$

考察关于 ζ^i 的一阶微分方程组

$$\zeta_j^i - (\xi_{m,j}^i \bar{\xi}_k^m)\zeta^k = 0. \tag{3.1.3}$$

可知这一方程组有三个解 ζ_m^i. 利用这些矢量可以证明,(3.1.2) 的解具有形式

$$\gamma_{ij}(t, x^i) = h_{mn}(t)\bar{\zeta}_i^m(x^k)\bar{\zeta}_j^n(x^k). \tag{3.1.4}$$

式中 $\bar{\zeta}_i^m \zeta_n^i = \delta_n^m$. 可以证明, 场方程共有 9 种独立类型的解. 这样, 按照空间的 3 参数运动群可将空间分为 9 类, 分别称为 Bianchi I~ IX 型. 其中最简单的是 Bianchi

I 型, 即 $\xi_i^\mu = \delta_i^\mu$. 总可以选择适当的坐标系, 使这 3 个 Killing 矢量具有形式

$$\xi_1^\mu = (0, 1, 0, 0), \quad \xi_2^\mu = (0, 0, 1, 0), \quad \xi_3^\mu = (0, 0, 0, 1). \tag{3.1.5}$$

此时度规只依赖于时间坐标 $x^0 = t$. 作变换 $x'^0 = x'^0(x^0)$, $x'^i = x^i + f^i(x^0)$, 可将度规变换成

$$\mathrm{d}s^2 = \mathrm{d}t^2 - g_{ij}(t)\mathrm{d}x^i\mathrm{d}x^j. \tag{3.1.6}$$

可以看出, $t = \mathrm{const}$ 的三维空间是平直的.

由 (3.1.6) 可将场方程 $R_{\mu\nu} - \frac{1}{2}Rg_{\mu\nu} = k\rho u_\mu u_\nu$ 写为

$$\frac{1}{8}\dot{g}_{ij}\dot{g}_{ij} + \frac{1}{8}\left(\frac{\dot{g}}{g}\right)^2 = k\rho, \tag{3.1.7}$$

$$R_j^i - \frac{1}{2}\delta_j^i R - \frac{1}{2\sqrt{-g}}\frac{\mathrm{d}}{\mathrm{d}t}(\sqrt{-g}g^{im}\dot{g}_{mj}) - \frac{1}{2}\delta_j^i k\rho = 0. \tag{3.1.8}$$

守恒定律具有形式 $\dot{u}^\mu = 0$. 由此可知, 场方程的可积条件可写为

$$k\rho\sqrt{-g} = M = \mathrm{const}. \tag{3.1.9}$$

将 (3.1.8) 缩并, 得到

$$\frac{\mathrm{d}^2}{\mathrm{d}t^2}(\sqrt{-g}) = \frac{3}{2}M. \tag{3.1.10}$$

积分得

$$\sqrt{-g} = \frac{3}{4}t(Mt + A). \tag{3.1.11}$$

式中 A 为常数. 应用 (3.1.9), 对 (3.1.8) 作一次积分, 得到

$$\dot{g}_{ij} = \frac{Mt}{\sqrt{-g}}g_{ij} + \frac{a_i^m}{\sqrt{-g}}g_{mj}. \tag{3.1.12}$$

式中 a_i^m 为常数. 在空间中任选一点, 建立直角坐标, 使常数矩阵 a_i^m 是对角的. 由 (3.1.12) 可知, 度规在任何时刻都保持是对角的. 由 (3.1.11) 和 (3.1.12) 得

$$\dot{g}_{11} = g_{11}\left[\frac{4M}{3M + A} + \frac{2P_1 A}{t(Mt + A)}\right], \quad P_1 A = \frac{2}{3}a_1^1. \tag{3.1.13}$$

式中 P_1 为常数. 积分上式, 得到

$$g_{11} = B(Mt + A)^{4/3}\left(\frac{t}{Mt + A}\right)^{2P_1}. \tag{3.1.14}$$

式中 B 为常数. 类似地可以得到 g_{22} 和 g_{33}. 于是得到所求的度规

$$\mathrm{d}s^2 = \mathrm{d}t^2 - g_{11}\mathrm{d}x^2 - g_{22}\mathrm{d}y^2 - g_{33}\mathrm{d}z^2,$$

$$g_{11} = (-g)^{1/3} \left(\frac{t}{Mt+A} \right)^{2P_1 - \frac{2}{3}},$$

$$g_{22} = (-g)^{2/3} \left(\frac{t}{Mt+A} \right)^{2P_2 - \frac{2}{3}},$$

$$g_{33} = (-g)^{1/3} \left(\frac{t}{Mt+A} \right)^{2P_3 - \frac{2}{3}}. \tag{3.1.15}$$

由场方程 (3.1.7) 和 (3.1.8) 可知, 常数 P_i 必须满足条件

$$P_1 + P_2 + P_3 = 1, \quad P_1^2 + P_2^2 + P_3^2 = 1. \tag{3.1.16}$$

由场源流体的四维速度 $u^\mu = (0,0,0,1)$ 可得

$$u^\mu_{;\nu} = \frac{1}{2} g_{\mu\nu,0} \tag{3.1.17}$$

因此, 场源是沿短程线运动的无转动流体 (尘埃), 其膨胀速度为

$$\theta = \frac{2Mt+A}{t(Mt+A)}, \tag{3.1.18}$$

剪切速度为

$$\sigma_{ij} = \frac{Ag_{ij}}{4\sqrt{-g}}(3P_i - 1) \quad (\text{对}i\text{不取和}). \tag{3.1.19}$$

可见常数 A 是切速度的量度, P_i 表征切速度的方向.

度规 (3.1.15) 描述一个均匀、各向异性的膨胀 (或收缩) 的宇宙. 由 (3.1.16) 可知, 不可能有 $P_1 = P_2 = P_3$, 所以在随动系中尘埃粒子间距离的变化和方向有关. 总可以选择时间轴的方向, 使 $A > 0$, 从 $t > 0 \to t = 0$ 时, 度规变为奇异的.

在一般情况下有 $P_3 < 0$. 由式

$$\frac{\dot{g}_{33}}{g_{33}} = \frac{4Mt/3 + 2P_3 A}{t(Mt+A)} \tag{3.1.20}$$

可知, t 很小时 z 方向的距离变化是负的, 即宇宙沿 z 方向收缩. 这种收缩直至 $t = -3P_3 A/2M$ 时停止并转为膨胀. 宇宙在 x 和 y 方向是持续膨胀的. 如果宇宙在时刻 $t(t > 0)$ 为一球, 则随着 t 的增大将变成一个沿 z 方向拉长了的椭球; 当 $t \to +0$ 时成为一条直线, 具有圆筒状的奇异面.

Bianchi I 型宇宙有一特点, 即质量 M 不影响 $t \to 0$ 时宇宙的演化行为. 度规 (3.1.15) 可以近似地用真空解代替:

$$ds^2 = dt^2 - (t^{2P_1}dx^2 + t^{2P_2}dy^2 + t^{2P_3}dz^2),$$

$$P_1 + P_2 + P_3 = 1, P_1^2 + P_2^2 + P_3^2 = 1, \tag{3.1.21}$$

这正是 Kasner 度规 (见第三篇 1.5 节).

在 $P_1 = 1, P_2 = P_3 = 0$ 的特殊情况下, 我们有

$$\frac{\dot{g}_{11}}{g_{11}} = \frac{4Mt/3 + 2A}{t(Mt + A)}, \quad \frac{\dot{g}_{22}}{g_{22}} = \frac{\dot{g}_{33}}{g_{33}} = \frac{4M}{3(Mt + A)}. \tag{3.1.22}$$

当 $t \to +0$ 时只在 x 方向出现奇异性. 一个 $t(t > 0)$ 时刻的球将变成一个椭球, 最后出现圆板形奇异面.

3.2 五维 Bianchi-V 型宇宙

近年来, 不少人讨论了高维宇宙模型, 其中给出了五维 R-W 宇宙解. 本节讨论五维 Bianchi-V 型宇宙解, 这一解描述早期宇宙, 当时间趋于无限大时该模型趋于均匀、各向同性的膨胀宇宙.

五维 Bianchi-V 型度规具有形式

$$\mathrm{d}s^2 = \mathrm{d}t^2 - A^2(t)\mathrm{d}x^2 - B^2(t)\mathrm{e}^{-2x}\mathrm{d}y^2 - C^2(t)\mathrm{e}^{-2x}\mathrm{d}z^2 + D^2(t)\mathrm{e}^{-2x}\mathrm{d}\zeta^2. \tag{3.2.1}$$

宇宙早期, 设态方程为 $\rho = 4p$. 选取 Cartan 正交标架 $\sigma^\mu(\mu = 0,1,2,3,5)$:

$$\sigma^0 = \mathrm{d}t, \quad \sigma^1 = A(t)\mathrm{d}x, \quad \sigma^2 = B(t)\mathrm{e}^{-x}\mathrm{d}y,$$
$$\sigma^3 = C(t)\mathrm{e}^{-x}\mathrm{d}z, \quad \sigma^5 = D(t)\mathrm{e}^{-x}\mathrm{d}\zeta. \tag{3.2.2}$$

取引力常数 $k = 1$, 由外微分方法, 可以将场方程写为

$$\ddot{A}A^{-1} + \ddot{B}B^{-1} + \ddot{C}C^{-1} + \ddot{D}D^{-1} = -\rho,$$
$$\ddot{A}A^{-1} + \dot{A}A^{-1}(\dot{B}B^{-1} + \dot{C}C^{-1} + \dot{D}D^{-1}) - 3A^{-2} = \frac{1}{4}\rho,$$
$$\ddot{B}B^{-1} + \dot{B}B^{-1}(\dot{A}A^{-1} + \dot{C}C^{-1} + \dot{D}D^{-1}) - 3A^{-2} = \frac{1}{4}\rho,$$
$$\ddot{C}C^{-1} + \dot{C}C^{-1}(\dot{A}A^{-1} + \dot{B}B^{-1} + \dot{D}D^{-1}) - 3A^{-2} = \frac{1}{4}\rho,$$
$$\ddot{D}D^{-1} + \dot{D}D^{-1}(\dot{A}A^{-1} + \dot{B}B^{-1} + \dot{C}C^{-1}) - 3A^{-2} = \frac{1}{4}\rho,$$
$$\dot{B}B^{-1} + \dot{C}C^{-1} + \dot{D}D^{-1} - 3\dot{A}A^{-1} = 0. \tag{3.2.3}$$

守恒方程 $T^{\mu\nu}_{;\nu} = 0$ 给出

$$\rho = \rho_0(ABCD)^{-5/4}, \quad \rho_0 = \text{const.} \tag{3.2.4}$$

令 $d\eta = dt/A$, 得到场方程的解

$$A^3 = a\mathrm{sh}3\eta + b\mathrm{ch}3\eta - \frac{1}{12}\rho_0 q_0, \tag{3.2.5}$$

$$B = B_0 A \exp\left[q_1 \int A^{-3} d\eta\right], \tag{3.2.6}$$

$$C = C_0 A \exp\left[q_2 \int A^{-3} d\eta\right], \tag{3.2.7}$$

$$D = D_0 A \exp\left[q_3 \int A^{-3} d\eta\right], \tag{3.2.8}$$

式中 $q_0, \cdots, q_3, B_0, C_0, D_0, a$ 和 b 均为常数, 且满足关系

$$6(a^2 - b^2) + (q_1 q_2 + q_2 q_3 + q_3 q_1) + \frac{1}{24}\rho_0^2 q_0^2 = 0. \tag{3.2.9}$$

引入哈勃常数 $H_i(i = 1, 2, 3)$:

$$H_1 = \frac{\dot{A}}{A}, \quad H_2 = \frac{\dot{B}}{B}, \quad H_3 = \frac{\dot{C}}{C}. \tag{3.2.10}$$

当 $\eta \to \infty$ 时有

$$\frac{H_1 - H_2}{H_1} \to 0, \quad \frac{H_2 - H_3}{H_2} \to 0, \tag{3.2.11}$$

所以随着时间的增长度规将趋于各向同性.

若 $b = \frac{1}{12}\rho_0 q_0$, 由 (3.2.5) 可知 $\eta = 0$ 为奇点.

由 (3.2.5) 和 (3.2.6) 可得

$$B^3 = B_0^3 A^3 \left[1 + \frac{a}{b}\coth\frac{3}{2}\eta\right]^{-q_1/a}. \tag{3.2.12}$$

类似地, 得到

$$C^3 = C_0^3 A^3 \left[1 + \frac{a}{b}\coth\frac{3}{2}\eta\right]^{-q_2/a}. \tag{3.2.13}$$

$$D^3 = D_0^3 A^3 \left[1 + \frac{a}{b}\coth\frac{3}{2}\eta\right]^{-q_3/a}. \tag{3.2.14}$$

如果 $a = b = \frac{1}{12}\rho_0 q_0$, 则 $A^3 = a(e^{3\eta} - 1)$. 代入 $dt = Ad\eta$, 积分得

$$t = \int A d\eta = \sqrt[3]{a} \int (e^{3\eta} - 1)^{1/3} d\eta$$

$$= \sqrt[3]{a}\left\{(e^{3\eta} - 1)^{1/3} - \frac{1}{3}[\ln(e^{3\eta} - 1)^{1/3} + 1]\right.$$

$$-\frac{1}{2}\ln[(e^{3\eta}-1)^{2/3}-(e^{3\eta}-1)^{1/3}+1]$$

$$+\frac{3}{4}\sqrt{3}\arctan\frac{2}{\sqrt{3}}\left[(e^{3\eta}-1)^{1/3}-\frac{1}{2}\right]\Bigg\}. \tag{3.2.15}$$

令 $\Delta \equiv 6(a^2-b^2)+\dfrac{1}{24}\rho_0^2 q_0^2$, 由 (3.2.9) 可将解的奇异性用表 6-1 给出.

表 6-1

$\dfrac{q_1}{a}$	$\dfrac{q_2}{a}$	$\dfrac{q_3}{a}$	$\eta=0$			奇 性
			B	C	D	
>0	>0	>0	/	/	/	$(\Delta>0)$
			0	0	0	$(\Delta<0)$
<0	<0	<0	/	/	/	$(\Delta>0)$
			∞	∞	∞	$r(\Delta<0)$
>0	>0	<0	0	0	∞	α
>0	<0	>0	0	∞	0	α
<0	>0	>0	∞	0	0	α
>0	<0	<0	0	∞	∞	β
<0	<0	>0	∞	∞	0	β
<0	>0	<0	∞	0	∞	β

3.3 Gödel 宇宙

Gödel(1949) 提出一个均匀、各向异性的宇宙模型. 这一四维空间度规具有形式

$$ds^2 = C^2\left[(dt+e^x dy)^2 - dx^2 + \frac{1}{2}e^{2x}dy^2 + dz^2\right], \tag{3.3.1}$$

式中 C 为常数. 该空间有 5 个 Killing 矢量, 可分别写为

$$\xi_1^\mu=(0,0,1,0), \quad \xi_2^\mu=(0,0,0,1), \quad \xi_3^\mu=(1,0,0,0),$$

$$\xi_4^\mu=(0,1,-y,0), \quad \xi_5^\mu=\left(-2e^{-x},y,e^{-2x}-\frac{1}{2}y,0\right). \tag{3.3.2}$$

设场源为满足条件

$$\rho=\frac{1}{kC^2}, \quad \lambda=-\frac{1}{2C^2} \tag{3.3.3}$$

的尘埃, 则能量–动量张量具有形式

$$T^{\mu\nu}=\frac{1}{2kC^2}g^{\mu\nu}+\frac{u^\mu u^\nu}{kC^2}. \tag{3.3.4}$$

采用随动系有

$$u^\mu=\left(\frac{1}{C},0,0,0\right). \tag{3.3.5}$$

由旋速度的定义可知,$\omega^2 \equiv \omega_{\mu\nu}\omega^{\mu\nu}/2 = \dfrac{1}{2C^2} = 4\pi\rho$. 设试验粒子初速度沿 x^1 方向, 在 $C \gg 1$ 的情况下, 运动方程具有形式

$$x^1 \approx vx^0 + A\sin\frac{2\omega x^0}{c},$$

$$x^2 \approx A\left(\cos\frac{2\omega x^0}{c} - 1\right). \tag{3.3.6}$$

式中 A 为常数. 在随动系中观测, 自由运动成了转动. 如果惯性系定义为自由运动为直线运动的坐标系, 则惯性系以角速度 ω 相对于随动系转动. 这表明, 如果以一局部惯性系为准, 则遥远的恒星系在转动.

　　Gödel 宇宙模型与弗里德曼宇宙模型不同, 它含有转动物质, 还有闭合的类时世界线, 即一个观察者可以影响他自己的过去.

　　在我们已经讨论过的各种宇宙模型中, 物理上合理的模型是弗里德曼模型和 Bianchi 型宇宙模型. 它们的演化有一个共同特点: 在过去某一时刻存在一类空奇点, 即宇宙有一个起点或者说有一个原始"大爆炸". 那些物理上不合理的模型 (爱因斯坦宇宙, de Sitter 宇宙和 Gödel 宇宙) 都不具有上述奇点 (它们都含有宇宙项). 这些模型或者物态方程不合理, 不能给出已观测到的红移, 或者违背因果律.

3.4　六维宇宙

　　对作用量

$$^{(6)}I = \int R\sqrt{-g}\,\mathrm{d}^6 x$$

应用变分原理, 便得到六维引力理论的真空场方程

$$^{(6)}G_b^a = R_b^a - \delta_b^a R/2 = 0. \tag{3.4.1}$$

式中 R_b^a 是 Ricci 张量, R 为标曲率, 它们都由六维宇宙的度规张量 g_{ab} 构成. g_{ab} 是 $x^0, x^1, \cdots, x^6$ 的函数. 下面我们约定, 拉丁指标代表 $0, 1, \cdots, 6$; 希腊指标代表 $0, 1, 2, 3$; $^{(6)}G_b^a$ 是混合爱因斯坦张量.

　　$^{(6)}G_\beta^\alpha$ 可分为三个函数: $^{(4)}G_\beta^\alpha, H_\beta^\alpha$ 和 I_β^α, 它们分别对应于时空、质量的电荷, 即

$$^{(6)}G_\beta^\alpha = {}^{(4)}G_\beta^\alpha + H_\beta^\alpha + I_\beta^\alpha.$$

式中几何量 H_β^α 和 I_β^α 将揭示四维宇宙的物理性质. 我们把 $-H_\beta^\alpha$ 看作宏观物体的能量–动量张量 $^{(m)}T_\beta^\alpha$(或写为 $8\pi G^{(m)}T_\beta^\alpha/c^4$), 把 $-I_\beta^\alpha$ 看作电磁场的能量–动量张量 $^{(em)}T_\beta^\alpha$(或写为 $8\pi G^{(em)}T_\beta^\alpha/c^4$). 这里我们不把它们看成新增维度的能量–动量张量, 因为此概念还没有建立起来; $^{(6)}G_b^a (a \geqslant 5$ 或 $b \geqslant 5)$ 仅当解方程 $^{(6)}G_b^a = 0$ 时才考虑. 四维宇宙的场方程可写为

$$^{(4)}G^\alpha_\beta = -H^\alpha_\beta - I^\alpha_\beta = {}^{(m)}T^\alpha_\beta + {}^{(em)}T^\alpha_\beta. \tag{3.4.2}$$

这里划分爱因斯坦张量的过程实际上是四维引力理论和五维引力理论中划分爱因斯坦张量过程的推广, 且这种划分方法是唯一的, 因为过程一开始并没有涉及物理内容, 只是数学上的做法. 我们还没有给 x^5 和 x^6 以物理意义 —— 质量和电荷. 实际上, 在六维宇宙中, x^5 和 x^6 都是纯数学量, 甚至我们开始把它们看作两个独立的坐标. 但如果从物理上来分析, 它们又可以与物理量相符合. 这和我们由牛顿近似分析爱因斯坦方程得出数学量 $g_{\mu\nu}$ 为引力势的过程是一样的. 经过这样的分析, 我们又把 x^5 和 x^6 与质量和电荷联系起来了.

按照上面的观点, 我们可以从两个方面来分析: 一是考察物理量 (如质量和电荷) 的来源, 二是分析自然现象 (如状态方程、电磁场) 的起源. 后面我们将这些分析应用于早期宇宙. 六维宇宙的度规可写为

$$\mathrm{d}s^2 = \mathrm{e}^\nu \mathrm{d}x^{0^2} - \mathrm{e}^\lambda(\mathrm{d}x^{1^2} + \mathrm{d}x^{2^2} + \mathrm{d}x^{3^2}) + \mathrm{e}^\mu \mathrm{d}x^{5^2} + \mathrm{e}^\eta \mathrm{d}x^{6^2}. \tag{3.4.3}$$

式中 ν, λ, μ, η 是 x^0, x^5, x^6 的函数.

将 (3.4.3) 代入真空场方程 (3.4.1), 得到

$$
\begin{aligned}
{}^{(6)}G_{00} = {}& -3\dot\lambda(\dot\lambda + \dot\mu + \dot\eta)/4 - \dot\mu\dot\eta/4 \\
& - \mathrm{e}^{\nu-\mu}[3\lambda'' + 3\lambda'^2 2 + \eta'' + \eta'^2/2 + 3\lambda'(-\mu' + \eta')/2 \\
& - \mu'\eta'/2]/2 - \mathrm{e}^{\nu-\eta}[3\lambda^{**} + 3\overset{*}{\lambda}{}^2 + \overset{*}{\mu}{}^* + \overset{*}{\mu}{}^2/2 \\
& + 3\overset{*}{\lambda}(\overset{*}{\mu} - \overset{*}{\eta})/2 - \overset{*}{\mu}\overset{*}{\eta}/2]/2 = 0,
\end{aligned} \tag{3.4.4}
$$

$$
\begin{aligned}
{}^{(6)}G_{05} = {}& 3\dot\lambda'/2 + \dot\eta'/2 + 3\dot\lambda\lambda'/4 + \dot\eta\eta'/4 \\
& = \nu'(3\dot\lambda + \dot\eta)/4 - \dot\mu(3\lambda' + \eta') = 0,
\end{aligned} \tag{3.4.5}
$$

$$
\begin{aligned}
{}^{(6)}G_{06} = {}& 3\overset{*}{\lambda}{}^{\cdot}/2 + \overset{*}{\mu}/2 + 3\dot\lambda\overset{*}{\lambda}/4 + \dot\mu\overset{*}{\mu}/4 \\
& - \overset{*}{\nu}(3\dot\lambda + \dot\mu)/4 - \dot\eta(3\overset{*}{\lambda} + \overset{*}{\mu})/4 = 0,
\end{aligned} \tag{3.4.6}
$$

$$
\begin{aligned}
{}^{(6)}G_{11} = {}^{(6)}G_{22} = {}^{(6)}G_{33} = {}& -\mathrm{e}^{\lambda-\nu}[\ddot\lambda + 3\dot\lambda^2/4 \\
& + \ddot\mu/2 + \dot\mu^2/4 + \ddot\eta/2 + \dot\eta^2/4 + \dot\lambda(-\dot\nu + \dot\mu + \dot\eta)/2 + \dot\mu(-\dot\nu + \dot\eta)/4 - \dot\nu\dot\eta/4] \\
& + \mathrm{e}^{\lambda-\mu}[\nu''/2 + \nu'^2/4 + \lambda'' + 3\lambda'^2/4 + \eta''/2 + \eta'^2/4 + \lambda'(\nu' - \mu' + \eta')/2 \\
& + \nu'(-\mu' + \eta')/4 - \mu'\eta'/4] + \mathrm{e}^{\lambda-\eta}[{}^*\nu^*/2 + \overset{*}{\nu}{}^2/4 + {}^*\lambda^* + 3\overset{*}{\lambda}{}^2/4 + \overset{**}{\mu}/2 \\
& + \overset{*}{\mu}{}^2/4 + \overset{*}{\lambda}(\overset{*}{\nu} + \overset{*}{\mu} - \overset{*}{\eta})/2 + \overset{*}{\nu}(\overset{*}{\mu} - \overset{*}{\eta})/4 - \overset{*}{\mu}\overset{*}{\eta}/4] = 0,
\end{aligned} \tag{3.4.7}
$$

$$
\begin{aligned}
{}^{(6)}G_{55} = {}& -\mathrm{e}^{\mu-\nu}[3\ddot\lambda/2 + 3\dot\lambda^2/2 + \ddot\eta/2 + \overset{*}{\eta}{}^2/4 + 3\dot\lambda(-\dot\nu + \dot\eta)/4 - \dot\nu\dot\eta/4] \\
& - [3\dot\lambda^2/4 + 3\lambda'(\nu' + \eta')/4 + \nu'\eta'/4] - \mathrm{e}^{\mu-\eta}[\overset{**}{\nu}/2 + \overset{*}{\nu}{}^2/4 + 3\overset{*}{\lambda}/2 + 3\overset{*}{\lambda}{}^2/2 \\
& + 3\overset{*}{\lambda}(\overset{*}{\nu} - \overset{*}{\eta})/4 - \overset{*}{\nu}\overset{*}{\eta}/4] = 0,
\end{aligned} \tag{3.4.8}
$$

$$^{(6)}G_{56} = \overset{*}{\nu'}/2 + 3\overset{*}{\lambda'}/2 + \nu'\overset{*}{\nu}/4 + 3\lambda'\overset{*}{\lambda}/4 - \overset{*}{\mu}(\nu' + 3\lambda')/4$$

$$- \eta'(\overset{*}{\nu} + 3\overset{*}{\lambda})/4 = 0, \tag{3.4.9}$$

$$^{(6)}G_{66} = -[3\overset{*}{\lambda}(\overset{*}{\nu} + \overset{*}{\lambda} + \overset{*}{\mu}) + \overset{*}{\nu}\overset{*}{\mu}/4 - e^{\eta-\nu}[3\ddot{\lambda} + 3\dot{\lambda}^2 + \ddot{\mu} + \dot{\mu}^2/2$$

$$+ 3\dot{\lambda}(-\dot{\nu} + \dot{\mu})/2 - \dot{\nu}\dot{\mu}/2]/2 - e^{\eta-\mu}[\nu'' + \nu'^2/2 + 3\lambda'' + 3\lambda'^2$$

$$+ 3\lambda'(\nu' - \mu')/2 - \nu'\mu'/2]/2 = 0, \tag{3.4.10}$$

式中 (•), (′) 和 (∗) 分别表示对 x^0, x^5 和 x^6 取偏导数. 我们目前暂不能推断出六维宇宙的物理状态或能量–动量张量, 仅考虑六维真空宇宙. 这样做的目的是看看第五维和第六维对四维宇宙有什么样的几何效应.

我们得到一个简单的真空解

$$e^\nu = C_0[\dot{f}(x^0)]^2[f(x^0) + g(x^5) + h(x^6) + K_0]^{2\mp\sqrt{6}}, \tag{3.4.11}$$

$$e^\lambda = [f(x^0) + g(x^5) + h(x^6) + K_0]^{\pm\sqrt{6}/3}, \tag{3.4.12}$$

$$e^\mu = C_5[g'(x^5)]^2[f(x^0) + g(x^5) + h(x^6) + K_0]^{2\mp\sqrt{6}}, \tag{3.4.13}$$

$$e^\eta = C_6[\overset{*}{h}(x^6)]^2[f(x^0) + g(x^5) + h(x^6) + K_0]^{2\mp\sqrt{6}}, \tag{3.4.14}$$

式中的 $f(x^0), g(x^5)$ 和 $h(x^6)$ 分别是 x^0, x^5, 和 x^6 的任意函数; C_0, C_5, C_6 和 K_0 都是常数. 在 $g'(x^5) = \overset{*}{h}(x^6) = 0$ 的条件下, 六维宇宙退化为四维宇宙, 这时第五维和第六维坐标无需存在. 如果上述条件严格满足, 则量 Gm/c^2 和 $eG^{1/2}/c^2$ 将是常数; 如果上述条件只是近似地满足, 即第五维和第六维收缩到只是目前不能观测到的程度, 则这两个量不再是常数 (尽管它们的梯度可能很小).

引进宇宙时, 度规的时间部分可变为下面的形式:

$$e^\tau \sim \tau^{(6\pm4\sqrt{6})/15}. \tag{3.4.15}$$

这个解的指数中取 (+) 号代表一个正在膨胀的四维宇宙, 取 (−) 号表示正在收缩的宇宙. 这个解与辐射宇宙的解有一个微小的差异, 这是第六维度影响的结果. 因为当第五维度收缩后, 五维宇宙的解可以严格地退化为四维辐射宇宙解.

六维宇宙中试验粒子的时迹可以用六维短程线来描述. 短程线方程具有形式

$$\frac{d^2x^k}{ds^2} + \Gamma_{ij}^k \frac{dx^i}{ds}\frac{dx^j}{ds} = 0, \qquad i, j, k = 0, 1, \cdots, 6. \tag{3.4.16}$$

当 $k = 1, 2, 3$ 时, 我们有

$$\frac{d}{ds}\left[A^{\pm\sqrt{6}/3}\frac{dx^1}{ds}\right] = 0 \quad 或 \quad \frac{dx^1}{ds} = t_x A^{\mp\sqrt{6}/3}; \tag{3.4.17}$$

$$\frac{d}{ds}\left[A^{\pm\sqrt{6}/3}\frac{dx^2}{ds}\right] = 0 \quad 或 \quad \frac{dx^2}{ds} = t_y A^{\mp\sqrt{6}/3}; \tag{3.4.18}$$

$$\frac{d}{ds}\left[A^{\pm\sqrt{6}/3}\frac{dx^3}{ds}\right] = 0 \quad 或 \quad \frac{dx^3}{ds} = t_z A^{\mp\sqrt{6}/3}. \tag{3.4.19}$$

式中

$$A \equiv f(x^0) + g(x^5) + h(x^6) + K_0, \qquad t_x, t_y, t_z = \text{const.}.$$

当 $k = 0$ 时, (3.4.16) 式变为

$$\frac{d^2x^0}{ds^2} + \left[\frac{\ddot{f}}{\dot{f}} + (2\mp\sqrt{6})\frac{\dot{f}}{2A}\right]\left(\frac{dx^0}{ds}\right)^2 + (2\mp\sqrt{6})\frac{g'}{A}\frac{dx^0}{ds}\frac{dx^5}{ds} + (2\mp\sqrt{6})\frac{\overset{*}{h}}{A}\frac{dx^0}{ds}\frac{dx^6}{ds}$$

$$\mp\sqrt{6}A^{-3\pm4\sqrt{6}/3}/6C_0\dot{f}\left[\left(\frac{dx^1}{ds}\right)^2 + \left(\frac{dx^2}{ds}\right)^2 + \left(\frac{dx^3}{ds}\right)^2\right] - (2\mp\sqrt{6})C_5 g'^2/2C_0\dot{f}A\left(\frac{dx^5}{ds}\right)^2$$

$$-(2\mp\sqrt{6})C_6\overset{*}{h}{}^2/2C_0\dot{f}A\left(\frac{dx^6}{ds}\right)^2 = 0, \tag{3.4.20a}$$

式中 f, g, h 分别是 $f(x^0), g(x^5), h(x^6)$ 的缩写.

当 $k = 5, 6$ 时, 方程 (3.4.16) 可写为

$$\frac{d^2x^5}{ds^2} - (2\mp\sqrt{6})C_0\dot{f}^2/2C_5 g' A\left(\frac{dx^0}{ds}\right)^2 + (2\mp\sqrt{6})\frac{\dot{f}}{A}\frac{dx^0}{ds}\frac{dx^5}{ds}$$

$$\mp\sqrt{6}A^{-3\pm4\sqrt{6}/3}/6C_5 g'\left[\left(\frac{dx^1}{ds}\right)^2 + \left(\frac{dx^2}{ds}\right)^2 + \left(\frac{dx^3}{ds}\right)^2\right]$$

$$+\left[\frac{g''}{g'} + (2\mp\sqrt{6})g'/2A\right]\left(\frac{dx^5}{ds}\right)^2 + (2\sqrt{6})\frac{\overset{*}{h}}{A}\frac{dx^5}{ds}\frac{dx^6}{ds}$$

$$-(2\mp\sqrt{6})C_6\overset{*}{h}{}^2/2C_5 A g'\left(\frac{dx^6}{ds}\right)^2 = 0, \tag{3.4.21}$$

$$\frac{d^2x^6}{ds^2} - (2\mp\sqrt{6})C_0\dot{f}^2/2C_6 A\overset{*}{h}\left(\frac{dx^0}{ds}\right)^2 + (2\mp\sqrt{6})\frac{\dot{f}}{A}\frac{dx^0}{ds}\frac{dx^6}{ds}$$

$$\pm\sqrt{6}A^{-3\pm4\sqrt{6}/3}/6C_6\overset{*}{h}\left[\left(\frac{dx^1}{ds}\right)^2 + \left(\frac{dx^2}{ds}\right)^2 + \left(\frac{dx^3}{ds}\right)^2\right]$$

$$-(2\mp\sqrt{6})C_5 g'^2/2C_6 A\overset{*}{h}\left(\frac{dx^5}{ds}\right)^2 + (2\sqrt{6})g'/A\left(\frac{dx^5}{ds}\right)\left(\frac{dx^6}{ds}\right)$$

$$+\left[\frac{\overset{**}{h}}{\overset{*}{h}} + (2\mp\sqrt{6})\overset{*}{h}/2A\right]\left(\frac{dx^6}{ds}\right)^2 = 0. \tag{3.4.22}$$

由 (3.4.21), (3.4.22) 和 (3.4.20) 可以得到

$$C_5 g'\frac{dx^5}{ds} = C_0\dot{f}\frac{dx^0}{ds} + \alpha A^{-2\pm\sqrt{6}}, \tag{3.4.23}$$

$$C_6 \overset{*}{h} \frac{\mathrm{d}x^6}{\mathrm{d}s} = C_0 \dot{f} \frac{\mathrm{d}x^0}{\mathrm{d}s} + \beta A^{-2\pm\sqrt{6}}, \tag{3.4.24}$$
$$\alpha, \beta = \mathrm{const.}.$$

考虑到方程 (3.4.3), 我们进一步得到

$$\dot{f} \frac{\mathrm{d}x^0}{\mathrm{d}s} = -\frac{(\beta C_5 + \alpha C_6)A^{-2\pm\sqrt{6}}}{(C_0 C_5 + C_0 C_6 + C_5 C_6) \pm R}. \tag{3.4.25}$$

式中

$$R = \left\{ \frac{C_5 C_6 (A^{-2\pm\sqrt{6}} + A^{-2\pm\sqrt{6}/3} t_6^2)}{C_0(C_0 C_5 + C_0 C_6 + C_5 C_6)} \right.$$
$$\left. - \frac{[(\alpha-\beta)^2 C_0 C_5 C_6 + (\beta^2 C_5 + \alpha^2 C_6)C_5 C_6]A^{-4\pm2\sqrt{6}}}{C_0(C_0 C_5 + C_0 C_6 + C_5 C_6)^2} \right\}^{1/2}.$$

式中 $t_6^2 = t_x^2 + t_y^2 + t_z^2$.

把 (3.4.25) 代入 (3.4.23) 和 (3.4.24), 得到

$$g' \frac{\mathrm{d}x^5}{\mathrm{d}s} = \frac{[(\alpha-\beta)C_0 + \alpha C_0]A^{-2\pm\sqrt{6}}}{C_0 C_5 + C_0 C_6 + C_5 C_6} \pm \frac{C_0 R}{C_5}, \tag{3.4.26}$$

$$\overset{*}{h} \frac{\mathrm{d}x^6}{\mathrm{d}s} = \frac{[(\beta-\alpha)C_0 + \beta C_5]A^{-2\pm\sqrt{6}}}{C_0 C_5 + C_0 C_6 + C_5 C_6} \pm \frac{C_0 R}{C_6}. \tag{3.4.27}$$

由 (3.4.26), (3.4.27) 和 (3.4.25), 可以得到坐标 x^5 和 x^6 对时间的变化率. 这里虽然不能得出函数 $g(x^5)$ 和 $h(x^6)$ 的具体形式, 但可以预测到, $g(x^5)$ 和 $h(x^6)$ 一定有极值.

当第五维和第六维收缩到 $x^0 = x_{C_5}^0$ 和 $x^0 = x_{C^6}^0$ 时, 即当 x^5 和 x^6 分别取确定值 x_c^5 和 x_c^6 时, 可得 $y'(x^5) = 0, \overset{*}{h}(x^6) = 0$. 此时六维宇宙也就变为五维, 再变为四维宇宙了. 这时 (3.4.20a) 变为

$$\frac{\mathrm{d}^2 x^0}{\mathrm{d}s^2} + \left[\frac{\ddot{f}}{\dot{f}} + 2(2\mp\sqrt{6})\dot{f}A_c \right] \left(\frac{\mathrm{d}x^0}{\mathrm{d}s} \right)^2 \pm \sqrt{6}t_6^2 A_c^{-3\pm2\sqrt{6}/3}/6C_0\dot{f} = 0. \tag{3.4.20b}$$

式中

$$A_c = f(x_c^0) + g(x_c^5) + h(x_c^6) + K_0.$$

方程 (3.4.17)~(3.4.19) 和 (3.4.20b) 即为 4 维宇宙的运动方程 (其中 $A = A_c$).

当注意到第五和第六维度分别表示质量和电荷时, 上面的运动方程可能导致经典麦克斯韦方程, 因为方程中含有包括定值 Gm/c^2 和 $eG^{1/2}/c^2$ 的常数 A_c.

我们将看到, 所得到的六维宇宙真空解可以用来研究四维宇宙物理性质的起源. 下面我们从几个方面来讨论.

1. 早期宇宙

1) 度规

前面我们已给出六维宇宙的一个简单的真空解

$$e^\nu = C_0 \dot{f}^2 A^{2 \mp \sqrt{6}}, \quad e^\lambda = A^{\pm \sqrt{6}/3},$$

$$e^\mu = C_5 g'^2 A^{2\sqrt{6}}, \quad e^\eta = C_6 \overset{*}{h}{}^2 A^{2 \mp \sqrt{6}},$$

$$A \equiv f(x^0) + g(x^5) + h(x^6) + K_0,$$

$$C_0, C_5, C_6 = \text{const.}.$$

当 $g' = \overset{*}{h} = 0$ 时, 我们得到了四维宇宙. 这表明四维宇宙被嵌在六维宇宙的某个地方; 在那里, $g(x^5)$ 和 $h(x^6)$ 取极值, 变量 $x^5 = Gm/c^2$ 和 $x^6 = eG^{1/2}/c^2$ 不再变化 (成为常数 x_c^5 和 x_c^6). 这就是四维宇宙的诞生.

2) 宏观物体的能量–动量张量

宏观物体的能量–动量张量由第五维度的几何量决定

$$
\begin{aligned}
{}^{(m)}T_0^0 &= 3e^{-\nu}\dot{\lambda}\frac{\dot{\mu}}{4c^2} + 3e^{-\mu}\left(\overset{*}{\overset{*}{\lambda}} + \overset{*}{\lambda}{}^2 - \overset{*}{\lambda}\frac{\overset{*}{\mu}}{2}\right)2 \\
&= \frac{(-3 \pm \sqrt{6})}{2C_0 A^{4 \mp \sqrt{6}}} + \frac{(5 \mp 2\sqrt{6})}{2C_5 A^{4 \mp 6}}.
\end{aligned}
\tag{3.4.28}
$$

$$
\begin{aligned}
{}^{(m)}T_1^1 = {}^m T_2^2 &= {}^{(m)} T_3^3 = e^{-\nu}\left(\overset{\cdot\cdot}{\mu} + \frac{\dot{\mu}^2}{2} + \dot{\lambda}\dot{\mu} - \dot{\nu}\frac{\dot{\mu}}{2}\right)/2 \\
&+ e^{-\mu}\left(\overset{*}{\overset{*}{\nu}} + \overset{*}{\nu}{}^2/2 + 2\overset{*}{\overset{*}{\lambda}} + 3\frac{\overset{*}{\lambda}{}^2}{2} + \overset{*}{\nu}\overset{*}{\lambda} - \overset{*}{\lambda}\overset{*}{\mu} - \overset{*}{\nu}\frac{\overset{*}{\mu}}{2}\right)/2 \\
&= \frac{(-12 \pm 5\sqrt{6})}{6C_0 A^{4\sqrt{6}}} + \frac{(-3 \pm \sqrt{6})}{6C_5 A^{4\sqrt{6}}}.
\end{aligned}
\tag{3.4.29}
$$

能量–动量张量的一般形式为

$$
{}^{(m)}T_\beta^\alpha = (p + \varepsilon)\mu^\alpha u_\beta - \delta_\beta^\alpha p.
\tag{3.4.30}
$$

由 (3.4.29) 可得能量密度 ε 和压强 p

$$
\varepsilon = \frac{(-3 \pm \sqrt{6})}{2C_0 A^{4 \mp \sqrt{6}}} + \frac{(5 \mp 2\sqrt{6})}{2C_5 A^{4 \mp \sqrt{6}}},
\tag{3.4.31}
$$

$$
p = \frac{(12 \mp 5\sqrt{6})}{6C_0 A^{4 \mp \sqrt{6}}} + \frac{(3 \mp \sqrt{6})}{6C_5 A^{4 \mp \sqrt{6}}}.
\tag{3.4.32}
$$

ε 和 p 都是 x^0, x^5 和 x^6 的函数. 早期四维宇宙的状态方程为

$$
\frac{p}{\varepsilon} = \frac{(12 \mp 5\sqrt{6})C_5 + (3 \mp \sqrt{6})C_0}{3[(-3 \pm \sqrt{6})C_5 + (5 \mp 2\sqrt{6})C_0]}.
\tag{3.4.33}
$$

我们在得到宏观物体的状态方程的过程中, 并没有增加与压强和能量密度有关的其他方程. 这就是说, 第五维度的几何量在四维宇宙的诞生和自然现象的起源问题上都起着重要作用.

3) 电磁场的能量–动量张量

电磁场的能量–动量张量和第六维度的几何量有关

$$
^{(\mathrm{em})}T_0^0 = \mathrm{e}^{-\nu}\frac{(3\dot{\lambda}\dot{\eta} + \dot{\mu}\dot{\eta})}{4c^2} + \mathrm{e}^{-\mu}\left(\overset{**}{\eta} + \frac{\overset{*}{\eta}{}^2}{2} + 3\overset{*}{\lambda}\overset{*}{\eta}/2 \right.
$$

$$
\left. - \frac{\overset{*}{\mu}\overset{*}{\eta}/2}{2} \right) + \mathrm{e}^{-\eta}\left[3\ddot{\lambda} + 3\dot{\lambda}^2 + \ddot{\mu} + \frac{\dot{\mu}^2}{2} + 3\dot{\lambda}\frac{(\dot{\mu}-\dot{\eta})}{2} - \dot{\mu}\frac{\dot{\eta}}{2} \right]/2
$$

$$
= \frac{(2\mp\sqrt{6})}{2C_0}A^{4\mp\sqrt{6}} + \frac{(-5\pm 2\sqrt{6})}{2C_5}A^{4\mp\sqrt{6}}.
$$

$$
^{(\mathrm{em})}T_1^1 = {}^{(\mathrm{em})}T_2^2 = {}^{(\mathrm{em})}T_3^3
$$

$$
= \mathrm{e}^{-\nu}(\ddot{\eta} + \frac{\dot{\eta}^2}{2} + \dot{\lambda}\dot{\eta} + \dot{\mu}\dot{\eta}/2 - \dot{\nu}\dot{\eta}/2)/2c^2
$$

$$
+ \mathrm{e}^{-\mu}\left(\overset{**}{\eta} + \frac{\overset{*}{\eta}{}^2}{2} + \overset{*}{\lambda}\overset{*}{\eta} + \overset{*}{\nu}\overset{*}{\eta}/2 - \overset{*}{\mu}\frac{\overset{*}{\eta}/2}{2} \right)
$$

$$
+ \mathrm{e}^{-\eta}\left[\ddot{\nu} + \frac{\dot{\nu}^2}{2} + 2\ddot{\lambda} + \frac{3\dot{\lambda}^2}{2} + \ddot{\mu} \right.
$$

$$
+ \dot{\mu}^2/2 + \dot{\lambda}(\dot{\nu} + \dot{\mu} - \dot{\eta}) + \dot{\nu}(\dot{\mu} - \dot{\eta})/2 - \dot{\mu}\dot{\eta}/2 \Big]/2
$$

$$
= \frac{(3\mp\sqrt{6})}{6C_0}A^{4\mp\sqrt{6}} + \frac{(3\mp\sqrt{6})}{6C_5}A^{4\mp\sqrt{6}}. \tag{3.4.34}
$$

值得注意的是方程 (3.4.29) 和 (3.4.34) 只含有常数 C_0 和 C_5, 不含 C_6. 这表明第五维度的物理意义比第六维度更普遍. 既然人们认为引力是 4 种相互作用中最早诞生的, 那么我们就有理由把第五维度看作有物理意义的 —— 代表质量, 而给第六维度以电荷的意义. 由 $^{(\mathrm{em})}T_\alpha^\alpha$ 可得 $C_0 = (2\mp\sqrt{6})C_5/2$, 因此这个场是各向同性辐射场, 宇宙中充满了电磁辐射.

电磁场的能量–动量张量还可以用电磁场张量表示

$$
^{(\mathrm{em})}T_\beta^\alpha = \frac{1}{4\pi}\left(-F^{\alpha\lambda}F_{\beta\lambda} + \frac{\delta_\beta^\alpha F^{\lambda\mu}F_{\lambda\mu}}{4} \right). \tag{3.4.35}
$$

由 (3.4.34) 还不能解出 (3.4.35), 即使电磁场张量由四维势 A 定义为 $F_{\alpha\beta} = A_{\beta;\alpha} - A_{\alpha;\beta}$, 由现在的度规也不可能得到它的解.

不难发现

$$T_\beta^\alpha \equiv^{(\mathrm{m})} T_\beta^\alpha +^{(\mathrm{em})} T_\beta^\alpha$$

满足守恒条件

$$T_{\beta;\alpha}^\alpha = 0.$$

由 C_0 和 C_5 的关系式, 可以把状态方程写为

$$\frac{p}{\varepsilon} = \frac{1}{19}(9 \mp 2\sqrt{6}). \tag{3.4.36}$$

在四维宇宙中, 我们选择一个和适当的时间 τ, 标度因子 e^λ 可以写为

$$e^\lambda = \left\{ \left[(-2 \mp 2\sqrt{6})/C_5 \right]^{1/2} (4 \pm \sqrt{6})(\tau + K)/5 \right\}^{(6 \pm 4\sqrt{6})/15}.$$

常数 K 包含 x_c^5 和 x_c^6. 由于我们的宇宙正在膨胀, 所以 e^λ 表达式中应均有上面的符号. 状态方程为

$$\frac{p}{\varepsilon} = \frac{1}{19}(9 - 2\sqrt{6}) \approx 0.2,$$

这表明宇宙充满了热气体. 由此我们得出结论, 电磁辐射和热气体是早期宇宙的两个主要成分.

宇宙标度因子还显示 C_5 应取负号, 因此第五维坐标是类空的.

2. 球对称引力场

为了说明自然现象的起源, 我们把上述观点运用于球对称引力场.

1) 度规

度规的一般形式为

$$\mathrm{d}s^2 = \mathrm{e}^\nu \mathrm{d}x^{0^2} - \mathrm{e}^\lambda \mathrm{d}r^2 - r^2(\mathrm{d}\theta^2 + \sin^2\theta d\varphi^2) - \mathrm{e}^\mu \mathrm{d}x^{5^2} - \mathrm{e}^\eta \mathrm{d}x^{6^2}, \tag{3.4.37}$$

式中 ν, λ, η 是 $x^0, x^1(=r), x^5$ 和 x^6 的函数, x^2 和 x^3 分别为 θ 和 φ. 由前面的讨论可知, 第五维、第六维应是类空的, 不为零的爱因斯坦张量有 12 个, 它们是 $^{(5)}G_0^0, ^{(6)}G_1^0, ^{(6)}G_5^0, ^{(6)}G_6^0, ^{(6)}G_1^1, ^{(6)}G_5^1, ^{(6)}G_6^1, ^{(6)}G_2^2(=^{(6)}G_3^3, ^{(6)}G_5^5, ^{(6)}G_6^5, ^{(6)}G_6^6)$. 目前还没有找到真空场方程 $^{(6)}G_b^a = 0$ 的解, 下面的讨论将给出这个可能解必须满足的一些条件.

2) 宏观物体的能量–动量张量

宏观物体的能量–动量张量在五维引力中的形式已由 Fukui(1993) 讨论过. 六维引力理论中所有张量方程都与五维的不同, 这里只给出球对称引力场的状态方程

$$p = \frac{\varepsilon}{3} - \frac{c^4}{48\pi G} \quad \overset{*}{\nu}\overset{*}{\lambda}\mathrm{e}^{-\mu}. \tag{3.4.38a}$$

　　3)　电磁场的能量–动量张量

　　电磁场能量–动量张量的不为零分量为

$$^{(\text{em})}T_0^0 = \frac{1}{4c^2}(\dot{\mu}+\dot{\lambda})\dot{\eta}\mathrm{e}^{-\nu} - \mathrm{e}^{-\lambda}\left[\frac{1}{2}\eta'' + \frac{1}{4}\eta'^2 + \frac{1}{4}(\mu'-\lambda')\eta' + \frac{1}{r}\eta'\right]$$

$$- \frac{1}{2}\mathrm{e}^{-\mu}\left[\overset{**}{\eta}+\frac{1}{2}\overset{*}{\eta}^2+\frac{1}{2}(\overset{*}{\lambda}-\overset{*}{\mu})\overset{*}{\eta}\right] - \left\{\ddot{\lambda}+\ddot{\mu}+\frac{1}{2}(\dot{\lambda}^2+\dot{\mu}^2)+\frac{1}{2}[\dot{\lambda}\dot{\mu}-\dot{\eta}(\dot{\lambda}+\dot{\mu})]\right\},$$

$$^{(\text{em})}T_1^0 = \frac{-1}{2c}\mathrm{e}^{-\nu}\left[\dot{\eta}'+\frac{1}{2}\dot{\eta}\eta'-\frac{1}{2}\nu'\dot{\eta}\right],$$

$$^{(\text{em})}T_1^1 = \frac{1}{2c^2}\left[\ddot{\eta}+\frac{1}{2}\dot{\eta}^2-\frac{1}{2}(\dot{\nu}-\dot{\mu})\dot{\eta}\right] - \left[\frac{1}{4}(\nu'+\mu')\eta'+\frac{1}{r}\eta'\right]\mathrm{e}^{-\lambda}$$

$$- \frac{1}{2}\left[\overset{**}{\eta}+\frac{1}{2}\overset{*}{\eta}^2+\frac{1}{2}(\overset{*}{\nu}-\overset{*}{\mu})\overset{*}{\eta}\right]\mathrm{e}^{-\mu},$$

$$^{(\text{em})}T_2^2 = {}^{(\text{em})}T_3^3 = \frac{1}{2c^2}\left[\ddot{\eta}+\frac{1}{2}\dot{\eta}^2+\frac{1}{2}\dot{\mu}\dot{\eta}+\frac{1}{2}\dot{\eta}(\dot{\lambda}-\dot{\nu})\right]\mathrm{e}^{-\nu}$$

$$- \frac{1}{2}\left[\eta''+\frac{1}{2}\eta'^2+\frac{1}{2}\mu'\eta'+\frac{1}{2}\eta'(\nu'-\lambda')+\frac{1}{r}\eta'\right]\mathrm{e}^{-\lambda}$$

$$- \frac{1}{2}\left[\overset{**}{\eta}+\frac{1}{2}\overset{*}{\eta}^2+\frac{1}{2}\overset{*}{\lambda}\overset{*}{\eta}+\frac{1}{2}\overset{*}{\eta}(\overset{*}{\nu}-\overset{*}{\mu})\right]\mathrm{e}^{-\mu}$$

$$- \frac{1}{2}\left[\overset{\circ\circ}{\nu}+\overset{\circ\circ}{\lambda}+\ddot{\mu}+\frac{1}{2}(\dot{\nu}^2+\dot{\lambda}^2+\dot{\mu}^2)+\frac{1}{2}\dot{\nu}(\dot{\lambda}-\dot{\eta})\right.$$

$$\left. + \frac{1}{2}\dot{\lambda}(\dot{\mu}-\dot{\eta})+\frac{1}{2}\dot{\mu}(\dot{\nu}-\dot{\eta})\right]\mathrm{e}^{-\eta}. \tag{3.4.39}$$

由方程 (3.4.35) 可以得到

$$F_{01}=0, \quad F_{23}=0, \quad F^{02}F_{03}=-F^{12}F_{13},$$

$$F^{02}F_{02}-F^{03}F_{03}+F^{12}F_{12}-F^{13}F_{13}=0,$$

$$^{(\text{em})}T_0^0 = -{}^{(\text{em})}T_1^1 = \frac{-1}{4\pi}(-F^{02}F_{02}+F^{13}F_{13}),$$

$$^{(\text{em})}T_1^0 = \frac{-1}{4\pi}(F^{02}F_{12}+F^{03}F_{13}),$$

$$^{(\text{em})}T_2^2 = {}^{(\text{em})}T_3^3 = 0. \tag{3.4.40a}$$

一个可能的球对称解应该满足 (3.4.40a).

　　从推广的麦克斯韦方程可以得到四维矢量 J^α. 它满足连续性方程

$$J^\alpha_{;\alpha}=0.$$

它的各分量为

$$J^0 = -\frac{\cos\theta F_{02}\mathrm{e}^{-\nu}}{r^2\sin\theta},$$

$$J^1 = \frac{\cos\theta F_{12}\mathrm{e}^{-\lambda}}{r^2\sin\theta},$$

$$J^2 = \frac{\mathrm{e}^{-\nu}}{r}\frac{\partial F_{02}}{\partial x^0} + \frac{(\dot{\lambda}-\dot{\nu})F_{02}\mathrm{e}^{-\nu}}{2cr^2} - \frac{\mathrm{e}^{-\lambda}}{r^2}\frac{\partial F_{12}}{\partial x^1} + \frac{(\lambda'-\nu')F_{12}\mathrm{e}^{-\lambda}}{2r^2},$$

$$J^3 = \frac{\mathrm{e}^{-\nu}}{(r\sin\theta)^2}\frac{\partial F_{03}}{\partial x^0} + \frac{(\dot{\lambda}-\dot{\nu})F_{03}\mathrm{e}^{-\nu}}{2c(r\sin\theta)^2} - \frac{\mathrm{e}^{-\lambda}}{(r\sin\theta)^2}\frac{\partial F_{13}}{\partial x^1} + \frac{(\lambda'-\nu')F_{13}\mathrm{e}^{-\lambda}}{2(r\sin\theta)^2}. \quad (3.4.41)$$

当我们取 $F_{03}=F_{13}=0$ 时, 方程 (3.4.40) 变为

$$F_{02}^2 = 4\pi r^2 \mathrm{e}^{\nu\,(\mathrm{em})}T_0^0,$$

$$F_{12}^2 = 4\pi r^2 \mathrm{e}^{\lambda\,(\mathrm{em})}T_0^0,$$

$$[^{(\mathrm{em})}T_1^0]^2 = \mathrm{e}^{\lambda-\nu}[^{(\mathrm{em})}T_0^0]^2. \quad (3.4.40\mathrm{b})$$

由于 ν,λ,μ,η 都只是 x^0,x^1,x^5 和 x^6 的函数, 与 x^2 和 x^3 无关, 所以能量–动量张量 T_β^α 也只是 x^0,x^1,x^5 和 x^6 的函数. 于是这个场一定是球对称的. 方程 (3.4.40b) 通过 $^{(\mathrm{em})}T_0^0$ 也代表了一个围绕球对称物质的电磁场.

由能量–动量张量守恒定律还可以得到一些关系式. 由 $T_{0;\alpha}^\alpha = 0$ 得到

$$\frac{\partial T_0^0}{\partial x^0} - \frac{1}{2c}\dot{\lambda}(T_1^1 - T_0^0) - \mathrm{e}^{\nu-\lambda}\left[\frac{\partial T_1^0}{\partial r} + \left(\frac{3}{2}\nu' - \frac{1}{2}\lambda' + \frac{2}{r}\right)T_1^0\right] = 0.$$

由 $T_{1;\alpha}^\alpha = 0$ 得到

$$\frac{\partial T_1^0}{\partial x^0} - \frac{1}{2c}(\dot{\nu}+\dot{\lambda})T_1^0 + \frac{\partial T_1^1}{\partial r} + \left(\frac{\nu'}{2}+\frac{2}{r}\right)T_1^1,$$

$$-\frac{1}{2}\nu' T_0^0 - \frac{2}{r}T_2^2 = 0. \quad (3.4.42)$$

3. 结论

上面的讨论说明, 第五、第六维度的数学量可以解释 4 维宇宙中的物理性质.

第一段讨论使我们有可能研究一些物理量的起源, 第二段讨论使我们能够研究自然现象的起源. 我们把 $^{(6)}G_5^5$ 分为 $^{(4)}G_5^5 + H_5^5 + I_5^5$, 把 $^{(6)}G_6^6$ 分为 $^{(4)}G_6^6 + H_6^6 + I_6^6$, 再由 $^{(6)}G_b^a = 0$ 得到关系式

$$^{(4)}G_\alpha^\alpha = 2^{(4)}G_5^5 = 2^{(4)}G_6^6,$$

$$H_\alpha^\alpha = -H_5^5 + 3H_6^6. \quad (3.4.43)$$

式 (3.4.43) 可导致和 (3.4.38a) 一致的状态方程

$$\varepsilon - 3p = H_5^5 - 3H_6^6. \quad (3.4.38\mathrm{b})$$

对 $^{(6)}G_5^5$ 和 $^{(6)}G_6^6$ 有约束关系

$$I_5^5 = 3I_6^6, \quad (3.4.38\mathrm{c})$$

此式导致电磁场能量-动量张量是零迹的, 即

$$^{(\mathrm{em})}T_\alpha^\alpha = 0.$$

关系式 (3.4.38a)~(3.4.38c) 也许能在四维宇宙的物理性质和引力–电磁场的状态方程中得到体现. 在特殊情况下, $\mathrm{e}^\mu = \mathrm{e}^\nu = 1, \overset{*}{\nu}(= -\overset{*}{\lambda}) = \dot\nu(= -\dot\lambda) = 0$, 度规 (3.4.37) 是静态的, 此时四维 Schwarzschild 解的六维模拟解满足方程 $^{(6)}G_b^a = 0$. 在同样情况下, 四维 R-N 解的六维模拟解满足 $^{(6)}G_b^a = 0(a \geqslant 5, b \geqslant 5)$, 但不满足 $^{(6)}G_\beta^\alpha = 0$.

为了研究引力和电磁力, 我们引入了第五维和第六维坐标时带了 G 和 e, 就像爱因斯坦引入第四维时间坐标时带了常数 c 一样.

3.5　Einstein-Cartan 宇宙

本节讨论在 Einstein-Cartan 理论中的 Fridmann 宇宙模型. 讨论这一模型相对于宇宙常数 λ 和空间曲率变化的结构稳定性, 研究保守系和非保守系 (考虑黏滞性) 的情况.

R-W 度规为

$$\mathrm{d}s^2 = \mathrm{d}t^2 - a^2(t)\left[\frac{\mathrm{d}r^2}{1 - kr^2} + r^2(\mathrm{d}\theta^2 + \sin^2\theta\mathrm{d}\varphi^2)\right]. \tag{3.5.1}$$

设引力场源是有旋理想流体, 则有

$$\varepsilon - \frac{A}{a^6} = -\Lambda + \frac{3k}{a^2} + \frac{3\dot{a}^2}{a^2}, \tag{3.5.2}$$

$$p - \frac{A}{a^6} = \Lambda - \frac{2\ddot{a}}{a} - \frac{\dot{a}^2}{a^2} - \frac{k}{a^2} + \frac{2\alpha\dot{a}}{a}. \tag{3.5.3}$$

式中 α 是体黏滞系数 (滑动黏滞系数不考虑, 因为宇宙是各向同性的), $A = k^2 S_0^2 a_0^2/4$, S_0 和 a_0 是现在宇宙的参量. 采用单位系 $c = 1, k = \dfrac{8\pi G}{c^4} = 1$.

利用态方程 $p = \gamma\varepsilon, 0 \leqslant \gamma \leqslant 1$, 则上面二式可化为振动方程

$$\ddot{x} - \alpha\dot{x} - \frac{D^2\Lambda x}{3} + D(D-1)kx^{1-2/D} - D(3-D)\frac{Ax^{1-6/D}}{3} = 0. \tag{3.5.4}$$

式中 $x = a^{D(\gamma)}, D = 3(1+\gamma)/2$.

方程 (3.5.4) 在相空间 $(x, \dot{x})$ 中构成动力学方程组

$$\dot{x} = y,$$
$$\dot{y} = \frac{D^2\Lambda x}{3} + \alpha y - D(D-1)kx^{1-2/D} + D(3-D)\frac{Ax^{1-6/D}}{3}. \tag{3.5.5}$$

对于我们所研究的特殊情况 (辐射 $D=2$ 和尘埃 $D=3/2$) 上述方程组分别具有形式

辐射 $D=2$

$$\dot{x} = y,$$
$$\dot{y} = \frac{4\Lambda x}{3} + \alpha y - 2k + \frac{2Ax^{-2}}{3}; \tag{3.5.6}$$

尘埃 $D=3/2$

$$\dot{x} = y,$$
$$\dot{y} = \frac{3\Lambda x}{4} + \alpha y - \frac{3kx^{-1/3}}{4} + \frac{3Ax^{-3}}{4}. \tag{3.5.7}$$

我们借助于定性分析动力学系统的方法, 来研究 (3.5.6) 和 (3.5.7) 相对于 Λ 项和空间曲率的结构稳定性. 假定所研究的微分方程组中的参量有一个微小的扰动, 并要求相的几何形状的拓扑不变性.

$\alpha = 0$ 时, (3.5.5) 具有哈密顿

$$H(x,y) = -\frac{y^2}{2} + \frac{D^2\Lambda x^2}{6} - \frac{D^2kx^{2-2/D}}{2} - \frac{D^2Ax^{2-6/D}}{6}.$$

这个哈密顿的相曲线 $H(x,y) = \text{const.}$ 对就于 $(3.5.5)(\alpha = 0)$ 的第一积分

$$\frac{y^2}{2} + \left(-\frac{D^2\Lambda x^2}{6} + \frac{D^2kx^{2-2/D}}{2} + \frac{D^2Ax^{2-6/D}}{6} \right) = C.$$

我们在相平面上描述平直宇宙 $(k = 0)$ 中系统的解. 对于 $\Lambda > 0$[图 6-4(a)]

$$\dot{x} = y,$$
$$\dot{y} = D^2\Lambda x/3 + D(3-D)Ax^{1-6/D}/3;$$
$$D = 2: \quad y^2/2 = C + 2\Lambda x^2/3 - 2Ax^{-1}/3,$$
$$D = 3/2: \quad y^2/2 = C + 3\Lambda x^2/8 - 3Ax^{-2}/8.$$

对于 $\Lambda = 0$[图 6-4(b)]

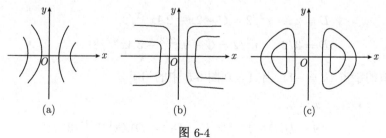

(a)　　　　　　　　　(b)　　　　　　　　　(c)

图 6-4

$$\dot{x} = y,$$
$$\dot{y} = D(3 - D)Ax^{1-6/D}/3;$$
$$D = 2: \quad y^2/2 = C - 2Ax^{-1}/3,$$
$$D = 3/2: \quad y^2/2 = C - 3Ax^{-2}/8.$$

对于 $\Lambda < 0$[图 6-4(c)]

$$\dot{x} = y,$$
$$\dot{y} = -D^2|\Lambda|x/3 + D(3 - D)Ax^{1-6D}/3;$$
$$D = 2: \quad y^2/2 = C - 2|\Lambda|x^2/3 - 2Ax^{-1}/3,$$
$$D = 3/2: \quad y^2/2 = C - 3|\Lambda|x^2/8 - 3Ax^{-2}/8.$$

由图 6-4 中可以看到, 在平直宇宙的情况下, 宇宙常数的变化引起相平面结构的本质变化. 值 $\Lambda = 0$ 是参量的相值, 我们得到结论, 在 Λ 的零值附近宇宙模型相对于小的变化具有结构不稳定性.

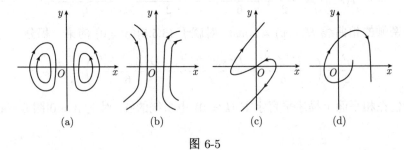

图 6-5

现在讨论弯曲效应. 当 $\Lambda \neq 0$, 很容易证明, 相的形象与平直模型没有区别. 对于闭合宇宙 $(k = +1)$, 当 $\Lambda = 0$(图 6-5(c))

$$\dot{x} = y,$$
$$\dot{y} = -D(D - 1)x^{1-2/D} + D(3 - D)Ax^{1-6/D}/3;$$
$$D = 2: \quad y^2/2 = C - 2x - 2Ax^{-1}/3,$$
$$D = 3/2: \quad y^2/2 = C - 9x^{2/3} - 3Ax^{-2}/8.$$

对于开放的宇宙 $(k = -1)$, 当 $\Lambda = 0$[图 6-5 中的 (b)]

$$\dot{x} = y,$$
$$\dot{y} = D(D - 1)x^{1-2/D} + D(3 - D)Ax^{1-6/D}/3;$$
$$D = 2: \quad y^2/2 = C + 2x - 2Ax^{-1}/3,$$

$$D = 3/2: \quad y^2/2 = C + 9x^{2/3}/8 - 3Ax^{-2}/8.$$

因此, 当 $\Lambda = 0$ 时, 弯曲效应改变了相平面的结构. 换言之, 平直模型相对于空间曲率的变化是结构不稳定的.

现在讨论考虑体黏滞系数的宇宙系统的一些解. 方程组 (3.5.5) 是非线性的, 具有复杂的奇点. 对于闭合宇宙 $(k = +1)$, 在 $\Lambda = 0$ 的情况下, 允许应用线性化程序.

对于辐射 $(D = 2)$

$$\dot{x} = y,$$
$$\dot{y} = \alpha y - 2 + 2Ax^{-2}/3.$$

在具有物理意义的区域 $x \geqslant 0$, 奇点是

$$x_0 = \sqrt{A/3}.$$

线性化方程

$$\ddot{\bar{x}} - \alpha \dot{\bar{x}} + 4\bar{x}\sqrt{A/3}/3 = 0$$

有解

$$x = C_1 e^{\lambda_1 t} + C_2 e^{\lambda_2 t}, \quad y = C_1 \kappa_1 e^{\lambda_1 t} + C_2 \kappa_2 e^{\lambda_2 t}.$$

式中 λ_1 和 λ_2 是特征方程

$$\lambda^2 - \alpha\lambda + 4\sqrt{3/A} = 0$$

的根, κ_1 和 κ_2 是 "分布系数" 方程

$$\kappa^2 - \alpha\kappa + 4\sqrt{3/A} = 0$$

的根.

对于相平面上的解, 可以考虑下面的情况.

1. λ_1 和 λ_2 是实的, 且同号

$$\lambda_{1,2} = \frac{1}{2}(\alpha \pm [\alpha^2 - 16\sqrt{3/A}]^{1/2}),$$

α 满足 $A > A_\alpha = 768/\alpha^4$. 这时有 $\lambda_1 > \lambda_2 > 0$, 且存在新的变量 (ξ, η), 使 $\dfrac{d\xi}{dt} = \lambda_1 \xi, \dfrac{d\eta}{dt} = \lambda_2 \eta, \eta = C\xi^a, a = \lambda_2/\lambda_1$. 初始坐标是不稳定节点类型的奇点.

方程组的通解 [图 6-5(a)] 为

$$x(t) = x_0 + C_1 e^{\lambda_1 t} + C_2 e^{\lambda_2 t}.$$

2. 根 λ_1 和 λ_2 是复共轭的

当 $0 < A < A_\alpha, A_\alpha = 768/\alpha^4$ 时出现这种情况, 此时有

$$\lambda_{1,2} = \frac{1}{2}\left[\alpha \pm \mathrm{i}(-\alpha^2 + 16\sqrt{3/A})^{1/2}\right] = a + \mathrm{i}b.$$

奇点 $(0,0)$ 是不稳定的焦点. 由于当 $\bar{x}, y$ 是实的时 ξ 和 η 是复共轭, 故可引入中间变换

$$\lambda_1 = a_1 + \mathrm{i}b_1, \quad \lambda_2 = a_1 - \mathrm{i}b_1,$$
$$\xi = u + \mathrm{i}v, \quad \eta = u - \mathrm{i}v,$$

在极坐标系中我们得到对数螺线簇

$$\frac{\mathrm{d}r}{\mathrm{d}\varphi} = \frac{a_1}{b_1}r, \quad r = C\exp\left(\frac{a_1}{b_1}\varphi\right).$$

当过渡到相平面 $(\bar{x}, y)$ 时, 螺线变形 [图 6-5(b)]. 通解为

$$x(t) = x_0 + Ce^{a_1 t}\sin(b_1 t + c_1),$$
$$a_1 = \mathrm{Re}\lambda, \quad b_1 = \mathrm{Im}\lambda.$$

3. 当 $A = A_\alpha = 768/\alpha^4$, 临界点是不稳定的节点

通解为 $\quad x(t) = x_0 + \exp(\alpha t/2)(C_1 t + C_2).$

在尘埃的情况下, 奇点 $x_0 = A^{3/8}$. 线性化方程为

$$\ddot{\bar{x}} - \alpha\bar{x} + 2\bar{x}\sqrt{1/A} = 0.$$

特征方程

$$\lambda^2 - \alpha\lambda + 2\sqrt{1/A} = 0$$

的根为

$$\lambda_{1,2} = \frac{1}{2}\left[\alpha \pm \left(\alpha^2 - 8\sqrt{\frac{1}{A}}\right)^{1/2}\right].$$

相的形象类似于辐射的情况 $(A_\alpha = 64/\alpha^4)$.

现在讨论当 $t \to \infty$ 时系统的渐近行为. 正如由相的形象看到的, 当 $\Lambda < 0, \alpha = 0$, 在闭合宇宙的情况下系统是周期性的, 不具有渐近行为. 当 $t \to \infty$ 时具有 $\Lambda > 0, \alpha = k = 0$ 的动力学系统由方程

$$\frac{\mathrm{d}^2 x}{\mathrm{d}t^2} - \frac{D^2 \Lambda x}{3} = 0$$

描述, 而渐近由下式表述:

$$x(t) = C_1 \exp\left(\sqrt{\frac{D^2 \Lambda}{3}} t\right) + C_2 \exp\left(-\sqrt{\frac{D^2 \Lambda}{3}} t\right).$$

相应地, 当 $\Lambda = 0, \alpha = k = 0$, 系统由方程

$$\frac{\mathrm{d}^2 x}{\mathrm{d}t^2} = 0$$

描述, 渐近为

$$x(t) = C_1 t + C_2.$$

当 $\Lambda = \alpha = 0, k = -1$, 由方程

$$\frac{\mathrm{d}^2 x}{\mathrm{d}t^2} = 2, \quad D = 2$$

描述, 渐近为

$$x(t) = (t - t_0)^2.$$

现在, 对于恒定体黏滞系数 $\alpha = \text{const.}$, 我们建立奇点的相图 (图 6-6). 半平面 (A, α) 上任一点对应一个宇宙模型, 式中

$$A = \frac{768(D-1)^3}{(3-D)\alpha^4}.$$

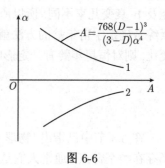

图 6-6

区域 $\alpha > 0$ 对应于不稳定的节点 (曲线 1 的上方) 和焦点 (曲线 1 和轴 OA 之间), $\alpha < 0$ 的区域对应于稳定的节点 (曲线 2 下方) 和焦点 (曲线 2 和轴 OA 之间). 奇点的种类由系统的线性化矩阵的本征值确定. 如果体黏滞系数是某个参量 δ(比如态方程中的 γ) 的函数. 则 δ 的变化引起线性化矩阵行列式的变化. 由图可见, 当参量 δ 取某些值 (相图的大小) 时, 曲线由一种类型奇点的区域过渡到另一种类型奇点的区域. 由图可见, 结构稳定性的要求导致研究非零黏滞系数的必要性. 因此, 在这类解中, 黏滞系数是稳定性的要素.

对本节的讨论作一小结:

(1) 所讨论的模型对于宇宙的变化 (在 $\Lambda = 0, \alpha = 0$) 是结构不稳定的.

(2) 具有 $k = \Lambda = 0$ 的模型对于空间曲率 k 的变化 (在 $\alpha = 0$) 是结构不稳定的.

(3) 宇宙常数是相图参量. 这说明即使宇宙项很小, 对于比较不同的理论模型和真实宇宙也起着重要作用. 因此, 在研究真实宇宙时, 必须考虑非零的宇宙项.

3.6 Dirac 假设

把自然界中的常数作一些组合, 按数量级有如下关系:

$$\frac{Rm_ec^2}{e^2} \sim \frac{e^2}{Gm_e^2} \sim \frac{hc}{Gm_pm_e} \sim \left(\frac{M}{m_p}\right)^{1/2} \sim 10^{40}. \tag{3.6.1}$$

式中 R 和 M 分别为现在的宇宙半径和相应的宇宙总质量. Dirac 认为这些数值关系不是偶然的, 是宏观量和微观量之间存在某种联系的结果. 这实际上可认为是马赫原理的推广. 就是把以局部物理规律为基础的惯性系作为宇宙普适参考系.

比如膨胀宇宙, R 随时间变化. 由 (3.6.1) 第一式可知, 如果设微观常数不变, 则引力常数 G 就要随时间变化: $G \sim R^{-1}$; 如果假设 G 不变, 则 $e \sim R^{1/4}$. 若 e 随时间变化, 则宇宙过去的原子光谱的精细结构就会改变. 由于铀等重原子核的静电能及 α 衰变几率不同, 所以原子核的衰变方式和寿命也会改变. 这样, 用放射性元素综合确定宇宙年龄的方法就会与用其他方法测得的结果不一致. 如果 G 随时间变化, 则对恒星年龄有一定影响. 现在还没有足够证据来否定这些可能的变化.

3.7 奇 点 定 理

在 3.3 节中已指出, 物理上合理的宇宙模型 (弗里德曼宇宙和 Bianchi 型宇宙) 都存在类空奇点. 通常人们是不喜欢有奇点的模型的, 因此总要设法避免奇点. 那么, 是否可以通过与高度对称性的偏离或其他途径避免奇点呢? 了解下面的定理是有益的.

根据第二篇 (3.11.24), 有

$$u_{\mu;\nu} = \omega_{\mu\nu} + \sigma_{\mu\nu} + \frac{1}{3}\theta(g_{\mu\nu} + u_\mu u_\nu) - \dot{u}_\mu u_\nu. \tag{3.7.1}$$

将上式代入恒等式

$$(u_{\mu;\nu;\tau} - u_{\mu;\tau;\nu})g^{\mu\nu}u^\tau = -R_{\mu\nu}u^\mu u^\nu, \tag{3.7.2}$$

并利用场方程, 我们得到

$$\frac{\mathrm{d}\theta}{\mathrm{d}\tau} = -\frac{\theta^2}{3} - \sigma_{\mu\nu}\sigma^{\mu\nu} - k(3p + \rho) + \omega_{\mu\nu}\omega^{\mu\nu} + \dot{u}^\mu_{;\mu}. \tag{3.7.3}$$

假设 $\rho + 3p \geqslant 0$, 则当旋速度和加速度等于零时, 由 (3.7.3) 可得

$$\frac{\mathrm{d}}{\mathrm{d}\tau}\left(\frac{1}{\theta}\right) \geqslant \frac{1}{3}. \tag{3.7.4}$$

由此可知, 若 $\theta > 0$, 则 θ^{-1} 在过去的某一时刻为零; 若 $\theta < 0$, 则 θ^{-1} 在将来的某一时刻为零. 由于膨胀速度 θ 是体积相对变化的量度, 因此我们得到定理: 在场源物质无旋、无加速且满足 (3.7.4) 的模型中一定存在奇点. 在弗里德曼模型中 $\theta = 3\dot{R}/R$, 这一奇点恰与 $R = 0$ 对应.

如果物质本身有旋, 但宇宙空间中存在无旋的类时短程线簇, 仍能得到类似的结论. 我们熟知, 两个指向未来的类时单位矢 u^μ 和 v^μ, 总满足 $u^\mu v_\mu \leqslant 1$. 由此根据场方程得到

$$R_{\mu\nu} v^\mu v^\nu \geqslant k(\rho + 3p)/2. \tag{3.7.5}$$

根据满足这些条件的短程线, 同样得到不等式 (3.7.5). 物理上试验粒子行为的奇异性对应于数学上空间的奇异性.

作为上述定理的推广, 可以证明, 如果宇宙在某段时间内是均匀的 (具有一个空间运动群), 对应的初值问题在初始曲面上有唯一解, 且所有类时 (或零) 矢量 v^μ 都满足条件 $R_{\mu\nu} v^\mu v^\nu > 0$, 则宇宙一定存在一奇点.

3.8 暗物质和暗能量

1. 宇宙动力学方程和临界密度

宇宙学原理告诉我们, 在宇宙学尺度上宇宙是均匀各向同性的. 其四维时空为 Robertson-Walker 度规所描述:

$$ds^2 = dt^2 - a^2(t) \left(\frac{dr^2}{1 - kr^2} + r^2 d\theta^2 + r^2 \sin^2 \theta d\varphi^2 \right), \tag{3.8.1}$$

式中 $a(t)$ 为宇宙标度因子, k 为一常数. 适当选择 r 的单位, 可以使 $k = +1, 0, -1$, 分别对立于正曲率空间、零曲率空间和负曲率空间, 即分别对立于闭合的、平直的和开放的宇宙.

宇宙物质的能量–动量张量通常写成理想流体的形式:

$$T_{\mu\nu} = (\rho + p) U_\mu U_\nu + p g_{\mu\nu}, \tag{3.8.2}$$

式中 ρ 和 p 分别为宇宙物质密度和压强, U_μ 为四维速度

$$U^0 = 1, \tag{3.8.3}$$

$$U^i = 0. \tag{3.8.4}$$

守恒定律表述为

$$T^{\mu\nu}; \nu = 0. \tag{3.8.5}$$

当 $\mu = i$, 上式显然成立; 当 $\mu = 0$, 上式成为

$$\mathrm{d}[a^3(\rho + p)] = a^3\mathrm{d}p, \tag{3.8.6}$$

或者

$$\mathrm{d}(\rho a^3) = -p\mathrm{d}(a^3). \tag{3.8.7}$$

对于最简单的状态方程

$$p = w\rho, \tag{3.8.8}$$

能量密度和宇宙标度因子的关系是

$$\rho \sim a^{-3(1+w)}. \tag{3.8.9}$$

对于辐射、物质和真空分别有

辐射

$$p = \frac{1}{3}\rho, \quad \rho \sim a^{-1}; \tag{3.8.10}$$

物质

$$p = 0, \quad \rho \sim a^{-3}; \tag{3.8.11}$$

真空

$$p = -\rho, \quad \rho = \text{const.}$$

由 Robertson–Walker 度规出发, 根据广义相对论, 我们可以得到 Ricci 张量的非零分量

$$R_{00} = -3\frac{\ddot{a}}{a},$$
$$R_{ij} = -\left(\frac{\ddot{a}}{a} + 2\frac{\dot{a}^2}{a^2} + 2\frac{k}{a^2}\right)g_{ij}. \tag{3.8.12}$$

Ricci 标量为

$$R = -6\left(\frac{\ddot{a}}{a} + \frac{\dot{a}^2}{a^2} + \frac{k}{a^2}\right). \tag{3.8.13}$$

爱因斯坦场方程

$$R_{\mu\nu} - \frac{1}{2}g_{\mu\nu}R = 8\pi G T_{\mu\nu} \tag{3.8.14}$$

的 00 分量就是弗里德曼方程

$$\frac{\dot{a}^2}{a^2} + \frac{k}{a^2} = \frac{8\pi G\rho}{3}, \tag{3.8.15}$$

场方程的 ii 分量是

$$2\frac{\ddot{a}}{a} + \frac{\dot{a}^2}{a^2} + \frac{k}{a^2} = -8\pi G\rho. \tag{3.8.16}$$

方程 (3.8.7), (3.8.15), (3.816) 由 Bianchi 恒等式相联系, 这三个方程中只有两个是独立的, 由 (3.8.15) 和 (3.8.16) 可以得到一个能直观表示宇宙膨胀加速度的方程

$$\frac{\ddot{a}}{a} = -\frac{4\pi G}{3}(\rho + 3p). \tag{3.8.17}$$

我们知道现在宇宙在加速膨胀, 即 $\ddot{a} > 0$, 这就要求 $\rho + 3p < 0$, 从而我们知道, 宇宙加速膨胀的条件是物态方程参数 $w < -1/3$.

宇宙膨胀的速度由哈勃常数描述, 它是这样定义的:

$$H \equiv \frac{\dot{a}}{a}. \tag{3.8.18}$$

哈勃常数其实并非常数, 而是随时间变化的. 哈勃常数 H_0 是哈勃常数的当前值.

弗里德曼方程可以写成下面的形式:

$$\frac{k}{H^2 a^2} = \frac{\rho}{\rho_c} - 1, \tag{3.8.19}$$

$$\rho_c \equiv \frac{3H^2}{8\pi G}. \tag{3.8.20}$$

由 (3.8.19) 可见, 宇宙空间的曲率完全取决于密度. 若密度大于临界密度 ρ_c, 则 k 是正的, 宇宙空间是弯曲且有限的; 若密度小于 ρ_c, 则 k 是负的, 宇宙空间是弯曲且无限的; 若密度等于 ρ_c, k 等于零, 宇宙空间是平直的、无限的.

我们定义一个无量纲密度参数

$$\Omega = \frac{\rho}{\rho_c}, \tag{3.8.21}$$

则弗里德量方程可写为

$$\frac{k}{H^2 a^2} = \Omega - 1, \tag{3.8.22}$$

显然, $\Omega > 1, \Omega = 1$ 和 $\Omega < 1$ 分别对应于 $k > 0, k = 0$ 和 $k < 0$.

2. 暗物质

1937 年, 弗里兹·札维奇 (Fritz Zwicky) 发现大星系团中的星系具有极高的运动速度. 要束缚住这些星系, 星系团的实际质量应该是观测到的恒量总质量的 100 多倍, 即有大量的暗物质存在. 为了简化, 下面我们用牛顿引力理论讨论旋涡星系的质量计算. 假定星系质量分布是球对称的, 设半径为 r 的球面以内的质量为 $M(r)$, 则距中心 r 处的恒量的轨道速率为

$$v(r) = \sqrt{\frac{GM(r)}{r}}. \tag{3.8.23}$$

随着距离球心的距离 r 的增大. 发光物质变得很稀少了, 这时应该可以认为 M 近于一个常量, 速度 v 就应该随半径 $r^{\frac{1}{2}}$ 下降. 然而实际的观测与此恰恰相反, 转

动曲线在距星系中心很远处并不下降, 而是维持一个恒定的速度. 据此我们可以推知, 一定有我们所看不见的暗物质晕在贡献其引力, 维持旋转速度 (图 6-7).

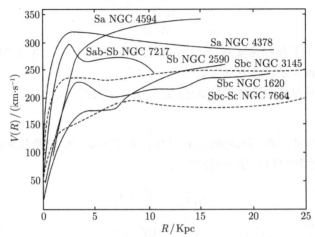

图 6-7　七个漩涡星系的旋转曲线, 它们在距离星系中心很远的地方依然维持恒定的速度, 说明星系被一个巨大的暗物质晕所包围

根据天文观测数据, 经过简单的计算得到, 发光物质对密度参数的现在值 Ω_0 的贡献

$$\Omega_{0L} \approx 0.5\% \tag{3.8.24}$$

人们用类似的牛顿动力学方法, 对星系团进行观测, 假定维里定理成立, 应用式 (3.8.23), 得到星系团对 Ω_0 的贡献为

$$10\% < \Omega_{0G} < 30\% \tag{3.8.25}$$

此式与 (3.8.24) 比较, 表明星系团中除发光物质以外还有大量暗物质.

20 世纪 80 年代提出的宇宙暴胀理论认为 $\Omega_0 \approx 1$, 后来的测量和计算都支持这一结论, 宇宙暴胀理论已得到公认. 式 (3.8.25) 表明星系团中的发光物质和暗物质的总和对 Ω_0 的贡献也只有 20% 左右, 与 $\Omega_0 \approx 1$ 比较, 人们认为除了星系团之类的成团物质之外, 还有 80% 的物质不成团, 甚至均匀分布于宇宙中. 这问题我们在下面一小节再继续讨论.

正是暗物质促成了宇宙结构的形成. 如果没有暗物质就不会形成星系、恒星和行星, 也就更谈不上今天的人类了. 宇宙尽管在大尺度上表现出均匀和各向同性, 但是在小一些的尺度上则存在着恒星、星系、星系团、巨洞以及星系长城. 在大尺度上主宰物质运动的力只有引力. 但是均匀分布的物质不会产生引力, 因此今天所有的宇宙结构必然源自于宇宙极早期物质分布的微小涨落, 这些涨落会在宇宙微波背景辐射 (CMB) 中留下痕迹. 然而, 普通物质不可能通过其自身的涨落形成实质上的结构而又不在宇宙微波背景辐射中留下痕迹, 因为在宇宙极早期普通物质还没有从辐射中退耦出来. 而暗物质不与辐射耦合, 其微小的涨落在普通物质退耦之前就放大了许多倍. 在普通物质退耦之后, 已经成团的暗物质就开始吸引普通物质, 进而形成了我们现在观测到的结构. 这一初始涨落的振幅非常非常小. 这样的物质是无热 (低速) 运动的非相对论性粒子, 因此称为冷暗物质.

对于先前提到的小扰动 (涨落), 为了预言其在不同波长上的引力效应, 小扰动谱必须具有特殊的形态. 为此, 最初的密度涨落应该是标度无关的. 也就是说, 如果我们把能量分布分解成一系列不同波长的正弦波之和, 那么所有正弦波的振幅都应该是相同的. 暴涨理论的成功之处就在于它提供了很好的动力学机制来形成这样一个标度无关的小扰动谱 (其谱指数 $n = 1$). WMAP 的观测结果证实了这一预言, 其观测到的结果为 $n = 0.99 \pm 0.04$.

现在已经知道了两种暗物质 —— 中微子和黑洞. 但是它们对暗物质总量的贡献是非常微小的. 最被看好的暗物质是低温无碰撞暗物质 (CCDM), 其粒子具有寿命长、温度低、无碰撞的特性. 寿命长意味着它的寿命必须与现今宇宙年龄相当, 甚至更长. 温度低意味着在退耦时它们是非相对论性粒子, 只有这样它们才能在引力作用下迅速成团. 由于成团过程发生在比哈勃视界 (宇宙年龄与光速的乘积) 小的范围内, 而且这一视界相对现在的宇宙而言非常小, 因此最先形成的暗物质团块或者暗物质晕比银河系的尺度要小得多, 质量也要小得多. 随着宇宙的膨胀和哈勃视界的增大, 这些最先形成的小暗物质晕会合并形成较大尺度的结构, 而这些较大尺度的结构之后又会合并形成更大尺度的结构. 其结果就是形成不同体积和质量的结构体系, 这是与观测相一致的. 相反的, 对于相对论性粒子, 如中微子, 在物质引力成团的时期由于其运动速度过快而无法形成我们观测到的结构. 因此中微子对暗物质质量密度的贡献是可以忽略的. 在太阳中微子实验中对中微子质量的测量结果也支持了这一点. 无碰撞指的是暗物质粒子 (与暗物质和普通物质) 的相互作用截面在暗物质晕中小得可以忽略不计. 这些粒子仅仅依靠引力来束缚住对方, 并且在暗物质晕中以一个较宽的轨道偏心率谱无阻碍地作轨道运动.

低温无碰撞暗物质 (CCDM) 被看好有几方面的原因. 第一, CCDM 的结构形成数值模拟结果与观测相一致. 第二, 作为一个特殊的亚类, 弱相互作用大质量粒子 (WIMP) 可以很好地解释其在宇宙中的丰度. 如果粒子间相互作用很弱, 那么在宇宙最初的万亿分之一秒它们是处于热平衡的. 之后, 由于湮灭它们开始脱离平衡. 根据其相互作用截面估计, 这些物质的能量密度大约占了宇宙总能量密度的 20%~30%. 这与观测相符.

3. 暗能量

自从 1929 年哈勃发现宇宙膨胀以来, 人们一直以为宇宙是减速膨胀的. 因为主宰宇宙物质运动的力是引力, 在引力作用下膨胀只能减速. 如同地面上一个坚直上抛的物体, 在重力作用下只能减速. 然而 1997 年 12 月, 作为大红移超新星搜索小组成员的哈佛大学天文学家 R. 基尔希纳的观测结果显示, 宇宙膨胀不是减速而是在加速. 1998 年, S. 玻尔穆特和 B. 史密特两个小组利用 Ia 型超新星作标准烛光, 精确测量距离－红移关系, 发现宇宙在加速膨胀. 这一事实告诉我们, 宇宙中除了普通物质之外, 还有一种一直未被人们发现的能量, 这种能量会产生斥力, 从而推动宇宙加速膨胀. 芝加哥大学的 M. 特纳给这种能量起了个名字, 叫暗能量. 后来更多的天文观测, 如新的超新星探测, 斯隆数字巡天得到的宇宙大尺度结构, 威尔金森宇宙微波背景辐射各向异性探测器 WMAP(Wilkinson Microwave Anisotrope Probe) 的观测, 都证实了暗能量的存在, 并且使它成为标准宇宙模型的一部分.

因为维里 (Virial) 观测到宇宙微波背景辐射的各向异性和黑体谱, 进一步支持了标准宇宙模型, 获得了 2006 年诺贝尔物理学奖.

暗能量是一种不可见的巨大的能量, 在宇宙总物质中约占 73%, 足以主宰宇宙的运动. 它与普通物质和暗物质都有本质的不同, 它产生负压强而且均匀分布于宇宙中. 普通物质和暗物质的压强都是非负的.

暗能量是近年来宇宙学研究中一个具有里程碑意义的重大成果. 支持暗能量主要证据有二: 一是观测发现宇宙在加速膨胀. 按照爱因斯坦场方程 (3.8.17), 加速膨胀要求 $p/\rho < 0$, 导致具有负压强的暗能量; 二是由 WMAP 给出的宇宙中物质总密度的精确测定结果: 普通物质和暗物质加起来只占 27%, 仍有 73% 的短缺. 这一短缺的物质就是暗能量.

由于 WMAP 的精密数据和超新量 Ia 的观测数据, 人们确认以下观测结果:

(1) 宇宙总密度参数 $\Omega_0 = 1.02 \pm 0.02$, 即宇宙几近平直;

(2) 宇宙年龄是 137 ± 2 亿年;

(3) 哈勃常数 $H_0 \approx 0.71 \pm 0.01 \mathrm{km} \cdot \mathrm{s}^{-1} \cdot \mathrm{Mpc}^{-1}$;

(4) 宇宙总质量 (100%)$\approx$ 重子 + 轻子 (4.4%)+ 热暗物质 ($\leqslant 2\%$)+ 冷暗物质 ($\approx 20\%$)+ 暗能量 (73%).

暗能量的一个很重要的参数, 就是它的物态方程参数 w. 由 (3.8.17) 可知, 只有当 $p + 3p < 0$ 时, 才会得到加速膨胀, 即 $\ddot{a} > 0$, 此时对于特态方程 $p = w\rho$, 其参数 $w < -1/3$. 因而各种暗能量模型都必须满足 $w < -1/3$ 的条件, 同时由观测确定的 w 的值又成为检验各种暗能量模型的标准. 例如利用 WMAP 和 SNLS(supernova legacy survey) 可以给暗能量的物态方程参数一个很强的限制: $w = -0.967^{+0.073}_{-0.072}$.

一些主要的暗能量候选者有以下几个:

1) 宇宙学常数

爱因斯坦根据广义相对论构建第一个宇宙模型时, 人们尚不知道宇宙膨胀这一事实, 因而爱因斯坦引入了宇宙学常数, 试图构建一个静态的宇宙模型. 引入宇宙

学常数后, 场方程变为如下形式:

$$R_{\mu\nu} - \frac{1}{2}g_{\mu\nu}R - \Lambda g_{\mu\nu} = 8\pi G T_{\mu\nu}.$$

将 $\Lambda g_{\mu\nu}$ 项移到方程的右边, 可以看出, 宇宙学常数其实提供了一个等效的能量–动量张量. 它的能量密度和压强分别是

$$p_c = \frac{\Lambda}{8\pi G} \tag{3.8.26}$$

$$p_c = -\frac{\Lambda}{8\pi G} \tag{3.8.27}$$

由此可知, 相应的物态方程参数 $w = -1$. 实际上用宇宙常数构造的静态宇宙是不稳定的, 只要变大一点就会导致斥力增大和引力减小, 从而使膨胀加速. 这恰好符合现在观测到的宇宙加速膨胀的事实.

然而, 用宇宙学常数解释宇宙的加速膨胀尚有两个疑难问题. 第一个问题是宇宙常数问题, 第二个问题称为巧合 (coincidence) 问题. 由量子场论可以计算真空能, 所得到的形式与宇宙学常数给出的能量–动量张量相同, 因此可以把二者作为等效的宇宙学常数或等效真空能处理. 但是由 WMAP 给出的等效真空能为

$$p_c^{\text{obs}} = 10^{-47}\text{GeV}^4, \tag{3.8.28}$$

理论预言值为

$$p_c^{\text{th}} = 10^{74}\text{GeV}^4, \tag{3.8.29}$$

两者相差上百个数量级.

所谓巧合问题, 是指的今天的物质密度与真空能密度恰好处在同一个量级. 由于两者随宇宙膨胀的演化规律不同, 所以需要在极早期对宇宙的初始条件进行精细的微调 (fine-tuning).

2) Quintessence

Quintessence 是通过引入一个标量场来构造的暗能量模型. 它的拉氏量为

$$\mathscr{L} = \sqrt{-g}\left[\frac{1}{2}\partial_\mu\phi\partial^u\phi - V(\phi)\right], \tag{3.8.30}$$

式中 $V(\phi)$ 是势. 度规取平直的 R-W 度规. 由拉氏量变分就可得到 Quintessence 的运动方程

$$\ddot{\phi} + 3H\dot{\phi} + V'(\phi) = 0. \tag{3.8.31}$$

上面的撇号表示对 ϕ 求导. 由理想流体的能量–动量张量形式, 得到 Quintessence 的能量密度和压强分别是

$$\rho_q = \frac{1}{2}\dot{\phi}^2 + V, \tag{3.8.32}$$

$$p_q = \frac{1}{2}\dot{\phi}^2 - V. \tag{3.8.33}$$

由此我们可以得到它的物态方程参数

$$w = \frac{\frac{1}{2}\dot{\phi}^2 - V}{\frac{1}{2}\dot{\phi}^2 + V}. \tag{3.8.34}$$

势函数 $V(\phi)$ 取不同形式, 则 w 可在 0 到 -1 之间变化. 并且一般来说, w 不再是一个常数, 而是变化的. 作为一个动力学模型, Quintessence 可以解决巧合问题. 这是一个被公认的候选者, 可认为是继夸克、轻子、中间破色子和非重子暗物质之后的第五原质.

除了 Quintessence 以外, 还有一些不同的暗能量候选者, 下面介绍两种.

3) Phantom Quintessence 虽然能够实现 $w < -1/3$, 从而解释宇宙加速膨胀, 但是实测表明, w 也很有可能是小于 -1 的. 因此 Caidwell 于 2002 年提出 Phantom. Phantom 也引入了一个标量场, 但与 Quintessence 不同的是, 它的动能项是负的. Phantom 的拉氏量是

$$\mathscr{L} = \sqrt{-g}\left[-\frac{1}{2}\partial_\mu\phi\partial^\mu\phi - V(\phi)\right] \tag{3.8.35}$$

它的能量密度和压强分别是

$$\rho_Q = -\frac{1}{2}\dot{\phi}^2 + V, \tag{3.8.36}$$

$$p_Q = -\frac{1}{2}\dot{\phi}^2 - V. \tag{3.8.37}$$

因而它的物态方程参数为

$$w = \frac{-\frac{1}{2}\dot{\phi}^2 - V}{-\frac{1}{2}\dot{\phi}^2 + V}. \tag{3.8.38}$$

很明显地, 与 Quintessence 相比, Phantom 可以实现 $w < -1$. 由于 $w < -1$, Phantom 具有很有趣的性质. 例如, Phantom 的能量密度是随着宇宙膨胀而增加的. 还有一种新的宇宙结局的可能性 "Big Rip". 哈勃膨胀只是星系退行, 作为引力束缚体的星系本身是并不膨胀的. 然而 Phantom 导致的 "Big Rip" 却可以将星系、恒星、行星等引力束缚体全部撕裂.

4) Quintom

Quintessence 和 Phantom 虽然可以分别实现 $w > -1$ 和 $w < -1$, 但是却不能实现 w 穿越 -1. 为了解决这个问题 Quintom 被提了出来. Quintom 实际是由 Quintessence 和 Phantom 两场构成的. 它的拉氏量是

$$\mathscr{L} = \sqrt{-g}\left[-\frac{1}{2}\partial_\mu\phi_1\partial_\mu\phi_1 + \frac{1}{2}\partial_\mu\phi_2\partial^\mu\phi_2 - V(\phi_1,\phi_2)\right], \tag{3.8.39}$$

它的物态方程参数为

$$w = \frac{-\dfrac{1}{2}\dot{\phi}_1^2 + \dfrac{1}{2}\dot{\phi}_2^2 - V(\phi_1, \phi_2)}{-\dfrac{1}{2}\dot{\phi}_1^2 + \dfrac{1}{2}\dot{\phi}_2^2 + V(\phi_1, \phi_2)}. \tag{3.8.40}$$

可见 Quintom 可以实现物态方程参数 w 穿过 -1.

第七篇　宇宙的暴胀

　　大爆炸宇宙模型已经为人们普遍接受, 故被称为标准宇宙模型. 然而大爆炸宇宙模型在宇宙演化的极早期还存在四个疑难问题: 奇点问题、视界问题、平直性问题和磁单极问题. 本章阐述的宇宙暴胀理论可以解决四个问题中的后三个. 剩下的奇点问题是第八篇量子宇宙学讨论的内容.

第 1 章　暴胀宇宙模型概述

1.1　标准 (大爆炸) 宇宙模型的成就和困难

大爆炸宇宙模型成功地解释了自 $t = 10^{-2}$s (轻核形成) 至 $t = 10^{10}$ 年 (现在) 宇宙演化阶段的观测事实. 其中包括元素的起源 (氦丰度测量)、星系光谱的宇宙学红移、3K 微波背景辐射、星系计数、宇宙大尺度的均匀各向同性等. 因此, 大爆炸宇宙模型是普遍被人们所接受的. 与其他宇宙模型相比, 它是最成功的宇宙模型, 所以人们称之为标准宇宙模型.

然而, 大爆炸宇宙模型也有它的困难, 就是在 $t = 0$(大爆炸奇点) 到 $t = 10^{-10}$s 这一极早期演化阶段中的四个问题: 奇点问题、视界问题、平直性问题、磁单极问题.

第一个问题是奇点问题. 正如第六篇 3.7 节所论证的, 根据爱因斯坦引力理论和宇宙学原理, 以及哈勃定律和强能量条件 $\rho + 3p \geqslant 0$, 必然导致一个结论: 宇宙必然存在一个内禀的过去类空奇点 $(t = 0, R = 0)$. 在奇点处, 温度、能量和物质密度都等于无限大, 这是没有物理意义的, 是物理学家最讨厌的. 这一问题 (宇宙的创生) 我们留在第八篇 (量子宇宙学) 详细讨论.

后面三个问题 (视界问题、平直性问题、磁单极问题) 都可以由宇宙暴胀 (inflation) 的引入而得到解决.

为了说明这三个问题的内容, 我们首先对极早期宇宙作简单的讨论.

我们考虑 10^{-10}s $> t > t_{\rm p} \sim 10^{-43}$s 这一宇宙演化的极早期, 这时对应的宇宙温度为 $T_{\rm p} \sim 10^{32}$K $> T > 10^{15}$K, 相应的能标为 $m_{\rm p} \sim 10^{19}$GeV $> E > 10^2$GeV. 这时宇宙处于辐射为主的时期, 与极端相对论粒子的情况相同, 都有

$$p = \frac{\rho}{3}, \quad \rho \sim [R(t)]^{-4}. \tag{1.1.1}$$

由此可得

$$p \sim [R(t)]^{-4}, \quad p[R(t)]^4 = \lambda = \text{const}. \tag{1.1.2}$$

由于 $TR(t) = \text{const}.$ 可知

$$\rho \sim T^4. \tag{1.1.3}$$

考虑到极端相对论粒子的静止质量为零, 由量子统计得到

$$\rho = \frac{\pi^2}{30} N(T) T^4. \tag{1.1.4}$$

式中 $N(T) = N_b + \dfrac{7}{8}N_f$, N_b 和 N_f 分别为玻色子和费米子的手征态数目. 熵密度为

$$s = \frac{4}{3}\frac{\rho}{T} = \frac{2\pi^2}{45}N(T)T^3, \tag{1.1.5}$$

粒子数密度为

$$n = \frac{\zeta(3)}{\pi^2}\left(N_b + \frac{3}{4}N_f\right)T^3. \tag{1.1.6}$$

式中 $\zeta(3)$ 为 Riemam-Zeta 函数. 由 (2.6.5) 和 (1.1.1) 得到

$$\frac{\dot{R}^2(t)}{R^2(t)} = H^2 = \frac{8\pi}{3}\rho - \frac{k}{R^2(t)} \approx \frac{8\pi}{3}\frac{\lambda}{R^4(t)}, \tag{1.1.7}$$

积分得

$$R(t) = \left(\frac{32\pi\lambda}{3}\right)^{1/4}t^{1/2}. \tag{1.1.8}$$

考虑到 (1.1.3), 将 (1.1.4) 代入 (2.6.5), 得到

$$\frac{\dot{T}^2}{T^2} + \varepsilon(T)T^2 = \frac{4\pi^3}{45}N(T)T^4,$$

$$\varepsilon(T) = \frac{k}{R^2(t)T^2} = k\left[\frac{2\pi^2 N(T)}{45SR^3(t)}\right]^{2/3}. \tag{1.1.9}$$

类似于得到 (1.1.8), 由 (1.1.9) 得到

$$T = \left[\frac{90}{32\pi^3 N(T)}\right]^{1/4}t^{-1/2}. \tag{1.1.10}$$

下面我们说明标准宇宙模型在宇宙极早期存在的三个问题.

1. 视界问题

我们现在 (图 7-1 中的 O 点) 所接收到的宇宙中过去的信息, 都只能来自我们的**过去光锥**之内. 如图所示, 我们接收到的来自相反方向的两个辐射信号只能发自图中的 M 和 N 两个时空点, 这两点的过去光锥并不相交. 由于信息有一个最大传播速度 (真空光速 c), 所以在大爆炸起源的宇宙内, 在时刻 t, 任意两点 (如二星系) 间的距离大于 $D = 2ct$. 这两点在小于 t 的时间内从未发生过因果联系.

$$D = 2ct \tag{1.1.11}$$

叫做**视界距离**. 由于视界距离 D 正比于时间 t, 而宇宙半径 R 正比于 $t^{1/2}$, 故在宇宙极早期 ($t \ll 1s$) 有 $D < R$. 即视界距离小于宇宙半径. 例如, 当 $t \sim 10^{-39}$s 时有

$$\frac{R}{D} \sim 10^{20}. \tag{1.1.12}$$

这就是说, 当 $t \sim 10^{-39}$s 时, 宇宙中至少存在 10^{20} 个无因果联系的区域.

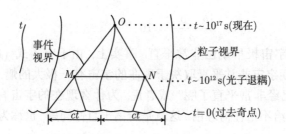

图 7-1

考虑方向相反的两个微波天线, 接收到了发自 $t \sim 10^{12}$s 时的两个辐射源的微波信号, 由于宇宙大尺度的均匀各向同性, 这两个辐射源之间的距离应为视界距离的 90 倍. 这当然是不可能的. 所以, **在宇宙极早期, 宇宙大尺度的均匀各向同性是和视界的存在不相容的**. 这就是大爆炸宇宙模型的第二个困难 —— 视界问题.

2. 平直性问题 (熵疑难)

引入参量 $\Omega = 2q_0$, 根据 2.3 节的计算, 有

$$\Omega = \frac{\rho_0}{\rho_c} = \frac{8\pi\rho_0}{3H^2} = \frac{4\pi^3 N(T)T^2}{45\varepsilon}. \tag{1.1.13}$$

ρ_0 为现在的宇宙物质密度. 由目前观测资料有

$$0.1 < \Omega < 4, \ \rho_0 \leqslant 10\frac{3H_0^2}{8\pi}. \tag{1.1.14}$$

在极早期, 宇宙物质的熵主要来源于光子和三种中微子. 利用熵守恒, 和总熵

$$S_0 = S_0 R^3(t_0) = \frac{2\pi^2 N(T_0)}{45}R^3(t_0)T_0^3, \ T_0 \approx 2.7\text{K},$$

可以得到目前宇宙的总熵

$$S_0 \geqslant 10^{90}. \tag{1.1.15}$$

又由 (1.1.13) 可得

$$\frac{\rho - \rho_c}{\rho} = \frac{45}{4\pi^3 N(T)T^2}\left[\frac{k}{R^2(t)T^2}\right]. \tag{1.1.16}$$

考虑到 $t \approx t_{\text{p}}$ 时宇宙的物质状态情况, $N(T) \sim 10^2$, 利用式

$$\frac{k}{R^2T^2} = k\left[\frac{2\pi^2}{45}\frac{N(T)}{S}\right]^{2/3}, \tag{1.1.17}$$

可以得到普朗克时期宇宙物质密度 ρ 满足

$$\frac{|\rho - \rho_c|}{\rho} < 10^{-58}, \tag{1.1.18}$$

这表明 $\rho \approx \rho_c$, 即宇宙极早期已非常平直. 事实上, 由于有了式 (1.1.15), 才有式 (4.1.18), 即极早期宇宙非常平直取决于现在的宇宙有一极大的熵. 那么, 为什么宇宙在极早期就已经非常平直了呢? 或者说, 为什么现在的宇宙有这么大的熵呢? 大爆炸宇宙模型给不出任何理由. 这就是所谓平直性问题, 也称为熵疑难.

3. 磁单极问题

特霍大特和玻利雅可夫 ('tHooft-Polyakov) 曾证明, 任何一个单群 [如 $SU(5)$] 自发破缺到 $SU(3) \times SU(2) \times U(1)$ 时一定要出现磁单极 (非阿贝尔磁单极). 可以证明, 磁荷

$$g_{na} = \frac{hc}{e} = 2g_a,$$
$$m \sim 10^{16} \text{GeV} \sim 10^{-8} g.$$

式中 g_{na} 和 g_a 分别表示非阿贝尔磁单极和阿贝尔磁单极的磁荷.

磁单极是联结不同希格斯 (Higgs) 场真空平均值的拓扑结 (拓扑孤子). 这表示真空简并或出现畴状真空 (真空泡) 时, 在不同真空泡的交接处要出现磁单极.

每个真空泡 (畴) 的线度 l, 应该不大于因果关联区的长度 D

$$l \leqslant D = 2ct. \tag{1.1.19}$$

由此可知, 磁单极密度 n_{m} 应满足

$$n_{\mathrm{m}} \sim \frac{1}{l^3} \geqslant \frac{1}{8c^3t^3}. \tag{1.1.20}$$

现在, $t = t_0$, 代入上式得到

$$\frac{n_{\mathrm{m}}}{n_{\gamma}} \geqslant 10^{-12}, \quad n_{\gamma} \sim 4 \times 10^3 \text{cm}^{-3},$$
$$n_{\mathrm{m}} \geqslant 4 \times 10^{-9} \text{cm}^{-3} \sim \frac{1}{m_{\mathrm{m}}^3}.$$

于是得到磁单极的质量密度

$$\rho_{\mathrm{m}} = n_{\mathrm{m}} \cdot m_{\mathrm{m}} \geqslant 4 \times 10^{-17} g \cdot \text{cm}^{-3},$$
$$\frac{\rho_{\mathrm{m}}}{\rho_{\mathrm{c}}} \sim 10^{12}. \tag{1.1.21}$$

但是实际观测的结果是

$$\frac{n_{\mathrm{m}}}{n_{\gamma}} < 2 \times 10^{-28}, \tag{1.1.22}$$

而且

$$0.1 < \frac{\rho_0}{\rho_{\mathrm{c}}} < 4. \tag{1.1.23}$$

理论与实测不一致, 这就是大爆炸宇宙模型的第四个困难问题 —— 磁单极问题.

1.2 暴胀宇宙模型概述

1. 大统一相变

1980 年, 麻省理工学院的古什 (Alan H.Guth) 提出了一个暴胀宇宙模型: 1982 年, 林德 (Linde) 等又作了改进. 暴胀宇宙模型解决了 1.1 节所讲的大爆炸宇宙模型的三个困难问题. 这一模型和大爆炸模型的区别在于, 它认为宇宙极早期经历了一个非常短暂而又非常迅速的膨胀阶段. 这一暴胀阶段只持续了大约 10^{-30}s. 在这段时间里宇宙增大了 10^{30} 倍. 为什么会出现这样的暴胀呢? 由于暴胀宇宙是对原有的大爆炸宇宙模型的改进, 所以我们还是从大爆炸模型说起.

按大爆炸宇宙模型, 在宇宙的极早期 ($10^{-43} \sim 10^{-35}$s), 宇宙处于超高能状态 ($10^{19} \sim 10^{15}$GeV), 粒子物理学中的三种基本相互作用 (强、电磁、弱) 应统一为一个只含一个耦合常数的基本相互作用, 这就是大统一理论 (GUT). 当能标为 $10^{19} \sim 10^{15}$GeV 时, $SU(5)$ 大统一理论成立; 当能标 $\sim 10^{15}$GeV 时 ($t \sim 10^{-35}$s, $T \sim 10^{28}$K), $SU(5)$ 对称性破缺为 $SU(3) \times SU(2) \times U(1)$. 至于对称性破缺的原因, 规范场理论认为关键在于真空. 场方程的对称性总是保持的, 真空的对称性破缺 (真空简并, 不唯一, 出现畴状真空) 引起不可观测到的物理规律的对称性破缺.

理论上, 用一个标量场 φ(Higgs 场) 的基态来描述真空. 考虑到真空涨落 (单圈) 和温度效应后, 宇宙的有效势 (希格斯有效势) 如图 7-2 所示.

暴胀宇宙模型的主要思想是, 宇宙在大统一时间 ($t \sim 10^{-35}$s) 附近发生的对称性破缺相变是一级相变. 如图 7-2 所示, 在零温 ($T = 0$) 时, $\varphi = \sigma$, $V(\varphi)$ 有一个整体极小, 这是一个对称真空——**真真空**. 对于现在, 非零温 ($T \approx 2.7$K),

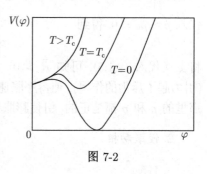

图 7-2

宇宙这一标量场围绕真真空值有一微小的涨落 ($\leqslant 10^{-45}$GeV). 有效势 V 和宇宙常数 λ 之间存在关系式

$$\lambda = 8\pi V(\sigma). \tag{1.2.1}$$

由于现在 λ 很小, 所以可设 $V(\sigma) = 0$. 另外, $T = 0$ 的有效势还有一个局部极小 $V|_{\varphi=0}$, 这是一个**假真空**.

设发生一级相变的温度为 T_c, 即当 $T > T_c$ 时, $V(\varphi)$ 有一整体极小; 当 $T \to T_c$ 时, 在 $\varphi \neq 0$ 处出现一个极小, 其有效势的值与假真空的相近, 在 $T = T_c$ 时这两个极小是简并的. 在 $T \ll T_{\mathrm{c}}$ 的情况下, 自发对称破缺 ($\varphi = \sigma$) 的极小为有效势的整体极小. $SU(5)$ 大统一理论的有效势恰好具有上述性质. 这就是说, 当 $T \gg T_{\mathrm{c}}$ 时, $\varphi = 0$ 为有效势的整体极小; 温度继续降低, 一直到 $T \geqslant T_{\mathrm{c}}$ 之前, 宇宙一直处于 $\varphi = 0$ 的假真空态, 并按大爆炸模型 ($R \sim t^{1/2}$) 演化. 当 $T < T_{\mathrm{c}}$ 时, 对称破缺的真真空态对应的极小 ($\varphi = \sigma$) 远小于假真空态对应的极小 ($\varphi = 0$), 真空能量密度远大于辐射能量密度, 于是宇宙处于假真空过冷状态 (亚稳态), 最后因低温破缺态的泡的自发形成而衰变, 借助于量子隧道效应, 贯穿势垒, 宇宙由假真空态跃迁到真真空态, 放出潜能 ρ_0, 实现一级相变. 当 $T_{\mathrm{H}} < T < T_{\mathrm{c}}$(式中 $T_{\mathrm{H}} = H/2\pi k$ 是 Hawking 辐射温度) 时, 可证明真空能密度 ρ_{v} 远大于辐射能密度 ρ_{γ}, 宇宙物质密度 $\rho = \rho_{\mathrm{v}} + \rho_{\gamma} \approx \rho_{\mathrm{v}} = \mathrm{const}$. 此常数值即 $V(0)$, 由大统一理论确定. 略去曲率项, 弗里德曼方程为

$$\frac{\dot{R}}{R} = \left(\frac{8\pi G\rho_{\mathrm{v}}}{3}\right)^{1/2}, \tag{1.2.2}$$

积分得

$$R(t) \sim \mathrm{e}^{Ht}, \quad H = \left(\frac{8\pi G\rho_{\mathrm{v}}}{3}\right)^{1/2}, \tag{1.2.3}$$

即当处于亚稳态的假真空时, 宇宙按指数规律暴胀 (过冷的暴胀阶段).

由连续性方程

$$\dot{\rho} = -3(\rho + p)H \tag{1.2.4}$$

代入 $\dot{\rho} \approx \dot{\rho}_{\mathrm{v}} = 0$, 得到

$$p = -\rho \approx -\rho_{\mathrm{v}}. \tag{1.2.5}$$

将上式代入 (2.1.5), 可知 $\ddot{R} > 0$. 正是由于负压强的贡献超过了正能密度的贡献 (引力起了斥力的作用), 使得膨胀速度 $\dot{R}$ 随时间增大. 这和大爆炸模型的情况相反, 那里的 ρ 和 p 都是正的, 引使膨胀速度随时间减小.

2. 慢滚动相

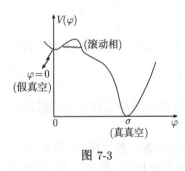

图 7-3

当 $T \approx T_{\mathrm{H}}$ 时, 宇宙由假真空向真真空发生量子跃迁, 继续以指数形式暴胀 (图 7-3). 跃迁 (处于真真空) 的宇宙线度 $\sim 10^{-20}$cm, 经过滚动相阶段 ($\tau \sim 10^{-32}$s) 后, $R > 10^{28}$cm, 即达到目前可观测的宇宙半径. 这就是说, 只需要要求滚动相时间 $\tau > 10^{-32}$s, 真空泡的半径就大于目前可观测宇宙的半径, 即目前我们的可观测宇宙位于一个真空泡 (畴内). 这样, 磁单极问题就得到了解决.

在滚动相后, 希格斯场在对称性破缺的稳定真真空 $\varphi = \sigma$ 处发生振荡, 出现下列转化:

希格斯粒子 → 规范粒子, 重子, 重子数不守恒, γ 光子

真空能 → 物质能 (辐射为主)

指数暴胀($R \sim e^{Ht}$) → 标准膨胀($R \sim t^{1/2}$)

随着真空能转化为物质能, 宇宙被重新加热 (潜热释放), 宇宙温度由 $T_{\min}$ 升至 $T_c = T_{\mathrm{GUT}}$. 以后宇宙以辐射为主, 按标准模型 (大爆炸模型) 演化.

3. 宇宙熵

由前面的讨论可知, 暴胀前和暴胀后 (被重新加热) 的温度差不多都接近于 T_c, 因此暴胀前后宇宙的熵密度之间存在关系

$$\mathfrak{S}_1 \approx \mathfrak{S}_2. \tag{1.2.6}$$

由于 $R_2 \approx ZR_1$, 总熵 $\mathcal{S} = R^3 \mathfrak{S}$, 所以有

$$S_2 = Z^3 \mathcal{S}_1. \tag{1.2.7}$$

这样, 如果假设暴胀之前总熵 $S_1 \sim 1$, 那么只要 $Z \geqslant 10^{28}$(实际上没有上限), 就可知现在宇宙总熵 $\mathcal{S}_0$ 满足

$$S_0 \approx S_2 \geqslant 10^{90}. \tag{1.2.8}$$

这就成功地解释了现在观测到的宇宙总熵比 10^{90} 还大这一事实. 也就是说, 宇宙总熵几乎全部来源于由假真空态向真真空态跃迁直到重新加热的非绝热过程.

设 $t = 10^{-39}$s(宇宙极早期), 可得

$$\left(\frac{D}{R_t}\right)^3 = 10^{-83}Z^3 \sim 10^2, \tag{1.2.9}$$

即视界距离大于宇宙半径, 成功地解决了视界问题; 整个宇宙内各部分之间都可以存在因果联系.

设 $t = t_p = 10^{-43}$s(暴胀前), 可得

$$\frac{|\rho - \rho_c|}{\rho} < 10^{-58}Z^2 \sim 10^{-2}. \tag{1.2.10}$$

可见宇宙在极早期 $(t = t_p)$ 并不平直, 只是经过暴胀阶段 (熵骤增) 后宇宙才变得很平直, 于是平直性困难得到解决.

第 2 章　宇宙的暴胀

第 10 章我们讨论了暴胀宇宙模型的整体图像, 本章将对这一图像的一些细节和一些相关问题做一补充讨论.

2.1　'tHooft-Polyakov 磁单极

设背景时空为 $(1 + D)$ 维 Minkowski 时空

$$ds^2 = dx^{02} - \eta_{ik}dx^i dx^k, \quad i, k = 1, 2, \cdots, D. \tag{2.1.1}$$

当 $D = 3$ 时, 对于 Higgs 场 (标量场)$\varphi_a(x)$ 和 Yang-Mills 场 $A_a^\mu(x)$ 相互作用, 拉格朗日具有形式

$$L = -\frac{1}{4}F_a^{\mu\nu}F_{a\mu\nu} + \frac{1}{2}\varphi_{a;\mu}\varphi_a^{;\mu} - \frac{\lambda}{4}\left(\varphi_a\varphi_a - \frac{m^2}{\lambda}\right)^2, \tag{2.1.2}$$

式中

$$F_{a\mu\nu} = A_{\mu a,\nu} - A_{\nu a,\mu} + e\varepsilon_{abc}A_{\mu b}A_{\nu c}, \quad \varphi_{a;\mu} = \varphi_{a,\mu} + e\varepsilon_{abc}A_{\mu b}\varphi_c.$$

由于 $m^2 > 0$, 所以 $SU(2)$ 或 $SO(3)$ 的对称性是自发破缺的. 与上式对应的场方程为

$$F_{\mu\nu a}^{;\nu} = e\varepsilon_{abc}(F_{\mu\nu b}A_c^\nu - \varphi_{b;\mu}\varphi_c),$$
$$\varphi_{a;\mu}^{;\mu} = e\varepsilon_{abc}\varphi_{b;\mu}A_c^\mu + m^2\varphi_a - \lambda\varphi_a\varphi^2. \tag{2.1.3}$$

方程 (2.1.3) 的拓扑孤子解, 称为'tHooft-Polyakov 磁单极解, 此解可写为球对称形式

$$e\varphi_a = g(r)\frac{r_a}{r^2},$$
$$A_0^a = 0, \quad eA_i^a = \varepsilon_{aik}\frac{r_k}{r^2}[1 - h(r)]. \tag{2.1.4}$$

将 (2.1.4) 代入场方程 (2.1.3), 得到微分方程

$$r^2 g_{,rr} = g(r)[2h^2(r) - m^2r^2 + \eta g^2(r)/e^2],$$
$$r^2 h_{,rr} = h(r)[h^2(r) - 1 + g^2(r)]. \tag{2.1.5}$$

(2.1.5) 的严格解至今尚未找到. Actor(1979) 经分析指出, 当 $r \to \infty$ 时, 此方程组的解应满足边界条件

$$h(r) \to A(m, \lambda, e)re^{-\beta r}, \quad \beta = \left(\frac{em}{\sqrt{\lambda}}\right)^{1/2}, \tag{2.1.6a}$$

$$g(r) \to \left(\frac{me}{\sqrt{\lambda}}\right)r + D(m, \lambda, e)e^{-\sqrt{2}mr}, \tag{2.1.7a}$$

$$A_i^a \to \varepsilon_{\text{ain}}\frac{1}{e}\frac{r_n}{r^2}, \tag{2.1.8a}$$

$$\varphi_a \to \frac{r_a}{r}\left[\left(\frac{m}{\sqrt{\lambda}}\right) + \left(\frac{D}{e}\right)\frac{1}{r}e^{-\sqrt{2}mr}\right]. \tag{2.1.9a}$$

当 $r \to 0$ 时有

$$h(r) \to 1 + eB(m, \lambda, e)r^2, \tag{2.1.6b}$$

$$g(r) \to eC(m, \lambda, e)r^2, \tag{2.1.7b}$$

$$A_i^a \to -\varepsilon_{\text{ain}}r_n B(m, \lambda, e), \tag{2.1.8b}$$

$$\varphi_a \to C(m, \lambda, e)r_a. \tag{2.1.9b}$$

式中 A, B, C, D 均为常数.

Arafune(1975) 指出, 与规范势 A_i^a 的无质量分量 G_μ 对应的 Maxwell 张量为

$$F_{\mu\nu} = \hat{\varphi}_a F_{a\mu\nu} = G_{\nu,\mu} - G_{\mu,\nu} - \frac{1}{e}\varepsilon_{abc}\hat{\varphi}_a\hat{\varphi}_{b,\mu}\hat{\varphi}_{c,\nu}. \tag{2.1.10}$$

式中

$$G_\mu = \hat{\varphi}_a A_\mu^a, \quad \hat{\varphi}_a = \frac{\varphi_a}{\varphi}, \quad \varphi = (\varphi_a\varphi_a)^{1/2}. \tag{2.1.11}$$

由 (2.1.4) 得到

$$G_\mu = 0, \quad \hat{\varphi}_a = \hat{r}_a, \tag{2.1.12}$$

代入 (2.1.10), 得到 Maxwell 张量的各分量和磁场强度

$$F_{0\mu} = 0, \tag{2.1.13}$$

$$F_{ij} = -\frac{1}{e}\varepsilon_{abc}\hat{r}_a\hat{r}_{b,i}\hat{r}_{c,j}, \tag{2.1.14}$$

而

$$\left(\frac{x_b}{r}\right)_{,i} = \frac{1}{r}\delta_{bi} - \frac{2}{r^2}x_i x_b, \quad \left(\frac{x_c}{r}\right)_{,j} = \frac{1}{r}\delta_{cj} - \frac{2}{r^2}x_j x_c,$$

所以

$$F_{ij} = -\frac{1}{e}\varepsilon_{ijk}\frac{r_k}{r^3}. \tag{2.1.15}$$

由 (2.1.14)∼(2.1.15) 得到

$$B_i = \frac{g}{r^2}\hat{r}_i. \tag{2.1.16}$$

这正是磁荷 $g = \dfrac{1}{e}$ 的静止磁单极在 r 处产生的磁场强度. 与狄拉克磁单极的磁荷

$$g_{\mathrm{D}} = \frac{1}{e}\frac{n}{2} \tag{2.1.17}$$

比较可知, 'tHooft-Polyakov 磁单极的最小磁荷 g 为 Dirac 磁单极磁荷的 2 倍.

引入磁流 J_μ

$$J_\mu = \tilde{F}^{\mu\nu}_{,\nu}. \tag{2.1.18}$$

式中 $\tilde{F}^{\mu\nu}$ 为 $F^{\mu\nu}$ 的对偶张量, 则显然有

$$J^\mu_{,\mu} = 0, \tag{2.1.19}$$

即存在积分守恒量 (磁荷)

$$g_{\mathrm{m}} = \frac{1}{e}\frac{\sqrt{\oint r\cdot\mathrm{d}s}}{r^3} = \frac{1}{e}\cdot 4\pi n. \tag{2.1.20}$$

式中 n 为积分路径环绕 $r = 0$ 的 "圈数". 这一守恒量子数叫做数或拓扑荷.

假设 $n \neq 0$ 的闭合面连续变小, 如果面内一直没有拓扑奇点则闭合面将缩为一点, 这显然是不可能的. 可见 'tHooft-Polyakov 磁单极位于拓扑奇点或拓扑缺陷处, 实际上这就是不同 $SU(2)$[或 $SO(3)$] 真空之间的拓扑结.

2.2 $SU(5)$ 大统一理论和有效势

20 世纪六七十年代, 理论物理学家提出了一类统一场理论, 把弱相互作用, 电磁相互作用和强相互作用纳入了一个统一的理论框架, 这类理论称为大统一理论 (GUT).

按照规范场理论, 一切现有的相互作用都是规范相互作用, 即用一个单群来描述一个场论的内部对称性, 它们在规范变换下具有不变性. 如果群参数与时空有关 (把规范变换局域化), 要使场论保持原有对称性, 就必须引入与群的生成元个数相同的规范场, 这些规范场就是传递对应相互作用的中间玻色子场. 在拉氏量中规范场不能含质量项 (为了保持规范不变性), 所以在这类理论中还必须引入一类 Higgs 场, 以使规范对称性破缺, 从而与我们观察到的物理现象相符.

与电磁相互作用, 弱相互作用和强相互作用相对应的对称群分别是 $U(1), SU(2)$ 和 $SU(3)$. 弱、电磁统一理论是通过规范群

$$SU(2) \times U(1) \tag{2.2.1}$$

实现的. 20 世纪 60 年代末, 人们把强相互作用纳入了 $SU(3)$ 规范场理论, 通过规范群

$$SU(3) \times SU(2) \times U(1) \tag{2.2.2}$$

建立了粒子物理中的标准模型理论.

20 世纪 70 年代, Georgi 等提出将单群 $SU(5)$ 作为规范群的大统一理论. 由于 $SU(5)$ 群的秩是 4, 恰好等于群 (2.2.2) 的秩, 所以可将 (2.2.2) 式的规范群嵌入 $SU(5)$ 中; 或者说在一定能量标度时, $SU(5)$ 的对称性可以破缺到 (2.2.2) 的对称性.

在规范场论中, 由于对称性自发破缺所出现的不对称真空的势能要低于对称真空的势能, 这时将导致相变. 下面将指出, 这是一种一级相变, 在相变过程中将放出潜热. 为了讨论在早期宇宙中的应用, 我们首先引入有效势的概念.

以标量场为例, 生成泛函为

$$Z(J) = \int \mathrm{D}[\varphi]\mathrm{e}^{\mathrm{is}}, \tag{2.2.3}$$
$$s = s(\varphi, J) = \int \mathrm{d}^4 x[L(\varphi) + J(x)\varphi(x)].$$

由 n 点格林函数

$$\begin{aligned} G^{(n)}(1, 2, \cdots, n) &= \frac{1}{\mathrm{i}^n} \frac{\delta}{\delta J_1} \cdots \frac{\delta}{\delta J_n} Z(J)|_{J=0} \\ &= \langle 0|T\varphi(x_1) \cdots \varphi(x_n)|0\rangle \end{aligned} \tag{2.2.4}$$

可知

$$Z(J) = \sum_{n=0}^{\infty} \frac{(\mathrm{i})^n}{n!} \int \mathrm{d}^4 x_1 \cdots \mathrm{d}^4 x_n J(x_1) \cdots J(x_n) G^n(x_1 \cdots x_n). \tag{2.2.5}$$

令 $Z(J) = \mathrm{e}^{\mathrm{i}w(J)}$, 则 $W(J)$ 就是连通格林函数 $G_{\mathrm{c}}^{(n)}$ 的生成泛函, 即

$$G_{\mathrm{c}}^{(n)} = (-\mathrm{i})^{n-1} \frac{\delta^n W(J)}{\delta J x_1 \cdots \delta J x_n}|_{J=0}. \tag{2.2.6}$$

故有

$$\mathrm{i}W(J) = \sum_{n=0}^{\infty} \frac{\mathrm{i}^n}{n!} \int \mathrm{d}^4 x_1 \mathrm{d}^4 x_2 \cdots \mathrm{d}^4 x_n J(x_1) J(x_2) \cdots J(x_n) G_{\mathrm{c}}^{(n)}(x_1 \cdots x_n). \tag{2.2.7}$$

令

$$\bar{\varphi}(x, J) = \frac{\delta}{\delta J(x)} W(J), \tag{2.2.8}$$

可以证明

$$\Gamma(\bar{\varphi}) = W(J) - \int \mathrm{d}^4 x J(x)\bar{\varphi}(x), \tag{2.2.9}$$

$$\bar{\varphi}(x, J) = \frac{\langle 0|\varphi|0\rangle^J}{\langle 0|0\rangle^J},$$

$$\frac{\delta \Gamma(\varphi)}{\delta \bar{\varphi}(x)} = -J(x). \tag{2.2.10}$$

由 (2.2.10) 可知, $\Gamma(\varphi)$ 正是考虑到所有量子改正后的有效作用量.

我们定义有效势 V_{eff}: 当 $\bar{\varphi} = \text{const}$ 时

$$\Gamma(\bar{\varphi}) = \int \mathrm{d}^4 x [-V_{\text{eff}}(\varphi)]. \tag{2.2.11}$$

已知 $\Gamma(\bar{\varphi}) = \int \mathrm{d}^2 x L_{\text{eff}}$, 故当 $\bar{\varphi} = \text{const}$ 时有

$$V_{\text{eff}} = -\mathscr{L}_{\text{eff}}.$$

例如, 在 $\lambda \varphi^4$ 场论中

$$L = \frac{1}{2}(\varphi^{,\mu}\varphi_{,\mu} + m^2\varphi^2) - \frac{1}{4}\lambda\varphi^4,$$

$$V_{\text{eff}} = -\mathscr{L}_0 - \mathscr{L}_1 = -\frac{1}{2}m^2\bar{\varphi}^2 + \frac{1}{4}\lambda\bar{\varphi}^4 + V(\bar{\varphi}).$$

在 $SU(5)$ 大统一理论中, Higgs 场有 24 个分量, 拉氏量为

$$\mathscr{L} = (\bar{\Psi}_{\text{R}})_a \mathrm{i}\gamma^\mu (D_\mu)_{aa'} (\Psi_{\text{R}})_{a'} + (\bar{\Psi}_{\text{L}})_{ab} \mathrm{i}\gamma^\mu (D_\mu)_{ab,a'b'} (\Psi_{\text{L}})_{a'b'}. \tag{2.2.12}$$

式中

$$\Psi_{\text{R}} = \begin{pmatrix} d_1 \\ d_2 \\ d_3 \\ e^c \\ -\nu_e^c \end{pmatrix}_{\text{R}}, \quad \text{上标 c 表示电荷共轭},$$

$$\Psi_{\text{L}} = \frac{1}{\sqrt{2}} \begin{pmatrix} 0 & u_3^c & -u_2^c & u_1 & d_1 \\ -u_3^c & 0 & u_1^c & u_2 & d_2 \\ u_2^c & -u_1^c & 0 & u_3 & d_3 \\ -u_1 & u_2 & -u_3 & 0 & e^c \\ -d_1 & -d_2 & -d_3 & -e^c & 0 \end{pmatrix}_{\text{L}}$$

分别是 $SU(5)$ 的 [5*] 维和 [10] 维表示, 一个代 (generation) 中的 15 个夸克和轻子就可以填充在上述表示中. (2.2.12) 中的 D_μ 为

$$D_\mu = \partial\mu + \mathrm{i}g A_{\mu,k} T_k, \quad k = 1, 2, \cdots, 24,$$

T_k 即 24 个生成元, 在拉氏量的第一项中采用 5 维表示 $(T_k)_{ab}$, 在第二项中采用 10 维表示 $(T_k)_{ab,a'b'}$. $A_{\mu,k}$ 即 24 个规范场, 其中有 12 个 $A_\mu, W, Z^0, g^i(i =$

$1, 2, \cdots, 8); 12$ 个 $x_a(4/3), \bar{x}_a(4/3), Y_a(1/3), \bar{Y}_a(1/3), a = 1, 2, 3$ 是色指标. g 为大统一耦合常数 $g = \sqrt{4\pi/45}$. c 表示电荷共轭态.

按照 Coleman-Weinberg 模式, 引入把 $SU(5)$ 破缺到 $SU(3) \times SU(2) \times U(1)$ 的 Higgs 场

$$V_{\text{class}} = \frac{\lambda}{4!} \varphi^4, \tag{2.2.13}$$

则有效势可写为

$$V_{\text{eff}} = \frac{\lambda}{4!} \varphi^4 + B\varphi^4 \left[\ln \frac{\varphi^2}{\sigma^2} - \frac{25}{6} \right].$$

由 $\left. \dfrac{\mathrm{d}V_{\text{eff}}}{\mathrm{d}\varphi} \right|_{\varphi=\sigma} = 0$ 确定 $\lambda = 88B$, 代入上式得

$$V_{\text{eff}} = B\varphi^4 \left(\ln \frac{\varphi^2}{\sigma} - \frac{1}{2} \right). \tag{2.2.14}$$

上式就是采用 C-W 势 [24] 时, 平直时空零温 $SU(5)$ 大统一理论的单圈有效势 [25]. 当 $\bar{\varphi}\beta \ll 1$ 时 $\left(\beta = \dfrac{1}{kT} \right)$, 有限温度下 $SU(5)$ 的单圈有效势可写为 (Colemen-Winberg)

$$V_{\text{eff}}^{(1)\beta}(\bar{\varphi}) = B\bar{\varphi}^4 \left(\ln \frac{\bar{\varphi}^2}{\sigma^2} - \frac{1}{2} \right) + \frac{75}{16\beta^2} g^2 \bar{\varphi}^2 - \frac{\pi^2}{15\beta^4}. \tag{2.2.15}$$

一般可忽略 β^{-4} 项而仅保留 β^{-2} 项, 这相当于在温度改正项中出现一个依赖于温度的改正项

$$\frac{75}{16\beta^2} g^2 \bar{\varphi}^2 = \frac{75}{16} k^2 T^2 g^2 \bar{\varphi}^2.$$

这一项的作用是把零温单圈有效势中 $\bar{\varphi} = 0$ 处的极大变为极小. 当 $T > T_c$ 时, 这是一个整体极小 (真真空), 当 $T \ll T_c$ 时, 它仍为局部极小, 成为一个亚稳态 (假真空).

2.3 由假真空向真真空的跃迁

由上节的讨论可知, 当温度 $T > T_c$ 时, 有效势有一个整体极小, 即对应于一个对称的和稳定的基态或真空. 当温度 T 降至 $T \approx T_c$ 时, 上述真空仍然存在, 但不再稳定, 称为假真空. 这时, 处于 "过冷" 状态的宇宙以指数形式膨胀, 即暴胀. 但是由于量子涨落 (或因量子隧道效应, 热涨落效应), 宇宙将由假真空向真真空跃迁, 此后即发生一级相变. 我们将计算单位时间的跃迁几率 Γ.

一个不稳定的波幅可表示为

$$\Psi(t) = \Psi(0)\mathrm{e}^{\mathrm{i}\frac{\varepsilon}{\hbar}t},$$

$$E = \alpha + \mathrm{i}\beta; \tag{2.3.1}$$

$$|\Psi(t)|^2 = |\Psi(0)|^2 \mathrm{e}^{-\Gamma t},$$

衰变几率为

$$\Gamma = \frac{2}{\hbar}|\mathrm{Im}E|, \tag{2.3.2}$$

即衰变几率由假真空能量的虚部给出. 设初态为 $|\varphi_1\rangle$, 末态为 $|\varphi_2\rangle$, 则有

$$\langle\varphi_2|\mathrm{e}^{-HT/\hbar}|\varphi_1\rangle = \sum_{n,m}\langle\varphi_2|n\rangle\langle n|\mathrm{e}^{-HT/\hbar}|m\rangle\langle m|\varphi_1\rangle$$

$$= \sum_n \mathrm{e}^{-E_nT/2}\langle\varphi_2|n\rangle\langle n|\varphi_1\rangle.$$

令此时的 $|\varphi_1\rangle = |0\rangle$, 表示假真空, 则有

$$E_0 = -\hbar\lim_{T\to\infty}\frac{1}{T}\ln\langle 0|\mathrm{e}^{-HT/\hbar}|0\rangle, \tag{2.3.3}$$

此即假真空的能量.

由路径积分表述

$$\langle\varphi_2|\mathrm{e}^{-HT/\hbar}|\varphi_1\rangle = N\int \mathrm{D}(\varphi)\exp[-S_E(\varphi)/\hbar]$$

$$= \exp[-S_{\mathrm{Eeff}}/\hbar] = \exp[-S_{\mathrm{Eclass}}/\hbar]\cdot\exp[-S_{\mathrm{Eone-loop}}].$$

对于欧氏时空标量场的运动方程

$$\varphi^{;\mu}_{;\mu} = V'(\bar\varphi). \tag{2.3.4}$$

可以证明

$$\exp(-S_{\mathrm{Eone-loop}}/\hbar) = \left(\prod_n \lambda_n\right)^{-1/2}, \tag{2.3.5}$$

从而有

$$\langle\varphi_2|\exp(-HT/\hbar)|\varphi_1\rangle = \exp[-S_{\mathrm{E}}(\varphi)/\hbar]\left[\prod_n \lambda_n\right]^{-1/2}. \tag{2.3.6}$$

式中 λ_n 为本征值

$$A\varphi_n = -\partial_\mu\partial_\mu\varphi_n + U''(\varphi_n) = \lambda_n\varphi_n.$$

在 A 的自身表象中有

$$A = \begin{pmatrix} \lambda_1 & & & \\ & \lambda_2 & & \\ & & \ddots & \\ & & & \lambda_n \end{pmatrix}$$

$$A^{-1} = \begin{pmatrix} \lambda_1^{-1} & & & \\ & \lambda_2^{-1} & & \\ & & \ddots & \\ & & & \lambda_n^{-1} \end{pmatrix},$$

所以

$$\left(\prod_n \lambda_n \right)^{-1/2} = (\det A)^{-1/2} = \{\det[-\partial_\mu \partial_\mu + U'']\}^{-1/2} \tag{2.3.7}$$

实际上, 若设 $\bar{\varphi}$ 为方程 (2.3.4) 的解 (瞬子解), 则可在此解附近把 $S_{\mathrm{E}}(\varphi)$ 展开

$$\begin{aligned} S_{\mathrm{E}}(\varphi) =& S_{\mathrm{E}}(\bar{\varphi}) + \int \mathrm{d}^4 x \frac{\delta S_{\mathrm{E}}(\bar{\varphi})}{\delta \bar{\varphi}(x)}[\varphi(x) - \bar{\varphi}(x)] \\ &+ \int \mathrm{d}^4 x \mathrm{d}^4 y \frac{\delta^2 S_{\mathrm{E}}(\bar{\varphi})}{\delta \bar{\varphi}(x) \delta \bar{\varphi}(y)}[\varphi(x) - \bar{\varphi}(x)] \cdot [\varphi(y) - \bar{\varphi}(y)] + \cdots. \end{aligned}$$

注意到

$$\frac{\delta S_{\mathrm{E}}}{\delta \varphi} = -\Box \varphi + U' = 0,$$

$$\frac{\delta^2 S_{\mathrm{E}}}{\delta \varphi(x) \delta \varphi(y)} = \{-\delta(x-y)\partial_\mu \partial_\mu - \bar{\varphi}(x)(-\partial_\mu \partial_\mu + U'')\},$$

得到

$$S_{\mathrm{E}}(\varphi) = S_{\mathrm{E}}(\bar{\varphi}) + \frac{1}{2} \int \mathrm{d}^4 x [\varphi(x) - \bar{\varphi}(x)](-\partial_\mu \partial_\mu + U'')[\varphi(x) - \bar{\varphi}(x)] + \cdots.$$

再采用式 $\int \mathrm{D}(\varphi) \exp\left[-\frac{1}{2}\varphi^+ A\varphi\right] = (\det A)^{-1/2}$, 便得到

$$\begin{aligned} N \int \mathrm{D}(\varphi) &\exp[-S_{\mathrm{Eclass}}/\hbar] \cdot \exp\left[-\frac{1}{2} \int \mathrm{d}^4 x (\varphi - \bar{\varphi}) A (\varphi - \bar{\varphi})\right] \\ &= N \exp[-S_{\mathrm{Eclass}}/\hbar] \int \mathrm{D}(\varphi) \exp\left[-\frac{1}{2} \int \mathrm{d}^4 x (\varphi - \bar{\varphi}) A (\varphi - \bar{\varphi})\right] \\ &= N(\det A)^{-1/2} \exp[-S_{\mathrm{Eclass}}/\hbar]. \end{aligned}$$

将 (2.3.7) 代入 (2.3.6) 得到

$$\langle \varphi_2 / \exp(-HT/\hbar)|\varphi_1 \rangle = K \exp(-B/\hbar). \tag{2.3.8}$$

式中 $K = N\{\det[-\partial_\mu \partial_\mu + U''(\varphi)]\}^{-1/2}, B = S_{\mathrm{E}}(\varphi)$ 叫衰变系数.

当 $T \to \infty$ 时, 可以证明

$$N\{\det[-\partial_\mu \partial_\mu + U''(\varphi)]\}^{-\frac{1}{2}} = \left(\frac{\omega}{\pi \hbar}\right)^{1/2} \mathrm{e}^{-\omega T/2}. \tag{2.3.9}$$

式中 $\omega^2 = U''(\varphi)$. 由此可得

$$\langle\varphi_2|\exp(-HT/\hbar)|\varphi_1\rangle = \left(\frac{\omega}{\pi\hbar}\right)^{1/2}\mathrm{e}^{-\omega T/2}\mathrm{e}^{-B/\hbar}. \tag{2.3.10}$$

设在 $\left[-\dfrac{T}{2},\dfrac{T}{2}\right]$ 和体积 V 内存在 n 个瞬子, 每个瞬子的时空体元都不重叠, 这样便可作稀疏气体近似. 注意到每一个瞬子解的贡献由 (2.3.10) 式给出, 可以证明, 当 $T\to\infty, V\to\infty, n\to\infty$ 时有

$$\langle\varphi_2|\exp(-HT/\hbar)|\varphi_1\rangle = \left(\frac{\omega}{\pi\hbar}\right)^{1/2}\exp(-\omega TV/2)\sum_{n=0}^{\infty}\frac{(TV)^n}{n!}\exp(-nB/\hbar)\cdot K^n,$$

$$\tag{2.3.11}$$

又由 (2.3.3) 得到 (当 $T\to\infty$ 时)

$$E_0 = -\frac{\hbar}{T}\left[\frac{1}{2}\ln\frac{\omega}{\pi\hbar} - VT\left(\frac{\omega}{2} - K\mathrm{e}^{-B/\hbar}\right)\right] = V\left(\frac{\hbar\omega}{2} - \hbar K\mathrm{e}^{-B/\hbar}\right).$$

再采用式

$$\mathrm{Im}K = \frac{1}{2}\left\{\frac{\det[-\partial_\mu\partial_\mu + U''(\varphi_+)]}{\det^\circ[-\partial_\mu\partial_\mu + U''(\varphi)]}\right\}^{1/2} \tag{2.3.12}$$

式中 $\det^\circ$ 表示去掉零本征值后的行列式, φ_+ 表示假真空, φ 表示经典瞬子解, U 是有效势, 最后得到单位体积、单位时间的衰变几率.

$$\frac{\Gamma}{V} = \mathrm{e}^{-B/\hbar}\left\{\frac{\det[\partial_\mu\partial_\mu + U''(\varphi^+)]}{\det^\circ[\partial_\mu\partial_\mu + U''(\varphi)]}\right\}^{1/2}. \tag{2.3.13}$$

下面讨论量子隧道效应后 φ 场的演化.

若欧氏时空中的瞬子方程 (经典运动方程)

$$\partial_\mu\partial_\mu\varphi = U'(\varphi) \tag{2.3.14}$$

存在一个 $O(4)$ 不变解, 则此解的作用量 S_E 要小于非 $O(4)$ 不变解的作用量. 类似地, 若闵氏时空中的运动方程

$$\partial_\mu\partial_\mu\varphi = -U'(\varphi) \tag{2.3.15}$$

存在一个 $O(3,1)$ 不变解, 则此解的作用量要小于非 $O(3,1)$ 不变解的作用量. 与 (2.3.14) 对应的解称为瞬子解 (或反弹解), 与 (2.3.15) 对应的解称为泡解. 我们只需考虑 $O(4)$ 不变瞬子解和 $O(3,1)$ 不变泡解.

四维欧氏空间度规可写为

$$\mathrm{d}s^2 = \mathrm{d}\xi^2 + \rho^2(\xi)\mathrm{d}\Omega_3^2,$$

$$\mathrm{d}\Omega_3^2 = \mathrm{d}x^2 + f^2(x)\mathrm{d}\Omega_2^2. \tag{2.3.16}$$

式中 $\rho^2(\xi) = t^2 - r^2$ 表示 4 维空间间隔. 采用 $O(4)$ 不变瞬子拉氏量, 有

$$S_{\mathrm{E}} = \int \mathrm{d}^4 x \sqrt{g_E} [g_{\mathrm{E}}^{\mu\nu} \partial_\mu \partial_\nu \varphi + U(\varphi) + (2k)^{-1} R]$$

$$= 2\pi^2 \int \mathrm{d}\xi \left[\rho^3 \left(\frac{1}{2} \varphi'^2 + U \right) + \frac{3}{k} (\rho^2 \rho'' + \rho \rho'^2 - \rho) \right], \qquad (2.3.17)$$

由此得瞬子方程

$$\varphi'' + \frac{3}{\rho} \rho' \varphi' = \frac{\mathrm{d}U}{\mathrm{d}\varphi}, \quad \varphi' = \frac{\mathrm{d}\varphi}{\mathrm{d}\xi}. \qquad (2.3.18)$$

欧氏引力场方程具有形式

$$\rho'^2 - 1 = \frac{1}{3} k \rho^2 \left(\frac{1}{2} \varphi'^2 - U \right).$$

设我们处在真真空泡中, 真空能密度 (宇宙因子项) 为零, 则有

$$U(\varphi_-) = 0, \quad U(\varphi_+) = \varepsilon.$$

式中 φ_- 为真真空泡, φ_+ 为假真空背景. 当真真空泡形成时, 设有 $\bar{\rho} \gg \varepsilon$ (薄壁近似), 则由瞬子方程可以得到 [27].

$$B = -\frac{1}{2} \pi^2 \bar{\rho}^4 \varepsilon + 2\pi^2 \bar{\rho} s_1.$$

衰变系数 B 取极值时泡形式, 由 $\dfrac{\mathrm{d}B}{\mathrm{d}\bar{\rho}} = 0$ 得到泡的半径

$$\bar{\rho} = \frac{12 s_1}{4\varepsilon + 3k s_1^2} = \frac{\bar{\rho}_0}{1 + (\bar{\rho}_0/2\lambda)^2} \approx \varepsilon^{-12} \sigma,$$

$$B = \frac{B_0}{[1 + (\bar{\rho}_0/2\lambda)^2]^2}.$$

式中 B_0 是无引力时的衰变系数, $\bar{\rho}_0 = 3 s_1/\varepsilon$ 是无引力时泡的半径,

$$s_1 = \int_{\varphi_+}^{\varphi_-} \mathrm{d}\varphi \{2[U_0(\varphi) - U_0(\varphi_+)]\}^{1/2} \approx \sigma (U_{0\max})^{1/2},$$

$$U_0(\varphi_-) = U_0(\varphi_+),$$

$$U(\varphi) = U_0(\varphi) - \frac{\varepsilon}{\sigma} (\varphi - \sigma),$$

$$\lambda = \left(\frac{k\varepsilon}{3} \right)^{-1/2}, \quad k = 8\pi G.$$

$\rho = 0$ 在欧氏空间中对应于 $\varphi = \varphi^*$, 即表示真空泡的边界 (泡壁), 在闵氏空间中 $\rho = 0$ 对应于 $t \pm r = 0$, 即表示泡壁沿光锥运动. 在所讨论的情况下, 引力的出现使真空泡出现的几率增大, 使泡半径减小.

以上的讨论是半经典的. 结果表明, 真真空泡由隧道效应产生, 并以光速膨胀. 要引入量子修正, 只需在 (2.3.18) 中将经典势 U 换成有效势 V_{eff}, 产生的效应是使振幅衰减得快一些.

2.4　林德等的工作

古什 (1981) 认为宇宙由假真空向真真空的过渡只能通过量子隧道效应. 为了解决磁单极问题、平直性问题和视界问题, 就要求泡的产生率较低, 以使在泡与泡发生碰撞之前, 泡就已经足够大. 但是泡的产生率如果这样低, 就会导致一个不合理的结果 —— 使得热化过程延迟到重子和核合成时期. 古什还认为, 宇宙尺度按指数增长只出现在泡形成之前. 真真空泡形成之后, 泡壁以光速膨胀, 真空能转化为泡壁的动能. 泡与泡之间的碰撞是热化的唯一机制. 这一观点也遇到了困难. 因为宇宙在假真空阶段按指数增长而真真空泡不按指数增长, 这样必然存在小于可观测宇宙的泡. 在可观测宇宙内泡的碰撞将破坏宇宙物质分布的均匀性, 而且会使 'tHooft 磁单极大量出现, 与观测结果不符.

林德 1982 年对古什的模型做了修改, 他认为在泡出现之后的一段时间 $\tau \approx T_b^{-1}$ 内, 宇宙仍按指数规律膨胀. 下面我们介绍林德的工作.

按照林德理论的要求, 需要一个与希格斯势形状不同的有效势. 科尔曼–温伯格 (Coleman -Winberg) 势基本上符合这一要求, 有效势曲线如图 7-4 所示.

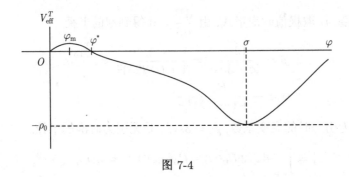

图 7-4

令 $\dfrac{\mathrm{d}V_{\mathrm{eff}}}{\mathrm{d}\varphi} = 0$, 得到

$$\varphi = 0,$$
$$\frac{\varphi^2}{\sigma^2} \ln \frac{\varphi^2}{\sigma^2} = -\frac{C}{2B}\frac{T^2}{\sigma^2} \approx \frac{T^2}{T_c^2} \approx 0 \quad (\text{当} T \ll T_c). \tag{2.4.1}$$

(2.4.1) 有两个解, 第一个解对应于 $\varphi \approx \sigma$, 代表真真空; 第二个解对应于势垒的最高点处 $\varphi = \varphi_{\mathrm{m}}$. 我们采用 $SU(5)$ 大统一理论中的 g, B, C 值. 在所有情况下 $T_B \ll \sigma$, 再考虑到

$$\left| \ln \frac{\varphi^2 m}{\sigma^2} \right| \gg 1, \tag{2.4.2}$$

$$\frac{\varphi_{\mathrm{m}}}{\sigma} < \frac{T_b}{\sigma}, \tag{2.4.3}$$

我们得到

$$V_{\text{eff}}^{T_b}(\varphi_{\text{m}})/\rho_0 = 2\frac{\varphi_{\text{m}}^4}{\sigma^4} \cdot \left[\ln\frac{\varphi_{\text{m}}^2}{\sigma^2} - \frac{1}{2}\right] + \frac{2C}{B}\frac{\varphi_{\text{m}}^2 T_b^2}{\sigma^4} < \frac{\varphi_{\text{m}}^2}{\sigma^2} < \frac{\varphi_{\text{m}}}{\sigma}.$$

由于有效势比 ρ_0 小几个数量级, 所以有效势在 $\varphi \ll \sigma$ 时是很平坦的. 在区间 $\varphi_{\text{m}} < \varphi < \sigma$, 标量场 φ 要经历一段足够长的滚动相 $\left(\tau \sim \dfrac{1}{T_b}\right)$.

如图 7-4 所示, 当 $\varphi = \varphi^* \ll \sigma$ 时, 泡形成. 此后, 在任一固定空间点, 如果忽略引力作用, 则可采用闵氏时空的经典运动方程 (2.3.15). 假设在一个泡内 φ 是空间均匀的, 此时有

$$\frac{\partial^2}{\partial t^2}(\varphi - \varphi_{\text{m}}) = -V'_{\text{eff}}(\varphi - \varphi_{\text{m}})$$

$$= -\frac{1}{2}\frac{\mathrm{d}^2}{\mathrm{d}\varphi^2}V_{\text{eff}}\big|_{\varphi_{\text{m}}}(\varphi - \varphi_{\text{m}}).$$

考虑到

$$\frac{\mathrm{d}}{\mathrm{d}\varphi}V_{\text{eff}}^T = 4B\varphi\sigma^2\left(\frac{\varphi^2}{\sigma^2}\ln\frac{\varphi^2}{\sigma^2} + \frac{C}{2B}\frac{T^2}{\sigma^2}\right),$$

$$\frac{\mathrm{d}}{\mathrm{d}\varphi^2}V_{\text{eff}}^T = 2\left(6B\varphi^2\ln\frac{\varphi^2}{\sigma^2} + 4B\varphi^2 C T^2\right)\big|_{\varphi_{\text{m}}} < 0,$$

$$-\frac{1}{2}\frac{\mathrm{d}^2}{\mathrm{d}\varphi^2}V_{\text{eff}}^T\big|_{\varphi_{\text{m}}}(\varphi - \varphi_{\text{m}}) \approx 3C T_b^2(\varphi - \varphi_{\text{m}}),$$

积分, 得

$$\varphi(t) \approx \varphi^* e^{\sqrt{c}T_b(t-t_b)}. \tag{2.4.4}$$

此即隧道效应后, 泡在平坦区的演化方程 (忽略重力)—— 泡仍按指数规律膨胀. 只要泡形成时的大小为 10^{-20}cm, 经过时间 $\tau \geqslant 10^2 H^{-1}$, 泡的大小便可增至 $R(\tau) \geqslant 10^{28}\text{cm}$, 即大于现在可观测宇宙的半径 10^{28}cm; 整个宇宙处于一个泡内. 此后, 场绕着真真空做阻尼振荡, 真空能量耗散, 指数膨胀停止, 宇宙按标准模型演化. Higgs 场在 $\varphi = \sigma$ 附近的阻尼振荡相当于粒子的产生. 真空能量在相变时作为潜能释放出来, 使宇宙重新加热至 $T \approx T_c$. 这里, 热化的机制不再解释为泡壁的碰撞, 而解释为阻尼振荡中产生的粒子之间的相互作用.

Hawking 和 Moss 考虑到引力和 Higgs 场的耦合, 采用了更普遍的有效势

$$V_{\text{eff}}(\varphi) = \frac{1}{2}(m^2 + \xi R + C T^2)\varphi^2 + \frac{1}{4}\alpha^2\varphi^4$$

$$\times \left(\ln\frac{\varphi^2}{\varphi_0^2} - \frac{1}{2} + \frac{m^2}{\alpha^2\varphi_0^2}\right) + \frac{1}{8}\alpha^2\varphi_0^4 - \frac{1}{4}m^2\varphi_0^2. \tag{2.4.5}$$

式中 φ_0 是平直空间零温下 $V_{\text{eff}}(\varphi_0) = 0$ 的期望值, m^2 和 ξ 是重整化参量, $\alpha = 5g^2/8\pi, \alpha^2/4 \approx B$. 这一有效势比平直时空有限温度下的科尔曼–温伯格势多了几项, 包括含 m 的项和 φ 场与曲率的耦合项.

由于 de Sitter 时空中 $R = 12H^2$, 故知 $\xi R = 48\pi^2\xi k^2 H_{\text{H}}^2$ 代表霍金温度 T_{H} 对有效势的贡献. 当温度降至 $T \approx T_{\text{H}}$ 时, 质量项已可忽略, 有效势退化为科尔曼–温伯格势. 此时势垒很低, 量子涨落或热涨落就足以使 φ 场从对称真空过渡不对称真空.

引力和 Higgs 耦合场方程存在一个唯一的均匀解

$$ds^2 = dt^2 - H_1^{-2}\cosh^2(H_1 t)(dx_2^2 + \sin^2 x d\Omega^2)$$

$$\varphi = \varphi_1 \approx \frac{m}{\alpha}\left[\ln\left(\frac{\alpha^2\sigma^2}{m^2}\right)\right]^{-1/2} \ll \sigma, \ H_1^2 = \frac{8\pi}{3}\frac{V_{\text{eff}}(\varphi_1)}{m_{\text{p}}^2}.$$

式中 φ_1 对应于 V 的局部极大值.

如果令

$$B = \frac{3}{8}T_p^2[V_{\text{eff}}^{-1}(0) - V_{\text{eff}}^{-1}(\varphi_1)] \approx \frac{1}{\alpha^2}(m^2 H^{-2})^2\left[\ln\left(\frac{\alpha^2\sigma^2}{m^2}\right)\right]^{-1},$$

则上述均匀解可解释为宇宙以几率

$$\Gamma \approx (m^2 + \xi R)^2 \exp(-B/\hbar)$$

跃迁至 $\varphi = \varphi_1$ 处, 再沿势垒滚下, 一直到达 $\varphi = \sigma$ 处, 滚动相以后的演化和泡解相同.

在前面讨论的暴胀宇宙论中, 实际上假定了初始的标量场只取一个特定值 (如 $\varphi = 0$). 1983 年, Linde 提出更自然地, φ 在初始时刻应该可以取一系列值, 即在一定条件下取任何值. 考虑到量纲的要求, 对极早期 φ 的取值有一定限制, 如哈密顿量中动能项和势能项均不能大于 planck 质量 M_p 的四次方 M_{p}^4. 以 φ^4 场为例, 即要求 $\partial_\mu(\varphi)^2 \leqslant M_{\text{p}}^4, \frac{\lambda}{4!}\varphi^4 \leqslant M_{\text{p}}^4$. 这样, 在空间不同区域 φ 可以取 $\pm M_{\text{p}}/\lambda^{1/4}$ 之间的任一值.

φ 场运动方程

$$\ddot{\varphi} + 3H\dot{\varphi} = -\lambda\varphi^3, \ H = \left(\frac{2}{3}\pi\lambda\right)^{1/2}\varphi^2/M_p$$

的通解为

$$\varphi = \varphi_0 \exp\{-[\lambda^{1/2}M_p/(6\pi)^{1/2}]t\}.$$

由此可以看出, 场 φ 需要时间

$$\Delta t \sim \frac{\sqrt{6\pi}}{\sqrt{\lambda} M_{\rm p}}$$

才能有足够的衰减. 因此, 当 $\lambda \ll 1$, 在 $\Delta t > t_{\rm p} \sim \dfrac{1}{M_{\rm p}}$ 时间内宇宙按指数规律膨胀. 膨胀后宇宙半径为

$$R(\Delta t) \sim R_0 {\rm e}^{H\Delta t} \sim R_0 \exp(2\pi\varphi_0^2/M_{\rm p}^2).$$

要使膨胀后的宇宙大于可观测宇宙, 就要求 $\exp(H\Delta t) \geqslant \exp(65)$. 于是, 按上式和量纲限制条件应有

$$\varphi_0 \geqslant 3M_p, \lambda \leqslant 10^{-2}.$$

这表明, φ 场在宇宙的不同空间区域具有混沌的初始值 φ_0, 任一满足 $\varphi_0 \geqslant 3M_{\rm p}$ 的空间区域 (空间畴) 都将作指数膨胀, 经 Δt 后形成一个比可观测宇宙大的微宇宙泡; 我们生活的宇宙就是其中某一个微宇宙泡演化来的. 这个模型称为混沌暴胀模型.

混沌暴胀模型的另一个特点是它不要求宇宙早期的高温修正. 一般说来, 对有效势的高温修正实际上是给 φ 增加了一有效质量项

$$\Delta m^2(T) = CT^2.$$

式中 C 是一个常系数. 这一项的作用是使原来的 φ 场 (自发破缺的) 由负质量变为正质量, 从而导致对称性恢复. 我们考虑 $C \sim 1$ 的情况, 这时高温修正的影响需要一个弛豫时间

$$\tau \sim \frac{1}{\Delta m^2(T)} \approx \frac{1}{T}.$$

考虑到宇宙极早期物质以相对论粒子为主, 能量密度主要是它们的贡献, 以及一般典型大统一模型 $N \sim 200$, 则可算得宇宙时

$$t \sim \frac{1}{50} \frac{M_{\rm p}}{T^2}.$$

高温修正效应在 t 时刻起作用的必要条件是

$$t \geqslant \tau \quad \text{或} \quad T \leqslant \frac{M_{\rm p}}{50}.$$

此式表明, 空间畴的指数膨胀要比温度降至 $\dfrac{M_{\rm p}}{50}$ 来得早. 这样, 因空间畴的指数膨胀将导致畴内温度指数下降. 所以高温修正效应始终不存在, 即使 $t > \tau$, 指数形式的急剧下降也将超过高温修正的影响. 于是得到结论, 在每个畴暴胀前, 不会发生高温相变.

这一模型认为, 每个畴暴胀后都可形成一个微宇宙, 只需要要求局部微宇宙满足均匀和各向同性条件, 不需要要求这一条件是整体的. 按此模型, 我们现在的可观测宇宙仅是这些微宇宙中的某一个. 也就是说, 我们的宇宙是由极早期宇宙中某一微小的空间畴暴胀起来形成的.

混沌暴胀模型仍存在一个困难, 就是得不到能量密度涨落的合理量级 $\frac{\delta\rho}{\rho} \sim 10^{-4}$.

2.5 量子涨落和密度扰动的演化

1978 年, Bunch 和 Davies 求得了宇宙暴胀过程中的真空平均值

$$\langle\varphi^2\rangle = \frac{3H^4}{8\pi^2 m^2}. \tag{2.5.1}$$

由此式可见 $m^2 \to 0$ 时 $\langle\varphi^2\rangle \to \infty$, 这是由于宇宙做指数膨胀, 当 $m^2 \to 0$, $\langle\varphi^2\rangle$ 与在 de Sitter 空间中反常大波长密度涨落有关. 在涨落量 $|K| \ll H$ 时, Vilenkin 等导出了对 $\langle\varphi^2\rangle$ 的主要贡献

$$\langle\varphi^2\rangle \approx \frac{H^{2-\frac{4m^2}{3H^2}}}{2\pi} \int_0^H \frac{k^2 \mathrm{d}k}{\{\Delta m^2(T) + k^2\}^{\frac{3}{2}-\frac{2m^2}{3H^2}}}. \tag{2.5.2}$$

式中 $\Delta m^2(T)$ 是温度效应对质量的贡献, $\Delta m^2(T) \sim o(g^2 T^2)$. 当 $T \to 0$ 时, 上式可写为

$$\langle\varphi^2\rangle = \frac{H^{2-\frac{4m^2}{3H^2}}}{2\pi} \int_0^H \frac{k^2 \mathrm{d}k}{k^{3-\frac{4m^2}{3H^2}}} = \frac{3H^4}{8\pi^2 m^2},$$

恰为 (2.5.1) 式. 当 $T \gg H$ 时, 上述反常贡献消失, 此时有

$$\langle\varphi^2\rangle = \frac{T^2}{12},$$

这正是 Minkowski 空间的结果. 当 $0 < T < H$ 时, 由于宇宙暴胀, $\Delta m^2(T)$ 按指数规律减小, 此时 (2.5.2) 可写成

$$\langle\varphi^2\rangle = \frac{3H^4}{8\pi^2 m^2}\left\{1 - \exp\left[-\frac{2m^2}{3H}(t-t_0)\right]\right\} \tag{2.5.3}$$

式中 t_0 是与 $m^2(T) = 2H^2$ 对应的时刻. 当 $t - t_0 \gg \frac{3H}{2m^2}$ 时, 上式成为

$$\langle\varphi^2\rangle \sim \frac{H^2}{4\pi^2}(t-t_0), \tag{2.5.4}$$

即场的涨落与时间呈线性关系, 当 $t - t_0 \geqslant \frac{3H}{2m^2}$ 时, 有

$$\langle\varphi^2\rangle \sim \frac{3H^4}{8\pi^2 m^2} \exp\left[\frac{2|m|^2}{3H}(t-t_0)\right],$$

此时 $\langle \varphi^2 \rangle$ 按指数规律增长.

考虑到场的量子涨落, 暴胀过程就不是严格均匀的; 这将对暴胀后的能量密度扰动产生影响, 从而有可能解释物质和星系的起源问题. 场初始分布的不均匀会使宇宙暴胀过程中场的不同区域的势达到最小值需要不同的时间, 但最后将升至相同的重加热温度. 这不同的时间正表现出暴胀后的密度扰动. 古什曾计算出这一扰动:

$$\frac{\delta \rho(k)}{\rho} = \frac{1}{\sqrt{2}\pi} \frac{H^2}{\dot{\varphi}} \left[1 + \frac{3}{2} \ln(kH) \right]^2_{\varphi = \varphi_*}.$$

式中 φ_* 是动量 $k_* = H$ 时的 $\sqrt{\langle \varphi^2 \rangle}$ 值, 而 k_* 与具体势有关. 当选取科尔曼–温伯格势时, 得到

$$\frac{\delta \rho}{\rho} \sim 50. \tag{2.5.5}$$

这和观测到的微波背景辐射不符合. 霍金等采用将空间分成不均匀的和均匀的两部分, 并引入与空间位置有关的时间延缓因子, 得到暴胀结束时有

$$\frac{\delta H}{H} \sim \frac{1}{3\pi} \left(\frac{g^2}{4\pi} \right). \tag{2.5.6}$$

注意到 $T \sim H$, 得到

$$\frac{\delta T}{T} \sim \frac{1}{3\pi} \frac{g^2}{4\pi};$$

又由 $\rho \sim T^4$, 得到

$$\frac{\delta \rho}{\rho} \sim \frac{4\delta T}{T} \sim \frac{g^2}{4\pi} \sim 10^{-2}. \tag{2.5.7}$$

这一结果虽然比古什的结果小了三个量级, 但仍比观测到的微波背景辐射密度涨落 $\frac{\delta \rho}{\rho} \sim 10^{-5}$ 要大. 下面将看到, 超对称宇宙早期理论的预言与观测结果相符合.

1986 年, Ruiz-Altaba 等提出了 $N = 1$ 的超对称宇宙早期模型, 其标势为

$$V = e^{|\phi|^2} \left[\left| \frac{\partial P}{\partial \phi} + \phi P \right|^2 - 3P \right]. \tag{2.5.8}$$

式中 P 就是超对称的超势.

如果真空处于手征超场 ϕ_0, 则为了使相应的宇宙常数为零, 必有 $V(\phi_0) = 0$. 若该点超对称不破缺, 则有

$$\left| \frac{\partial P}{\partial \phi} + \phi R \right|_{\phi = \phi_0} = 0. \tag{2.5.9}$$

令

$$P = \left(\frac{\Delta^2}{M} \right) (\phi - \phi_0)^2, \quad M = M_p / \sqrt{8\pi} \equiv 1, \tag{2.5.10}$$

Δ 是质量参数,

$$m_\phi \sim \Delta^2, \tag{2.5.11}$$

则 (2.5.8) 可改写为

$$V = \Delta^4 \left[1 - 4\phi^3 + \frac{13}{2}\phi^4 - 8\phi^5 + \frac{23}{3}\phi^6 + o(\phi^7) \right]. \tag{2.5.12}$$

宇宙从 $\phi \lesssim H_0, \dot\phi \approx 0$ 开始暴胀, 由于势为主暴胀场 ϕ 满足经典运动方程

$$\ddot\phi + 3\dot H\phi + \frac{\mathrm{d}V}{\mathrm{d}\phi} = 0,$$
$$H^2 = \left[\frac{1}{2}\dot\phi^2 + V(\phi) \right]; \tag{2.5.13}$$
$$\Delta V_H \approx -\Delta^8\phi \quad (\text{Hawking 辐射项}).$$

我们得到反 de Sitter 相的 Hubble 常数

$$H_0^2 = V(0) = \Delta^4. \tag{2.5.14}$$

暴胀场产生在 $\ddot\phi \ll 3H_0\dot\phi, \phi \sim H_0$, 直到时间 $t_I \sim m_\phi^{-1}$. 然后暴胀场如物质一样演化, 直到再加热时间 $t_R \sim \Gamma_\phi^{-1}$, 然后衰变为辐射为主和再热相. 考虑到 (2.5.11) 有

$$\Gamma_\phi \sim \Delta^2 m_\phi \sim \Delta^4,$$

辐射能的增加满足式

$$\rho_\phi(t_R) = \rho(t_I)\left(\frac{t_I}{t_R} \right)^2 = \Delta^2 \left(\frac{\Gamma_\phi}{m_\phi} \right)^2 \approx \frac{\pi^2}{15}NT_R. \tag{2.5.15}$$

式中 N 是光子有效自由度数. 由上式可以得到

$$T_R \sim \Delta^3. \tag{2.5.16}$$

如果取 $\Delta \sim 10^{-4}$(以 M 为单位), 则再热温度 $\sim 10^6\text{GeV}$. 暴胀数 N_I 满足

$$R(t_R) \sim \mathrm{e}^{N_I}R(t_I),$$

于是得到

$$N_I = \int_{\phi_I}^{\phi_R} H_0 \mathrm{d}t. \tag{2.5.17}$$

由于 $\phi_I \sim H_0, \phi_R \sim 10^{-1}$, 所以

$$N_I \sim 10^8. \tag{2.5.18}$$

　　另一方面, 暴胀的量子涨落的量级为 H_0, 因此在标度为 λ 时产生能量密度涨落. 按暴胀时能量密度涨落公式

$$\frac{\delta\rho}{\rho} \approx \frac{H_0^2}{\dot{\phi}(t_i)} \left[1 + \frac{3}{2}\ln(\lambda H_0)\right]^2, \tag{2.5.19}$$

式中 H_0 是 $\phi = 0$ 时的哈勃常数, λ 是前面提到的能量密度涨落时的能量标度, 代入 (2.5.13) 和 (2.5.14), 得到

$$\frac{\delta\rho}{\rho} \sim 10^2\Delta^2 \sim 10^{-4}. \tag{2.5.20}$$

(2.5.18) 和 (2.5.19) 均与观测结果相符, 这就克服了前面的以大统一和科尔曼–温伯格势为基础的暴胀理论遗留下来的两个问题: (i) 量子涨落导出的跃迁太快, 宇宙不足以膨胀到与观测一致的大小, 即标度因子达不到 e 指数上大于 65 的量级的增长. (ii) 暴胀时能量密度涨落太大, 按 (2.5.19) 算得的值远大于观测值 10^{-4}.

　　因此, 超对称理论应用于暴胀宇宙, 成功地解释了再热机制、暴胀指数及能量密度涨落等关键问题. Ruiz 的这一理论的遗留问题是再热温度较低, 不足以产生足够的重子数不对称.

2.6　小　　结

　　为了解决大爆炸宇宙模型 (即标准宇宙模型) 在宇宙极早期存在的几个疑难问题, 1981 年, 古什首先提出了一个关于宇宙极早期的暴胀宇宙模型, 它认为暴胀产生在 (超冷) 假真空对称相破缺之前. 这理论无法解释大量宇宙泡的产生所引起的不均匀性等问题. 1982 年, Linde 等提出了新的暴胀过程模型, 它认为宇宙泡沿着势的平坦部分慢慢滚动下来, 即暴胀与对称破缺的相变同时发生, 由此解决了原暴胀模型存在的疑难问题. 1983 年, 人们抛弃了高温修正效应, 又提出一个混沌暴胀模型, 认为标量场在一定取值范围内, 在时空中都可形成宇宙泡, 每个宇宙泡都可以在暴胀后形成一个微宇宙, 每个微宇宙暴胀后都可超过我们可观测宇宙的线度; 我们就生活在这样的许多个宇宙中的一个里面. 1984 年以来, 人们又进一步引入了超对称理论, 把暴胀宇宙和 $N = 1$ 的超引力物质相耦合, 使得标量场的势的形状更合理 —— 使所得推论更符合观测事实.

　　加上了暴胀模型的广义相对论宇宙学, 仍然无法解决宇宙的创生问题和星系的形成问题. 这些问题我们将在下一篇中讨论.

第八篇　量子宇宙学

第七篇的最后, 我们谈到暴胀宇宙学可以解释标准宇宙模型中的视界问题、平直性问题和磁单极问题. 它已经把我们带到了 $t = 10^{-35}$s 的宇宙极早期, 已接近于宇宙的开端. 剩下的一个问题就是宇宙的创生了, 这是量子宇宙学要回答的问题.

广义相对论宇宙学是建立在爱因斯坦引力理论基础上的. 严格地说, 量子宇宙学应该建立在量子引力理论的基础上. 然而, 至今人们还未能建立一个令人满意的量子引力理论. 尽管如此, 人们仍然可以根据已经了解的量子引力的某些特征, 去寻找各种途径, 尝试解决量子宇宙学的主要问题 —— 宇宙的创生问题. 20 世纪 80 年代初, 霍金、维林金 (Vilenkin) 等提出用宇宙波函数来描述宇宙的量子状态, 而宇宙波函数满足宇宙动力学方程 —— 惠勒–德维特 (Wheeler-De Witt) 方程. 这样, 只要确定宇宙的边界条件, 便可定量地研究宇宙的创生问题了.

第 1 章　宇宙量子力学

在量子宇宙学中, 宇宙的状态由宇宙波函数来描述, 由这个波函数可确定宇宙按特征量分布的几率幅. 故在量子力学意义上讲这种描述是完备的. 在哈特–霍金理论中, 可以自然地给出宇宙边界条件, 所以能够得到一个自洽的宇宙. 在这样的理论框架下, 人们的任务是给出宇宙按照对观测有兴趣量分布的宇宙波函数. 哈特–霍金采用了欧氏 (其中时间为纯虚数) 路径积分表述.

1.1　量子引力的路径积分表述

在量子力学中所有的物理定律都可以用路径积分形式来表述. 对于单个粒子系统, 粒子可以从事件 (x_1, t_1) 经由任何路径到达事件 (x_2, t_2), 每个路径的权重为 $\exp(\mathrm{i}I)$, 其中 I 是系统的作用量. 于是, 粒子由点 (x_1, t_1) 到达点 (x_2, t_2) 的几率幅为

$$\langle x_2, t_2 | x_1, t_1 \rangle = \int \delta x \exp(\mathrm{i}I), \qquad (1.1.1)$$

其中的泛函积分是对连接 (x_1, t_1) 和 (x_2, t_2) 的所有路径进行的. 这一表述同样可用于量子场论. 我们把场 $\phi(x)$ 看作场构形空间的坐标, 则事件便可由点 $(\phi(x), t)$ 给出. 其含义是在时刻 t 场具有构形 $\phi(x)$. 于是, 场由 $(\phi_1(x), t_1)$ 到 $(\phi_2(x), t_2)$ 的几率幅为

$$\langle \phi_2(x), t_2 | \phi_1(x), t_1 \rangle = \int \delta \phi(x, t) \exp(\mathrm{i}I). \qquad (1.1.2)$$

式中积分沿构形空间中连接 $(\phi_1(x), t_1)$ 和 $(\phi_2(x), t_2)$ 的所有路径进行. 这样, 只要作代换 $(x, t) \to (\phi(x), t)$, 对单粒子系统的讨论和对场的讨论便在形式上完全一样.

作为量子理论的起点, 是通过在适当的构形空间给出系统的波函数, 从而确定系统的状态. 波函数的构造要从它的几率解释出发, 可以写成

$$\Psi(x, t) = N \int_C \delta x(t) \exp(\mathrm{i}I[x(t)]), \qquad (1.1.3)$$

其中 N 是归一化因子, 由系统的初始准备给出, 积分是沿一类路径进行的, 这类路径是从 (x, t) 出发并按前面所述的方式加权.

(1.1.3) 并不是好的定义, 因为在一般情况下 (1.1.1) 和 (1.1.2) 中的路径积分可能发散. 为了解决这一问题, 只要将时间轴在虚平面上顺时针转到虚时间轴 ($t \to$

iτ), 并且考虑到 $t \to -\infty$ 时对系统的准备对应于 $\tau \to -\infty$. 按照这种程序, 单粒子系统的基态波函数应构造为

$$\Psi(x, \tau) = N \int \delta x \exp(-I[x(\tau)]). \tag{1.1.4}$$

式中 $I(x(\tau))$ 是所谓欧氏作用量, 它是通过作代换 $t \to i\tau$ 并调整一个整体符号 (使其为正) 得到的. 可以看出, 如果 $I[x(\tau)]$ 是正定的, 则路径积分 (1.1.4) 便是收敛的. 将所得波函数解析延拓到实时间轴, 便可得到物理结果.

上式可直接推广到量子场情况, 系统的基态波函数具有形式

$$\Psi(\phi(x), \tau) = N \int \delta\phi(x) \exp(-I[\phi(x)]). \tag{1.1.5}$$

我们希望将同样的表述用于量子引力. 在广义相对论中, 引力场即度规张量场. 一个紧致的 4 维流行时空度规可表示为

$$ds^2 = -(N^2 - N_i N^i)dt^2 + 2N_i dx^i dt + h_{ij} dx^i dx^j, \tag{1.1.6}$$

其中 N 是时移 (lapse) 函数, N_i 是位移 (shift) 函数, h_{ij} 是三维类空超曲面 $t = \mathrm{const}$ 上的内禀度规. N, N_i, h_{ij} 均为时空坐标的函数; h_{ij} 作为自由度构成一个无限维的超空间, 而 N 和 N_i 可以通过适当的广义变换消去, 因此它们不构成物理的自由度. 下面证明 (1.1.6) 式. 首先, 我们在时空流形中引入一个类空超曲面, 在其上任一点 (x^i, t) 引入法矢 n^a 和切矢 $X_i^a \equiv X_{,i}^a$, 它们满足关系

$$g_{ab} X^a n^b = g_{ab} X^a X^b = 0 \quad (\text{正交}),$$

$$g_{ab} n^a n^b = -1 \quad (\text{类时}),$$

$\{n^a x_i^b\}$ 构成一个局部 4 标架. 设超曲面在时空中连续变形, 广义变形矢量为

$$N^a \equiv \frac{\partial}{\partial t} X^a(x^i, t) \equiv \dot{X}^a.$$

它在局部 4 标架上分解:

$$N^a = N n^a + N^i X_i^a.$$

式中的类时分量 N 就是前面说的时移 (lapse), 类空分量 N^i 即为位移 (shift). 由于

$$ds^2 = g_{tt} dt^2 + 2g_{it} dx^i dt + g_{ij} dx^i dx^j,$$

有

$$g_{tt} = \frac{\partial X^a}{\partial t} \frac{\partial X^b}{\partial t} g_{ab} = N^a N^b g_{ab}$$

$$= N^a N^b (h_{ab} - n_a n_b) = N^i N_i - N^2.$$

实际上

$$
\begin{aligned}
N^a N^b (h_{ab} - n_a n_b) &= N_a N^b h_b^a - N^2 \\
&= (Nn_a + N^i X_{a,i})(Nn^b + N^i X_i^b) h_b^a - N^2 \\
&= (Nn_a + N^i X_{a,i})(0 + N^i X_i^b) - N^2 \\
&= N^i N_i - N^2.
\end{aligned}
$$

类似地有

$$
\begin{aligned}
g_{it} &= X_i^a N^b g_{ab} = X_i^a N^b (h_{ab} - n_a n_b) = N_i, \\
g_{ij} &= X_i^a X_j^b g_{ab} = X_i^a X_j^b (h_{ab} - n_a n_b) = h_{ij},
\end{aligned}
$$

由此即可得到 (1.1.6) 式.

关于时间 t, 在广义相对论 (经典) 宇宙学中是用的世界时, 它是宇宙的内禀属性. 显然, 当研究量子宇宙学时, 任何测量系统本身作为宇宙的一部分也必须量子化, 因此独立的时间便完全失去了意义. 这样, 构形空间的坐标应该只有 h_{ij}, 若还存在物质场 ϕ, 则仅由 (h_{ij}, ϕ) 描述. 于是, 宇宙由三维类空超曲面 h_{ij}(其上有场 ϕ) 跃迁到类空超曲面 h'_{ij}(其上有场 ϕ') 的跃迁几率幅可表示为

$$\langle h'_{ij}, \phi' | h_{ij}, \phi \rangle = \int \delta[g_{\mu\nu}, \phi] \exp(\mathrm{i} I[g_{\mu\nu}, \phi]). \tag{1.1.7}$$

与一般量子系统的处理相类似, 量子引力系统的波函数可表示为

$$\Psi[h_{ij}, \phi] = N \int_C \delta g_{\mu\nu} \delta\phi \exp(\mathrm{i} I[g_{\mu\nu}, \phi]). \tag{1.1.8}$$

式中 N 是归一化常数, 积分区域 C 是构形空间中连接点 (h_{ij}, ϕ) 和初始点的所有路径. 系统的基态波函数具有形式

$$\Psi[h_{ij}, \phi] = N \int_C \delta g_{\mu\nu} \delta\phi \exp(-I[g_{\mu\nu}, \phi]). \tag{1.1.9}$$

式中 $I[g_{\mu\nu}, \phi]$ 是欧氏作用量.

我们期望, 波函数 (1.1.9) 应满足一个类似于薛定谔 (Schrödinger) 方程的宇宙动力学方程. 下面我们将得到这样一个方程, 它被称为惠勒–德维特 (Wheeler-De Witt) 方程.

在单圈 (也称为半经典的 WKB) 近似下, (1.1.9) 具有形式

$$\Psi[h_{ij}, \phi] = N \sum_i B_i \exp(-I_{cl}^i). \tag{1.1.10}$$

式中 I_{cl}^i 是第 i 个满足最小作用量原理的经典欧氏作用量, N 是归一化常数, B_i 是对经典轨道的涨落.

1.2　宇宙动力学方程

我们首先给出广义相对论的哈密顿形式. 为此, 引力场的作用量取为

$$I_g = \frac{1}{16\pi}\left[\int_M d^4x\sqrt{-g}(R-2\Lambda) + 2\int_{\partial M} d^3x\sqrt{h}K\right]. \tag{1.2.1}$$

式中中括号内第二项的引入是为了抵消第一项在变分时出现的表面积分项. 实际上, 第一项在对 $g_{\mu\nu}$ 变分时给出的表面积分项为

$$\Delta I_g = \frac{1}{16\pi}\int_{\partial M}(\Delta\Gamma^\alpha_{\mu\nu}g^{\mu\nu} - \Delta\Gamma^\mu_{,\mu}g^{,\alpha})d\sigma_\alpha, \tag{1.2.2}$$

积分是在时空流形 M 的表面 ∂M 上进行的. 由于含有场量 $g_{\mu\nu}$ 的一阶导数项, 所以 $\Delta\Gamma'$ 在表面 ∂M 上不能取为零. 在式 (1.2.1) 中, $h = \det h_{ij}, K = h_{ij}K^{ij}, h_{ij}$ 和 K_{ij} 分别是三维边界上的内禀度规张量和外部曲率张量, R 是标曲率, Λ 是宇宙常数.

如果存在物质场, 作用量中还应加一项 I_m, 注意到度规表示式 (1.1.6), 可将作用量写为

$$I = I_g + I_m = \frac{1}{16\pi}\int d^4x h^{1/2}N(K_{ij}K^{ij} - K^2 + {}^3R - 2\Lambda) + I_m. \tag{1.2.3}$$

式中

$$K_{ij} = \frac{1}{N}\left(-\frac{1}{2}\frac{\partial h_{ij}}{\partial t} + N_{(i|j)}\right), \tag{1.2.4}$$

下标的小竖表示对 h_{ij} 取协变微商, ${}^3R$ 是由 h_{ij} 给出的内部曲率标量.

由 (1.2.3) 可以得到系统的哈密顿量的表示式

$$H = \int d^3x(\pi\dot{N} + \pi^i\dot{N}_i + NH^0 + N_iH^i), \tag{1.2.5}$$

这里 N 和 N^i 起拉格朗日乘子的作用,

$$H^0 = \frac{h^{1/2}}{16\pi}[K_{ij}K^{ij} - K^2 - {}^3R(h) + 2\Lambda], \tag{1.2.6}$$

$$H^i = -2\pi^{ij}_{|j}, \tag{1.2.7}$$

$$\pi = \frac{\delta S_g}{\delta\dot{N}} = 0,$$

$$\pi^i = \frac{\delta S_g}{\delta\dot{N}_i} = 0,$$

$$\pi^{ij} = \frac{\delta S_g}{\delta\dot{h}_{ij}} = \frac{h^{1/2}}{16\pi}(Kh^{ij} - K^{ij}). \tag{1.2.8}$$

由于 $\pi = 0$ 和 $\pi^i = 0$ 恒成立, 所以 $\dot{\pi} = 0, \dot{\pi}^i = 0$. 由哈密顿方程得

$$H^0 = 0, \tag{1.2.9}$$

$$H^i = 0. \tag{1.2.10}$$

式 (1.2.9) 和 (1.2.10) 即为哈密顿约束和动量约束.

在由场构形 $\{h_{ij}\}$ 构成的超空间中引入度规

$$G_{ijkl} = \frac{1}{2} h^{-1/2} (h_{ik} h_{jl} + h_{il} h_{jk} - h_{ij} h_{kl}), \tag{1.2.11}$$

则 (1.2.6) 可写为

$$H^0 = \frac{1}{16\pi} [G_{ijkl} \pi^{ij} \pi^{kl} - h^{1/2} ({}^3R - 2\Lambda)]. \tag{1.2.12}$$

作算符化处理 $\pi^{ij} \rightarrow \frac{1}{\mathrm{i}} \frac{\delta}{\delta h_{ij}}$; 如果有物质场存在, 将相应的广义动量以算符代替, 则哈密顿约束给出:

$$\left\{ -G_{ijkl} \frac{\delta^2}{\delta h_{ij} \delta h_{kl}} + h^{1/2} \left[-{}^3R + 2\Lambda + 16\pi T_{nn} \left(\frac{1}{\mathrm{i}} \frac{\delta}{\delta\phi}, \phi \right) \right] \right\} \Psi[h_{ij}, \phi] = 0, \tag{1.2.13}$$

此即 Wheele-De Witt 方程, 也就是我们要寻找的宇宙动力学方程. 式中 T_{nn} 是物质场能量–动量张量在三维类空超曲面法线方向上的分量. 人们可以把 (1.2.13) 认为是宇宙的薛定谔方程, 但由于波函数不明显地依赖于时间, 所以方程中没有时间导数项.

由动量约束可得

$$\left(\frac{\delta\Psi}{\delta h_{ij}} \right)_{lj} = T^{ni} \cdot \Psi(h_{|j}, \phi), \tag{1.2.14}$$

此即动量约束方程. 它表明, 对于相互之间可以由坐标变换得到的不同度规 h_{ij}, 其波函数必须是相同的.

方程 (1.2.13) 和 (1.2.14) 都是无限维空间中的变分方程, 没有普遍的严格的求解方法, 只有通过限制超空间自由度个数, 也就是用小超空间模型 (只有有限个自由度的超空间模型), 将量子涨落限制在保持时空某些拓扑及几何特征的自由度上, 从而将变分方程简化为简单得多的偏微分方程组.

宇宙波函数 $\Psi(h_{ij}, \phi)$ 要满足方程 (1.2.13) 和 (1.2.14), $|\Psi|^2$ 表征宇宙在超空间中出现在点 (h_{ij}, ϕ) 处的几率.

关于方程 (1.2.13) 和 (1.2.14), 我们再作一补充讨论.

(1) 由经典几何动力学可以得到经典几何应满足的两个约束; 正则量子化以后, 我们得到波函数应满足的两个偏微分方程, 这就是量子几何动力学中的基本动力学方程. 原则上, 它们应适用于任何量子引力系统, 关键在于选择适当的边界条件.

我们可以把 (1.2.13) 看作一个零能的定态薛定谔方程. 对于闭合宇宙, 它表示宇宙的总能量 (引力能加上物质能) 恒为零. 实际上, 闭合宇宙的总能量必须为零, 因为否则引力线通量将不会为零, 而对于闭合宇宙这是不可能的.

对于真空引力场或按宇宙学原理, (1.2.14) 式化为

$$\left[\frac{\delta}{\delta h_{ij}} \Psi(h_{ij}, \phi)\right]_{|j} = 0.$$

此式表明, 三维曲面上坐标系的微小变化将引起度规的微小变化, 由此导致的波函数的变化为零, 这意味着波函数是规范不变的.

(2) 泛函微分方程 (1.2.13) 可以看作度规场流体 $\{h_{ij}\}$ 上以 G_{ijkl} 为超度规的微分方程, 所有无限多种三维几何 $\{h_{ij}\}$ 和物质构形一起构成一个无限维构形空间, 叫超空间. 1967 年, De Witt 首先指出了 G_{ijkl} 的几何意义, 可以验证

$$G_{ijkl} = G_{jikl}, \quad G_{ijkl} = G_{ijlk}, \quad G^{ijkl} = G^{jikl},$$
$$G^{ijkl} = G^{ijlk}, \quad G_{ijkl} G^{klab} = \delta_{ij}^{ab}.$$

独立的对称指标是 $11, 22, 33, 12, 13, 23$; 对角元素为 $G_{1111}, G_{2222}, G_{3333}, G_{1212}, G_{1313}, G_{2323}$; 号差为 $(-+++++)$. 因此, W-D 方程就是六维超度量空间内的一个双曲方程.

(3) Kuchar 曾指出, 在量子几何动力学中, 由正则量子化并不能得到哈密顿, 而只是得到了一个哈密顿约束. 这一点与通常的量子力学不同. 这一特点将导致波函数不能构成一个希尔伯特空间, 因而波泛函的几率解释可能会遇到困难.

1.3　边界条件

为了给出宇宙动力学方程的解, 还需要有边界条件. 在量子宇宙学中, 由于时间是内禀时间, 所以初始条件包含在边界条件之中. 在量子宇宙学中, 也存在某些 "自然边界条件", 这些 "自然边界条件" 是由问题的物理意义考虑得到的. 比如, 考虑度规的正定性, 即当看成场量时必须满足 $h^{1/2} \geqslant 0$. 定义新的场量 $h_{ij} \rightarrow \bar{h}_{ij} \equiv h_{ij}/h^{1/2}$, 则此边界条件可写成

$$\Psi[\tilde{h}_{ij}, h^{1/2}, \phi] = 0, \quad \text{当} h^{1/2} < 0. \tag{1.3.1}$$

在路径积分表述中, 这个边界条件可以由适当选择积分路径来实现.

有了边界条件 (1.3.1) 还不够, 还需要有作为边界条件的初始宇宙波函数的形式. 这涉及 (1.1.9) 以及其中积分路径 C 的选取.

霍金认为, 宇宙中任何一点都不应处于特殊地位, 因此宇宙应该是没有边界的. 他认为物理定律在任何地方都应有效, 宇宙的开端处也不例外. 为此, 应该让路径

积分只对非奇异性度规取和. 在通常的路径情况下, 人们知道测度更集中于不可微的路径. 但是在某些适当的拓扑中, 这些路径是光滑路径的完备化, 并且具有定义完好的作用量. 类似地可以想到, 量子引力的路径积分应该对光滑度规的完备化空间取和, 不应包含奇异性度规 (因为它的作用量没有定义).

在黑洞的情况下, 路径积分应该对欧氏 (规则) 度规取和. 这意味着像 Schwarzschild 黑洞这样的奇异性在欧氏度规中不出现, 欧氏度规并没有到达视界面以内. 视界像是极坐标原点. 因此, 欧氏度规的作用量是完好定义的. 这一问题的处理可认为是宇宙监督的量子理论表述: 奇点处结构的破坏不应影响任何物理测量.

这样看来, 量子引力的路径积分应该对非奇异欧氏度规取和. 那么在这些度规上应赋予什么样的边界条件呢? 回答是: 只存在两个自然的选择. 第一个选择是度规在紧致集之外要趋于平直的欧氏度规; 第二个选择是在紧致和没有边界的流形上的度规.

第一类度规 (渐近欧氏度规) 对于散射计算仍然很合适. 在散射过程中, 粒子由无穷远处射入, 人们在无穷远处观测出射粒子, 无穷远处的背景度规是平直的, 可以用通常的方式把场的小涨落解释成粒子, 人们不必问在中间的相互作用区域发生了什么, 这就是人们让相互作用区域的路径积分对所有可能历史 (即对所有欧氏度规) 取和的原因.

在宇宙学中情况就不同了. 人们处在宇宙之中而非宇宙之外, 因此人们感兴趣的是在有限区域内而不是在无限远处进行测量. 首先假定宇宙学的路径积分是对所有渐近欧氏度规取和, 那么对于有限区内的测量的几率将存在两类贡献: 第一类来自于连通的渐进欧氏度规; 第二类来自于非连通的度规, 它由一个包含测量区域的紧致度规和一个与之相分离的渐近欧氏度规组成, 如图 8-1 所示.

人们不应该把非连通度规从路径积分中排除, 因为它们可以由连通度规来近似, 在这些度规中不同部分可由虫洞 (其作用量可忽略) 连接起来.

对于散射问题, 由于时空的非连通的紧致区域不和无穷远连接, 而测量是在无穷远处进行的, 所以紧致区域不影响散射计算. 但是它们会影响宇宙学中的测量, 因为宇宙学的测量是在有限区域进行的. 的确, 这种非连通度规贡献远远超过了来自连通的渐近欧氏度规贡献. 这样, 即使把宇宙学的路径积分对所有渐近欧氏度规取和, 其效应和对所有紧致度规取和几乎完全相同. 所以哈特和霍金认为, 更自然地应该对所有无边界的紧致度规取和. 这个宇宙的边界条件可以表述为: 宇宙的边界条件是它没有边界.

我们对前面的讨论做一个小结: 宇宙动力学方程由 Wheele-De Witt 方程给出, 边界条件由式 (1.1.9)(C 取上面所讨论的路径) 以及因某些物理要求给出. 对于一个动力学系统, 这种表述是完全的.

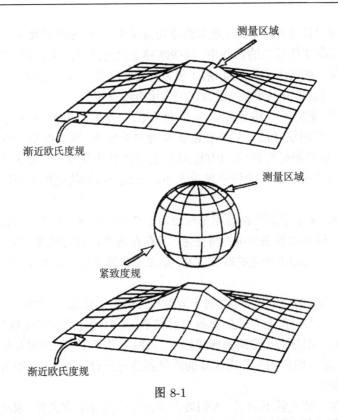

图 8-1

　　为了对哈特–霍金的"无边界"的边界条件有一个更清晰的了解, 我们再做一直观的描述. 先从确定宇宙边界条件的必要性谈起. 在宇宙学中被研究的系统是整个宇宙. 根据定义, 宇宙没有外部, 没有人们可对其要求边界条件的"宇宙之外的部分". 而且仅仅依靠数学的相容性不可能求出 Wheeler-De Witt 方程的解. 因此, 宇宙学家不能不从物理的考虑出发来确定宇宙的边界条件. 用几何的语言表述就是要确定基态波函数 (1.1.9) 中路径积分的积分路径. 量子力学中的路径积分表述就是对历史求和, 波函数的计算就是对系统的某一类历史算出一个确定的和. 为了使波函数是唯一的, 必须精确规定需要求和的历史类. 这种对历史求和在数学上相当于解薛定谔方程. 在量子宇宙学中, 宇宙波函数可以通过对宇宙的某一类历史求和而计算出来. 这就是解 Wheeler-De Witt 方程的过程. 获得宇宙动力学方程的解取决于怎样选择对之求和的历史类. 我们可以由几何形体来描述哈特–霍金的工作. 把宇宙在指定时间的空间外延想象成位于水平面内的一个闭合圈 (图 8-2), 竖直轴代表时间, 随时间的增加, 闭合圈变大, 表示宇宙膨胀. 这样, 宇宙的各种可能的历史在宇宙随时间演化时就表现为宇宙圈生长成的管子. 管子的终端代表今天的宇宙, 最下端就表示宇宙的初始态 (创生). 初始态要由提出的边界条件来确定. 某些管子的下端可能像一个锥体的尖端一样封闭; 其他管子下端则可能突然结束. 哈特–霍金认为, 只应考虑初始端以光滑规则方式收缩到零的半球形帽的那些管子. 就是说, 人们只应该对这些无边界几何形体求和, 终端除外 (终端是开放的, 相当于今天的宇宙). 这就是哈特–霍金的无边界的边界条件.

图 8-2

在广义相对论宇宙学中要用这样一种光滑的方式封闭几何形体是不可能的. 奇点定理告诉人们, 宇宙的所有经典历史都必须以奇点的方式收缩到零, 就像锥体的末端一样. 但是量子理论中对历史的求和法则允许有许多可能的历史, 而不仅仅是那些经典的历史. 于是光滑的封闭便成为可能. 特别是, 封闭的区域可以看作发生在虚时间内, 因而显然是非经典的.

哈特–霍金由这一边界条件得到了一个宇宙动力学方程的解. 由于虚时间的出现是量子理论中的隧道效应的特征, 因此宇宙可能是从 "一无所有" 经隧道效应创生出来的; 大爆炸是在隧道效应之后接着发生的.

下一章我们具体讨论哈特–霍金的宇宙波函数.

第 2 章　宇宙波函数

2.1　基态波函数的表述

这一章, 我们将比较详细地讨论哈特–霍金的基态波函数理论. 波函数依赖于类空超曲面的拓扑性质和三维度规以及曲面上的物质场的值. 为了简捷, 我们现在只考虑 S^3 拓扑性质, 其他可能性放在后面讨论.

正如前章所讨论的, 基态波函数构造成泛函积分形式

$$\Psi_0[h_{ij}, \phi] = N \int \delta g_{\mu\nu} \delta \phi \exp(-I[g_{\mu\nu}, \phi]), \tag{2.1.1}$$

式中 I 是总的欧氏作用量, 积分沿着具有紧致边界条件的一类 4 维欧氏几何和相应的一类欧氏场构形, 在边界上诱导 (或内禀) 度规为 h_{ij}. 为了实现基态波函数的定义, 需要给出一类几何和场用来求和. 其几何应当是紧致的, 其上的场应是规则的. 在正宇宙常数的情况下, 场方程的任何规则欧氏解必是紧致的. 最大的对称性解是半径为 $3/\Lambda$ 的四维球, 其度规可写为

$$ds^2 = (\sigma/H)^2 (d\theta^2 + \sin^2\theta d\Omega_3^2). \tag{2.1.2}$$

式中 $d\Omega^2$ 是 3 维球上的度规, $H^2 = \sigma^2 \Lambda/3$, 我们为以后表述方便还引入了一个因子 $\sigma^2 = \dfrac{l_{\rm p}^2}{24\pi^2}, l_{\rm p}^2 = 16\pi G$. 显然, 当 $\Lambda > 0$ 时, 对紧致的四维几何取和是唯一合理的选择.

如果 $\Lambda \leqslant 0$, 场方程没有紧致解. 最大对称性解是欧氏空间 $(\Lambda = 0)$:

$$ds^2 = \sigma(d\theta^2 + \theta^2 d\Omega_3^2) \tag{2.1.3}$$

和欧氏反 de Sitter 空间 $(\Lambda < 0)$:

$$ds^2 = (\sigma/H)^2 (d\theta^2 + \sin^2\theta d\Omega_3^2). \tag{2.1.4}$$

正如 1.3 节中谈到的, 对于散射问题来说, 当 $\Lambda \leqslant 0$ 时, 基态波函数定义为渐近欧氏几何上或渐近反 de Sitter 几何上的泛函积分更合适. 然而在宇宙中, 人们感兴趣的是在时空内部进行的测量, 内部点是否与无穷远区域连通没什么关系. 哈特–霍金认为, 应该取由两部分组成的不连通的几何: 其一是紧致的部分, 没有内部边界. 这个不连通几何实际上给出了对基态波函数的绝对主要的贡献.

在 $\Lambda \leqslant 0$ 的情况下, 由紧致四维几何上得到的基态波函数, 对大的三维几何发散, 且波函数不能归一化. 这是因为在作用量中, 正的 Λ 和负的 Λ 对大的四维几何

的作用刚好相反. 因此, 我们只考虑 $\Lambda > 0$ 的情况, $\Lambda = 0$ 将被视为 $\Lambda > 0$ 的极限情况.

有时在 K- 表象下描述波函数比较方便. 即 $h^{1/2}$ 代之以它的共轭动量 $-\frac{4}{3}Kl_\mathrm{p}^{-2}$. 这时也可用泛函积分构造之

$$\Phi_0[\tilde{h}_{ij}, K, \tilde{\phi}] = N \int \delta g_{\mu\nu} \delta\phi \exp(-I^k[g_{\mu\nu}, \phi]). \tag{2.1.5}$$

积分仍沿着前面的场和几何, 只是现在在边界上固定的是 $\tilde{\phi}, \tilde{h}_{ij}$ 和 K, 而不再是 ϕ 和 h_{ij}. 因此, I^K 是保持 $\tilde{\phi}, \tilde{h}_{ij}$ 和 K 在边界上固定的欧氏作用量. 我们有

$$l_\mathrm{p}^2 I_F^K(g_{\mu\nu}) = -\frac{2}{3} \int_{\partial M} \mathrm{d}^3 x h^{1/2} K - \int_M \mathrm{d}^4 x g^{1/2}(R - 2\lambda), \tag{2.1.6}$$

$$I_M^K(g_{\mu\nu}, \phi) = \frac{1}{2} \int_M \mathrm{d}^4 x g^{1/2} \left[(\nabla\phi)^2 + \frac{1}{6}R\phi^2\right]. \tag{2.1.7}$$

向 K- 表象变换时, 我们有

$$\Phi[\tilde{h}_{ij}, K] = \int_0^\infty \delta h^{1/2} \exp\left[-\mathrm{i}\frac{4}{3}l_\mathrm{p}^2 \int \mathrm{d}^3 x h^{1/2} K\right] \Psi(h_{ij}), \tag{2.1.8a}$$

反过来有

$$\Psi[h_{ij}] = \int_{-\infty}^\infty \delta K \exp\left[\mathrm{i}\frac{4}{3}l_\mathrm{p}^{-2} \int \mathrm{d}^3 x h^{1/2} K\right] \Phi[\tilde{h}_{ij}, K]. \tag{2.1.9a}$$

按照欧氏的 K, 上两式可改写为

$$\Phi[\tilde{h}_{ij}, K, \tilde{\Phi}] = \int_0^\infty \delta h^{1/2} \exp\left[-\frac{4}{3}l_\mathrm{p}^2 \int \mathrm{d}^3 x h^{1/2} K\right] \Psi[h_{ij}, \tilde{\Phi}], \tag{2.1.8b}$$

$$\Psi[h_{ij}, \phi] = -\frac{1}{2\pi\mathrm{i}} \int_C \delta K \exp\left[\frac{4}{3}l_\mathrm{p}^2 \int \mathrm{d}^3 x h^{1/2} K\right] \Phi[\tilde{h}_{ij}, K, \tilde{\Phi}]. \tag{2.1.9b}$$

式中路径 C 从 $-\mathrm{i}\infty$ 到 $+\mathrm{i}\infty$.

从泛函积分 (2.1.5) 来构造基态波函数有一个优点, 就是 (2.1.9b) 中的积分总能满足波函数 $\Psi_0(h_{ij}, \phi)$ 的要求, 当 $h^{1/2} < 0$ 时这波函数等于零.

欧氏引力作用量 (2.1.6) 式不是明确限定的, 因为 (2.1.1) 和 (2.1.5) 中的泛函积分还需要仔细地加以限制. 其中一种限制方法是使积分改变为沿着共形因子和共形等效几何上进行. 通过适当选择共形因子的积分路径, 便可构造一种收敛的泛函积分.

这是哈特–霍金关于基态波函数的基本思想. 下面给出它的某些性质, 并在一小超空间模型中表明它的合理性.

2.2 半经典近似

基态波函数泛函积分定义的一个重要优点是它直接满足半经典近似. 本节将检验上一节定义的基态波函数的半经典近似. 为了简便, 我们只考虑纯引力的情况, 其结果可直接推广到含物质场的情况.

通过最陡下降法计算泛函积分, 可以得到半经典近似. 如果只有一个稳态相点, 半经典近似为

$$\Psi_0[h_{ij}] = N\Delta^{-1/2}[h_{ij}]\exp(-I_{\mathrm{cl}}[h_{ij}]). \tag{2.2.1}$$

这里, I_{cl} 是稳态相点的欧氏作用量, 即对应用于欧氏场方程

$$R_{\mu\nu} = \lambda g_{\mu\nu} \tag{2.2.2}$$

的解 $g_{\mu\nu}^{\mathrm{cl}}$; 在闭合 3 维曲面边界上, 它给出度规 h_{ij}, 且满足上节讨论的边界条件

如果存在不止一个稳态相点, 则必须仔细考虑积分路径, 以便确定哪个给出决定性的贡献. 一般地, 有最低 $\mathrm{Re}I$ 值将是稳态相点, 尽管也许不是. 比如, 有两个对应于四维几何的稳态相点, 则两个相互共形. 本节我们将看到一个这样的例子. 基态波函数是实的, 这意味着如果稳态相点有复的作用量值, 则必有其共轭的等同贡献; 如果稳态相点的四维几何不存在, 则在半经典近似下波函数将是零.

首先从泛函积分 (2.1.5) 求 Φ_0 的半经典近似, 然后用最陡下降法求积分 (2.1.9b), 从而获得 Ψ_0 的半经典近似. 要求

$$\int \delta h_{ij}\,\bar{\Psi}_0[h_{ij}]\,\Psi_0[h_{ij}] = 1, \tag{2.2.3}$$

可确定 (2.2.1) 中的归一化常数. 我们将 (2.2.3) 几何地解释为所有四维几何上的路径积分, 在度规为 h_{ij} 的三维曲面两边这些四维几何是紧致的. 从而, 根据无边界紧致四维几何的作用量, 给出这个可能路径积分的半经典近似. 当 $\Lambda > 0$, 其解是四维球. 于是

$$N^2 = \exp\left[-\frac{2}{3H}\right]. \tag{2.2.4}$$

由波函数的泛函积分定义, 波函数的半经典近似使我们对 Wheeler-De Witt 方程的边界条件有一个深刻的理解. 它们可以自然地应用到足够大体积的和无穷小体积的三维几何.

首先考虑小三维体积的极限. 如果极限三维几何可以嵌入平直空间, 则当 $\Lambda > 0$ 时 (2.2.2) 的经典解是四维球, 而且当三维几何缩为零时它保持为四维球. 此时作用量趋近于零. 因此必须考虑波函数的涨落行列式的行为. 在这种极限情况下, 可忽略曲率, 把涨落看作关于平直空间区域的. 考虑它在四维度规常共形尺度变化下和边界三维度规下的行为, 便可求其值.

在 $\Lambda > 0$ 时, 在半经典近似的基础上, 我们可以定性地讨论足够大的三维体积波函数的行为. 对于 (2.2.2) 任一实解来说, 四维球具有最大体积. 随着三维几何体积的增大, 将得到一不再能放入四维球任何地方的三维几何. 于是我们认为稳态相几何变为复的了; 如果 (2.2.1) 在稳态相的四维几何中取值, 基态波函数将变为 2 表示的实组合. 于是我们认为, 随着三维体积的增大, 波函数振荡. 如果振荡没有强烈地衰减, 则对应于一无限膨胀的宇宙.

以上讨论仅仅是定性的, 但已指出基态波函数行为照样取决于 Wheeler-De Witt 方程的边界条件. 下面将这些讨论用于一小超空间模型.

2.3 小超空间模型

超空间是一个无限维流形, 无法对 W-D 方程求解. 如果考虑上述无限维空间内的一个有限维子空间, 即所谓小超空间, 则往往可以对 W-D 方程的解进行一些讨论. 这里, 我们将采用一特别简单的小超空间模型, 来说明以前那些一般讨论的含义. 在这一模型中, 我们限定宇宙常数为正, 四维几何为空间均匀、各向同性且闭合. 这就是说, 设

$$\Lambda > 0,$$

三维几何的拓扑是 S^3. 此时度规可表示为

$$ds^2 = \sigma^2[-N^2(t)dt^2 + a^2(t)d\Omega_3^2]. \tag{2.3.1}$$

式中 $N(t)$ 为时移 (lapse), $\sigma = \dfrac{l^2}{24\pi^2}$. 为简单, 设物质场是共形不变标量场, 均匀性条件要求 $\phi = \phi(t)$. 这样, 波函数仅是两个变量 $a(t)$ 和 $\phi(t)$ 的泛函

$$\Psi = \Psi[a(t), \phi(t)],$$

$$\Phi = \Phi[K(t), \tilde{\phi}(t)]. \tag{2.3.2}$$

式中 $\tilde{\phi}(t) = a^{-3/2}\phi(t)$.

为了简化讨论, 我们引入如下定义并改变变量尺度:

$$\phi = \frac{\tilde{\phi}}{a} = \frac{\chi}{(2\pi^2\sigma^2)^{1/2}a}, \tag{2.3.3}$$

$$\Lambda = 3\lambda/\sigma^2, \quad H^2 = |\lambda|. \tag{2.3.4}$$

经典洛伦兹作用量可写为

$$I^a = \frac{1}{2}\int dt \left(\frac{N}{a}\right)\left[-\left(\frac{a}{N}\frac{da}{dt}\right)^2 + a^2 - \lambda a^4 + \left(\frac{a}{N}\frac{d\chi}{dt}\right)^2 - \chi^2\right]. \tag{2.3.5}$$

实际上, $I^a = I_g^a + I_m^a$, 而

$$I_g^a = \int \mathrm{d}t \mathrm{d}x^3 \sqrt{g}(R - 2\Lambda),$$

$$I_m^a = \frac{1}{2} \int \mathrm{d}^4 x \sqrt{g} \left[g^{00} \left(\frac{\mathrm{d}\phi}{\mathrm{d}t} \right)^2 + \frac{1}{6} R \phi^2 \right],$$

$$R - 2\Lambda = 6\sigma^{-2} a^{-2} (a\ddot{a}N^{-2} - a\dot{a}\dot{N}N^{-3} + \dot{a}^2 N^{-2} + 1 - a^2 \lambda),$$

$$\dot{a} = \frac{\mathrm{d}a}{\mathrm{d}t}.$$

由于

$$\mathrm{d}s^2 = \sigma^2 \left\{ -N^2(t)\mathrm{d}t^2 + a^2(t)[\mathrm{d}\theta^2 + \sin^2\theta(\mathrm{d}\theta_1^2 + \sin^2\theta_1 \mathrm{d}\varphi^2)] \right\}$$
$$= c(\eta) \left\{ -\mathrm{d}\eta^2 + [\mathrm{d}\theta^2 + \sin^2\theta(\mathrm{d}\theta_1^2 + \sin^2\theta_1 \mathrm{d}\varphi^2)] \right\},$$

所以有

$$R - 2\Lambda = C^{-1} \left[3\dot{D} + \frac{3}{2} D^2 + 6K \right] - 2\Lambda$$
$$= 6\sigma^{-2} a^{-2} (a^{11} a^{-1} + 1 + a^2 \lambda)$$
$$= 6\sigma^{-2} a^{-2} (a\ddot{a}N^{-2} - a\dot{a}\dot{N}N^{-3} + \dot{a}^2 N^{-2} + 1 - a^2 \lambda).$$

考虑到

$$a' = \frac{\mathrm{d}a}{\mathrm{d}\eta} = \frac{\mathrm{d}a}{\mathrm{d}t} \frac{\mathrm{d}t}{\mathrm{d}\eta} = \frac{a}{N} \dot{a},$$

$$\int \mathrm{d}\theta \mathrm{d}\theta_1 \mathrm{d}\varphi \sqrt{-g} = 2\pi^2 \sigma^4 a^3 N,$$

可得

$$I_g = 12\pi^2 \sigma^2 \int \mathrm{d}t \left(\frac{N}{a} \right) \left[-\frac{a^2}{N^2} \dot{a}^2 + a^2 - \lambda a^4 \right],$$

于是得到 (2.3.5).

用通常的方法可以由这一作用量构造 a 和 χ 的共轭支量 π_a 和 π_χ

$$\pi_a = \frac{\delta L}{\delta \dot{a}} = \frac{1}{2} \frac{N}{a} \left(2 \frac{a}{N} \dot{a} \frac{a}{N} \right) = -\frac{a}{N} \dot{a},$$

$$\pi_\chi = \frac{\delta L}{\delta \dot{\chi}} = \frac{1}{2} \frac{N}{a} \left(2 \frac{a}{N} \dot{\chi} \frac{a}{N} \right) = -\frac{a}{N} \dot{\chi}.$$

式 (2.3.5) 对 N 求变分, 得到

$$\frac{\delta I}{\delta N(t')} = \frac{1}{2} \int \mathrm{d}t \left\{ \frac{\delta N(t)}{\delta N(t')} \frac{1}{a} \left[-\left(\frac{a}{N} \dot{a} \right)^2 + a^2 - \lambda a^4 \right. \right.$$

$$+ \left(\frac{a}{N} \dot{\chi} \right)^2 - \chi^2 \right] + \frac{N}{a} \left[2 \left(\frac{a}{N} \dot{a} \right) \left(\frac{a}{N^2} \dot{a} \frac{\delta N(t)}{\delta N(t')} \right) \right.$$

$$\left. + 2 \left(\frac{a}{N} \dot{\chi} \right) \left(-\frac{a}{N^2} \dot{\chi} \frac{\delta N(t)}{\delta N(t')} \right) \right] \right\}$$

$$= \frac{1}{2a} \left\{ \frac{a^2}{N^2} \dot{a}^2 - \frac{a^2}{N^2} \dot{\chi}^2 + a^2 - \lambda a^4 - \chi^2 \right\}.$$

由此得到

$$\pi_a^2 + a^2 - \lambda a^4 - \pi_\chi^2 - \chi^2 = 0, \tag{2.3.6}$$

此即哈密顿约束.

引入正则量子化

$$\pi_a = -\mathrm{i} \frac{\partial}{\partial a}, \ \pi_\chi = -\mathrm{i} \frac{\partial}{\partial \chi},$$

W-D 方程为

$$\frac{1}{2} \left[\frac{\partial^2}{\partial a^2} - a^2 + \lambda a^4 - \frac{\partial^2}{\partial \chi^2} + \chi^2 \right] \Psi(a, \chi) = 0. \tag{2.3.7a}$$

实际上, 在把 c 数变为 q 数时, 要出现排列中的不确定性, 一般有

$$\pi_a^2 = -\frac{1}{a^p} \frac{\partial}{\partial a} \left(a^p \frac{\partial}{\partial a} \right). \tag{2.3.8}$$

式中 p 代表次序模糊因子. 因此, 在一般情况下, W-D 方程可写为

$$\frac{1}{2} \left[\frac{1}{a^p} \frac{\partial}{\partial a} \left(a^p \frac{\partial}{\partial a} \right) - a^2 + \lambda a^4 - \frac{\partial^2}{\partial \chi^2} + \chi^2 \right] \Psi(a, \chi) = 0. \tag{2.3.7b}$$

令上式中 $p = 0$, 即得 (2.3.7).

现在, 我们讨论对波函数进行分离变量求解. 令

$$\Psi(a, \chi) = \sum_n C_n(a) u_n(\chi), \tag{2.3.9}$$

由 (2.3.7b) 得到两个常微分方程:

$$\frac{1}{2} \left(-\frac{\mathrm{d}^2}{\mathrm{d}\chi^2} + \chi^2 \right) u_n(\chi) = \left(n + \frac{1}{2} \right) u_n(\chi), \tag{2.3.10}$$

$$\frac{1}{2} \left[-\frac{\mathrm{d}^2}{\mathrm{d}a^2} C_n + (a^2 - \lambda a^4) C_n \right] = \left(n + \frac{1}{2} \right) C_n. \tag{2.3.11a}$$

(2.3.11a) 也可以写为

$$\frac{1}{2} \left[-\frac{1}{a^p} \frac{\mathrm{d}}{\mathrm{d}a} \left(a^p \frac{\mathrm{d}}{\mathrm{d}a} C_n \right) + (a^2 - \lambda a^4) C_n \right] = \left(n + \frac{1}{2} - \varepsilon_0 \right) C_n. \tag{2.3.11b}$$

(2.3.10) 的解正是一个 1 维谐振子解

$$u_n(\chi) = \mathrm{e}^{-\chi^2/2} H_n(\chi). \tag{2.3.12}$$

(2.3.11a) 的严格解无法求得, 我们讨论其渐近行为.

当 a 甚小时, 有

$$C_n \approx \text{const.}, \ C_n \approx a^{1-p}; \tag{2.3.13}$$

当 a 甚大时, 有

$$C_n \approx a^{-1} \exp\left(\pm \frac{\mathrm{i}}{3} H a^3\right). \tag{2.3.14}$$

为了构造小超空间模型中 (2.3.11a) 式的解, 我们可以把欧氏泛函积分的规定应用到小超空间模型中. 对于 $\Psi_0(a_0, \chi)$, 我们建议在满足边界条件的欧氏几何和场构形上对 $\exp(-I[g, \phi])$ 求和. 几何求和应该在形如

$$\mathrm{d}s^2 = \sigma^2[\mathrm{d}\tau^2 + a^2(\tau)\mathrm{d}\Omega_3^2] \tag{2.3.15}$$

的紧致几何上进行, $a(\tau)$ 与超曲面上给定的 a_0 值相对应. 对于物质场, 应在各向同性的场 $\chi(\tau)$ 上求和, 这个场与超曲面上规定的 χ_0 值相对应, 且在紧致几何上是规则的. 这样, 我们可以写出

$$\Psi_0(a_0, \chi_0) = \int \delta a \delta \chi \exp(-I[a, \chi]), \tag{2.3.16}$$

其中定义 $\mathrm{d}\eta = \mathrm{d}\tau/a$, 作用量为

$$I = \frac{1}{2} \int \mathrm{d}\eta \left[-\left(\frac{\mathrm{d}a}{\mathrm{d}\eta}\right)^2 - a^2 + \lambda a^4 + \left(\frac{\mathrm{d}\chi}{\mathrm{d}\eta}\right)^2 + \chi^2 \right]. \tag{2.3.17}$$

一共形旋转可以使 (2.3.16) 中的积分收敛.

在小超空间模型中构造基态波函数的另一种方法是在 K 表象中进行. 对于具有三维超球面的四维球而言, 引入

$$k \equiv \frac{\sigma}{9} K,$$

由

$$K = h^{ij} K_{ij} = \frac{1}{N}\left(-\frac{1}{2} h^{ij} \frac{\partial K_{ij}}{\partial t}\right)$$

得到 $k = \dfrac{1}{3a}\dfrac{\mathrm{d}a}{\mathrm{d}\tau}$. 又由

$$\mathrm{d}s^2 = \left(\frac{\sigma}{H}\right)^2 (\mathrm{d}\theta^2 + \sin^2\theta \mathrm{d}\Omega_3^2)$$

$$= \sigma^2 \left[\left(\frac{\mathrm{d}\theta}{H}\right)^2 + \left(\frac{\sin\theta}{H}\right)^2 \mathrm{d}\Omega_3^2 \right]$$

$$= \sigma^2[\mathrm{d}\tau^2 + a^2\mathrm{d}\Omega_3^2], \tag{2.3.18}$$

可得 $k = \dfrac{H}{3}\cot\theta$. 又由

$$I^K = Ka^3 + I$$

$$\mathrm{d}s^2 = \sigma^2[\mathrm{d}\tau^2 + a^2\mathrm{d}\Omega_3^2] = \sigma^2 a^2(\mathrm{d}\eta^2 + \mathrm{d}\Omega_3^2)$$

可知

$$
\begin{aligned}
I &= \frac{1}{2}\int \mathrm{d}\eta\left[-\left(\frac{\mathrm{d}a}{\mathrm{d}\eta}\right)^2 - a^2 + \lambda a^4\right] \\
&= \frac{1}{2}\int \frac{\sin\theta}{H^2}(\sin^2\theta - 1 - \cos\theta)\mathrm{d}\theta \\
&= \frac{1}{2H^2}\left[-\frac{1}{3}\cos\theta(\sin^2\theta + 2) + \cos\theta + \frac{1}{3}\cos^3\theta\right]_0^\theta.
\end{aligned}
$$

式中 θ 为边界值. 由此可得

$$I^K = \frac{1}{3a}\frac{\mathrm{d}a}{\mathrm{d}\tau}\cdot a^3\bigg|_\theta + I = \frac{1}{3H^2}\cos\theta\sin^2\theta + I,$$

$$I^K = -\frac{1}{3H^2}\left[1 - \frac{K}{(\kappa^2 + 1)^{1/2}}\right]. \tag{2.3.19}$$

式中

$$\kappa = \frac{3}{H}k = \cot\theta. \tag{2.3.20}$$

在 $K(k)$ 表象中, 与 (2.3.16) 对应地有

$$\Phi_0(k_0, \chi_0) = \int \delta a \delta\chi \exp(-I^k[a, \chi]).$$

求和是在与 (2.3.16) 相同的几何和场上进行的, 只是现在要求在三维曲面边界上 k 取给定值. 即在边界上它们要满足

$$k_0 = \frac{1}{3a}\frac{\mathrm{d}a}{\mathrm{d}\tau}. \tag{2.3.21}$$

满足此要求的作用量是

$$I^k = k_0 a_0^3 + I. \tag{2.3.22}$$

如果算出了 $\Phi_0(k_0, \chi_0)$, 则通过线积分便可还原为 $\Psi_0(a_0, \chi_0)$

$$\Psi_0(a_0, \chi_0) = -\frac{1}{2\pi\mathrm{i}}\int_C \mathrm{d}k \exp(ka_0^3)\Phi_0(k_0, \chi_0). \tag{2.3.23}$$

式中积分从 $-\mathrm{i}\infty$ 到 $+\mathrm{i}\infty$.

从普遍的观点看, 直接从 (2.3.16) 计算 $\Psi_0(a_0, \chi_0)$ 和通过 K 表象 (2.3.23) 计算没有区别. 在半经典近似下, 我们有

$$\Phi_0(K_0) = N \int \delta a \exp(-I^K) \approx N \exp[-I^K(K_0)], \tag{2.3.24}$$

$$\begin{aligned}\Psi_0(a_0) &= \frac{1}{2\pi\mathrm{i}} \int_C \mathrm{d}K \exp\left[\frac{4}{3} \int h^{1/2}\mathrm{d}^3 x \cdot K\right] \Phi_0(K) \\ &= -\frac{N}{2\pi\mathrm{i}} \int \mathrm{d}K \exp(ka_0^3 - I^K) \\ &= -\frac{N}{2\pi\mathrm{i}} \exp[-I^K(K_0) + k_0 a_0^3] \\ &= -\frac{N}{2\pi\mathrm{i}} \exp(-I). \end{aligned} \tag{2.3.25}$$

式中 I 和 I^K 分别为 $h^{1/2}$ 表象和 K 表象中的纯引力场作用量. 在推导上式过程中用到了积分

$$\frac{4}{3} \int h^{1/2}\mathrm{d}^3 x K = \frac{4}{3} \int (\sigma a)^3 \mathrm{d}\Omega_3 \left(\frac{9}{\sigma}k\right) = a^3 k = \frac{H}{3}a^3\kappa.$$

式中 $\int \mathrm{d}^3 x = \sigma^3 a^3 \int \mathrm{d}\Omega_3 = 2\pi^2 \sigma^3 a^3$.

按最小作用量原理有

$$\frac{\mathrm{d}I}{\mathrm{d}\kappa} = 0,$$

由此可得

$$\sin\theta = Ha_0 = \frac{a_0}{H^{-1}}, \tag{2.3.26}$$

而

$$\sin\theta = (1 + \cot^2\theta)^{-1/2} = \frac{1}{(1 + \kappa^2)^{1/2}}.$$

解之得

$$\kappa = \pm\frac{1}{Ha_0}\sqrt{1 - H^2 a_0^2},$$

即

$$\kappa^2 = \frac{1 - H^2 a_0^2}{H^2 a_0^2}. \tag{2.3.27}$$

把 (2.3.27) 代入 (2.3.19), 得到

$$I_{\pm} = -\frac{1}{3H^2}[1 \pm (1 - H^2 a_0^2)^{3/2}]. \tag{2.3.28}$$

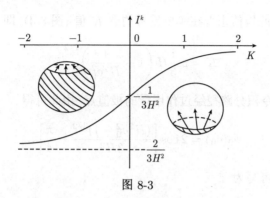

图 8-3

当 $Ha_0 < 1$, 即 3 球半径 a_0 小于 4 球半径 H^{-1}, 这相当于宇宙处于欧氏号差的量子演化阶段. I 的极值点出现在等值反号的实 κ 值, 此 3 球半径与 4 球半径之比为 $\sin\theta$.

$\kappa < 0$ 对应于 4 球被 3 球面包围的部分大于 4 球半径. $\kappa \to -\infty$ 表示 4 球完全被 3 球面包围, 当 $I \to -\dfrac{2}{3H^2}$ 时即成为 de Sitter 空间的欧氏作用量 (图 8-3).

在经典近似下, 必须令积分路径经过作用量 I 的极值点. 由此可得

$$\Psi_0 = N\exp[-I_-(a_0)] = N\exp\left\{\kappa a_0^3 + \frac{1}{3H^2}[1 - (1 - H^2 a_0^2)^{3/2}]\right\}. \tag{2.3.29}$$

当 $Ha_0 \ll 1$, 上式可写为

$$\Psi_0 \approx \exp\left[\kappa a_0^3 + \frac{1}{2}a_0^2 - \frac{1}{3}H^{-2}\right],$$
$$N = \exp\left(-\frac{1}{3}H^{-2}\right). \tag{2.3.30}$$

在上式中, 我们只取了 $\kappa > 0$ 时的 I_-, 这是由于积分路径应选在右半复 κ 平面的缘故.

由 (2.3.29) 和 (2.3.30) 可以看出, 宇宙波函数随 a 增大而指数增大. 特别是在 (2.3.30) 中, 令 $a_0 = 0$ 时, ψ 是有意义的且不为零. 这表明宇宙将从欧氏号差的量子相 De Sitter 空间膨胀到处于洛伦兹号差的经典 de Sitter 空间中去. 在广义相对论宇宙学中的大爆炸奇点 $(a = 0)$ 在量子宇宙学中不复存在.

当 $Ha_0 > 1$, 即 3 球半径 a_0 大于 4 球半径 H^{-1}, 这相当于宇宙处于洛伦兹号差的经典 de Sitter 演

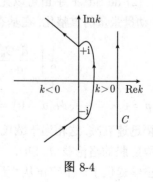

图 8-4

化阶段. 作用量 I 的极值出现在等值反号的虚 K 值 (图 8-4), 即

$$K = \pm \frac{\mathrm{i}}{3} H \left(1 - \frac{1}{H^2 a_0^2} \right)^{1/2}. \tag{2.3.31}$$

在经典极限下, 应令积分路径经过作用量的极值点, 由此可得

$$\Psi_0(a_0) = 2 \cos \left[\frac{(H^2 a_0^2 - 1)^{3/2}}{3H^2} - \frac{\pi}{4} \right]. \tag{2.3.32}$$

当 $Ha_0 \gg 1$, 上式可写为

$$\Psi_0(a_0) = \exp \left[\frac{\mathrm{i}}{3} H a_0^3 \right] + \exp \left[-\frac{\mathrm{i}}{3} H a_0^3 \right]. \tag{2.3.33}$$

这一结果和 (2.3.14) 相符合, 这表明欧氏路径积分表述的半经典近似所得到的解满足 W-D 方程所要求的渐近形式 (图 8-5).

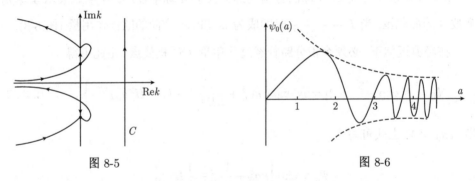

图 8-5   图 8-6

  由 (2.3.32) 和 (2.3.33) 可知, 处于经典 de Sitter 相的宇宙波函数是一个振荡函数. 这表明

  (1) 各种尺度因子 (de Sitter 宇宙) 都可能以相同的几率出现;

  (2) de Sitter 宇宙可以无限地膨胀下去. 如果在 (2.3.11a) 中考虑到物质场能量–动量张量的重整化, 在基态情况下, (2.3.11a) 应写为

$$\frac{1}{2} \left[-\frac{\mathrm{d}^2 C_n}{\mathrm{d}a^2} + (a^2 - \lambda a^4) C_n \right] = \left(\frac{1}{2} - \epsilon_0 \right) C_n. \tag{2.3.34}$$

设 $p = 0, \epsilon = -\frac{1}{2}, \Psi_0(a = 0) = 0$, 则 (2.3.34) 的数值解如图 8-6 所示. 当 $Ha < 1$ 时, 振幅迅速衰减, 这相当于欧氏 de Sitter 相. 当 $Ha > 1$ 时, 振幅衰减很慢, 这相当于无限膨胀的洛伦兹 de Sitter 相. 由于量子欧氏相对于隧道效应, 因此 H-H 的量子宇宙学提供了一个宇宙从 "无" 经过量子隧道效应自发创生的图像.

第3章 宇宙结构的起源

如前所述, 用一紧致四维度规的路径积分来确定宇宙的量子态, 这可看作超空间宇宙波函数的边界条件, 而这个超空间包括三维超曲面上的所有三维度规和物质场. Halliwell 和 Hawking 把以前的超空间有限维近似推广到无限维超空间, 严格给出了两个均匀各向同性自由度的小超空间模型, 把哈密顿中其他的非均匀、各向异性自由度精确到二阶项. 明确地指出, 各种非均匀性和各向异性都从它们的基态出发. 对于每一模式都可以得到与时间有关的薛定谔方程. 这些模式一直处于基态, 直到他们的波长超出了暴胀期的视界线度. 基态涨落被随后的膨胀进一步扩大. 可以得到一密度扰动谱; 原则上, 这个谱可用来解释银河系和所有其他结构的起源. 如果导致暴胀的标量场的质量为 10^4GeV 或更少, 则这个涨落与微波背景辐射的观测相符合.

3.1 引　言

微波背景辐射的观测表明, 宇宙在大尺度上是均匀、各向同性的. 但宇宙极早期却不可能是完全均匀和各向同性的, 因那样的星系和恒星是不可能形成的. 在标准大爆炸宇宙模型中, 用来产生宇宙结构的密度扰动不得不假定为初始条件. 在暴胀宇宙模型中, 引起宇宙暴胀的标量场的基态涨落可能导致密度扰动. 最简单的大统一暴胀模型预言的密度扰动幅太大. 其他具有不同势的标量场模型, 有一些原则上可以得到与观测一致的扰动幅. 引力波模式的基态涨落给出一个长波引力波谱, 与观测相符合 —— 由这一波谱得到的暴胀期哈勃常数不超过普朗克质量的 10^{-4} 倍.

但是这些结果对宇宙起源的解释不能令人满意, 因为暴胀模型并没有假定初始或边界条件. 特别是它不能保证存在一个典型的暴胀期, 在此期间标量场和引力波模型均处于基态. 如果没有宇宙的边界条件, 目前的任何状态都是可能的 —— 人们可以选择任一状态, 然后沿着时间逆推回去, 看它导致什么样的初始条件. H-H 量子宇宙学认为, 宇宙的边界条件就是宇宙没有边界. 即用没有边界的紧致四维度规的路径积分来确定宇宙的量子状态. 描述宇宙量子态的波函数 Ψ 是无限维空间 (超空间)W 上的函数, 这个超空间包括三维超曲面 S 上所有的三维度规和物质场构型 Φ_0. 因为波函数不明显地依赖于时间, 所以它满足零能薛定谔方程. 薛定谔方程可以分解为动量约束, 这意味着波函数在空间上的任何一点都是相同的. 波函数由路径积分给出, 这一要求就变成了决定 ψ 唯一解的 W-D 方程的一组边界条件.

　　在本章中, 将小超空间推广到引力、标量场具有更大自由度的情况, 严格给出两个均匀各向同性自由度的小超空间模型, 把哈密顿中其他非均匀各向异性的自由度精确到二阶项. 在 ψ 剧烈震荡的 W 区域, 采用 WKB 近似地把波函数与经典解联系起来, 由此引出时间概念. 与前面的小超空间模型一样, 这组解中包括一个具有长暴胀期的解. 就经典解的时间参数而言, 引力波和密度扰动模式满足退耦与时间有关的薛定谔方程. 边界条件意味着这些模式都从基态出发. 它们仍留在暴胀相的视界内时, 由于膨胀可以是绝热的, 所以它们仍然处于基态. 但是当超过了暴胀相的视界时它们就 "冻结" 了, 直到再进入物质为主时期的视界. 随后, 他们产生引力波和密度扰动谱, 这与微波背景辐射一致. 如果标量场的质量是普朗克质量的 10^{-5} 倍, 还可以解释星系的起源. 因此, 原则上路径积分定义宇宙量子态的理论可以解释宇宙结构的起源; 最终解释不是来自任何初始条件, 而是来自海森伯测不准原理决定的基态量子涨落.

3.2　广义相对论的正则形式

　　考虑到四维流形分成两部分的三维超曲面 S. 在 S 的邻域里, 引入坐标 t, S 是 $t = 0$ 和 $x^i(i = 1, 2, 3)$ 的超曲面. 如前所述, 度规具有形式 (1.1.6)

$$ds^2 = -(N^2 - N_i N^i)dt^2 + 2N_i dx^i dt + h_{ij} dx^i dx^j. \qquad (3.2.1)$$

作用量

$$I = \int (L_g + L_m)d^3x dt. \qquad (3.2.2)$$

式中

$$L_g = \frac{m_p^2}{16\pi} N(G^{ijkl} K_{ij} K_{kl} + h^{1/2} \cdot {}^3 R). \qquad (3.2.3)$$

$$K_{ij} = \frac{1}{2N}\left[-\frac{\partial h_{ij}}{\partial t} + 2N_{(i|j)}\right]; \qquad (3.2.4)$$

$$G^{ijkl} = \frac{1}{2}h^{1/2}(h^{ik}h^{jl} + h^{il}h^{jk} - 2h^{ij}h^{kl}). \qquad (3.2.5)$$

在有质量标量场中,

$$L_m = \frac{1}{2}Nh^{1/2}\left[N^{-2}\left(\frac{\partial\Phi}{\partial t}\right)^2 - 2\frac{N_i}{N^2}\frac{\partial\Phi}{\partial t}\frac{\partial\Phi}{\partial x^i} - \left(h^{ij} - \frac{N^i N^j}{N^2}\right)\frac{\partial\Phi}{\partial x^i}\frac{\partial\Phi}{\partial x^j} - m^2\Phi^2\right]. \qquad (3.2.6)$$

在广义相对论的哈密顿表述中, 人们把 h_{ij} 和场 Φ 作为正则坐标, 正则共轭动量为

$$\pi^{ij} = \frac{\partial L_g}{\partial \dot{h}_{ij}} = -\frac{1}{16\pi}h^{1/2}m_{\mathrm{p}}^2(K^{ij}-h^{ij}K), \tag{3.2.7}$$

$$\pi_\phi = \frac{\partial L_m}{\partial \dot{\Phi}} = N^{-1}h^{1/2}\left(\dot{\Phi}-N^i\frac{\partial \Phi}{\partial x^i}\right). \tag{3.2.8}$$

哈密顿为

$$H = \int(\pi^{ij}\dot{h}_{ij}+\pi_\phi\dot{\Phi}-L_g-L_m)\mathrm{d}^3x$$
$$= \int(NH_0+N_iH^i)\mathrm{d}^3x. \tag{3.2.9}$$

式中

$$H_0 = 16\pi m_{\mathrm{p}}^{-2}G_{ijkl}\pi^{ij}\pi^{kl} - \frac{m_{\mathrm{p}}^2}{16\pi}h^{1/2}\cdot^3R$$
$$+ \frac{1}{2}h^{1/2}\left(\frac{\pi_\phi^2}{h}+h^{ij}\frac{\partial \Phi}{\partial x^i}\frac{\partial \Phi}{\partial x^j}+m^2\Phi^2\right), \tag{3.2.10}$$

$$H^i = -2\pi^{ij}_{|j}+h^{ij}\frac{\partial \Phi}{\partial x^j}\pi_\phi \tag{3.2.11}$$

以及

$$G_{ijkl} = \frac{1}{2}h^{-\frac{1}{2}}(h_{ik}h_{jl}+h_{il}h_{jk}-h_{ij}h_{kl}). \tag{3.2.12}$$

量 N 和 N_i 作为拉格朗日乘子, 所以解满足

$$H^i = 0, \tag{3.2.13}$$

$$H_0 = 0. \tag{3.2.14}$$

运动方程为

$$\dot{h}_{ij} = \frac{\partial H}{\partial \pi^{ij}}, \quad \dot{\pi}^{ij} = -\frac{\partial H}{\partial h_{ij}},$$
$$\dot{\Phi}_{ij} = \frac{\partial H}{\partial \pi_\phi}, \quad \dot{\pi}_\phi = -\frac{\partial H}{\partial \Phi}. \tag{3.2.15}$$

3.3 量 子 化

如前所述, 宇宙的量子态由一个波函数 Ψ 描述, 它是 S 面上所有三维度规 h_{ij} 和物质场 Φ 的无限维流形 W 上的函数, W 的切矢量为 S 上的一对场 (γ_{ij}, μ), 其

中 γ_{ij} 可看作度规 h_{ij} 的无穷小改变量, μ 可看作 $\varPhi$ 的无穷小改变量, 对于 S 上 $N > 0$ 的每一选择, 有一个 W 上的自然度规 $\varGamma(N)$

$$\mathrm{d}s^2 = \int N^{-1}\left(\frac{m_{\mathrm{p}}^2}{32\pi}G^{ijkl}\gamma_{ij}\gamma_{kl} + \frac{1}{2}h^{1/2}\mu^2\right)\mathrm{d}^3x. \tag{3.3.1}$$

波函数不明显依赖于时间 t, 因为 t 只不过是通过选择不同的 N 和 N_i 值可给以任何值的坐标. 这表示 $\varPsi$ 满足零能薛定谔方程

$$H\varPsi = 0, \tag{3.3.2}$$

算符 H 是经典哈密顿, 具有通常的代换关系

$$\pi^{ij}(x) \to \mathrm{i}\frac{\delta}{\delta h_{ij}(x)}, \ \pi_\phi(x) \to -\mathrm{i}\frac{\delta}{\delta\varPhi(x)}. \tag{3.3.3}$$

因为 N 和 N_i 是两个独立的拉格朗日乘子, 所以薛定谔方程可分为两个部分. 动量约束为

$$\begin{aligned}
H\varPsi &\equiv \int N_i H^i \mathrm{d}^3x\,\varPsi \\
&= \int h^{1/2}N_i\left[\left(\frac{\delta}{\delta h_{ij}(x)}\right)_{|j} - h^{ij}\frac{\partial\varPhi}{\partial x^j}\frac{\delta}{\delta\varPhi(x)}\right]\mathrm{d}^3x\,\varPsi \\
&= 0.
\end{aligned} \tag{3.3.4a}$$

这表明波函数 $\varPsi$ 对于三维度规和物质场构形是相同的. 薛定谔方程的另一部分为

$$H_1\varPsi = 0. \tag{3.3.4b}$$

式中 $H_1 = \int N H_0 \mathrm{d}^3x$. (3.3.4b) 即 W-D 方程. 我们假设 $H_1\varPsi = 0$ 具有形式

$$\left(-\frac{1}{2}\nabla^2 + \xi R + V\right)\varPsi = 0. \tag{3.3.5}$$

式中 ∇^2 是度规 $\varGamma(N)$ 中的拉普拉斯算符, R 是这个度规的标曲率, 势 V 是

$$V = \int h^{1/2}N\left[-\frac{m_{\mathrm{p}}^2}{16\pi}3R + \varepsilon + U\right]\mathrm{d}^3x. \tag{3.3.6}$$

式中 $U = T^{00} - \frac{1}{2}\pi_\phi^2$, 常数 ε 可看作宇宙常数 $\varLambda$ 的重整化. 我们假设重整化的 $\varLambda$ 为零, 且 R 的系数 ξ 为零.

对于 S 上 N 和 N_i 的任一选择, 任何满足动量约束和 W-D 方程的波函数 $\varPsi$ 都描述一个可能的宇宙量子态. 其中一个特解是以路径积分表示的

$$\varPsi = \int \mathrm{d}[g_{\mu\nu}]\mathrm{d}[\varPhi]\exp[-\hat{I}(g_{\mu\nu}, \varPhi)]. \tag{3.3.7}$$

式中 $\hat{I}$ 为欧氏作用量 (设 N 为负虚数). 可以把 (3.3.7) 看作 W-D 方程的边界条件. 这意味着当 h_{ij} 为零时 $\varPsi$ 趋于一个常数 (可归一化为 1).

3.4 未受扰动的弗里德曼模型

考虑由弗里德曼模型构成的小超空间. 弗里德曼度规为

$$ds^2 = \sigma^2(-N^2 dt^2 + a^2 d\Omega_3^2). \tag{3.4.1}$$

式中 $d\Omega_3^3$ 是单位三维球度规. 为了方便, 引入一个规一化常数 $\sigma^2 = 2/3\pi m_p^2$. 这个模型包括一个质量为 σ_m^{-1} 的标量场 $(\sqrt{2}\pi\sigma)^{-1}\phi$, 其质量在 t 为常数的超曲面上是常数. 我们很容易将其推广到势为 $V(\phi)$ 的标量场. 其中包括具有高阶导数量子修正的一些模型. 作用量为

$$I = -\frac{1}{2}\int dt Na^3 \left[\frac{1}{N^2 a^2}\left(\frac{da}{dt}\right)^2 - \frac{1}{a^2} - \frac{1}{N^2}\left(\frac{d\phi}{dt}\right)^2 + m^2\phi^2\right]. \tag{3.4.2}$$

经典哈密顿为

$$H = \frac{1}{2}N(-a^{-1}\pi_a^2 + a^{-3}\pi_\phi^2 - a + a^3 m^2\phi^2). \tag{3.4.3}$$

式中

$$\pi_a = -\frac{a}{N}\frac{da}{dt}, \quad \pi_\phi = \frac{a^3}{N}\frac{d\phi}{dt}. \tag{3.4.4}$$

经典哈密顿约束为 $H = 0$. 经典场方程为

$$N\frac{d}{dt}\left(\frac{1}{N}\frac{d\phi}{dt}\right) + \frac{3}{a}\frac{da}{dt}\frac{d\phi}{dt} + N^2 m^2\phi = 0. \tag{3.4.5}$$

$$N\frac{d}{dt}\left(\frac{1}{N}\frac{da}{dt}\right) = N^2 am^2\phi^2 - 2a\left(\frac{d\phi}{dt}\right)^2. \tag{3.4.6}$$

W-D 方程为

$$\frac{1}{2}Ne^{-3\alpha}\left(\frac{\partial^2}{\partial\alpha^2} - \frac{\partial^2}{\partial\phi^2} + 2V\right)\Psi(\alpha,\phi) = 0, \tag{3.4.7}$$

式中

$$V = \frac{1}{2}(e^{6\alpha}m^2\phi^2 - e^{4\alpha}), \tag{3.4.8}$$

且 $\alpha = \ln a$. 我们把 (3.4.7) 作为具有坐标 (α,ϕ) 的平直空间中 Ψ 的双曲方程, α 作为时间坐标. 边界条件是当 $\alpha \to -\infty$ 时 $\Psi \to 1$. 积分 (3.4.7), 我们发现波函数在区域开始振荡 (这个已由数值计算给出). 可以由 WKB 近似来解释波函数的振荡部分

$$\Psi = \text{Re}(Ce^{iS}). \tag{3.4.9}$$

式中 C 是缓变振幅, S 是剧烈变化的相位. 选择 S, 使之满足经典哈密顿–雅可比方程

$$H(\pi_\alpha, \pi_\phi, \alpha, \phi) = 0. \tag{3.4.10}$$

式中

$$\pi_\alpha = \frac{\partial S}{\partial \alpha}, \quad \pi_\phi = \frac{\partial S}{\partial \phi}. \tag{3.4.11}$$

(3.4.10) 可改写为

$$\frac{1}{2} f^{ab} \frac{\partial^2 S}{\partial q^a \partial q^b} + \mathrm{e}^{-3\alpha} V = 0. \tag{3.4.12}$$

式中 f^{ab} 是度规 $\Gamma(1)$ 的逆

$$f^{ab} = \mathrm{e}^{-3\alpha} \mathrm{diag}(-1, 1). \tag{3.4.13}$$

为了使波函数 (3.4.9) 满足 W-D 方程, 只要有

$$\nabla^2 C + 2\mathrm{i} f^{ab} \frac{\partial C}{\partial q^a} \frac{\partial S}{\partial q^b} + \mathrm{i} c \nabla^2 S = 0, \tag{3.4.14}$$

式中 ∇^2 为度规 f_{ab} 的拉普拉斯算符. 我们可以忽略上式中的第一项, 沿着矢量场 $X^\alpha = \mathrm{d}q^\alpha/\mathrm{d}t = f^{ab} \partial S/\partial q^b$ 的矢量线 (与经典解对应) 积分上式, 从而确定振幅 C.

由 $V = 0, |\phi| > 1, \mathrm{d}\alpha/\mathrm{d}t = \mathrm{d}\phi/\mathrm{d}t = 0$ 开始, 使函数振荡部分的解按指数规律膨胀

$$S = -\frac{1}{3} \mathrm{e}^{3\alpha} m |\phi| (1 - m^{-2} \mathrm{e}^{-2\alpha} \phi^{-2})$$
$$\approx -\frac{1}{3} \mathrm{e}^{3\alpha} m |\phi|, \tag{3.4.15}$$

$$\frac{\mathrm{d}\alpha}{\mathrm{d}t} = m |\phi|, \quad \frac{\mathrm{d}|\phi|}{\mathrm{d}t} = -\frac{1}{3} m. \tag{3.4.16}$$

经过量级为 $3m^{-1}(|\phi_1| - 1)$ 的时间之后, 场 ϕ 开始振荡, 频率为 m, 式中 ϕ_1 为 ϕ 的初值. 此后, 解变为物质为主的, 且 e^α 与 $t^{2/3}$ 成正比膨胀. 如果存在其他场, 有质量标量粒子将分解为光子, 且 e^α 和 $t^{1/2}$ 成正比膨胀. 最后此解会达到一个最大半径, 其值可能为 $\exp(9\phi_1^2/2)$ 或 $\exp(9\phi_1^2)$; 对于大多数膨胀, 这依赖于是辐射为主的还是物质为主的, 此后用类似的方式重新收缩.

3.5 扰动的弗里德曼模型

假设度规仍取 (3.2.1) 的形式, 只在右端乘以一个因子 σ^2, 三维度规具有形式

$$h_{ij} = a^2 (\Omega_{ij} + \epsilon_{ij}). \tag{3.5.1}$$

式中 Ω_{ij} 为单位三维球度规, ϵ_{ij} 为度规的一个扰动, 可按谐函数展开:

$$\epsilon_{ij} = \sum_{nlm} \left[6^{1/2} a_{nlm} \frac{1}{3} \Omega_{ij} Q_{lm}^n + 6^{1/2} b_{nlm} (P_{ij})_{lm}^n + 2^{1/2} C_{nlm}^0 (S_{ij}^0)_{lm}^n + 2^{1/2} c_{nlm}^e (S_{ij}^e)_{lm}^n \right.$$

$$\left. + 2\mathrm{d}_{nlm}^0 (G_{ij}^0)_{lm}^n + 2\mathrm{d}_{nlm}^e (G_{ij}^e)_{lm}^n \right]. \tag{3.5.2}$$

系数 $a_{nlm}, \cdots, d_{nlm}^2$ 都是时间 t 的函数, 不是空间坐标 χ^i 的函数. $Q(\chi^i)$ 为三维球上的标量谐函数. $P_{ij}(x^i)$ 由式

$$P_{ij} = \frac{1}{n^2 - 1} Q_{ij} + \frac{1}{3} \Omega_{ij} Q \tag{3.5.3}$$

给出 (这里除 ij 以外的附标都隐去了), P_{ij} 是无迹的, $P_i^i = 0$. S_{ij} 由式

$$S_{ij} = S_{i|j} + S_{j|i} \tag{3.5.4}$$

给出, 式中 S_i 是横矢量谐函数, $S_i^{|i} = 0$. G_{ij} 是无迹横张量谐函数, $G_i^i = G_{ij}^{|j} = 0$. 下一节我们详细讨论谐函数和它们的正交归一性.

时移、位移和标量场均可用谐函数展开

$$N = N_0 \left[1 + 6^{-\frac{1}{2}} \sum_{n,l,m} g_{nlm} Q_{lm}^n \right], \tag{3.5.5}$$

$$N_i = \mathrm{e}^{\alpha} \sum_{n,l,m} \left[6^{-\frac{1}{2}} k_{nlm} (P_i)_{lm}^n + \sqrt{2} j_{nlm} (S_i)_{lm}^n \right], \tag{3.5.6}$$

$$\Phi = \sigma^{-1} \left[\frac{1}{\sqrt{2\pi}} \phi(t) + \sum_{n,l,m} f_{nlm} Q_{lm}^n \right]. \tag{3.5.7}$$

式中 $P_i = [1/(n^2 - 1)] Q_{|i}$. 为了简化, 下面 n, l, m, o, e 都用 n 表示. 这样, 我们可以把作用量用各 (全部) 阶的背景量 a, ϕ, N_0 的项展开, 而 "扰动" 则只到 2 阶项

$$I = I_0(a, \phi, N_0) + \sum_n I_n. \tag{3.5.8}$$

式中 I_0 是未受扰动模型 (3.4.2) 的作用量, I_n 是扰动的二次式.

我们可以用一般方式定义共轭动量

$$\pi_a = -N_0^{-1} \mathrm{e}^{3\alpha} \dot{\alpha} + 2 \text{ 阶项}, \tag{3.5.9}$$

$$\pi_\phi = N_0^{-1} \mathrm{e}^{3\alpha} \dot{\phi} + 2 \text{ 阶项}, \tag{3.5.10}$$

$$\pi_{a_n} = -N_0^{-1}e^{3\alpha}\left[\dot{a}_n + \dot{\alpha}(a_n - g_n) + \frac{1}{3}e^{-\alpha}k_n\right], \tag{3.5.11}$$

$$\pi_{b_n} = N_0^{-1}e^{3\alpha}\frac{n^2-4}{n^2-1}\left(\dot{b}_n + 4\dot{\alpha}b_n - \frac{1}{3}e^{-\alpha}k_n\right), \tag{3.5.12}$$

$$\pi_{c_n} = N_0^{-1}e^{3\alpha}(n^2-4)(\dot{c}_n + 4\dot{\alpha}c_n - e^{-\alpha}j_n), \tag{3.5.13}$$

$$\pi_{d_n} = N_0^{-1}e^{3\alpha}(\dot{d}_n + 4\dot{\alpha}d_n), \tag{3.5.14}$$

$$\pi_{f_n} = N_0^{-1}e^{3\alpha}[\dot{f}_n + \dot{\phi}(3a_n - g_n)]. \tag{3.5.15}$$

方程 (3.5.9) 和 (3.5.10) 中的 2 阶项在 3.7 节中给出. 哈密顿可由动量和其他量表示:

$$H = N_0\left[H_{|0} + \sum_n H_{|2}^n + \sum_n g_n H_{|1}^n\right] + \sum_n (k_n^S H_{-1}^n + j_n^v H_{-1}^n). \tag{3.5.16}$$

式中 H_1 和 H_- 的下标 0, 1, 2 表示扰动量的阶数, S 和 V 表示哈密顿位移的标量和矢量部分. $H_{|0}$ 是 $N = 1$ 时未受扰动模型的哈密顿

$$H_{|0} = \frac{1}{2}e^{-3\alpha}(-\pi_\alpha^2 + \pi_\phi^2 + e^{6\alpha}m^2\phi^2 - e^{4\alpha}). \tag{3.5.17}$$

二阶哈密顿为

$$H_{|2} = \sum_n H_{|2}^n = \sum_n ({}^S H_{|2}^n + {}^v H_{|2}^n + {}^T H_{|2}^n).$$

式中

$$\begin{aligned}
{}^S H_{|2}^n =& \frac{1}{2}e^{-3\alpha}\left\{\left[\frac{1}{2}a_n^2 + \frac{10(n^2-4)}{n^2-1}b_n^2\right]\pi_\alpha^2 + \left[\frac{15}{a}a_n^2 + \frac{6(n^2-4)}{n^2-1}b_n^2\right]\pi_\phi^2 - \pi_{a_n}^2 \right.\\
&+ \frac{n^2-1}{n^2-4}\pi_{b_n}^2 + \pi_{f_n}^2 + 2a_n\pi_{a_n}\pi_\alpha + 8b_n\pi_{b_n}\pi_\alpha - 6a_n\pi_{f_n}\pi_\phi \\
&- e^{4\alpha}\left[\frac{1}{3}\left(n^2 - \frac{5}{2}\right)a_n^2 + \frac{(n^2-7)(n^2-4)}{3(n^2-1)}b_n^2 + \frac{2}{3}(n^2-4)a_nb_n - (n^2-1)f_n^2\right] \\
&\left.+ e^{6\alpha}m^2(f_n^2 + 6a_nf_n\phi) + e^{6\alpha}m^2\phi^2\left[\frac{3}{2}a_n^2 - \frac{6(n^2-4)}{n^2-1}b_n^2\right]\right\},
\end{aligned} \tag{3.5.18}$$

$$\begin{aligned}
{}^V H_{|2}^n =& \frac{1}{2}e^{-3\alpha}\left[(n^2-4)c_n^2(10\pi_\alpha^2 + 6\pi_\phi^2) + \frac{1}{n^2-4}\pi_{c_n}^2 \right.\\
&\left.+ 8c_n^2 + 8c_n\pi_{c_n}\pi_\alpha + (n^2-4)c_n^2(2e^{4\alpha} - 6e^{6\alpha}m^2\phi^2)\right], \tag{3.5.19}
\end{aligned}$$

$${}^T H_{|2}^n = \frac{1}{2}e^{-3\alpha}\left\{d_n^2(10\pi_\alpha^2 + 6\pi_\phi^2) + \pi_{d_n}^2 + 8d_n\pi_{d_n}\pi_\alpha \right.$$

$$+ \mathrm{d}_n^2[(n^2+1)\mathrm{e}^{4\alpha} - 6\mathrm{e}^{6\alpha}m^2\phi^2]\Big\}. \tag{3.5.20}$$

一阶哈密顿为

$$
\begin{aligned}
{}^S H_{-1}^n =\frac{1}{3}\mathrm{e}^{-3\alpha}\Big\{ &-a_n(\pi_\alpha^2 + 3\pi_\phi^2) + 2(\pi_\phi\pi_{f_n} - \pi_\alpha\pi_{a_n}) \\
&+ m^2\mathrm{e}^{6\alpha}(2f_n\phi + 3a_n\phi^2) - \frac{2}{3}\mathrm{e}^{4\alpha}\Big[(n^2-4)b_n \\
&+ \Big(n^2+\frac{1}{2}\Big)a^n\Big]\Big\}.
\end{aligned}
\tag{3.5.21}
$$

哈密顿的位移部分为

$$
{}^S H_{-1}^n = \frac{1}{3}\mathrm{e}^{-3\alpha}\Big\{-\pi_{a_n} + \pi_{b_n} + \Big[a_n + \frac{4(n^2-4)}{(n^2-1)}b_n\Big]\pi_d + 3f_n\pi_\phi\Big\}, \tag{3.5.22}
$$

$$
{}^V H_{-1}^n = \mathrm{e}^{-\alpha}[\pi_{c_n} + 4(n^2-4)c_n\pi_\alpha]. \tag{3.5.23}
$$

经典场方程见 3.7 节.

拉格朗日乘子 N_0, g_n, k_n, j_n 是独立的, 所以零能薛定谔方程

$$H\Psi = 0 \tag{3.5.24}$$

可分解为动量约束和 W-D 方程. 由于动量约束是线性的, 所以算符的阶数是很明确的. 于是得到

$$
{}^S H_{-1}^n\psi = -\frac{1}{3}\mathrm{e}^{-3\alpha}\Big\{\frac{\partial}{\partial a_n} - \Big[a_n + \frac{4(n^2-4)}{n^2-1}b_n\Big]\frac{\partial}{\partial\alpha} - \frac{\partial}{\partial b_n} - 3f_n\frac{\partial}{\partial\phi}\Big\}\Psi = 0, \tag{3.5.25}
$$

$$
{}^V H_{-1}^n\Psi = \mathrm{e}^{-\alpha}\Big[\frac{\partial}{\partial c_n} + 4(n^2-4)c_n\frac{\partial}{\partial\alpha}\Big]\Psi = 0. \tag{3.5.26}
$$

对于每一个 n, 一阶哈密顿 $H_{|1}^n$ 给出一组有限维二阶微分方程. 为了所需要的近似, 我们可以增加一些 $\partial/\partial\alpha$ 的线性项, 它们的影响可以用 e^α 的幂乘以波函数来补偿, 不会影响不同观测的相对几率. 因此, 我们可以忽略这些不确定性和这样一些项

$$
\begin{aligned}
\frac{1}{2}\mathrm{e}^{-3\alpha}\Big\{ &a_n\Big(\frac{\partial^2}{\partial\alpha^2} + 3\frac{\partial^2}{\partial\phi^2}\Big) - 2\Big(\frac{\partial^2}{\partial f_n\partial\phi} - \frac{\partial^2}{\partial a_n\partial\alpha}\Big) \\
&+ m^2\mathrm{e}^{6\alpha}(2\phi f_n + 3a_n\phi^2) - \frac{2}{3}\mathrm{e}^{4\alpha}\Big[(n^2-4)b_n + \Big(n^2+\frac{1}{2}\Big)a_n\Big]\Big\}\Psi = 0.
\end{aligned}
\tag{3.5.27}
$$

最后, 我们得到一个无限维二阶微分方程

$$
\Big[H_{|0} + \sum_n({}^S H_{|2}^n + {}^V H_{|2}^n + {}^T H_{|2}^n)\Big]\Psi = 0. \tag{3.5.28}
$$

式中 $H_{|0}$ 是未受扰动的弗里德曼小超空间模型的 W-D 方程中的算符

$$H_{|0} = \frac{1}{2}\mathrm{e}^{-3\alpha}\left[\frac{\partial^2}{\partial\alpha^2} - \frac{\partial^2}{\partial\phi^2} + \mathrm{e}^{6\alpha}m^2\phi^2 - \mathrm{e}^{4\alpha}\right] \tag{3.5.29}$$

以及

$$\begin{aligned}
{}^{S}H_{|2}^{n} =\,& \frac{1}{2}\mathrm{e}^{-3\alpha}\bigg\{ -\left[-\frac{1}{2}a_n^2 + \frac{10(n^2-4)}{n^2-1}b_n^2\right]\frac{\partial^2}{\partial\alpha^2} \\
& -\left[\frac{15}{2}a_n^2 + \frac{6(n^2-4)}{n^2-1}b_n^2\right]\frac{\partial^2}{\partial\phi^2} + \frac{\partial^2}{\partial a_n^2} - \frac{n^2-1}{n^2-4}\frac{\partial^2}{\partial b_n^2} \\
& - \frac{\partial^2}{\partial f_n^2} - 2a_n\frac{\partial^2}{\partial a_n\partial\alpha} - 8b_n\frac{\partial^2}{\partial b_n\partial\alpha} + 6a_n\frac{\partial^2}{\partial f_n\partial\phi} \\
& - \mathrm{e}^{4\alpha}\left[\frac{1}{3}\left(n^2-\frac{5}{2}\right)a_n^2 + \frac{n^2-7}{3}\frac{n^2-4}{n^2-1}b_n^2\right. \\
& \left. + \frac{2}{3}(n^2-4)a_nb_n - (n^2-1)f_n^2\right] + \mathrm{e}^{6\alpha}m^2(f_n^2 + 6a_nf_n\phi) \\
& + \mathrm{e}^{6\alpha}m^2\phi^2\left[\frac{3}{2}a_n^2 - \frac{6(n^2-4)}{n^2-1}b_n^2\right]\bigg\},
\end{aligned} \tag{3.5.30}$$

$$\begin{aligned}
{}^{V}H_{|2}^{n} =\,& \frac{1}{2}\mathrm{e}^{-3\alpha}\bigg[-(n^2-4)c_n^2\left(10\frac{\partial^2}{\partial\alpha^2} + 6\frac{\partial^2}{\partial\phi^2}\right) - \frac{1}{n^2-4}\frac{\partial^2}{\partial c_n^2} \\
& - 8c_n\frac{\partial^2}{\partial c_n\partial\alpha} + (n^2-4)c_n^2(2\mathrm{e}^{4\alpha} - 6\mathrm{e}^{6\alpha}m^2\phi^2)\bigg],
\end{aligned} \tag{3.5.31}$$

$$\begin{aligned}
{}^{T}H_{|2}^{n} =\,& \frac{1}{2}\mathrm{e}^{-3\alpha}\bigg\{ -d_n^2\left(10\frac{\partial^2}{\partial\alpha^2} + 6\frac{\partial^2}{\partial\phi^2}\right) - \frac{\partial^2}{\partial d_n^2} - 8d_n\frac{\partial^2}{\partial d_n\partial\alpha} \\
& + d_n^2\left[(n^2+1)\mathrm{e}^{4\alpha} - 6\mathrm{e}^{6\alpha}m^2\phi^2\right]\bigg\}.
\end{aligned} \tag{3.5.32}$$

(3.5.28) 称为主方程. 它不是双曲线型的, 因为在每个 ${}^{S}H_{|2}^{n}$ 都有正的二阶导数 $\frac{\partial^2}{\partial\alpha^2}$, 在 $H_{|0}$ 中也有正的二阶导数 $\frac{\partial^2}{\partial\alpha^2}$. 但是可以用动量约束 (3.5.25) 代换对 a_n 的偏导数, 然后解关于 $a_n = 0$ 的方程. 同样, 用 (3.5.26) 代换对 c_n 的偏导数, 然后解关于 $c_n = 0$ 的方程. 这样, 便可得到一个关于 f_n 的双曲方程. 如果知道了 $a_n = 0 = c_n$ 的波函数, 便可利用动量约束计算 a_n, c_n 其他值的波函数.

3.6　三维球面上的谐函数

本节我们详细讨论三维球面 S^3 上的标量、矢量和张量哈密顿的一系列性质. S^3 上的度规为 Ω_{ij}, 所以线元为

$$\mathrm{d}l^2 = \Omega_{ij}\mathrm{d}x^i\mathrm{d}x^j = \mathrm{d}\chi^2 + \sin^2\chi(\mathrm{d}\theta^2 + \sin^2\theta\mathrm{d}\phi^2). \tag{3.6.1}$$

附标中用一小竖表示对于度规 Ω_{ij} 的协变导数. 附标 i, j, k 的升降均用度规 Ω_{ij}.

1. 标量谐函数

标量球谐函数 $Q^n_{lm}(\chi, \theta, \phi)$ 是 S^3 上拉普拉斯算符的本征函数, 于是满足本征方程

$$Q^{(n)|k}_{|k} = -(n^2 - 1)Q^{(n)}, \quad n = 1, 2, 3, \cdots \tag{3.6.2}$$

此方程的最一般的解是

$$Q^{(n)}(\chi, \theta, \phi) = \sum_{l=0}^{n-1} \sum_{m=-l}^{l} A^n_{lm} Q^n_{lm}(\chi, \theta, \phi) \tag{3.6.3}$$

的一个线性组合, 式中 A^n_{lm} 是一组任意常数, Q^n_{lm} 的显式为

$$Q^n_{lm}(\chi, \theta, \phi) = \Pi^n_l(\chi) Y_{lm}(\theta, \phi), \tag{3.6.4}$$

其中 $Y_{lm}(\theta, \phi)$ 是二维球面 S^2 上通常的球谐函数, $\Pi^n_l(\chi)$ 是福克 (Фок) 的谐和函数, 球谐函数 Q^n_{lm} 对于 S^3 上任意标量场的展开, 构成一完全正交集.

2. 矢量谐函数

横矢量谐函数是 S^3 上拉普拉斯算符的矢量本征函数, 于是它们满足本征方程

$$S^{(n)|k}_{i|k} = -(n^2 - 2)S^{(n)}_i, \quad n = 2, 3, 4, \cdots \tag{3.6.5}$$

和横条件

$$S^{(n)|i}_i = 0. \tag{3.6.6}$$

(3.6.5) 和 (3.6.6) 的最一般的解是

$$S^{(n)}_i(\chi, \theta, \phi) = \sum_{l=1}^{n-1} \sum_{m=-1}^{l} B^n_{lm} (S_i)^n_{lm}(\chi, \theta, \phi) \tag{3.6.7}$$

的线性组合, 式中 B^n_{lm} 是一组任意常数. $(S_i)^n_{lm}$ 的显式在文献 [19] 中给出, 那里还指出, 可按奇的或偶的将其分类. 这样, 我们有两个线性独立的横矢量谐函数 S^0_i 和 S^e_i.

利用标量谐函数 Q^n_{lm} 可以构成第三个矢量谐函数 $(P_i)^n_{lm}$

$$P_i = \frac{1}{n^2 - 1} Q_{|i}, \quad n = 2, 3, 4, \cdots \tag{3.6.8}$$

可以看出, 矢量谐函数 P_i 满足

$$\begin{aligned} P^{|k}_{i|k} &= -(n^2 - 3)P_i, \\ P^{|i}_i &= -Q. \end{aligned} \tag{3.6.9}$$

这三个矢量谐函数 S^0_i, S^e_i 和 P_i 对于 S^3 上任意矢量场的展开构成一完全正交系.

3. 张量谐函数

无迹的横张量谐函数 $(G_{ij})^n_{lm}(\chi, \theta, \phi)$ 是 S^3 上拉普拉斯算符的张量本征函数, 于是满足本征方程

$$G^{(n)|k}_{ij|k} = -(n^2 - 3)G^{(n)}_{ij}, \quad n = 3, 4, 5, \cdots \tag{3.6.10}$$

和横的无迹的条件

$$G^{(n)|i}_{ij} = 0, \quad G^{(n)i}_i = 0 \tag{3.6.11}$$

(3.6.10) 和 (3.6.11) 的最一般的解是

$$G^{(n)}_{ij}(\chi, \theta, \phi) = \sum_{l=2}^{n-1} \sum_{m=-l}^{l} c^n_{lm}(G_{ij})^n_{lm}(\chi, \theta, \phi). \tag{3.6.12}$$

式中 G^n_{lm} 为一组任意常数. 和矢量的情况类似, 他们也可以分为奇的或偶的.

利用矢量谐函数 $(S^0_i)^n_{lm}$ 和 $(S^e_i)^n_{lm}$, 可构成无迹张量谐函数 $(S^0_{ij})^n_{lm}$ 和 $(S^e_{ij})^n_{lm}$, 奇的和偶的均为 (隐去附标 l, m, n)

$$S_{ij} = S_{i|j} + S_{j|i}. \tag{3.6.13}$$

由于 S_i 是无迹的, 故 $S^i_i = 0$. 另外, S_{ij} 满足

$$S^{|j}_{ij} = -(n^2 - 4)S_i, \tag{3.6.14}$$

$$S^{|ij}_{ij} = 0, \tag{3.6.15}$$

$$S^{|k}_{ij|k} = -(n^2 - 6)S_{ij}. \tag{3.6.16}$$

利用标量谐函数 Q^n_{lm}, 可以构成两个张量 $(Q_{ij})^n_{lm}$ 和 $(P_{ij})^n_{lm}$(隐去附标 n, l, m)

$$Q_{ij} = \frac{1}{3}\Omega_{ij}Q, \quad n = 1, 2, 3, \tag{3.6.17}$$

$$P_{ij} = \frac{1}{n^2 - 1}Q_{|ij} + \frac{1}{3}\Omega_{ij}Q, \quad n = 2, 3, 4. \tag{3.6.18}$$

P_{ij} 是无迹的, $P^i_i = 0$. 另外, 它满足

$$P^{|j}_{ij} = -\frac{2}{3}(n^2 - 4)P_i, \tag{3.6.19}$$

$$P^{|k}_{ij|k} = -(n^2 - 7)P_{ij}, \tag{3.6.20}$$

$$P^{|ij}_{ij} = \frac{2}{3}(n^2 - 4)Q. \tag{3.6.21}$$

以上六个张量谐函数 $Q_{ij}, P_{ij}, S^0_{ij}, S^e_{ij}, G^0_{ij}$ 和 G^e_{ij} 对于以上任意对称二阶张量场的展开构成一完全正交系.

4. 正交归一性

标量、矢量和张量谐函数的归一性是由正交关系式决定的. 用 $\mathrm{d}\mu$ 表示 S^3 上的标量体元, 即

$$\mathrm{d}\mu = \mathrm{d}^3 x (\det \Omega_{ij})^{1/2} = \sin\chi \sin\theta \mathrm{d}\chi \mathrm{d}\theta \mathrm{d}\phi. \tag{3.6.22}$$

Q_{lm}^n 是归一化的, 即

$$\int \mathrm{d}\mu Q_{lm}^n Q_{l'm'}^{n'} = \delta^{nn'} \delta_{ll'} \delta_{mm'}. \tag{3.6.23}$$

这表明

$$\int \mathrm{d}\mu (P_i)_{lm}^n (P^i)_{l'm'}^{n'} = \frac{1}{n^2-1} \delta^{nn'} \delta_{ll'} \delta_{mm'}, \tag{3.6.24}$$

$$\int \mathrm{d}\mu (P_{ij})_{lm}^n (P^{ij})_{l'm'}^{n'} = \frac{2}{3} \frac{n^2-4}{n^2-1} \delta^{nn'} \delta_{ll'} \delta_{mm'}. \tag{3.6.25}$$

奇的和偶的 $(S_i)_{lm}^n$ 都是归一化的, 即

$$\int \mathrm{d}\mu (S_i)_{lm}^n (S^i)_{l'm'}^{n'} = \delta^{nn'} \delta_{ll'} \delta_{mm'}. \tag{3.6.26}$$

这表明

$$\int \mathrm{d}\mu (S_{ij})_{lm}^n (S^{ij})_{l'm'}^{n'} = 2(n^2-4) \delta^{nn'} \delta_{ll'} \delta_{mm'}. \tag{3.6.27}$$

最后, 奇的和偶的 $(G_{ij})_{lm}^n$ 都是归一化的, 即

$$\int \mathrm{d}\mu (G_{ij})_{lm}^n (G^{ij})_{l'm'}^{n'} = \delta^{nn'} \delta_{ll'} \delta_{mm'}. \tag{3.6.28}$$

3.7 作用量和场方程

作用量 (3.5.8) 即

$$I = I_0(\alpha, \phi, N_0) + \sum_n I_n. \tag{3.7.1}$$

式中 I_0 为未受扰动模型的作用量 (3.4.2):

$$I_0 = -\frac{1}{2} \int \mathrm{d}t N_0 \mathrm{e}^{3\alpha} \left[\frac{\dot{\alpha}^2}{N_0^2} - \mathrm{e}^{-2\alpha} - \frac{\dot{\phi}^2}{N_0} + m^2\phi^2 \right], \tag{3.7.2}$$

I_n 是扰动中的二次式, 可写为

$$I_n = \int \mathrm{d}t (L_{\mathrm{g}}^n + L_{\mathrm{m}}^n). \tag{3.7.3}$$

式中

$$
\begin{aligned}
L_g^n =& \frac{1}{2}\mathrm{e}^{\alpha} N_0 \bigg\{ \frac{1}{3}\left(n^2 - \frac{5}{2}\right) a_n^2 + \frac{n^2-7}{3}\frac{n^2-4}{n^2-1}b_n^2 \\
& - 2(n^2-4)c_n^2 - (n^2+1)d_n^2 + \frac{2}{3}(n^2-4)a_n b_n \\
& + g_n\left[\frac{2}{3}(n^2-4)b_n + \frac{2}{3}\left(n^2+\frac{1}{2}\right)a_n\right] + \frac{1}{N_0}\left[-\frac{1}{3}\frac{1}{n^2-1}k_n^2 + (n^2-4)j_n^2\right]\bigg\} \\
& + \frac{1}{2}\frac{\mathrm{e}^{3\alpha}}{N_0}\bigg\{ -\dot{a}_n^2 + \frac{n^2-4}{n^2-1}\dot{b}_n^2 + (n^2-4)\dot{c}_n^2 + \dot{d}_n^2 \\
& + \dot{\alpha}\left[-2a_n\dot{a}_n + 8\frac{n^2-4}{n^2-1}b_n\dot{b}_n + 8(n^2-4)c_n\dot{c}_n + 8d_n\dot{d}_n\right] \\
& + \dot{\alpha}^2\left[-\frac{3}{2}a_n^2 + 6\frac{n^2-4}{n^2-1}b_n^2 + 6(n^2-4)c_n^2 + 6d_n^2\right] \\
& + g_n\left[2\dot{\alpha}\dot{a}_n + \dot{\alpha}^2(3a_n - g_n)\right] \\
& + \mathrm{e}^{-\alpha}\left[k_n\left(-\frac{2}{3}\dot{a}_n - \frac{2}{3}\frac{n^2-4}{n^2-1}\dot{b}_n + \frac{2}{3}\dot{\alpha}g_n\right) - 2(n^2-4)\dot{c}_n j_n\right]\bigg\},
\end{aligned}
\tag{3.7.4}
$$

$$
\begin{aligned}
L_m^n =& \frac{1}{2}N_0\mathrm{e}^{3\alpha}\bigg\{ \frac{1}{N_0^2}(\dot{f}_n^2 + 6a_n\dot{f}_n\dot{\phi}) - m^2(f_n^2 + 6a_n f_n\phi) \\
& - \mathrm{e}^{-2\alpha}(n^2-1)f_n^2 + \frac{3}{2}\left(\frac{\dot{\phi}^2}{N_0^2} - m^2\phi^2\right)\left[a_n^2 - \frac{4(n^2-4)}{n^2-1}b_n^2\right. \\
& \left. - 4(n^2-4)c_n^2 - 4d_n^2\right] + \frac{\dot{\phi}^2}{N_0^2}g_n^2 - g_n\left(2m^2 f_n\phi\right. \\
& \left. + 3m^2 a_n\phi^2 + 2\frac{\dot{f}_n\dot{\phi}}{N_0^2} + 3\frac{a_n\dot{\phi}^2}{N_0^2}\right) - 2\frac{\mathrm{e}^{-\alpha}}{N_0^2}k_n f_n\dot{\phi}\bigg\}.
\end{aligned}
\tag{3.7.5}
$$

π_α 和 π_ϕ 的表达式为

$$
\begin{aligned}
\pi_\alpha =& \frac{\mathrm{e}^{3\alpha}}{N_0}\bigg\{ -\dot{\alpha} + \sum_n\left[-a_n\dot{a}_n + \frac{4(n^2-4)}{n^2-1}b_n\dot{b}_n\right. \\
& \left. + 4(n^2-4)c_n\dot{c}_n + 4d_n\dot{d}_n\right] + \dot{\alpha}\sum_n\left[-\frac{3}{2}a_n^2\right. \\
& \left. + \frac{6(n^2-4)}{n^2-1}b_n^2 + 6(n^2-4)c_n^2 + 6d_n^2\right] \\
& + \sum_n\dot{g}_n\left[\dot{a}_n + \dot{\alpha}(3a_n - g_n) + \frac{1}{3}\mathrm{e}^{-\alpha}k_n\right]\bigg\},
\end{aligned}
\tag{3.7.6}
$$

$$
\pi_\phi = \frac{\mathrm{e}^{3\alpha}}{N_0}\bigg\{ \dot{\phi} + \sum_n\left[3a_n\dot{f}_n + \dot{\phi}\left(\frac{3}{2}a_n^2 - 4\frac{n^2-4}{n^2-1}b_n^2\right.\right.
$$

$$-4(n^2-4)c_n^2 - 4d_n^2\Big)\Big] + \sum_n \Big[\dot{\phi}g_n^2 - g_n(\dot{f}_n + 3a_n\dot{\phi}) - \mathrm{e}^{-\alpha}k_nf_n\Big]\Big\}. \tag{3.7.7}$$

由作用量原理, 将作用量 (3.7.1) 分别对每一个场作变分, 便得到经典场方程, 分别对 α 和 ϕ 取变分, 得到两个场方程

$$N_0\frac{\mathrm{d}}{\mathrm{d}t}\Big[\frac{1}{N_0}\frac{\mathrm{d}\phi}{\mathrm{d}t}\Big] + 3\frac{\mathrm{d}\alpha}{\mathrm{d}t}\frac{\mathrm{d}\phi}{\mathrm{d}t} + N_0^2m^2\phi = 2 \text{ 阶项}, \tag{3.7.8}$$

$$N_0\frac{\mathrm{d}}{\mathrm{d}t}\Big[\frac{\dot{\alpha}}{N_0}\Big] + 3\dot{\phi}^2 - N_0^2\mathrm{e}^{-2\alpha} - \frac{3}{2}(-\dot{\alpha} + \dot{\phi} - N_0^2\mathrm{e}^{-2\alpha} + N^2m^2\phi^2) = 2 \text{ 阶项}, \tag{3.7.9}$$

分别对扰动 a_n, b_n, c_n, d_n 和 f_n 取变分, 得到五个场方程

$$N_0\frac{\mathrm{d}}{\mathrm{d}t}\Big[\mathrm{e}^{3\alpha}\frac{\dot{a}_n}{N_0}\Big] + \frac{1}{3}(n^2-4)N_0^2\mathrm{e}^{\alpha}(a_n+b_n) + 3\mathrm{e}^{3\alpha}(\dot{\phi}\dot{f}_n - N_0^2m^2\phi f_n)$$

$$= N_0^2\Big[3\mathrm{e}^{3\alpha}m^2\phi^2 - \frac{1}{3}(n^2+2)\mathrm{e}^{\alpha}\Big]g_n + \mathrm{e}^{3\alpha}\dot{\alpha}\dot{g}_n - \frac{1}{3}N_0\frac{\mathrm{d}}{\mathrm{d}t}\Big[\mathrm{e}^{2\alpha}\frac{k_n}{N_0}\Big], \tag{3.7.10}$$

$$N_0\frac{\mathrm{d}}{\mathrm{d}t}\Big[\mathrm{e}^{3\alpha}\frac{\dot{b}_n}{N_0}\Big] - \frac{1}{3}(n^2-1)N_0^2\mathrm{e}^{\alpha}(a_n+b_n)$$

$$+ \frac{1}{3}(n^2-1)N_0^2\mathrm{e}^{\alpha}g_n = \frac{1}{3}N_0\frac{\mathrm{d}}{\mathrm{d}t}\Big[\mathrm{e}^{2\alpha}\frac{k_n}{N_0}\Big], \tag{3.7.11}$$

$$\frac{\mathrm{d}}{\mathrm{d}t}\Big[\mathrm{e}^{3\alpha}\frac{\dot{c}_n}{N_0}\Big] = \frac{\mathrm{d}}{\mathrm{d}t}\Big[\mathrm{e}^{2\alpha}\frac{j_n}{N_0}\Big], \tag{3.7.12}$$

$$N_0\frac{\mathrm{d}}{\mathrm{d}t}\Big[\mathrm{e}^{3\alpha}\frac{\dot{d}_n}{N_0}\Big] + (n^2-1)N_0^2\mathrm{e}^{\alpha}d_n = 0, \tag{3.7.13}$$

$$N_0\frac{\mathrm{d}}{\mathrm{d}t}\Big[\mathrm{e}^{3\alpha}\frac{\dot{f}_n}{N_0}\Big] + 3\mathrm{e}^{3\alpha}\dot{\phi}\dot{a}_n + N_0^2[m^2\mathrm{e}^{3\alpha} + (n^2-1)\mathrm{e}^{\alpha}]f_n$$

$$= \mathrm{e}^{3\alpha}(-2N_0^2m^2\phi g_n + \dot{\phi}\dot{g}_n - \mathrm{e}^{-\alpha}\phi k_n). \tag{3.7.14}$$

在推导方程 (3.7.10)~(3.7.14) 过程中, 利用了场方程 (3.7.8)~(3.7.9), 并略去了扰动中的三阶项.

分别对拉格朗日乘子 k_n, j_n, g_n 和 N_0 取变分, 得到一组约束. 对 k_n 和 j_n 取变分, 得到动量约束

$$\dot{a}_n + \frac{n^2-4}{n^2-1}\dot{b}_n + 3f_n\dot{\phi} = \dot{\alpha}g_n - \frac{\mathrm{e}^{-\alpha}}{n^2-1}k_n \tag{3.7.15}$$

$$\dot{c}_n = \mathrm{e}^{-\alpha}j_n. \tag{3.7.16}$$

对 g_n 取变分, 得到线性哈密顿约束

$$
3a_n(-\dot\alpha^2 + \dot\phi^2) + 2(\dot\phi \dot f_n - \dot\alpha \dot a_n) + N_0^2 m^2 (2f_n\phi + 3a_n\phi^2)
$$
$$
-\frac{2}{3} N_0^2 \mathrm{e}^{-2\alpha} \left[(n^2-4)b_n + \left(n^2 + \frac{1}{2}\right) a_n\right] = \frac{2}{3}\dot\alpha \mathrm{e}^{-\alpha} k_n + 2g_n(-\dot\alpha^2 + \dot\phi^2). \tag{3.7.17}
$$

最后, 对 N_0 取变分, 得到哈密顿约束, 我们把它写为

$$
\frac{1}{2}\mathrm{e}^{3\alpha}\left[-\frac{\dot\alpha^2}{N_0^2} + \frac{\dot\phi^2}{N_0^2} - \mathrm{e}^{-2\alpha} + m^2\phi^2\right] = 2\ \text{阶项}. \tag{3.7.18}
$$

3.8　波　函　数

由于扰动模式之间不存在耦合, 所以波函数可表示为形如

$$
\Psi = \mathrm{Re}\left[\Psi_0(\alpha,\phi)\prod_n \Psi^{(n)}(\alpha,\phi,a_n,b_n,c_n,d_n,f_n)\right] = \mathrm{Re}(c\mathrm{e}^{\mathrm{i}s}) \tag{3.8.1}
$$

的项的和, 式中 S 是 α 和 ϕ 的剧变函数, C 是所有变量的缓变函数. 把 (3.8.1) 代入主方程 (3.5.28), 同时除以 Ψ 得到

$$
-\frac{\nabla_2^2 \Psi_0}{2\Psi_0} - \sum_n \frac{\nabla_2^2 \Psi^{(n)}}{2\Psi^{(n)}} - \sum_{n,m} \frac{(\nabla_2\Psi^{(n)})\cdot(\nabla_2\Psi^{(m)})}{2\Psi^{(n)}\Psi^{(m)}}
$$
$$
-\frac{\nabla_2\Psi_0}{\Psi_0}\cdot\left[\sum_n \frac{\nabla_2\Psi^{(n)}}{\Psi^{(n)}}\right] + \sum_n \frac{H_{|2}^n\Psi}{\Psi} + \mathrm{e}^{-3\alpha}V(\alpha,\phi) = 0. \tag{3.8.2}
$$

式中 ∇_2^2 为小超空间度规 $f_{ab} = \mathrm{e}^{3\alpha}\mathrm{diag}(-1,1)$ 的拉普拉斯算符, 点积也相对于这一度规.

一个单位的扰动模式在 (3.8.2) 的第三、第四项中不给出有意义的贡献. 因此, 这些项可代之以

$$
-\frac{\nabla_2\Psi}{\Psi}\cdot\sum_n \frac{\nabla_2\Psi^{(n)}}{\Psi^{(n)}} + \frac{1}{2}\left[\sum_n \frac{\nabla_2\Psi^{(n)}}{\Psi^{(n)}}\right]^2
$$
$$
\approx -\mathrm{i}(\nabla_2 S)\cdot\sum_n \frac{\nabla_2\Psi^{(n)}}{\Psi^{(n)}} + \frac{1}{2}\left[\sum_n \frac{\nabla_2\Psi^{(n)}}{\Psi^{(n)}}\right]^2. \tag{3.8.3}
$$

为使 ansatz(3.8.1) 有效, 必须使 (3.8.2) 中与 a_n,b_n,c_n,d_n,f_n 有关的项均为零. 这表明

$$
\frac{\nabla_2\Psi}{\Psi}\cdot\nabla_2\Psi^{(n)} + \frac{1}{2}\nabla_2^2\Psi^{(n)} = \frac{H_{|2}^n\Psi}{\Psi}\Psi^{(n)}. \tag{3.8.4}
$$
$$
\left(-\frac{1}{2}\nabla_2^2 + \mathrm{e}^{-3\alpha}V + \frac{1}{2}J\cdot J\right)\Psi_0 = 0. \tag{3.8.5}
$$

式中 $J = \sum_n \dfrac{\nabla_2 \Psi^{(n)}}{\Psi^{(n)}}$.

在相 S 剧烈变化的区域, (3.8.4) 的第二项与第一项相比可以略去. 还可以用 $\partial S/\partial \alpha, \partial S/\partial \phi$ 分别代替 $H_{|2}^n$ 中的 π_α, π_ϕ. 矢量 $x^a = f^{ab}\partial S/\partial q^b$ 可看作 $\dfrac{\partial}{\partial t}$, 其中 WKB 近似 Ψ 对应于经典弗里德曼度规的时间参量. 这样, 沿着矢量场 X^a 的矢量线, 对于每一个模式得到一个与时间有关的薛定谔方程

$$\mathrm{i}\frac{\partial \Psi^{(n)}}{\partial t} = H_{|2}^n \Psi^{(n)}. \tag{3.8.6}$$

方程 (3.8.5) 可看作二维小超空间模型的 W-D 方程, 其中有一个由扰动引起的附加项 $\dfrac{1}{2}J \cdot J$. 为了使 J 有限, 需减去与宇宙常数 Λ 的重整化相对应的 $H_{|2}^n$ 基态能量 (也可以利用普朗克质量 n_p 的重整化).

可以把 $\Psi^{(n)}$ 写为

$$\Psi^{(n)} = {}^S\Psi^{(n)}(\alpha, \phi, a_n, b_n, f_n)\, {}^V\Psi^{(n)}(\alpha, \phi, c_n)^T \Psi^n(\alpha, \phi, d_n). \tag{3.8.7}$$

式中 ${}^S\Psi^{(n)}, {}^V\Psi^{(n)}$ 和 ${}^T\Psi^{(n)}$ 分别满足 ${}^S H_{|2}^n, {}^V H_{|2}^n$ 和 ${}^T H_{|2}^n$ 的薛定谔方程.

3.9 边 界 条 件

我们希望能找到与

$$\Psi(h_{ij}, \Phi) = \int \mathrm{d}[g_{\mu\nu}]\mathrm{d}[\Phi]\exp(-\hat{I}) \tag{3.9.1}$$

对应的主方程的解. 式中积分沿所有紧致四维度规和以三维超曲面 S 为边界的物质场. 如果令参数 α 为绝对值足够大的负数, 而保持其他参数不变, 则欧氏作用量 $\hat{I}$ 将按 $\mathrm{e}^{2\alpha}$ 规律趋于零. 因此, 我们期望当 α 趋于负无穷时, Ψ 趋于零.

可以从路径积分 (3.9.1) 估计扰动 $\Psi^{(n)}$ 的标量、矢量和张量部分 ${}^S\Psi^{(n)}, {}^V\Psi^{(n)}$ 和 ${}^T\Psi^{(n)}$ 的形式. 取四维度规 $g_{\mu\nu}$ 具有背景形式

$$\mathrm{d}s^2 = \sigma^2(-N^2\mathrm{d}t^2 + \mathrm{e}^{2\alpha(t)}\mathrm{d}\Omega_3^2), \tag{3.9.2}$$

标量场 Φ 为 $\phi(t)$, 再加上一个由含 t 的变量 $(a_n, b_n, f_n), c_n, d_n$ 描述的扰动. 为了使四维背景度规是紧致的, 当 $\alpha \to -\infty$ 时度规须是欧氏的, 即当 $\alpha \to -\infty$ 时 N 必须为纯负虚数, 此时取作 $t = 0$. 在度规为洛伦兹的区域, N 将是正实数. 为了使欧式空间到洛伦兹空间的变换是光滑的, 取 N 为 $-\mathrm{i}e_{i\mu}$ 的形式, $t = 0$ 时 $\mu = 0$. 为了使 $t = 0$ 时四维度规和标量场是正常的, 就必须使 $t = 0$ 时 a_n, b_n, c_n, d_n 和 f_n 均为零.

张量扰动 d_n 有欧氏作用量

$${}^T\hat{I}_n = \frac{1}{2}\int \mathrm{d}t d_n^{\mathrm{T}}\mathrm{D}d_n + \text{边界项}. \tag{3.9.3}$$

式中

$$^{\mathrm{T}}\mathrm{D} = \left[-\frac{\mathrm{d}}{\mathrm{d}t}\left(\frac{\mathrm{e}^{3\alpha}\mathrm{d}}{\mathrm{i}N_0\mathrm{d}t}\right) + \mathrm{i}N_0\mathrm{e}^{\alpha}(n^2-1)\right] + 4\mathrm{i}N_0\mathrm{e}^{3\alpha}\left[\frac{1}{2}\mathrm{e}^{-3\alpha}\right.$$
$$\left. -\frac{3}{2}m^2\phi^2 - \frac{3\dot\phi^2}{2(\mathrm{i}N_0)^2} - \frac{3\dot\alpha^2}{2(\mathrm{i}N_0)^2} - \frac{\mathrm{d}}{\mathrm{i}N_0\mathrm{d}t}\left(\frac{\dot\alpha}{\mathrm{i}N_0}\right)\right]. \tag{3.9.4}$$

如果背景度规满足背景场方程, 则上式最后一项为零. 当 d_n 满足方程

$$^{\mathrm{T}}\mathrm{D}d_n = 0 \tag{3.9.5}$$

时, 作用量就只剩下边界项

$$^{\mathrm{T}}\hat{I}_n^{\mathrm{cl}} = \frac{1}{2\mathrm{i}N_0}\mathrm{e}^{3\alpha}(d_n\dot{d}_n + 4\dot\alpha d_n^2). \tag{3.9.6}$$

按 d_n 的路径积分为

$$\int \mathrm{d}[d_n]\exp(-^{\mathrm{T}}\hat{I}_n) = (\det{}^{\mathrm{T}}\mathrm{D})^{-1/2}\exp(-^{\mathrm{T}}\hat{I}_n^{\mathrm{cl}}). \tag{3.9.7}$$

沿不同的背景度规积分 (3.9.7), 便得到波函数 $^{\mathrm{T}}\Psi^{(n)}$. 我们期望主要贡献来自于经典背景场方程的解相近的背景度规. 对这些度规可采用一绝热近似, 令 α 为时间 t 的缓变函数. 这样, (3.9.5) 的满足边界条件 $t=0$ 时 $d_n = 0$ 的解可写为

$$d_n = A(\mathrm{e}^{\nu\tau} - \mathrm{e}^{-\nu\tau}). \tag{3.9.8}$$

式中 $\nu = \mathrm{e}^{-\alpha}(n^2-1)^{1/2}, \tau = \int \mathrm{i}N_0\mathrm{d}t$.

这种近似对于满足条件

$$\left|\frac{\dot\alpha}{N_0}\right| ne^{-\alpha} \tag{3.9.9}$$

的背景场是成立的. 一个正常的欧氏度规, 在 $t=0$ 附近有

$$|\dot\alpha/N_0| = \mathrm{e}^{-\alpha}.$$

如果度规是背景场方程的一个欧氏解, 则有 $|\dot\alpha/N_0| < \mathrm{e}^{-\alpha}$. 这个绝热近似当 n 足够大时成立, 在相应区域中背景场方程的解是洛伦兹的, 可采用 WKB 近似. 这样, 波函数 $^{\mathrm{T}}\Psi^{(n)}$ 可写为

$$^{\mathrm{T}}\Psi^{(n)} = B\exp\left\{ -\left[\frac{1}{2}ne^{2\alpha}\coth(\nu\tau) + \frac{2}{\mathrm{i}N_0}\dot\alpha\mathrm{e}^{3\alpha}\right]d_n^2\right\}. \tag{3.9.10}$$

在欧氏区域, τ 是正实数. 当 n 很大时有 $\coth(\nu\tau) \approx 1$. 在采用 WKB 近似的洛伦兹区域, τ 是复的, 但仍有正的实部; 当 n 很大时 $\coth(\nu\tau)$ 仍将近似为 1. 因此有

$$^{\mathrm{T}}\Psi^{(n)} = B\exp\left[-2\mathrm{i}\frac{\partial S}{\partial\alpha}d_n^2 - \frac{1}{2}ne^{2\alpha}d_n^2\right]. \tag{3.9.11}$$

归一化常数 B 可取为 1. 于是除了一个相因子之外, 引力波模式在 WKB 区域处于基态.

现在考虑波函数的矢量部分 $^{\mathrm{V}}\Psi^{(n)}$. 这是一个纯规范, 因为 c_n 可由 j_n 参量化的规范变化给予任何值. 这个规范变换的可能性可由约束

$$\mathrm{e}^{-\alpha}\left[\frac{\partial}{\partial c_n} + 4(n^2-4)c_n\frac{\partial}{\partial \alpha}\right]\Psi = 0 \tag{3.9.12}$$

看出. 积分上式得到

$$\Psi(\alpha, \{c_n\}) = \Psi[\alpha - 2\sum_n(n^2-4)c_n^2, 0], \tag{3.9.13}$$

这里隐去了对其他变量的依赖性. 也可以用 $\mathrm{i}(\partial S/\partial\alpha)\Psi$ 代替 $\partial\Psi/\partial\alpha$. 这样便可解出 $^{\mathrm{V}}\Psi^{(n)}$

$$^{\mathrm{V}}\Psi^{(n)} = \exp\left[2\mathrm{i}(n^2-4)c_n^2\frac{\partial S}{\partial\alpha}\right]. \tag{3.9.14}$$

标量扰动包括张量扰动和矢量扰动行为的组合. 前节给出了作用量的标量部分, 它取决于经典场方程 (3.8.10), (3.8.11) 和 (3.8.14) 的解. 这三个方程有一个 3 参数解族, 满足边界条件 $t = 0$ 时 $a_n = b_n = f_n = 0$. 还有两个约束方程 (3.8.15) 和 (3.8.17), 对应于两个被 k_n 和 g_n 参量化的规范自由度. 对于方程 (3.8.10), (3.8.11), (3.8.14), (3.8.15) 和 (3.8.17) 的解, 欧氏作用量为

$$\begin{aligned}
^{\mathrm{S}}\hat{I}^{cl} = \frac{1}{2iN_0}\mathrm{e}^{3\alpha}\Bigg\{ &-a_n\dot{a}_n + \frac{n^2-4}{n^2-1}b_n\dot{b}_n + f_n\dot{f}_n \\
&+ \dot{\alpha}\left[-a_n^2 + \frac{4(n^2-4)}{n^2-1}b_n^2\right] + 3\dot{\phi}a_nf_n + g_n(\dot{\alpha}a_n - \dot{\phi}f_n) \\
&- \frac{1}{3}\mathrm{e}^{-\alpha}k_n\left[a_n + \frac{n^2-4}{n^2-1}b_n\right]\Bigg\}.
\end{aligned} \tag{3.9.15}$$

这里利用了背景场方程.

令 $g_n = k_n = 0$ 的规范是最简单的. 但这样我们找不到一个 4 维紧致度规满足上面三个场方程和两个约束方程. 令 $a_n = b_n = 0$, 解约束方程 (3.8.15) 和 (3.8.17), 得到

$$g_n = 3\frac{(n^2-1)\dot{\alpha}\dot{\phi}f_n + \dot{\phi}\dot{f}_n + N_0^2m^2\phi f_n}{(n^2-4)\dot{\alpha}^2 + 3\dot{\phi}^2}, \tag{3.9.16}$$

$$k_n = 3(n^2-1)\mathrm{e}^\alpha\frac{\dot{\alpha}\dot{\phi}\dot{f}_n + N_0^2m^2\phi f_n\dot{\alpha} - 3f_n\dot{\phi}(-\dot{\alpha}^2 + \dot{\phi}^2)}{(n^2-4)\dot{\alpha}^2 + 3\dot{\phi}^2}. \tag{3.9.17}$$

把它们代入 (3.8.14), 得到 f_n 的一个二阶方程

$$N_0\frac{\mathrm{d}}{\mathrm{d}t}\left[\mathrm{e}^{3\alpha}\frac{\dot{f}_n}{N_0}\right] + N_0^2[m^2\mathrm{e}^{3\alpha} + (n^2-1)\mathrm{e}^\alpha]f_n$$

$$=e^{3\alpha}(-2N_0^2 m^2\phi g_n + \dot\phi \dot g_n - e^{-\alpha}\dot\phi k_n). \tag{3.9.18}$$

当 n 很大, 可再次利用绝热近似来估算 $|\phi| > 1$ 时 (3.9.18) 的解:

$$f_n = A\sin h(\nu\tau). \tag{3.9.19}$$

式中 $\nu^2 = e^{-2\alpha}(n^2 - 1)$. 因此, 对于这些模式有

$$^S\Psi^{(n)}(\alpha,\phi,0,0,f_n) \approx \exp\left[-\frac{1}{2}ne^{2\alpha}f_n^2 - \frac{1}{2}i\frac{\partial S}{\partial\phi}g_n f_n\right]. \tag{3.9.20}$$

这是基态形式 (只差一个小的相因子). 当 a_n 和 b_n 不为零时, $^S\Psi^{(n)}$ 的值可由积分约束方程 (3.5.25) 和 (3.5.27) 得到.

　　张量和标量模式从它们的基态开始, 但要除去 n 很小的情况. 矢量模式是纯规范的, 因此可以忽略. 所以总的扰动能量为

$$E = \sum_n \frac{H_{|2}^{(n)}\Psi^{(n)}}{\Psi^{(n)}}.$$

当不考虑基态能量时, 这一总扰动能量是很小的. 又因为 $E = i(\nabla_2 S)\cdot J$. 式中 $J = \sum_n \nabla_2\Psi^{(n)}$, 所以 J 也很小. 这表明波函数 Ψ_0 满足未受扰动的小超空间模型的 W-D 方程. 相因子 S 近似为 $-i\ln\Psi_0$. 然而均匀标量场模式 ϕ 将不再从它们的基态开始. 这有两个原因: 第一, $t = 0$ 时的规则性要求 $a_n = b_n = c_n = d_n = f_n = 0$, 但不要求 $\phi = 0$; 第二, ϕ 的经典方程具有频率为常数 m 的阻尼振荡形式. 这表明绝热近似在很小的 t 内是不成立的, 经典场方程的解 ϕ 近似为常数. 这些解的作用量很小, 大的 $|\phi|$ 值也不衰减. 因此, 从大的 $|\phi|$ 值开始的 WKB 具有很大的几率. 他们对应于那些有一个长的暴胀期而后又回到物质为主膨胀型的经典解. 在含有小静质量的其他场的模型中, 物质可在有质量标量场的振荡中分解为具有热谱的光子. 然后, 此模型像辐射为主的宇宙那样膨胀.

3.10　扰动的增长

　　张量模式满足薛定谔方程

$$\frac{\partial^T\Psi^{(n)}}{\partial t} = {}^TH_{|2}^{n\,T}\Psi^{(n)}$$

$$= \frac{1}{2}e^{-3\alpha}\left\{+d_n^2\left[10\left(\frac{\partial S}{\partial\alpha}\right)^2 + 6\left(\frac{\partial S}{\partial\phi}\right)^2\right]\right. \tag{3.10.1}$$

$$\left. -\frac{\partial^2}{\partial d_n^2} - 8d_n i\frac{\partial S}{\partial\alpha}\frac{\partial}{\partial d_n} + d_n^2\left[(n^2+1)e^{4\alpha} - 6e^{6\alpha}m^2\phi^2\right]\right\}. \tag{3.10.2}$$

我们可将 $^{\mathrm{T}}\Psi^{(n)}$ 写为

$$^{\mathrm{T}}\Psi^{(n)} = \exp(-2\alpha)\exp\left[-2\mathrm{i}\frac{\partial S}{\partial\alpha}d_n^2\right]^{\mathrm{T}}\Psi_0^{(n)}. \tag{3.10.3}$$

利用 W-D 方程的 WKB 近似, 得到

$$\mathrm{i}\frac{\partial^{\mathrm{T}}\Psi_0^{(n)}}{\partial t} = \frac{1}{2}\mathrm{e}^{-3\alpha}\left[-\frac{\partial^2}{\partial d_n^2} + d_n^2(n^2-1)\mathrm{e}^{4\alpha}\right]^{\mathrm{T}}\Psi_0^{(n)}. \tag{3.10.4}$$

这样, 上式具有频率为 $\nu = (n^2-1)^{1/2}\mathrm{e}^{-\alpha}$ 的振子的薛定谔方程形式. 初始波函数 $^{\mathrm{T}}\Psi_0^{(n)}$ 处于基态, 而且频率 ν 比 $\dot{\alpha}$ 要大. 在这种情况下, 可利用绝热近似来说明 $^{\mathrm{T}}\Psi^{(n)}$ 保持在基本状态

$$^{\mathrm{T}}\Psi_0^{(n)} \approx \exp\left(-\frac{1}{2}n\mathrm{e}^{2\alpha}d_n^2\right). \tag{3.10.5}$$

当 $\nu \approx \dot{\alpha}$ 时, 绝热近似失效. 此时引力波长在暴胀期等于视界尺度, 波函数也将冻结

$$^{\mathrm{T}}\Psi_0^{(n)} \approx \exp\left(-\frac{1}{2}n\mathrm{e}^{-2\alpha_*}d_n^2\right). \tag{3.10.6}$$

式中 α_* 是模式超出视界范围时的 α 值. 波函数 $^{\mathrm{T}}\Psi^{(n)}$ 将保持 (3.10.6) 的形式, 直到模式再进入物质为主或辐射为主时期的视界, 此时 α 取大的值 α_e. 于是可以对 (3.10.4) 再次用绝热近似, 但 $^{\mathrm{T}}\Psi_0^{(n)}$ 不再处于基态, 它将处于多个高激发态的叠加. 这是引力波模式中基态涨落的放大现象.

标量模式的行为和上面讨论的很相似, 但由于规范自由度的原因, 它们的描述是相当复杂的. 前面我们曾用路径积分的方法估算了 $a_n = b_n = 0$ 时的波函数 $^{\mathrm{S}}\Psi^{(n)}$. 在绝热近似适用时, 所找到的基态形式是有效的; 但当绝热近似不再适用时, 即当波长超出暴胀期视界范围时, 这种有效性也就不复存在了. 为了讨论随后波函数的行为, 采用一阶哈密顿约束 (3.5.27) 来估算当 $a_n \neq 0, b_n = f_n = 0$ 时的 $^{\mathrm{S}}\Psi^{(n)}$ 的值是比较方便的. 我们得到

$$^{\mathrm{S}}\Psi^{(n)}(\alpha,\phi,a_n,0,0) = B\exp[\mathrm{i}ca_n^2]^{\mathrm{S}}\Psi_0^{(n)}(\alpha,\phi,a_n). \tag{3.10.7}$$

归一化因子 B 和相因子 c 依赖于 α 和 ϕ, 但不依赖于 a_n

$$c = \frac{1}{2}\left(\frac{\partial S}{\partial\alpha}\right)^{-1}\left[\left(\frac{\partial S}{\partial\alpha}\right)^2 - \frac{1}{3}(n^2-4)\mathrm{e}^{4\alpha}\right]. \tag{3.10.8}$$

当模式的波长等于暴胀期的视界线度时, 波函数 $^{\mathrm{S}}\Psi^{(n)}$ 具有形式

$$^{\mathrm{S}}\Psi_0^{(n)} = \exp\left(-\frac{1}{2}ny_*^{-2}\mathrm{e}^{2\alpha_*}a_n^2\right). \tag{3.10.9}$$

式中 y_* 代表模式超出视界范围时 $y = (\partial S/\partial \alpha)(\partial S/\partial \phi)^{-1}$ 的值, $y_* = 3\phi_*$. 更一般地, 在势为 $V(\phi)$ 的标量场的情况下, $y = 6V(\partial V/\partial \phi)^{-1}$.

把 $b_n = f_n = 0$ 代入标量哈密顿 ${}^S H_{|2}^{(n)}$, 且分别用动量约束 (3.5.25) 和一阶哈密顿约束 (3.5.27) 代换 $\dfrac{\partial}{\partial b_n}$ 和 $\dfrac{\partial}{\partial f_n}$, 可以得到 ${}^S\Psi_0^{(n)}$ 的薛定谔方程

$$i\frac{\partial {}^S\Psi_0^{(n)}}{\partial t} = \frac{1}{2}e^{-3\alpha}\left\{ -y^2\frac{\partial^2}{\partial a_n^2} + e^{4\alpha}(n^2-4)\cdot\left[\frac{1}{y^2} - \frac{1}{3}e^{4\alpha}\left(\frac{\partial S}{\partial \alpha}\right)^{-2}\right]a_n^2 \right\}^S \Psi_0^{(n)}. \tag{3.10.10}$$

式中忽略了 $\dfrac{1}{n^2}$ 阶项. 与 $\dfrac{1}{y^2}$ 比较, 项 $e^{4\alpha}(\partial S/\partial \alpha)^{-2}$ 是很小的, 但在背景解的最大半径附近例外. ${}^S\Psi_0^{(n)}$ 的薛定谔方程与 ${}^T\Psi_0^{(n)}$ 的方程 [即 (3.10.4)] 很相似, 只是动力项乘以一个因子 y^2, 势项除以 y^2. 因此, 我们希望对视界范围内的波长, ${}^S\Psi_0^{(n)}$ 有基态形式 $\exp\left(-\dfrac{1}{2}y^{-2}e^{2\alpha}a_n^2\right)$, 像 (3.10.9) 那样. 另一方面, 当波长超出视界范围时, 薛定谔方程 (3.10.10) 表明 ${}^T\Psi_0^{(n)}$ 将以 (3.10.9) 的形式冻结, 一直到模式再进入物质为主时期的视界范围. 即使宇宙的状态方程到达波长超出视界线度的辐射为主时期, ${}^S\Psi_0^{(n)}$ 仍然将保持为 (3.10.9) 的形式. 标量模式的基态涨落放大, 其方式与张量模式的相似. 在重返视界范围时, 标量模式的均方根涨落 (在规范 $b_n = f_n = 0$ 的条件下) 要比同样波长的张量模式的均方根涨落大一个因子 y_*.

3.11 实 验 检 验

在矢量场 X^i 的矢量线上一给定点, 即在作为经典场方程解的背景度规中给定的 α 和 ϕ, 由 ${}^T\Psi_0^{(n)}$ 和 ${}^S\Psi_0^{(n)}$ 可以计算观测到不同的 d_n 和 a_n 值的相对几率. 实际上, 对 ϕ 的依赖性是无关紧要的, 可以忽略. 于是可以计算观测微波背景各向异性的不同量的几率, 并把这些预言与观测上限进行比较.

张量和标量扰动模式在 α 值很大时处于高激发态. 这表明我们可以把它们的发展作为一个整体演化来处理, 演化取决于 d_n 和 a_n 初始时的经典运动方程. $\dot{d}_n$ 和 $\dot{a}_n$ 的初始分布分别正比于 $\left|{}^T\Psi_0^{(n)}\pi_{d_n}{}^T\Psi_0^{(n)}\right|$ 和 $\left|{}^S\Psi_0^{(n)}\pi_{a_n}{}^S\Psi_0^{(n)}\right|$. 当模式重返视界内时, 分布集中在 $\dot{d}_n = \dot{a}_n = 0$ 处.

$b_n = f_n = 0$ 的超曲面为暴胀期金边解的常能量密度面. 根据局部能量守恒, 在暴胀期后它们仍保持为长能量密度面, 此时能量由均匀背景标量场 ϕ 的相关振荡决定. 如果标量粒子分解为光子, 并把宇宙加热, 则 $b_n = f_n = 0$ 的面是等温面. 这样, 微波背景最稀疏的面将是温度为 T_s 的超曲面. 可以认为, 微波辐射是从这个面

传播到地球的. 因此, 观测到的温度将是

$$T_0 = \frac{T_s}{1+z}. \tag{3.11.1}$$

式中 z 是上述超曲面的红移, 不同方向上的 z 不同将引起观测到的温度不同, $(1+z)$ 的表达式为

$$1 + z = l^{\mu} n_{\mu}. \tag{3.11.2}$$

式中 n_{μ} 是 $g_n = k_n = j_n = 0$ 和 $b_n = f_n = 0$ 时常数 t 面上的单位法矢量, l^{μ} 是零短程线的切矢量. 沿着观察者的过去光锥, 可以计算 $l^{\mu} n_{\mu}$ 的演化:

$$\frac{\mathrm{d}}{\mathrm{d}\lambda}[l^{\mu} n_{\mu}] = n_{\mu;\nu} l^{\mu} l^{\nu}. \tag{3.11.3}$$

λ 为零短程线上的仿射参量, $n_{\mu;\nu}$ 的非零分量为

$$n_{i;j} = \mathrm{e}^{2\alpha} \left[\dot{\alpha} \Omega_{ij} + \sum_n (\dot{\alpha}_n + \dot{\alpha} a_n) \frac{1}{3} \Omega_{ij} Q + \sum_n (\dot{b}_n + \dot{\alpha} b_n) P_{ij} + \sum_n (\dot{d}_n + \dot{\alpha} d_n) G_{ij} \right]. \tag{3.11.4}$$

我们采用的规范中, 在视界上尺度上, (3.11.4) 中主要各向异性项是含有 $\overset{*}{\dot{\alpha}} a_n$ 和 $\dot{\alpha} d_n$ 的那些项. 他们给出具有形式

$$\langle (\Delta T/T)^2 \rangle \approx \langle a_n^2 \rangle \quad \text{或} \approx \langle d_n^2 \rangle \tag{3.11.5}$$

温度各向异性, 在视界尺度上, 对各向异性有贡献的模式数目具有 n^3 的量级. 我们得到

$$\langle a_n^2 \rangle = y_*^2 n^{-1} \mathrm{e}^{-2\alpha*}, \tag{3.11.6}$$

$$\langle d_n^2 \rangle = n^{-1} \mathrm{e}^{-2\alpha}, \tag{3.11.7}$$

对各向异性的主要贡献来自标量模式, 由此得到

$$\langle (\Delta T/T)^2 \rangle \approx y_*^2 n^2 \mathrm{e}^{-2\alpha*}. \tag{3.11.8}$$

于是 $n\mathrm{e}^{-\alpha*} \approx \dot{\alpha}_*$, 是现在视界尺度的哈勃常数值. $\langle (\Delta T/T)^2 \rangle$ 的观测上限为 10^{-8}, 这要求哈勃常数小于 $5 \times 10^{-5} m_\mathrm{p}$, 从而限制标场的质量小于 $10^{14} \mathrm{GeV}$. 这就是说, 如果标量场的质量为 $10^{14} \mathrm{GeV}$ 或更小, 则我们讨论的扰动 (由初始基态增长起来的扰动) 便与微波背景辐射的观测结果相符.

前面我们计算了常时间、常密度超曲面的标量扰动. 在那样的规范里, 没有密度变化. 但是我们可以对 $a_n = b_n = 0$ 的规范作一个变换, 当波长进入视界范围时, 密度涨落为

$$\langle (\Delta \rho/\rho)^2 \rangle \approx y^2 \frac{\dot{\rho}_\mathrm{e}^2}{\dot{\alpha}_\mathrm{e}^2 \rho_\mathrm{e}^2} \dot{\alpha}_*^2. \tag{3.11.9}$$

由于 y 和 $\dot{\alpha}_*$ 仅以对数形式依赖于扰动的波长, 于是上式给出一个大范围的密度涨落谱. 这些密度涨落可以按经典的场方程演化, 直到能够解释银河系和我们观测到的其他宇宙结构的形成.

第九篇　Brans-Dicke 理论和膜宇宙

本篇第 1 章讨论 Brans-Dicke 的标量–张量引力理论, 它在弦宇宙理论中有重要意义. 除了标量–张量力引理论以外, 还有多种非爱因斯坦引力理论, 也都经受了迄今为止所有的观测实验的检验. 限于篇幅, 不能详细叙述, 有兴趣的读者可参阅《黑洞物理学》第四篇 (王永久, 2000). 本篇第 2 章讨论高维时空和膜宇宙模型, 以解决著名的宇宙常数问题.

第1章 Brans-Dicke 理论

1.1 物 理 基 础

在广义相对论出现以前, 物理学家对于空间性质的认识有两种根本不同的观点. 第一种观点可以从牛顿的绝对空间追溯到 19 世纪的以太理论. 第二种观点认为空间的几何和惯性的性质依赖于它所包含的物质. 如果没有任何形式的物质存在, 谈空间的性质是毫无意义的. 按第二种观点, 物体唯一有意义的运动是相对于宇宙中其他物质的运动. 这一观点可追溯到马赫 (Mach) 原理. 按照马赫原理, 在一个加速实验室 (局部空间) 中观察到的惯性力效应可以解释为远处相对于实验室加速运动的物质所产生的引力效应. 在广义相对论中这一表述并不完整. 广义相对论认为物质的分布影响空–时几何性质, 但是几何性质并不由物质的贡献唯一确定.

设想一个向太阳自由下落的实验物体, 选择一个相对于物体没有加速度的坐标系. 在这一坐标系中, 可认为太阳的引力被另一个"引力"所平衡. 当所有万有引力都加倍时, 与之平衡的"引力"也会加倍, 平衡不会破坏. 因此, 宇宙中质量分布可以确定加速度, 但是和引力相互作用的强度无关. 设太阳质量为 m_s, 其距离为 r, 按牛顿引力理论, 实验物体的加速度为

$$a = \frac{Gm_\text{s}}{r^2}. \tag{1.1.1a}$$

另一方面, 从量纲分析, 考虑到质量的贡献, 加速度应具有形式

$$a \sim \frac{m_\text{s}Rc^2}{Mr^2}. \tag{1.1.1b}$$

式中, M 是可见宇宙的确定质量, R 是可见宇宙的边界半径. 比较加速度的两个表达式, 得到

$$\frac{GM}{Rc^2} \sim 1 \tag{1.1.2}$$

这一关系式只具有数量级的意义, 但是它表明有两种选择: 第一种是比值 $\dfrac{M}{R}$ 由理论给出, 而质量分布由广义相对论场方程的某个边界条件给出; 第二种是局部观察的引力常数 G 是随位置变化的, 它的值决定于观察点附近的质量分布. 第一种选择部分地简化了对质量分布的限制.

Brans-Dicke 的理论分为两部分, 第一部分是建立符合场论要求的场方程, 第二部分是合适的边界条件和初始条件的表述; 使理论符合马赫原理, 即使空间几何前后一致地依赖于物质分布.

1.2　度规场方程

　　所要建立的理论不完全是引力的几何理论, 引力效应一部分是几何的, 一部分是由黎曼流形中的标量场所描述的. 从 Eötvös 实验证实了的等效原理出发, 中性试验粒子的运动和广义相对论中的一样, 是一条四维空–时中的短程线. 构造理论时考虑到, 假设引力常数 (或主动引力质量) 随位置变化, 在自由下落的实验室中观察到的物理规律 (不含引力) 应该不受宇宙其余部分的影响.

　　如果引力“常数”是随位置变化的, 则应是某一标量场的函数. 我们考虑寻找这一标量场. 首先想到的是标量曲率 $R \equiv g^{\mu\nu} R_{\mu\nu}$. 但是 R 中含有度规张量的梯度, 随着与质量源的距离 r 的增大, 它比 r^{-1} 减小得还快. 这样的标量主要由附近质量分布决定, 与远处物质无关.

　　广义相对论中的标量场不符合要求, 必须引入新的标量场. 从变分原理出发, 首先要构造拉格朗日密度, 它含有新的标量场 ϕ, ϕ 的形式可以由马赫原理作出判断. 局部空间以外的物质将对这局部空间内的惯性力作出贡献. 如果理论是线性的, 则 (1.1.2) 表明上述贡献应该是引力常数的倒数, 因此应该取

$$\phi \sim \frac{1}{G}. \tag{1.2.1}$$

变分原理表示为

$$\delta \int \left[\phi R + \frac{6\pi}{c^4} L - \omega \phi_{,\mu} \phi^{;\mu} \frac{1}{\phi} \right] \sqrt{-g} \mathrm{d}^4 x = 0. \tag{1.2.2}$$

被积式中的前两项相当于将广义相对论的拉格朗日密度除以 G, 再用 ϕ^{-1} 代换 G. ϕ 的量纲为 $\mathrm{M \cdot L^{-3} \cdot T^2}$. 第三项是通常的标量场拉格朗日密度, 引入分母 ϕ 是为了使 ω 没有量纲.

　　容易发现, 方程 (1.2.1) 中含有的物质场拉格朗日密度与广义相对论中的相同. 因此, 在给定的外部度规场 $g_{\mu\nu}$ 中, 物质的运动方程和广义相对论中的相同. 这两个理论不同之处在于确定 $g_{\mu\nu}$ 的引力场方程, 而不是给定度规的物质运动方程. 这样, 与广义相对论一样, 物质的能量–动量张量应满足

$$T^{\mu\nu}_{;\nu} = 0, \tag{1.2.3}$$

$$T^{\mu\nu} = 2(-g)^{-1/2} \frac{\partial}{\partial g_{\mu\nu}} [(-g)^{1/2} L], \tag{1.2.4}$$

此处已假定 L 不明显依赖于 $g_{\mu\nu}$ 的导数.

　　在 (1.2.2) 中对 ϕ 和 $\phi_{,\mu}$ 变分, 得到 ϕ 的波方程

$$2_\omega \phi^{-1} \Box \phi - \frac{\omega}{\phi^2} \phi^{,\mu} \phi_{,\mu} + R = 0. \tag{1.2.5}$$

式中

$$\Box\phi \equiv \phi_{;\mu}^{;\mu} = (-g)^{-1/2}[(-g)^{1/2}\phi^{,\mu}]_{,\mu}. \tag{1.2.6}$$

显然, 拉格朗日密度中的 ϕR 和 ϕ 项是产生 ϕ 波的源.

在 (1.2.2) 中对 $g_{\mu\nu}$ 及其一阶导数变分, 得到引力场方程

$$\lambda R_{\mu\nu} - \frac{1}{2}g_{\mu\nu}R = \frac{8\pi}{c^4\phi}T_{\mu\nu} + \frac{\omega}{\phi^2}(\phi_{,\mu}\phi_{,\nu} - \frac{1}{2}g_{\mu\nu}\phi_{,\lambda}\phi^{,\lambda}) + \frac{1}{\phi}(\phi_{,\mu\nu} - g_{\mu\nu}\Box\phi). \tag{1.2.7}$$

上式右端第一项是通常广义相对论的场源项, 但是代替引力常数 G 的是可变引力耦合参量 ϕ^{-1}. 第二项是标量场的能量–动量张量, 也由 ϕ^{-1} 与引力耦合. 第三项来自 (1.2.2)R 中度规张量的二阶导数. 当右端只有第一项时, 与爱因斯坦引力场方程的不同仅在于可变引力常数 $\left(G = \dfrac{1}{\phi}\right)$.

缩并 (1.2.7), 得到

$$-R = \frac{8\pi}{c^4}\frac{T}{\phi} - \frac{\omega}{\phi^2}\phi_{,\lambda},\phi^{,\lambda} - \frac{3}{\phi}\Box\phi, \tag{1.2.8}$$

代入 (1.2.5), 得到波方程的另一表达式

$$\Box\phi = \frac{8\pi}{(3+2\omega)c^4}T. \tag{1.2.9}$$

场方程还可以用另一方法导出. 考虑到标量场 ϕ 决定于宇宙物质分布, 所以 ϕ 所满足的最简单的协变场方程应具有形式

$$\Box\phi = \mu T. \tag{1.2.10}$$

式中 T 为物质场能量–动量张量, μ 为一耦合常数. 注意到 (1.1.2), 爱因斯坦引力场方程应修改为

$$R^{\mu\nu} - \frac{1}{2}g^{\mu\nu}R = \frac{8\pi}{\phi c^4}(T^{\mu\nu} + T_\phi^{\mu\nu}). \tag{1.2.11}$$

两端乘以 ϕ 再取协变散度, 注意到 $\left(R^{\mu\nu} - \dfrac{1}{2}g^{\mu\nu}R\right)_{;\mu} = 0$, 得到

$$\left(R^{\mu\nu} - \frac{1}{2}g^{\mu\nu}R\right)\phi_{;\nu} = \frac{8\pi}{c^4}T_{\phi;\nu}^{\mu\nu}. \tag{1.2.12}$$

考虑到 $T_\phi^{\mu\nu}$ 应含有 ϕ、它的一阶导数和二阶导数, 其一般对称形式可写为

$$T_\phi^{\mu\nu} = A\phi^{;\mu}\phi^{;\nu} + Bg^{\mu\nu}\phi^{;\rho}\phi_{;\rho} + C\phi^{;\mu\nu} + Dg^{\mu\nu}\Box\phi. \tag{1.2.13}$$

式中 A, B, C 和 D 只含 ϕ. 取散度, 得到

$$T_{\phi;\nu}^{\mu\nu} = (A_{,\phi} + B_{,\phi})\phi^{;\mu}\phi^{;\nu}\phi_{;\nu} + (A + D_{;\phi})\phi^{;\mu}\Box\phi$$

$$+ (A + 2B + C_{,\phi}) \phi^{;\mu\nu} \phi_{,\nu} + D(\Box\phi)^{;\mu} + C\Box\phi^{;\mu}. \tag{1.2.14}$$

将 (1.2.12) 缩并, 并注意 (1.2.10), 得到

$$R = -\frac{8\pi}{\phi} \left\{ \frac{1}{\mu} \Box\phi + (A + 4B) \phi^{;\mu} \phi_{;\mu} + (C + 4D\Box\phi) \right\}. \tag{1.2.15}$$

采用 $R^{\lambda}_{\sigma\nu\tau}$ 的定义 (附录 7) 得

$$-\phi_{;\lambda} R^{\lambda\mu} = \phi^{;\lambda\mu}_{;\lambda} - \phi^{;\mu\lambda}_{;\lambda} = (\Box\phi)^{;\mu} - \Box(\phi^{;\mu}). \tag{1.2.16}$$

由 (1.2.15) 和 (1.2.16) 可得

$$\left(R^{\mu\nu} - \frac{1}{2} g^{\mu\nu} R \right) \phi_{;\nu}$$

$$= \Box(\phi^{;\mu}) - (\Box\phi)^{;\mu} + \frac{4\pi}{\phi} \phi^{;\mu} \left\{ \left(\frac{1}{\mu} + C + 4D \right) \Box\phi + (A + 4B) \phi^{;\nu} \phi_{;\nu} \right\}. \tag{1.2.17}$$

将 (1.2.17) 和 (1.2.14) 代入 (1.2.12), 比较同类项系数, 得到

$$c^4 = 8\pi D,$$

$$c^4 = -8\pi C,$$

$$\frac{4\pi c^4}{\phi} \left(\frac{1}{\mu} + C + 4D \right) = -8\pi(A + D_{,\phi}),$$

$$-\frac{4\pi c^4}{\phi}(A + 4B) = 8\pi(A_{,\phi} + B_{,\phi}),$$

$$0 = A + 2B + C_{,\phi}. \tag{1.2.18}$$

此方程组有唯一解

$$A = \frac{c^4 \omega}{8\pi\phi}, \quad B = -\frac{c^4 \omega}{16\pi\phi},$$

$$D = \frac{c^4}{8\pi}, \quad C = -\frac{c^4}{8\pi}, \quad \mu = \frac{8\pi}{(3 + 2\omega)c^4}. \tag{1.2.19}$$

式中 ω 是一个无量纲常数.

将上式代入 (1.2.10) 和 (1.2.11) 便得到场方程 (1.2.9) 和 (1.2.7).

当 $\omega \ll 1$ 时, 由 (1.2.9) 可知

$$\Box\phi = o\left(\frac{1}{\omega} \right),$$

从而有

$$\phi = \bar{\phi} + o\left(\frac{1}{\omega} \right) = \frac{1}{G} + o\left(\frac{1}{\omega} \right). \tag{1.2.20}$$

式子 $\bar{\phi}$ 为 ϕ 的平均值, 由 (1.1.2) 知道它应为 G^{-1}. 将上式代入场方程 (1.2.7), 得到

$$R_{\mu\nu} - \frac{1}{2}g_{\mu\nu}R = \frac{8\pi G}{c^4}T_{\mu\nu} - o\left(\frac{1}{\omega}\right). \tag{1.2.21}$$

于是在 $\omega \to \infty$ 的极限情况下, 此理论退化为爱因斯坦引力理论.

对于流体, 能量–动量张量可表示为

$$T_{\mu\nu} = (\varepsilon + p)u_\mu u_\nu - pg_{\mu\nu}, \tag{1.2.22}$$

缩并后得

$$T = \varepsilon - 3p. \tag{1.2.23}$$

式中 ε 为随动系中物质的能量密度, p 是流体中的压强. 由场方程 (1.2.9) 可知, 要局部质量对 ϕ 的贡献是正的, 即附近物质对局部空间惯性力的贡献是正的, 其充分且必要条件是 ω 为正的.

1.3 平直时空极限

和广义相对论中的情况类似, 将度规写为

$$g_{\mu\nu} = \eta_{\mu\nu} + h_{\mu\nu}, \tag{1.3.1}$$

式中 $\eta_{\mu\nu}$ 是闵可夫斯基度规, $h_{\mu\nu}$ 只计算到一级近似. 以同样方式令

$$\phi = \phi_0 + \xi. \tag{1.3.2}$$

式中 $\phi_0 = \text{const.}$, 与质量密度同数量级. 首先推导方程 (1.2.9) 的弱场解. 可以用 $\eta_{\mu\nu}$ 代替 $g_{\mu\nu}$

$$\Box\phi = \Box\xi \equiv (-g)^{-1/2}\left[(-g)^{1/2}g^{\mu\nu}\xi_{,\mu}\right]_{,\nu}$$

$$= \nabla^2\xi - \frac{\partial^2\xi}{\partial t^2} = \frac{8\pi T}{(3+2\omega)c^4}. \tag{1.3.3}$$

此方程有推迟解

$$\xi = -\frac{2}{(3+2\omega)c^4}\int\frac{T^*}{r}\mathrm{d}^3x. \tag{1.3.4}$$

式中 T^* 表示 T 在推迟时间的值.

为了获得场方程 (1.2.7) 的弱场解, 和在广义相对论中的情况类似, 引入坐标条件使方程简化, 令

$$\gamma_{\mu\nu} \equiv h_{\mu\nu} - \frac{1}{2}\eta_{\mu\nu}h,$$
$$\sigma_\mu \equiv \gamma_{\mu\nu,\rho}\eta^{\nu\rho}. \tag{1.3.5}$$

方程 (1.2.7) 可写成 $h_{\mu\nu}$ 和 ξ 的一阶形式

$$-\frac{1}{2}\left(\Box\gamma_{\mu\nu} - \sigma_{\mu,\nu} - \sigma_{\nu,\mu} + \eta_{\mu\nu}\sigma_{\lambda,\rho}\eta^{\lambda\rho}\right)$$

$$= \left(\xi_{,\mu,\nu} - \eta_{\mu\nu}\Box\xi\right)\phi_0^{-1} + \frac{8\pi}{c^4}\phi_0^{-1}T_{\mu\nu}. \tag{1.3.6}$$

引入 4 个坐标条件

$$\sigma_\mu = \xi_{,\mu}\phi_0^{-1}, \tag{1.3.7}$$

并令

$$\alpha_{\mu\nu} \equiv \gamma_{\mu\nu} - \eta_{\mu\nu}\xi\phi_0^{-1}. \tag{1.3.8}$$

这时方程 (1.3.6) 成为

$$\Box\alpha_{\mu\nu} = -\frac{16\pi}{c^4}\phi_0^{-1}T_{\mu\nu}. \tag{1.3.9}$$

其推迟解为

$$\alpha_{\mu\nu} = \frac{4}{c^4}\phi_0^{-1}\int\frac{T_{\mu\nu}^*}{r}\mathrm{d}^3x. \tag{1.3.10}$$

由 (1.3.5) 和 (1.3.8) 有

$$h_{\mu\nu} = \alpha_{\mu\nu} - \frac{1}{2}\eta_{\mu\nu}\alpha - \eta_{\mu\nu}\xi\phi_0^{-1}. \tag{1.3.11}$$

于是得到

$$h_{\mu\nu} = \frac{4}{c^4}\phi_0^{-1}\int\frac{T_{\mu\nu}^*}{r}\mathrm{d}^3x - \frac{4}{c^4}\phi_0^{-1}\left(\frac{1+\omega}{3+2\omega}\right)\eta_{\mu\nu}\int\frac{T^*}{r}\mathrm{d}^3x. \tag{1.3.12}$$

对于稳定的点质量 M, 上述各式成为

$$\phi = \phi_0 + \xi = \phi_0 + \frac{2M}{(3+2\omega)c^2r}, \tag{1.3.13}$$

$$g_{00} = \eta_{00} + h_{00} = 1 - \frac{2M\phi_0^{-1}}{rc^2}\left(1 + \frac{1}{3+2\omega}\right), \tag{1.3.14}$$

$$g_{ii} = -1 - \frac{2M\phi_0^{-1}}{rc^2}\left(1 - \frac{1}{3+2\omega}\right), \tag{1.3.15}$$

$$g_{\mu\nu} = 0, \quad \mu \neq \nu. \tag{1.3.16}$$

对于讨论引力频移效应和光线偏转效应, 上述弱场解已足够精确. 但是要讨论轨道效应就要求关于 g_{00} 的二阶近似解.

引力频移由 g_{00} 确定, 其中的因子 $\left(1 + \dfrac{1}{3+2\omega}\right)\phi_0^{-1}$ 可放入引力常数的定义中

$$G_0 \equiv \phi_0^{-1}\left(1 + \frac{1}{3+2\omega}\right), \tag{1.3.17}$$

于是和广义相对论中的讨论完全相同. 光线偏转的计算与广义相对论中的稍有不同, 它由 g_{ii}/g_{00} 确定, 容易得到

$$\delta\theta = \frac{3+2\omega}{4+2\omega}\frac{4MG_0}{Rc^2},$$

式中 R 是光线到引力源 M 的最短距离.

1.4 球对称时空

球对称线元写为

$$\mathrm{d}s^2 = \mathrm{e}^{2\alpha}\mathrm{d}t^2 - \mathrm{e}^{2\beta}[\mathrm{d}r^2 + r^2(\mathrm{d}\theta^2 + \sin^2\theta\mathrm{d}\phi^2)]. \tag{1.4.1}$$

式中 α 和 β 只含 r. 对于 $\omega > \dfrac{3}{2}$, 一般真空解为

$$\mathrm{e}^{2a_0} = \mathrm{e}^{2\alpha_0}\left(\frac{1-B/r}{1+B/r}\right)^{2/\lambda},$$

$$\mathrm{e}^{2\beta} = \mathrm{e}^{2\beta_0}\left(1+\frac{B}{r}\right)^4\left(\frac{1-B/r}{1+B/r}\right)^{2[(\lambda-C-1)/\lambda]},$$

$$\phi = \phi_0\left(\frac{1-B/r}{1+B/r}\right)^{c/\lambda}. \tag{1.4.2}$$

式中

$$\lambda = \left[(C+1)^2 - C\left(1-\frac{1}{2}\omega C\right)\right]^{1/2}, \tag{1.4.3}$$

$\alpha_0, \beta_0, \phi_0, B$ 和 C 都是任意常数.

为了使 (1.4.2) 在弱场近似下与前面得到的 (1.3.13)~(1.3.16) 一致, 必须这样选择常数的值:

$$\alpha_0 = \beta_0 = 0, \quad C \approx -\frac{1}{2+\omega},$$

$$B \approx \frac{M\phi_0^{-1}}{2c^2}\left(\frac{2\omega+4}{2\omega+3}\right)^{1/2}. \tag{1.4.4}$$

ϕ_0 和 λ 分别由 (1.3.17) 和 (1.4.3) 给出.

根据马赫原理, 仅当物质之间的距离足够大, 场方程的解才能有渐近闵可夫斯基的特征, 这一点由简单的分析便可看出. 另外, 仅当太阳产生的引力场到处都足够小 (包括太阳内部), 场方程的解才适用于弱场. 按照这些假设, 场方程的解 (1.4.1)~(1.4.4) 对于太阳是有效的.

用本节给出的解计算近日点的进动, 取 $\mathrm{e}^{2\alpha}$ 精确到 $\left(\dfrac{M}{c^2r\phi_0}\right)$ 的二阶项, $\mathrm{e}^{2\beta}$ 精

确到一阶项, 结果是

$$\left(\frac{4+3\omega}{6+3\omega}\right) \times (\text{GR值}).\tag{1.4.5}$$

与实验值比较, 可给出对 ω 值的限制

$$\omega \geqslant 6.\tag{1.4.6}$$

1.5   关于物理思想的讨论

马赫原理是 Brans-Dicke 建立标量引力理论的出发点. 有了场方程, 还需建立初始条件和边界条件, 使理论符合马赫原理.

设想在宇宙中有一足够大的静态球壳. 对于这一球壳内部, 式 (1.1.2) 应成立. 此式等价于

$$\phi \sim \frac{M}{Rc^2}.\tag{1.5.1}$$

式中 R 为球壳半径. 先考虑在 $r > R$ 区域的解. 边界条件 $r \to \infty$, $\phi \to 0$ 不适用. 我们可以在 (1.4.2) 的每个式子中, 乘上一个复因子, 再移入括号内, 使括号内变号. 设此解适用于 $r < B$ 的区域, 原来的解 (1.4.2) 适用于 $r > B$ 的区域. 修改后的解为

$$e^{2\alpha} = e^{2\alpha_0}\left(\frac{B/r-1}{B/r+1}\right)^{2/\lambda},$$
$$e^{2\beta} = e^{2\beta_0}\left(\frac{B}{r}+1\right)^4\left(\frac{B/r-1}{B/r+1}\right)^{2(\lambda-C-1)/\lambda},$$
$$\phi = \phi_0\left(\frac{B/r-1}{B/r+1}\right)^{C/\lambda}.\tag{1.5.2}$$

容易发现, 如果

$$(\lambda - C - 1)/\lambda > 0,\tag{1.5.3}$$

此解导致空间在 $r = B$ 处闭合. 只要 $C > 0$, 在闭合空间半径的端点 $\phi \to 0$. 我们只对 $r > R$ 和 $\lambda > 0$ 感兴趣. 条件 (1.4.6) 和 (1.4.3) 要求

$$C > \frac{2}{\omega}.\tag{1.5.4}$$

可以证明, 这个边界条件是符合马赫原理的. 引入格林函数 η, 满足

$$\Box\eta = (-g)^{-1/2}[(-g)^{1/2}g^{\mu\nu}\eta,\nu],_\mu$$
$$= (-g)^{-1/2}\delta^4(x-x_0).\tag{1.5.5}$$

由 (1.5.5) 和 (1.2.6) 可构成一等式

$$[(-g)^{1/2}g^{\mu\nu}(\eta\phi_{,\mu}-\phi\eta_{,\mu})_{,\nu} = (-g)^{1/2}\left[\frac{8\pi}{(3+2\omega)c^4}\right]T\eta-\phi\delta^4(x-x_0). \qquad (1.5.6)$$

假设 η 是方程 (1.5.5) 的"超前波"解, 即在 t_0 之前的任何时间都有 $\eta=0.$(1.5.3) 给出的边界条件表明, 光线从半径为 B 的球面向里传至半径为 R 的球面 (从而到任意内部点 x_0) 需要经过有限的坐标时间.

沿闭合空间内部 $(r < B)$, 在时间 $t_2 > t_0$ 和类空曲面 S_1 之间积分 (1.5.6). 适当选择面 S, 使 (1.5.6) 左端在用高斯定理化为面积分时等于零. 方程 (1.5.6) 右端的积分为

$$\phi(x_0) = \frac{8\pi}{(3+2\omega)c^4}\int \eta T\sqrt{-g}\mathrm{d}^4x, \qquad (1.5.7)$$

或

$$\phi(x_0) \sim \frac{M}{Rc^2}. \qquad (1.5.8)$$

上面的方程表明, $\phi(x_0)$ 由遍及质量的积分确定, 每个质量元对 x_0 点的 ϕ 贡献一个传播到 x_0 的子波. 这正是马赫原理所给出的解释.

1.6   宇 宙 模 型

本节按空间各向同性和均匀性的假设, 采用随动坐标系和相应的 R-W 度规, 讨论标量引力理论所导出的宇宙模型. 讨论随动坐标系中的运动学, 可以完全不考虑动力学. 在球坐标系中 R-W 线元具有形式

$$\mathrm{d}s^2 = \mathrm{d}t^2 - R^2(t)\left[\frac{\mathrm{d}r^2}{1-kr^2} + r^2(\mathrm{d}\theta^2 + \sin^2\theta\mathrm{d}\varphi^2)\right]. \qquad (1.6.1)$$

对于闭合空间 $k=+1, r<1$; 对于开放空间 $k=-1$; 平直空间 $k=0$. 与宇宙膨胀速率和引力红移有关的哈勃 (Hubble) 年龄是

$$\frac{1}{H} = \frac{R(t)}{\dot{R}(t)}.$$

令

$$r = \sin\chi, \quad k=+1, \qquad (1.6.2)$$

或

$$r = \mathrm{sh}\chi, \quad k=-1, \qquad (1.6.3)$$

线元 (1.6.1) 简化为

$$\mathrm{d}s^2 = \mathrm{d}t^2 - R^2(t)[\mathrm{d}\chi^2 + \sin^2\chi(\mathrm{d}\theta^2 + \sin^2\theta\mathrm{d}\varphi^2)], \quad k=+1. \qquad (1.6.4)$$

将 (1.6.4) 代入场方程 (1.2.7), 其 (00) 分量可写为

$$R_0^0 - \frac{1}{2}R = -\frac{3}{R^2(t)}[R^2(t)+1] = \frac{8\pi}{c^4}\frac{1}{\phi}T_0^0 - \frac{\omega}{2\phi^2}\dot{\phi} + 3\frac{\dot{R}(t)\dot{\phi}}{R(t)\phi}. \tag{1.6.5}$$

假设不计宇宙中的压强, 则 $-T = -T_0^0 = \rho c^2$, 式中 ρ 为质量密度. 此时能量密度和宇宙体积的乘积是常数, 因此有

$$\rho R^3(t) = \rho_0 R_0^3(t) = \text{const.} \tag{1.6.6}$$

将上述结果代入 (1.6.5), 得到

$$\left(\frac{\dot{R}(t)}{R(t)} + \frac{\dot{\phi}}{2\phi}\right)^2 + \frac{\lambda}{R^2(t)} = \frac{1}{4}\left(1+\frac{2}{3}\omega\right)\left(\frac{\dot{\phi}}{\phi}\right)^2 + \frac{8\pi}{3\phi}\rho_0\left(\frac{\dot{R}(t)}{R(t)}\right)^3. \tag{1.6.7}$$

式中 ρ_0 和 R_0 对应于任意取定的 t_0 时刻的值. 类似地, (1.2.9) 成为

$$\frac{\mathrm{d}}{\mathrm{d}t}(\phi R^3(t)) = \frac{8\pi}{3+2\omega}\rho_0 R_0^3(t). \tag{1.6.8}$$

积分, 得到

$$\dot{\phi}R^3(t) = \frac{8\pi}{3+2\omega}\rho_0 R_0^3(t)(t-t_c). \tag{1.6.9}$$

式中积分常数 t_c 可由马赫原理予以估计.

像上一节中讨论的那样, 把 $\phi(t)$ 表示为遍及所有物质的 "超前波" 积分, 可将马赫原理引入这一问题中. (1.5.6) 和 (1.5.7) 式要求对宇宙物质的历史作某种假设. 我们假设宇宙从高密度状态开始膨胀. 在膨胀开始时 $(t=0)$ 的一个初始状态 $R(t)=0$, 物质已经存在. 尽管在开始这一高密度状态下压强会很大, 随着膨胀而迅速减小, 对于具体的宇宙模型来说, 忽略压强效应不会有多大影响. 实际上, 对初始高压相的积分表明, 这种忽略是允许的.

假设惯性力和 ϕ 在 t_0 的值唯一决定于从 $t=0$ 到 $t=t_0$ 物质分布的积分. 选择 $t=0$ 时 $R(t)$, ϕ 和 ρ_0 的值等边界 (和初始) 条件, 使得对方程 (1.5.6) 遍及三维空间 (从 $t=0$ 到 $t_1 > t_0$) 积分时, 左边的面积分等于零. 为使 $t=0$ 时面积分有意义, 在表面上 $R(t)$ 应是无穷小正数, 否则度规将是奇异的. 若表面上 $t_c = 0$, $\phi = 0$, 则面积分为零 (因为 ϕ 和 $R^2(t)\phi_{,0}$ 在积分中为零). 因此, 近似的初始条件是 $t_c = 0$ 时 $R(t) = \phi = 0$. 应注意到另一个面积分为零 (沿此面有 $t=t_1$), 因为 η 及其梯度在此面上为零 (超前波).

令 (1.6.9) 中 $t_c = 0$, 结合 (1.6.7), 得到

$$\left(\frac{\dot{R}(t)}{R(t)} + \frac{1}{2}\frac{\dot{\phi}}{\phi}\right)^2 + \lambda R^{-2}(t) = \frac{1}{4}\left(1+\frac{2}{3}\omega\right)\left(\frac{\dot{\phi}}{\phi}\right)^2 + \left(1+\frac{2}{3}\omega\right)\left(\frac{\dot{\phi}}{\phi}\right)\frac{1}{t}, \tag{1.6.10}$$

$$\dot{\phi}R^3(t) = \frac{8\pi}{3+2\omega}\rho_0 R_0^3(t)t. \tag{1.6.11}$$

可见对于足够小的时间, (1.6.10) 中 $R^{-2}(t)$ 项是可以忽略的, 此时解与平直空间的情况比较只差一无穷小量. 所以得到的具有初始条件

$$\phi = R(t) = 0, \quad t = 0 \tag{1.6.12}$$

的方程可以严格积分.

满足早期膨胀条件 $R(t) \gg t$) 的解是

$$\phi = \phi_0 \left(\frac{t}{t_0}\right)^r,$$

$$R(t) = R_0(t) \left(\frac{t}{t_0}\right)^q. \tag{1.6.13}$$

式中

$$r \equiv \frac{2}{4+3\omega}, \tag{1.6.14}$$

$$q \equiv \frac{2+2\omega}{4+3\omega}, \tag{1.6.15}$$

$$\phi_0 = 8\pi\frac{4+3\omega}{2(3+2\omega)}\rho_0 t_0^2. \tag{1.6.16}$$

对于平直空间的情况, 这个解对于所有 $t > 0$ 是严格的.

注意 (1.6.16) 与 (1.1.2) 是相容的. 因为 (1.1.2) 中 M 与 $\rho_0 c^3 t_0^2$ 有相同的量级, R 近似等于 ct_0. 因此, 初始条件与马赫原理是相容的.

上面的计算是对平直空间进行的, 不适用于非平直空间. 在非平直空间的情况下, 方程 (1.6.10) 和 (1.6.11) 的解只能用数值积分得到.

对于 $\omega \geqslant 6$ 和平直空间解, 与广义相对论的情况 (de Sitter) 比较, $R(t)$ 稍有不同. 在广义相对论中 $R(t) \sim t^{2/3}$, 这里为 $R(t) \sim t^{(2+2\omega)/(4+3\omega)}$. 因此, 仅从空间几何的基础就应该能够区分这两种引力理论.

若 $\omega \gg 1$, 对于平直空间算得的哈勃年龄 $\dfrac{\dot{R}(t)}{R(t)}$ 对质量密度的要求与广义相对论的相同. 对于 $\omega = 6$ 的情况, 两种理论相差 2%.

第 2 章　高维时空和膜宇宙

2.1　宇宙常数和膜宇宙概述

含有宇宙项的真空爱因斯坦场方程可写为

$$G_{\mu\nu} = -\Lambda g_{\mu\nu},\qquad(2.1.1)$$

此式右端的物理含义是真空具有能量密度

$$\rho_\Lambda = \frac{\Lambda}{8\pi G}.\qquad(2.1.2)$$

真空为什么会具有能量密度? 这一问题应该由量子场论来回答: 它就是微观世界中的零点能. 在量子场论中, 组成物质的基本粒子就是相应量子场 (量子系统) 的激发态. 当所有量子场都处于基态时, 便对应于任何粒子都不存在的真空. 按照量子场论, 一种量子场处于基态时, 它的能量并不为零. 这一非零的基态能量称作零点能. 自然, 广义相对论中的真空能量 (2.1.2) 就应该是量子场论中的零点能.

设量子场论适用的能量上限为 M, 则计算表明, 量子场的零点能量密度的量级为 (取 $h = 1$)

$$\rho \sim M^4.\qquad(2.1.3)$$

由 (2.1.3) 和 (2.1.2) 可得

$$\Lambda \sim \rho G \sim \frac{M^4}{M_P^2},\qquad(2.1.4)$$

式中 M_P 为普朗克能量. 由第二篇 2.6 节可知

$$\Lambda = \pm R^{-2},\quad k = \pm 1.\qquad(2.1.5)$$

于是我们可以由量子场论中的零点能估算出宇宙半径 R:

$$R \sim \Lambda^{-1/2} \sim M_\mathrm{P}/M^2,\qquad(2.1.6)$$

此式表明, 量子场论适用的能标越低, 则计算得到的宇宙常数越小, 宇宙半径越大. 另一方面, 高能物理实验未能观测到超对称粒子. 这一实验事实表明, 超对称破缺能标只能在 TeV 量级上. 如果调低这一能标, 则与高能物理的实验观测结果相矛盾. 根据这一能标的量级, 由 (2.1.4) 算得的宇宙常数 Λ 比观测值大 60 个数量级, 进而由 (2.1.5) 算得的宇宙半径 R 在毫米量级, 与宇宙观测结果不符! 若调高超对称破缺的能标, 则所得宇宙常数更大, 宇宙半径更小!

从超对称破缺的能标到宇宙常数 Λ 的计算依据的是量子场论和高能物理实验结果, 是可靠的. 从宇宙常数 Λ 到宇宙半径 R 的计算依据的是广义相对论, 也是可靠的. 这就是物理学中著名的宇宙常数问题. 随着对额外维度和膜宇宙的研究, 人们找到了解决问题的线索. 在膜宇宙理论中, 空间是高维的, 而我们的观测宇宙是四维的, 只是这高维时空中的一个超曲面 (一张膜). 如果宇宙常数 Λ 的贡献大部分出现在观测宇宙以外的 (额外) 维度中, 则在观测宇宙中的有效宇宙常数便可以很小, 宇宙半径也就可以很大了, 于是上述矛盾不复存在.

额外维的概念是在 20 世纪由 Nodström 提出的, 随后 Kaluza 和 Klein 也提出了同样的观点. 多年来, 人们一直探讨将 4 种相互作用统一起来的理论. 基于超对称的理论, 尤其是超弦理论, 都用高维时空描述. 通过 Kaluza-Klein 约化, 可以重新得到 4 维物理 (Brax and van de Bruck, 2003).

弦理论和 M 理论提出了另一种紧致化额外维度的方法. 按照这两种理论, 标准模型中的粒子 (即观测宇宙中的物质) 被限制在高维时空的一个超曲面 (膜) 上, 只有引力和类似伸缩子的奇异物质能在所有维度中传播, 于是我们的宇宙便成了膜宇宙. 在膜宇宙中, 对额外维尺度的限制很弱, 因为标准模型中的粒子只在 3 维空间中传播. 牛顿引力理论对额外维的出现很敏感, 引力只在大于十分之一毫米的尺度才能被探测到. 由于现代高能物理实验从未探测到额外维度的存在, 所以通常认为额外维度被限制在一个很小的空间尺度上, 致使现有的高能物理实验不能达到其相应的能标.

根据弦理论, 膜宇宙源于 Horava 和 Witten 提出的模型. $E_8 \times E_8$ 弦理论在低能条件下的强耦合由 11 维超引力描述, 它的第 11 维是在具有 Z_2 对称性的迹形 (orbifold) 上紧致化的. 时空的两个边界都是 10 维面, 且规范理论 (具有 E_8 规范群) 被限制在面上. 后来 Witten 认为 11 维时空中有 6 维可以连续紧致化. 因此, 具有 4 维边界膜的时空成为 5 维时空.

Antoniadis 提出膜宇宙模型之后, Arkani-Hamed、Dimopoulos 和 Dvali(ADD) 给出了另一个重要的结论. Antoniadis 认为通过将标准模型中的粒子限制在膜上可以使额外维比预计的大. 他们考虑 $(4+d)$ 维的平直几何, 其中 d 维是紧致的, 半径为 R. 4 维普朗克质量、$(4+d)$ 维普朗克质量和引力尺度之间满足以下关系:

$$M_{\text{Pl}}^2 = M_{\text{fund}}^{2+d} R^d . \tag{2.1.7}$$

这种引力只在小于 R 的尺度上与牛顿引力理论有区别. 由于引力只在 mm 左右的尺度上被探测到, 因此 R 可以大到几分之一毫米. ADD 假设高维几何是平直的. Randall 和 Sundrum(1999) 的工作取得了较大的进展, 他们考虑的不是平直几何, 而是弯曲空间的几何. 在他们的模型中, 高维时空是 AdS 时空, 其宇宙常数为负, 这是时空弯曲引起的. 从嵌在高维时空中的一个具有正张力的膜上可以得到牛顿引力定律. 这种模型对牛顿引力定律产生了一个很小的修正, 可能的尺度也受到约束, 它们必须小于 1mm.

他们还提出一种双膜模型, 在这个模型中出现了等级 (hierarchy) 问题, 即 10^{19} GeV 的普朗克尺度和 100GeV 的弱电尺度之间有巨大差异. 等级问题是由于 AdS 背景的高度弯曲. 在这种情景下, 标准模型中的粒子被限制在具有负张力的膜 $y = r_c$ 上, 而具有正张力的膜处在 $y = 0$ 处. 巨大的等级是由于两膜间的距离产生的. 在负张力膜上测得的普朗克质量 M_{Pl} 由下式给出:

$$M_{Pl}^2 \approx \mathrm{e}^{2kr_c} M_5^3 / k , \quad k = \sqrt{-\varLambda_5 k_5^2 / 6} . \tag{2.1.8}$$

其中 M_5 是 5 维普朗克质量, $\varLambda_5$ 是五维时空宇宙常数 (为负), 可以看出, 如果 M_5 离弱电尺度 $M_W \approx$ TeV 不远, 当 $kr_c \approx 50$ 时才能在膜上有大的普朗克质量. 因此, 当额外维的半径 r_c 取合理的值时, 便能得到弱电尺度和普朗克尺度之间的一个大等级.

膜宇宙模型的另一个问题是宇宙常数问题. 人们希望通过额外维来解释宇宙常数的变小甚至消失. 微调 (fine-tunning) 理论认为膜上的能量密度并不会导致宇宙的大曲率, 反之, 它将使额外维高度弯曲, 最后仍保留一个宇宙常数为零的平直 Minkovski 膜. 然而, 简单地用高维时空标量场来认识这种机制不能解决宇宙常数问题, 因为高维时空会出现裸奇点. 这个奇点可以被第二个膜掩盖, 而第二个膜的张力已经微调到和原来的膜一致. 下面我们将讨论这一问题.

我们还将讨论膜宇宙理论的另一个重要结论, 即在高能条件下对弗里德曼方程的修正. 我们将看到, 对于 Randall-Sundrum 模型, 弗里德曼方程的形式为

$$H^2 = \frac{k_5^4}{36} \rho^2 + \frac{8\pi G_N}{3} \rho + \varLambda , \tag{2.1.9}$$

它将膜的膨胀速率 H、(膜) 物质密度 ρ 和 (有效) 宇宙学常数联系起来. 通过选择合适的膜张力和 5 维宇宙常数可以使有效宇宙常数为 0.

在高能条件下

$$\rho \gg \frac{96\pi G_N}{k_5^4} , \tag{2.1.10}$$

式中 k_5^2 是 5 维引力常数, 哈勃速率为

$$H \propto \rho . \tag{2.1.11}$$

而一般的宇宙模型中, $H \propto \sqrt{\rho}$, 但在低能条件下

$$\rho \ll \frac{96\pi G_N}{k_5^4} , \tag{2.1.12}$$

仍然可以得到 $H \propto \sqrt{\rho}$.

当然, 哈勃速率的修正只在核合成前有意义, 它对早期宇宙现象, 如暴胀, 可能有极大的影响.

2.2 Randall-Sundrum 膜宇宙模型

对于普朗克尺度和弱电尺度之间的大等级问题, Randall 和 Sundrum 认为是由于在高度弯曲的 5 维时空几何中存在两个膜的原因, 这时标准模型中的粒子被限制在具有负张力的膜上, 而这个膜是具有负宇宙常数的反 de Sitter(AdS) 时空, 这就是著名的 Randall-Sundrum I (RS I) 模型. 受弦理论中平行宇宙理论的启发, ADD 提出了一个 6 维的膜宇宙模型. 该模型假定引力可在整个高维时空存在, 而标准模型粒子 (即物质) 则被局限于一张 3+1 维子流形 (即膜) 上. 如果该假设成立, 则显然无法通过粒子物理的实验来检验额外维度的存在. 当用引力实验来检验时, 该模型允许额外维度的尺度大到毫米的量级. 而目前最为精确的引力实验也并不排除毫米尺度的额外维度存在的可能性.

之后, Randall 和 Sundrum 提出了一个全新的膜宇宙模型. 本节首先对 RS I 模型作一简单的介绍, 然后重点讨论 RS II 模型. RS I 模型构造在一个五维的 AdS 时空之上. 该模型仍假定标准模型的粒子 (即观测宇宙中的物质) 被禁闭在 AdS 时空中的一张膜上. 而额外维度 (即第 5 维) 具有 Z_2 对称性. 在该模型中, 除了禁闭物质的一张膜之外, 还存在着另一张膜. 这两张膜分别处于额外维度的两个 orbifold fixed 点上. 该模型非常关键的一点是假定时空度规是不可约的, 即 5 维度规的 4 维分量是依赖于额外维度的, 是额外维度坐标的函数. 将额外维度的坐标记为 $\phi(-\pi \leqslant \phi \leqslant \pi)$. 两张膜分别处于 $\phi = 0, \pi$ 处. 而膜上的度规就是相应的 5 维度规的 4 维分量

$$g_{\mu\nu}^1(x^\mu) = G_{\mu\nu}(x_\mu, \phi = \pi) , \tag{2.2.1a}$$

$$g_{\mu\nu}^2(x^\mu) = G_{\mu\nu}(x_\mu, \phi = 0) . \tag{2.2.1b}$$

其中 $G_{MN}(M, N = \mu, \phi)$ 是 5 维度规. x^μ 为通常的四维坐标, RS I 模型的作用量为

$$S = S_{\text{gravity}} + S_1 + S_2 , \tag{2.2.2a}$$

$$S_{\text{gravity}} = \int \mathrm{d}^4 x \int_{-\pi}^{+\pi} \mathrm{d}\phi \sqrt{-G} \{-\Lambda + 2M^3 R\} , \tag{2.2.2b}$$

$$S_1 = \int \mathrm{d}^4 x \sqrt{-g_1} \{L_1 - V_1\} , \tag{2.2.2c}$$

$$S_2 = \int \mathrm{d}^4 x \sqrt{-g_2} \{L_2 - V_2\} , \tag{2.2.2d}$$

式中 S_{gravity} 为引力作用量, S_1, S_2 分别为两张膜上的作用量. Λ 是 5 维宇宙常数. M 为 5 维 Planck 质量. V_1, V_2 两个常数分别为两张膜上的真空能量. L_1, L_2 分别为两张膜上的拉格朗日函数. 由此作用量出发, Randall 和 Sundrum 导出了 5 维 Einstein 方程

$$\sqrt{-G}\left(R_{MN} - \frac{1}{2}G_{MN}R\right) = -\frac{1}{4M^3}[\Lambda\sqrt{-G}G_{MN} + V_1\sqrt{-g_1}g_{\mu\nu}^1\delta_M^\mu\delta_N^\nu\delta(\phi-\pi)$$
$$+ V_2\sqrt{-g_2}g_{\mu\nu}^2\delta_M^\mu\delta_N^\nu\delta(\phi)]\,. \tag{2.2.3}$$

在假定解具有沿 x^μ 方向的 Poincare 不变性的情况下, Randall 和 Sundrum 求得了如下形式的解:

$$\mathrm{d}s^2 = \mathrm{e}^{-2kr_c|\phi|}\eta_{\mu\nu}\mathrm{d}x^\mu\mathrm{d}x^\nu + r_c^2\mathrm{d}\phi^2\,, \tag{2.2.4}$$

式中 r_c 为紧致半径, k(一个和 Planck 尺度同阶的量) 满足

$$V_1 = -V_2 = 24M^3k\,, \tag{2.2.5}$$

$$\Lambda = -24M^3k^2\,. \tag{2.2.6}$$

如果只分析爱因斯坦场方程的正张力膜解, 而将负张力膜放到无穷远处, 此即 RSII 模型. 当 AdS 的曲率尺度小于 1mm, 则限制在正张力膜上的观测者将重新得到牛顿定律.

下面我们详细讨论这种 Randall-Sundrum II (RSII) 模型. 根据这种模型, 引力场存在连续的 Kaluza-Klein 模, 而如果额外维是周期性的, 将出现分立谱. 这使膜上两个静止质量之间的力得到修正. 膜上两个质点之间的势能为

$$V(r) = \frac{G_N m_1 m_2}{r}\left(1 + \frac{l^2}{r^2} + o(r^{-3})\right)\,. \tag{2.2.7}$$

式中 l 与 5 维时空宇宙常数 Λ_5 之间的关系由 $l^2 = -6/(k_5^2\Lambda_5)$ 给出, 由此可以量度 5 维时空的曲率. 由于在大于 1mm 的尺度上引力实验与牛顿引力理论很好地相符, 所以 l 必须小于 1mm.

RSII 模型的静态解可以通过爱因斯坦–希尔伯特作用量和膜作用量构成的总作用量获得, 这两种作用量分别为

$$S_{\text{EH}} = -\int\mathrm{d}x^5\sqrt{-g^{(5)}}\left(\frac{R}{2k_5^2} + \Lambda_5\right)\,, \tag{2.2.8}$$

$$S_{\text{brane}} = \int\mathrm{d}x^4\sqrt{-g^{(4)}}(-\sigma)\,. \tag{2.2.9}$$

Λ_5(5 维时空宇宙常数) 和 σ(膜张力) 都是常数. k_5 是 5 维引力耦合常数, 膜的位置处在 $y = 0$ 处并且假设它具有 Z_2 对称性, 即 y 和 $-y$ 没有区别. 设时空线元为

$$\mathrm{d}s^2 = \mathrm{e}^{-2K(y)}\eta_{\mu\nu}\mathrm{d}x^\mu\mathrm{d}x^\nu + \mathrm{d}y^2\,. \tag{2.2.10}$$

由前式给出的作用量可以得到爱因斯坦场方程, 它给出两个独立的方程

$$6K'^2 = -k_5^2 \Lambda_5 \, ,$$
$$3K'' = k_5^2 \sigma \delta(y) \, .$$

第一个方程很容易解出, 得到

$$K = K(y) = \sqrt{-\frac{k_5^2}{6}\Lambda_5}\, y \equiv ky \, , \tag{2.2.11}$$

它告诉我们 Λ_5 必须是负的. 将第二个方程从 $-\epsilon$ 到 $+\epsilon$ 积分, 取极限 $\epsilon \to 0$, 并利用 Z_2 对称性, 我们得到

$$6K'|_0 = k_5^2 \sigma \, . \tag{2.2.12}$$

结合方程 (2.2.11) 可以得到

$$\Lambda_5 = -\frac{k_5^2}{6}\sigma^2 \, . \tag{2.2.13}$$

因此, 为了得到静态解, 膜张力和 5 维时空宇宙常数之间必须有微调. 下面我们比较详细地讨论 RSII 模型的宇宙学.

有两种方法可以得到宇宙学方程, 下面将分别描述. 第一种非常简单而且只用到了 5 维时空方程, 第二种方法利用了 4 维量和 5 维量之间的几何关系. 我们先讨论较简单的一种.

1. 由 5 维爱因斯坦场方程得到的弗里德曼方程

下面我们设 $k_5 \equiv 1$, 描述五维时空的度规为

$$\mathrm{d}s^2 = a^2 b^2(\mathrm{d}t^2 - \mathrm{d}y^2) - a^2\delta_{ij}\mathrm{d}x^i\mathrm{d}x^j \, . \tag{2.2.14}$$

这种度规符合 $y = 0$ 处膜上时空的均匀各向同性性质. a 和 b 只是 t 和 y 的函数, 另外, 我们假定了平直空间部分, 可以直接引入空间曲率. 由 5 维时空的爱因斯坦场方程得到:

$$a^2 b^2 G_0^0 \equiv 3\left(2\frac{\dot{a}^2}{a^2} + \frac{\dot{a}\dot{b}}{ab} - \frac{a''}{a} + \frac{a'b'}{ab} + kb^2\right) = a^2 b^2 [\rho_B + \rho\bar{\delta}(y - y_b)], \tag{2.2.15}$$

$$a^2 b^2 G_5^5 \equiv 3\left(\frac{\ddot{a}}{a} - \frac{\dot{a}\dot{b}}{ab} - 2\frac{a'^2}{a^2} - \frac{a'b'}{ab} + kb^2\right) = -a^2 b^2 T_5^5, \tag{2.2.16}$$

$$a^2 b^2 G_5^0 \equiv 3\left(-\frac{\dot{a}'}{a} + 2\frac{\dot{a}a'}{a^2} + \frac{\dot{a}b'}{ab} + \frac{a'\dot{b}}{ab}\right) = -a^2 b^2 T_5^0, \tag{2.2.17}$$

$$a^2 b^2 G_j^i \equiv \left(3\frac{\ddot{a}}{a} + \frac{\ddot{b}}{b} - \frac{\dot{b}^2}{b^2} - 3\frac{a''}{a} - \frac{b''}{b} + \frac{b'^2}{b^2} + kb^2\right)\delta_j^i$$
$$= -a^2 b^2 [p_B + p\bar{\delta}(y - y_b)]\delta_j^i. \tag{2.2.18}$$

式中 5 维时空的能动张量 T_b^a 具有一般形式. 对于 RSII 模型, 我们取 $\rho_B = -p_B = \Lambda_5$ 和 $T_5^0 = 0$. 后面我们将利用这些方程得到 5 维时空含标量场时的弗里德曼方程. 方程中的点表示对时间 t 求导, 撇号表示对 y 求导. 将方程的 00 分量对 y 从 $-\epsilon$ 到 ϵ 积分, 并利用 $a(y) = a(-y), b(y) = b(-y), a'(y) = -a'(-y)$ 和 $b'(y) = -b'(-y)$(即 Z_2 对称性), 当 $\epsilon \to 0$ 时得到

$$\left.\frac{a'}{a}\right|_{y=0} = \frac{1}{6}ab\rho . \tag{2.2.19}$$

同样, 积分 ij 分量, 并利用最后一个方程, 得到

$$\left.\frac{b'}{b}\right|_{y=0} = -\frac{1}{2}ab(\rho + p) . \tag{2.2.20}$$

这两个方程称为连接条件. 当 $y = 0$ 时, 爱因斯坦场方程的 05 分量给出

$$\dot{\rho} + 3\frac{\dot{a}}{a}(\rho + p) = 0 . \tag{2.2.21}$$

式中我们利用了连接条件 (2.2.19) 和 (2.2.20). 此式表明膜上物质守恒.

同样地, 55 分量给出

$$\frac{\ddot{a}}{a} - \frac{\dot{a}\dot{b}}{ab} + kb^2 = -\frac{a^2b^2}{3}\left[\frac{1}{12}\rho(\rho + 3p) + q_B\right] . \tag{2.2.22}$$

代入宇宙时 $\mathrm{d}\tau = ab\mathrm{d}t$, 将 a 写成 $a = \exp(\alpha(t))$ 并利用能量守恒, 得到

$$\frac{\mathrm{d}(H^2\mathrm{e}^{4\alpha})}{\mathrm{d}\alpha} = \frac{2}{3}\Lambda_5\mathrm{e}^{4\alpha} + \frac{\mathrm{d}}{\mathrm{d}\alpha}\left(\mathrm{e}^{4\alpha}\frac{\rho^2}{36}\right) . \tag{2.2.23}$$

式中 $aH = \mathrm{d}a/\mathrm{d}\tau$. 上式积分得到

$$H^2 = \frac{\rho^2}{36} + \frac{\Lambda_5}{6} + \frac{\mu}{a^4} . \tag{2.2.24}$$

最后一步我们将总的能量密度和压强分成物质部分和膜张力部分, 即 $\rho = \rho_M + \sigma$ 和 $p = p_M - \sigma$, 然后我们得到弗里德曼方程

$$H^2 = \frac{8\pi G}{3}\rho_m\left(1 + \frac{\rho_m}{2\sigma}\right) + \frac{\Lambda_4}{3} + \frac{\mu}{a^4} , \tag{2.2.25}$$

式中

$$\frac{8\pi G}{3} = \frac{\sigma}{18} , \tag{2.2.26}$$

$$\frac{\Lambda_4}{3} = \frac{\sigma^2}{36} + \frac{\Lambda_5}{6} . \tag{2.2.27}$$

对比最后一个方程和静态 Randall-Sundrum 解中的微调 (2.2.13) 可知 $\Lambda_4 = 0$. 如果膜张力和 5 维宇宙常数有一小的失调, 就会生成一个有效 4 维宇宙常数. 另一个重

要的问题是 4 维牛顿常数与膜张力间接相关. μ 是积分常数, 方程中含 μ 的项称为暗辐射项. μ 可以通过 5 维时空方程求出 (后面将讨论). Birkhoff 定理的广义表述告诉我们, 如果 5 维时空是 AdS, 这个常数 μ 为 0, 如果 5 维时空是 AdS-Schwarzschild 时空, μ 不为 0, 且这时的 μ 值可以用来量度 5 维时空黑洞的质量. 下面我们假设 $\mu = 0$, $\Lambda_4 = 0$.

对比一般的 4 维弗里德曼方程形式, 这里的弗里德曼方程多了正比于 ρ^2 的项, 这说明如果物质能量密度远大于膜张力, 即 $\rho_{\mathrm{m}} \gg \sigma$, 则膨胀速率正比于 ρ_{m}, 而不是 $\sqrt{\rho_{\mathrm{m}}}$, 膨胀速率变大了. 只有膨胀速率远大于物质能量密度时, 才回到一般的结论, 即 $H \propto \sqrt{\rho_{\mathrm{m}}}$. 这是膜宇宙理论最重要的一个不同之处. 这种改变是普遍的, 而不只限制于 Randall-Sundrum 膜宇宙模型. 从弗里德曼方程和能量守恒方程得到 Raychandhuri 方程

$$\frac{\mathrm{d}H}{\mathrm{d}\tau} = -4\pi G(\rho_{\mathrm{m}} + p_{\mathrm{m}}) \left(1 + \frac{\rho_M}{\sigma}\right) . \tag{2.2.28}$$

后面我们将利用这些方程讨论由膜上标量场导致的暴胀问题. 注意到核合成时, 必须忽略弗里德曼方程中的膜世界修正, 否则, 膨胀速率将发生改变, 从而导致轻元素丰度的改变, 使得 $\sigma \geqslant (1\mathrm{MeV})^4$. 该理论相对牛顿定律的偏差导致了更强的约束: $k_5^{-3} > 10^5 \mathrm{TeV}$ 和 $\sigma \geqslant (100\mathrm{GeV})^4$. 类似地, 对于暗辐射也存在宇宙学约束. 计算表明, 暗辐射能量密度最多也只能是光子能量密度的 10%.

2. 导出爱因斯坦场方程的另一种方法

得到膜上的爱因斯坦场方程还有一种更好的方法. 考虑单位法矢嵌在 5 维时空中一个任意的 (3+1) 维超曲面 M 上, 它的诱导度规和外部曲率定义为

$$h_b^a = \delta_b^a - n^a n_b , \tag{2.2.29}$$

$$K_{ab} = h_a^c h_b^d \nabla_c n^d . \tag{2.2.30}$$

为了得到爱因斯坦场方程, 我们需要三个方程, 其中两个将由 h_{ab} 构成的 4 维量和由 g_{ab} 构成的 5 维量联系起来. 第一个方程是高斯方程

$$R_{abcd}^{(4)} = h_a^j h_b^k h_c^l h_d^m R_{jklm} - 2K_{a[c}K_{d]b} . \tag{2.2.31}$$

这个等式将 4 维曲率张量 $R_{abcd}^{(4)}$ 和 5 维曲率张量以及 K_{ab} 联系起来. 接下来是 Cadazzi 方程, 它将 K_{ab}, n_a 和 5 维 Ricci 张量联系起来

$$\nabla_b^{(4)} K_a^b - \nabla_a^{(4)} K = n^c h_a^b R_{bc} . \tag{2.2.32}$$

我们可以将 5 维曲率张量分解成 Weyl 张量 C_{abcd} 和 Ricci 张量

$$R_{abcd} = \frac{2}{3}(g_{a[c}R_{d]b} - g_{b[c}R_{d]a}) - \frac{1}{6}Rg_{a[b}g_{b]d} + C_{abcd} . \tag{2.2.33}$$

将最后一个方程用高斯方程代替, 并构建一个 4 维爱因斯坦张量, 我们得到

$$
G_{ab}^{(4)} = \frac{2}{3}[G_{cd}h_a^c h_b^d + (G_{cd}n^c n^d - \frac{1}{4}G)h_{ab}] + KK_{ab} - K_a^c K_{bc}
$$
$$
- \frac{1}{2}(K^2 - K^{cd}K_{cd})h_{ab} - E_{ab} \,, \tag{2.2.34}
$$

式中

$$
E_{ab} = C_{abcd}n^c n^d \,. \tag{2.2.35}
$$

必须强调, 这个方程对任意超曲面都成立, 如果考虑能动张量为 T_{ab} 的超曲面, K_{ab} 和 T_{ab} 之间存在以下的关系:

$$
[K_{ab}] = -k_5^2 \left(T_{ab} - \frac{1}{3}h_{ab}T \right) \,, \tag{2.2.36}
$$

式中 T 是 T_{ab} 的迹, $[\cdots]$ 表示跃迁

$$
[f](y) = \lim_{\epsilon \to 0}(f(y+\epsilon) - f(y-\epsilon)) \,. \tag{2.2.37}
$$

这些方程称为连接条件, 他们等效于宇宙学背景中的连接条件 (2.2.19) 和 (2.2.20), 将 T_{ab} 分离, $T_{ab} = \tau_{ab} - \sigma h_{ab}$. 并在 (2.2.34) 中代入连接条件, 得到膜上的爱因斯坦场方程

$$
G_{ab}^{(4)} = 8\pi G\tau_{ab} - \Lambda_4 h_{ab} + k_5^4 \pi_{ab} - E_{ab} \,. \tag{2.2.38}
$$

张量 π_{ab} 定义的为

$$
\pi_{ab} = \frac{1}{12}\tau\tau_{ab} - \frac{1}{4}\tau_{ac}\tau_b^c + \frac{1}{8}h_{ab}\tau_{cd}\tau^{cd} - \frac{1}{24}\tau^2 h_{ab} \,. \tag{2.2.39}
$$

而

$$
8\pi G = \frac{k_5^4 \sigma}{6} \,, \tag{2.2.40}
$$

$$
\Lambda_4 = \frac{k_5^2}{2} \left(\Lambda_5 + \frac{k_5^2}{6}\sigma^2 \right) \,. \tag{2.2.41}
$$

在 Randall-Sundrum 模型中, 由于膜张力和 5 维时空宇宙常数之间的微调, 我们有 $\Lambda_4 = 0$, 又因为 AdS 时空的 Weyl 张量为 0, 所以 $E_{ab} = 0$. 利用能量守恒和 Bianchi 恒等式, 在膜上有

$$
k_5^4 \nabla^a \pi_{ab} = \nabla^a E_{ab} \,. \tag{2.2.42}
$$

这种方法的优点是既没假设宇宙均匀各向同性也没假设 5 维时空是 AdS 时空, 当 5 维时空是 AdS 时空且膜是 Friedmann-Robertson Walker 时空时, 上面的方程退化到之前的弗里德曼方程和 Raychaudhuri 方程.

3. 膜上的慢滚动暴胀

在高能条件下, ρ^2 项起主要作用, 这时弗里德曼方程有很大的修改, 膜上的早期宇宙学将与标准 4 维宇宙学不同. 这似乎自然地使人们寻找早期宇宙现象 (例如暴涨) 的膜效应. 标量场的能量密度和压强为

$$\rho_\phi = \frac{1}{2}\phi_{,\mu}\phi^{,\mu} + V(\phi) , \tag{2.2.43}$$

$$p_\phi = \frac{1}{2}\phi_{,\mu}\phi^{,\mu} - V(\phi) . \tag{2.2.44}$$

式中 $V(\phi)$ 是标量场的势能. 标量场的演化由 (修正的)Friedmann 方程, Klein-Gordon 方程和 Raychaudhuri 方程描述.

假设场是慢滚动的, 场的演化由下面的方程描述 (从现在起, 方程中的点号表示对宇宙时求导)

$$3H\dot{\phi} \approx -\frac{\partial V}{\partial \phi} , \tag{2.2.45}$$

$$H^2 \approx \frac{8\pi G}{3}V(\phi)\left(1 + \frac{V(\phi)}{2\sigma}\right) . \tag{2.2.46}$$

由这些方程不难发现, 慢滚动参数为

$$\epsilon \equiv -\frac{\dot{H}}{H^2} = \frac{1}{16\pi G}\left(\frac{V'}{V}\right)^2\left[\frac{4\sigma(\sigma+V)}{(2\sigma+V)^2}\right] , \tag{2.2.47}$$

$$\eta \equiv -\frac{\dot{V}''}{3H^2} = \frac{1}{16\pi G}\left(\frac{V''}{V}\right)\left[\frac{2\sigma}{2\sigma+V}\right] . \tag{2.2.48}$$

上式方括号内的表达式是对广义相对论的修正. 这表明对于给定势和初始条件的标量场, 慢滚动参数比广义相对论预言的减小了. 换言之, 膜宇宙效应减缓了慢滚动暴胀. 当 $\sigma \ll V$ 时, 慢滚动参数被严重削弱. 这表明采用更陡的势可以推进慢滚动暴胀. 下面我们讨论宇宙微扰的含义.

根据爱因斯坦场方程 (2.2.38), 度规的微扰不仅源于物质微扰还源于隐含在 E_{ab} 微扰中的 5 维时空几何微扰, 可以将其看成外部微扰源. 这在广义相对论中是没有的. 从方程 (2.2.42) 可以看出, 如果将 E_{ab} 看作另一种流体 (称为 Weyl 流体) 的能动张量, 那么它的演化将与膜上的物质能量密度有关. 忽略 Weyl 流体压强的各向异性, 它在低能条件下和超视界尺度上像辐射一样衰减, 即 $\delta E_{ab} \propto a^{-4}$. 然而, 5 维时空引力场使得膜上的压强各向异性, 从而导致不能只通过膜上的投影方程获得膜的时间演化, 必须解出所有满足连接条件的 5 维方程.

人们至今还无法理解宇宙不同区域 E_{ab} 的完整演化过程. 下面我们讨论对于 De Sitter 膜已得出的部分结论. 研究表明, E_{ab} 并不改变标量微扰谱. 但人们还不清

楚从宇宙微波背景辐射各向异性的事实来看, 辐射为主时期和物质为主时期的瞬时宇宙演化是否留下了 5 维时空引力场的痕迹. 考虑到这个问题, 对于标量微扰我们将忽略由投影 Weyl 张量描述的引力反作用. 考虑标量微扰后, 膜上的时空线元为

$$\mathrm{d}s^2 = -(1+2A)\mathrm{d}t^2 + 2\partial_i B \mathrm{d}t\mathrm{d}x^i + [(1-2\psi)\delta_{ij} + D_{ij}E]\mathrm{d}x^i\mathrm{d}x^j , \qquad (2.2.49)$$

式中 A, B, E 和 ψ 是 t 和 x^i 的函数. 讨论标量微扰的一个很重要的方法是利用规范不变量

$$\zeta = \psi + H\frac{\delta\rho}{\rho} . \qquad (2.2.50)$$

在广义相对论中, ζ 的演化方程可以由能量守恒方程得到. 在大尺度上有

$$\dot\zeta = -\frac{H}{\rho+p}\delta p_{\mathrm{nad}} , \qquad (2.2.51)$$

其中 $\delta p_{\mathrm{nad}} = \delta p_{\mathrm{tot}} - c_{\mathrm{s}}^2\delta\rho$ 是非绝热压强微扰. 能量守恒方程对于 Randall-Sundrum 模型也成立. 因此 (2.2.51) 对我们考虑的膜宇宙模型仍成立. 单一标量场 δp_{nad} 引起的暴胀会消失, 所以暴胀时期 ζ 在超视界尺度上是常数. 它的幅是平直超曲面上标量场涨落的函数

$$\zeta = \frac{H\delta\phi}{\dot\phi} . \qquad (2.2.52)$$

由于膜宇宙模型中 Klein-Gordon 方程没有改变. (慢滚动) 标量场中的量子涨落满足 $\langle(\delta\phi)^2\rangle(H/2\pi)^2$. 标量微扰幅为 $A_S^2 = 4\langle\zeta^2\rangle/25$. 利用慢滚动方程和 (2.2.52) 可以得到 (Maartens et al, 2000)

$$A_S^2 \approx \left(\frac{512\pi}{75M_{\mathrm{Pl}}^6}\right)\frac{V^3}{V'^2}\left(\frac{2\sigma+V}{2\sigma}\right)^3\bigg|_{k=aH} . \qquad (2.2.53)$$

方括号内的仍是修正项. 可以看出, 对于给定的势, 标量微扰幅比广义相对论预言的增大了.

很多研究者认为, 微扰在暴涨时期并不重要, 至少标量微扰是这样的. 但是对于张量微扰, 这一结论不一定正确. 因为引力波可以在 5 维时空中传播. 对于张量微扰, 可以得到单一变量的波动方程, 该方程可以分解成 4 维部分和 5 维部分, 波动方程的解的形式为 $h_{ij} = A(y)h(x^\mu)e_{ij}$, 其中 e_{ij} 是 (常) 极化张量. 张量微扰的零模幅为

$$A_T^2 = \frac{4}{25\pi M_{\mathrm{Pl}}^4}H^2F^2(H/\mu)|_{k=aH} , \qquad (2.2.54)$$

式中

$$F(x) = \left[\sqrt{1+x^2} - x^2\sinh^{-1}\left(\frac{1}{x}\right)\right]^{-1/2} , \qquad (2.2.55)$$

我们定义了

$$\frac{H}{\mu} = \left(\frac{3}{4\pi\sigma}\right)^{1/2} H M_{\text{Pl}} . \tag{2.2.56}$$

可以看出生成了 $m > 3H/2$ 的模, 但它在暴胀时期是衰减的. 因此, 可能只有无质量膜能够维持到暴涨结束的时候.

由 (2.2.54) 和 (2.2.53) 可以看出, 标量微扰和张量微扰的幅在高能时都加强了, 但标量微扰加强得更多, 因此, 如果暴胀发生在高能量时期, 张量微扰的相关贡献就被削弱了.

最后, 我们还要指出, 在预言双场膜暴胀的问题上, 广义相对论和本书讨论的膜宇宙模型存在区别. 两者的相关性分为绝热双场暴胀和等曲率双场暴胀. 在 Randall-Sundrum 模型中, 这种暴胀发生在高能时期, 这种关系变弱了. 这意味着, 如果暴胀发生在能量远大于膜张力时, 那么等曲率微扰和绝热微扰是不相关的.

宇宙微扰的最大问题在于, 只有在背景宇宙中才可能计算投影 Weyl 张量. 分析膜宇宙微扰时, 必须考虑含 E_{0i} 项可能不为 0. 这意味着密度方程与 $\delta = \delta\rho/\rho$ 不同, 而是由下式给出:

$$\ddot{\delta} + (2 - 3\omega_m)H\dot{\delta} - 6\omega_m(H^2 + \dot{H})\delta = (1 + \omega_m)\delta R_{00} - \omega_m \frac{k^2}{a^2}\delta , \tag{2.2.57}$$

式中 $w_m = p/\rho$, k 是波数. 当 δR_{00} 包含 δE_{00} 时, 这个方程无法解出.

以上讨论的 R-S 模型是最简单的膜宇宙模型. 我们没有讨论修正后的弗里德曼方程导出的其他重要结论, 如原初黑洞的演化.

2.3 含有五维时空标量场的模型

我们将前面得出的结论推广到含标量场的 5 维时空. 为了讨论膜动力学, 我们可以研究投影爱因斯坦场方程和 Klein-Gordon 方程.

1. BPS 背景

我们讨论一个特例, 5 维时空的拉氏量为

$$S = \frac{1}{2k_5^2} \int \mathrm{d}^5 x \sqrt{-g_5} \left[R - \frac{3}{4}((\partial\phi)^2 + V(\phi)) \right] , \tag{2.3.1}$$

式中 $V(\phi)$ 是 5 维时空的势, 边界作用取决于膜势 $U_{\text{B}}(\phi)$

$$S_{\text{B}} = -\frac{3}{2k_5^2} \int \mathrm{d}^4 x \sqrt{-g_4 U_{\text{B}}(\phi_0)} , \tag{2.3.2}$$

$U_{\mathrm{B}}(\phi)$ 在膜上计算. BPS 背景是一种特殊情形, 5 维时空势能和膜势能之间存在特殊的关系. 研究 $N = 2$ 且具有矢量多重谱的超引力时, 会出现这种关系, 5 维时空势为

$$V = \left(\frac{\partial W}{\partial \phi}\right)^2 - W^2 \, , \tag{2.3.3}$$

其中 $W(\phi)$ 是超势, 膜势由超势给出

$$U_{\mathrm{B}} = W \, . \tag{2.3.4}$$

最后两个关系式还用于生成 5 维时空解而不必用到超对称性. 取 $W = \mathrm{const.}$, 便回到 R-S 情形. 加上超引力的约束, 超势变为指数形式

$$W = 4k\mathrm{e}^{\alpha\phi} \, . \tag{2.3.5}$$

$\alpha = -1/\sqrt{12}, 1/\sqrt{3}$. 5 维时空运动方程包括爱因斯坦场方程和 Klein-Gordon 方程. 在 BPS 中, 设度规为

$$\mathrm{d}s^2 = a(y)^2 \eta_{\mu\nu} \mathrm{d}x^\mu \mathrm{d}x^\nu + \mathrm{d}y^2 \, . \tag{2.3.6}$$

这些二阶微分方程可以化为一阶微分方程组

$$\frac{a'}{a} = -\frac{W}{4} \, , \quad \phi' = \frac{\partial W}{\partial \phi} \, . \tag{2.3.7}$$

当 W 为常数时, 又回到 R-S 模型.

由边界条件可以得到 BPS 系统的一个有趣的性质. Israel 连接条件退化为

$$\left.\frac{a'}{a}\right|_{\mathrm{B}} = -\left.\frac{W}{4}\right|_{\mathrm{B}} \, , \tag{2.3.8}$$

对于标量场有

$$\phi'|_{\mathrm{B}} = \left.\frac{\partial W}{\partial \phi}\right|_{\mathrm{B}} \, , \tag{2.3.9}$$

这是 BPS 最重要的性质: 边界条件和 5 维时空方程一致. 换言之, 一旦解出 5 维时空方程就可以将 BPS 膜放在背景的任意处, 边界条件对此没有任何限制.

下面我们以指数形式的超势为例, 标度因子解为

$$a = (1 - 4k\alpha^2 x_5)^{1/4\alpha^2} \, , \tag{2.3.10}$$

标量场为

$$\phi = -\frac{1}{\alpha} \ln(1 - 4k\alpha^2 x_5) \, . \tag{2.3.11}$$

当 $\alpha \to 0$ 时, 5 维时空标量场消失, 表达式又回到 R-S 情形. 这里出现了一个新的特征, 即 5 维时空存在奇点

$$\alpha(x_5)|_{x_*} = 0 . \tag{2.3.12}$$

为了便于分析奇点的性质, 我们采用共形坐标系

$$\mathrm{d}u = \frac{\mathrm{d}x_5}{a(x_5)} . \tag{2.3.13}$$

在这个坐标系中光沿直线 $u = \pm t$ 传播. 若 $\alpha^2 < 1/4$, 奇点在 $u_* = \infty$ 处, 这个奇点是类光的, 它将吸收入射的引力波. 换言之, 波包的传播不只是在奇点附近才有定义. 综上所述, 含 5 维时空标量场的膜宇宙模型的一个重要缺陷就是存在裸奇点.

2. de Sitter 膜和反 de Sitter 膜

与 BPS 情况

$$U_{\mathrm{B}} = TW , \tag{2.3.14}$$

相比较, 通过张力的微调失谐对 BPS 稍有修正, 这相当于增加或减少张力. 上式中 T 是实数. 注意到修正只影响边界条件, 5 维几何和标量场仍是 BPS 运动方程的解. 此时, 膜不再是静态的. 在失谐情况下, 得到一个升高了的膜或旋转了的膜. 接下来我们推广这个结论, 然后再详细解释. 定义 $u(x^\mu)$ 为共形坐标系中膜的位置, 我们得到

$$(\partial u)^2 = \frac{1 - T^2}{T^2} . \tag{2.3.15}$$

膜速度矢量和一般的形式一样. 对于 $T > 1$, 膜速度是类时的, 且膜做匀速运动. 对于 $T < 1$, 膜速度矢量是类空的, 且膜是旋转的. 回到静态膜情形, 我们看到 5 维时空几何和标量场依赖于 x^μ. 下面我们会发现膜在静态 5 维时空中运动, 或者说非静态 5 维时空的边界处是静态膜.

通过研究 $T > 1$ 的膜几何, 我们对前面的讨论作一个小结. 可以通过弗里德曼方程得到诱导 5 维时空因子

$$H^2 = \frac{T^2 - 1}{16}W^2 . \tag{2.3.16}$$

其中 W 在膜上计算, 可以发现宇宙解只在 $T > 1$ 时有效. 在 R-S 模型中, 由 $W = 4k$ 得到

$$H^2 = (T^2 - 1)k^2 . \tag{2.3.17}$$

当 $T > 1$ 时, 膜几何是由正的宇宙常数驱动的, 它只驱动 de Sitter 膜. 当 $T < 1$ 时, 宇宙常数是负的, 它驱动反 de Sitter 膜.

3. 5 维时空标量场和投影方法

首先我们沿用与坐标系无关的方法, 这样可以得到膜上的物质守恒方程, Klein-

Gordon 方程和弗里德曼方程. 然后我们关注更加几何化的形式, 投影 Weyl 张量有重要作用. 下面我们取 $k_5 \equiv 1$.

考虑一个静态膜, 将它放在 $x_5 = 0$ 处, 并设 $b(0,t) = 1$, 这是为了保证膜和 5 维时空的膨胀速率一致

$$4H = \partial_r \sqrt{-g}|_0 , \quad 3H_B = \partial_r \sqrt{-g_4}|_0 . \tag{2.3.18}$$

我们定义宇宙时为 $\mathrm{d}\tau = ab|_0 \mathrm{d}t$. 另外, 考虑到将出现在膜上的物质, 我们有

$$\tau_\nu^{\mu\text{matter}} = (-\rho_m, p_m, p_m, p_m) . \tag{2.3.19}$$

5 维时空的能动张量为

$$T_{ab} = \frac{3}{4}(\partial_a \phi \partial_b \phi) - \frac{3}{8} g_{ab}((\partial\phi)^2 + V) . \tag{2.3.20}$$

膜上总的物质密度和压强为

$$\rho = \rho_\mathrm{m} + \frac{3}{2} U_\mathrm{B}, \quad p = p_\mathrm{m} - \frac{3}{2} U_\mathrm{B} . \tag{2.3.21}$$

膜上物质的出现没有改变标量场的边界条件.

由爱因斯坦场方程的 05 分量得到物质守恒方程

$$\dot\rho_\mathrm{m} = -3H(\rho_\mathrm{m} + p_\mathrm{m}) . \tag{2.3.22}$$

由爱因斯坦场方程的 55 分量, 我们得到

$$H^2 = \frac{\rho^2}{36} - \frac{2}{3}Q - \frac{1}{9}E + \frac{\mu}{a^4} . \tag{2.3.23}$$

式中以 k_5^2 为单位. 最后一项代表暗辐射项, 原因与 R-S 模型中的一样. Q 和 E 满足下面的微分方程

$$\dot Q + 4HQ = HT_5^5 , \quad \dot E + 4HE = -\rho T_5^0 .$$

积分这些方程得到

$$H^2 = \frac{\rho^2}{36} + \frac{U_\mathrm{B}\rho_\mathrm{m}}{12} - \frac{1}{16a^4}\int \mathrm{d}\tau \frac{\mathrm{d}a^4}{\mathrm{d}\tau}(\dot\phi^2 - 2U) - \frac{1}{12a^4}\int \mathrm{d}\tau a^4 \rho_\mathrm{m} \frac{\mathrm{d}U_\mathrm{B}}{\mathrm{d}\phi} . \tag{2.3.24}$$

为得到暗辐射项, 我们用到了

$$U = \frac{1}{2}\left[U_\mathrm{B}^2 - \left(\frac{\partial U_\mathrm{B}}{\partial\phi}\right)^2 + V \right] . \tag{2.3.25}$$

这是含 5 维时空标量场时膜上的弗里德曼方程. 注意到这里出现了由膜和标量场动力学历史引起的延缓效应. 下面我们会发现, 这些延缓效应源于投影 Weyl 张量, 是由膜和 5 维时空之间交换能量所导致的. 注意到牛顿常数依赖于膜上 5 维时空标量场的值 $(\phi_0 = \phi(t, y = 0))$

$$\frac{8\pi G_N(\phi_0)}{3} = \frac{k_5^2 U_B(\phi_0)}{12} . \tag{2.3.26}$$

在宇宙尺度上, 标量场随时间的变化导致牛顿常数随时间变化, 这使得实验上有很大约束, 也严格限制了标量场对时间的依赖.

为了对弗里德曼方程的物理含义有一个直观的认识, 我们假设标量场在标度因子的变化尺度上演化得很慢, 忽略牛顿常数的演化, 此时弗里德曼方程简化为

$$H^2 = \frac{8\pi G_N(\phi)}{3}\rho_m + \frac{U}{8} - \frac{\dot{\phi}^2}{16} . \tag{2.3.27}$$

这里有几点需要说明. 首先, 我们忽略了 ρ^2 项的贡献, 因为我们考虑低于膜张力的能量尺度. 标量场动力学的主要影响是使得弗里德曼方程包含了势能 U 和动能 $\dot{\phi}^2$. 虽然势能为正, 但动能是负的. 动能的负号是由于我们在爱因斯坦标架中研究时牛顿常数不变. 换成膜标架时, 有效 4 维理论中也会出现类似的负号.

含时标量场由 Klein-Gordon 方程确定, 其动力学形式为

$$\ddot{\phi} + 4H\dot{\phi} + \frac{1}{2}\left(\frac{1}{3} - \omega_m\right)\rho_m \frac{\partial U_B}{\partial \phi} = -\frac{\partial U}{\partial \phi} + \Delta\Phi_2 . \tag{2.3.28}$$

式中 $p_m = \rho_m \omega_m$,

$$\Delta\Phi_2 = \phi''|_0 - \frac{\partial U_B}{\partial \phi}\frac{\partial^2 U_B}{\partial \phi^2}\bigg|_0 . \tag{2.3.29}$$

它不能为 0, 下面讨论宇宙解时假设这一项为负.

标量场的演化由两个影响驱动. 首先标量场通过 U 的梯度与能动张量的迹耦合, 其次, 场由势 U 的梯度驱动, 这个梯度可以不为 0.

回到非平庸的弗里德曼方程, 利用 Gauss-Codazzi 方程可以得到膜上的爱因斯坦场方程

$$\bar{G}_{ab} = -\frac{3}{8}Uh_{ab} + \frac{U_B}{4}\tau_{ab} + \pi_{ab} + \frac{1}{2}\partial_a\phi\partial_b\phi - \frac{5}{16}(\partial\phi)^2 h_{ab} - E_{ab} . \tag{2.3.30}$$

现在可以在均匀各向同性宇宙情形下确定投影 Weyl 张量了. 实际上, 只有 E_{00} 分量是独立的. 利用毕安奇恒等式 $\bar{D}^a \bar{G}_{ab} = 0$, $\bar{D}^a$ 为膜协变导数, 可以得到

$$\dot{E}_{00} + 4HE_{00} = \partial_\tau\left(\frac{3}{16}\dot{\phi}^2 + \frac{3}{8}U\right) + \frac{3}{2}H\dot{\phi}^2 + \frac{\dot{U}_B}{4}\rho_m , \tag{2.3.31}$$

进而得到

$$E_{00} = \frac{1}{a^4}\int d\tau a^4\left[\partial_\tau\left(\frac{3}{16}\dot{\phi}^2 + \frac{3}{8}U\right) + \frac{3}{2}H\dot{\phi}^2 + \frac{\dot{U}_B}{4}\rho_m\right] , \tag{2.3.32}$$

利用

$$\bar{G}_{00} = 3H^2 \,, \tag{2.3.33}$$

可以得到弗里德曼方程. 不难看出, 延缓效应是由于投影 Wely 张量引起的.

4. 微调和宇宙加速膨胀

膜动力学不是封闭的, 它是一个开放系统并不断与 5 维时空交换能量, 主要体现在暗辐射项和亏损参量上. 由于我们只讨论膜上的物理量, 采用投影方法时不需要详细了解膜动力学. 下面我们假设不存在暗辐射项, 并忽略亏损参量. 另外, 我们讨论 5 维时空标量场在不驱动暴胀的情况下对后期宇宙 (即核合成后) 的影响.

我们利用微调来解决宇宙常数问题. 对应于 $\alpha = 1$ 的 BPS 超势, 对于任意的膜张力值都有 $U = 0$, 由此可以解释膜宇宙学常数的消失. 物理上我们把膜宇宙常数的消失解释为膜张力使 5 维时空弯曲, 从而形成一个完整的平直膜. 然而这种 5 维时空几何描述会导致 5 维时空奇点, 这个奇点必须由第二个膜掩盖, 这时第二个膜经过微调后与第一个膜的张力一致. 这再次表明, 微调是公认的解决宇宙常数问题的方法.

我们将微调推广到 $\alpha \neq 1$ 的情况, 即 $U_B = TW, T > 1$ 且 W 是指数形式的超势, 得到膜上的诱导度规属于 FRW 型, 标度因子为

$$a(t) = a_0 \left(\frac{t}{t_0} \right)^{\frac{1}{3} + \frac{1}{6\alpha^2}} \,, \tag{2.3.34}$$

从而得到宇宙加速因子

$$q_0 = \frac{6\alpha^2}{1 + 2\alpha^2} - 1 \,, \tag{2.3.35}$$

对于超引力的值 $\alpha = -\dfrac{1}{\sqrt{12}}$, 得到 $q_0 = -4/7$, 这与超新星观测结果吻合. 这个模型堪称膜宇宙理论的典范, 后面我们还要讨论这个理论的缺陷.

5. 膜宇宙的演化

考虑存在 5 维时空标量场时的宇宙, 假设在辐射为主时期和物质为主时期 5 维时空标量场的势能 U 可以忽略.

在远大于膜张力的高能条件下, 可以得到一个由弗里德曼方程中 ρ^2 项决定的特殊的宇宙. 假设在辐射为主时期标度因子的行为满足

$$a = a_0 \left(\frac{t}{t_0} \right)^{1/4} \,, \tag{2.3.36}$$

而标量场满足

$$\phi = \phi_i + \beta \ln \left(\frac{t}{t_0} \right) \,. \tag{2.3.37}$$

可以看出, 在辐射为主时期不存在修正. 假如

$$\phi = \phi_i , \tag{2.3.38}$$

这是当辐射能动张量的迹为零时 Klein-Gordon 方程的一个解 (还有一个衰减解, 我们忽略了). 在物质为主时期, 标量场由于与能动张量的迹耦合而演化, 这会导致两个结果: 第一, 标量场的动能会对弗里德曼方程有贡献; 第二, 有效牛顿常数不再是常数. 由于核合成, 牛顿常数的宇宙演化受到严格限制, 也限制了 ϕ 的演化. 为了定量地讨论, 我们回到具有失谐参数 T 的指数超势. 标量场和标度因子与时间的关系为

$$\phi = \phi_1 - \frac{8}{15}\alpha \ln\left(\frac{t}{t_e}\right) , \quad a = a_c \left(\frac{t}{t_e}\right)^{\frac{2}{3}-\frac{8}{45}\alpha^2} ,$$

式中 t_e 和 a_e 是物质和辐射平衡时的时间和标度因子, 注意标度因子的指数与标准模型中的 $\frac{2}{3}$ 有微小的差异. 与牛顿常数相关的红移值为

$$\frac{G_N(z)}{G_N(z_e)} = \left(\frac{z+1}{z_e+1}\right)^{4\alpha^2/5} . \tag{2.3.39}$$

当引力模型取 $\alpha = -\frac{1}{\sqrt{12}}$ 和 $z \sim 10^3$ 时, 可以算出自核合成以来, 红移减少了约 37%, 这个结果与实验观测基本符合.

最后, 我们分析标量场的膜势能 U 导致宇宙加速膨胀的可能性. 当忽略膜上的物质时, 可以构建一些膜 quintessence 模型. 这会导致微调问题

$$M^4 \sim \rho_c . \tag{2.3.40}$$

式中 $M^4 = (T-1)\frac{3W}{2k_5^2}$ 是膜上失谐张力的大小. 如果像大部分 quintessence 模型那样利用微调来解决, 那么 $\alpha = -\frac{1}{\sqrt{12}}$ 的指数模型与 5 维 quintessence 模型在宇宙学上是一致的.

2.4 小   结

含 5 维时空标量场的膜宇宙模型不同于 R-S 模型的地方是引力常数随时间变化. 它与本篇第一章 Brans-Dicke 的标量–张量理论有很多相同之处, 但有一个重要的区别是投影 Weyl 张量和它的演化. 5 维时空标量场不仅起 quintessence 的作用, 还在宇宙暴胀时期起重要作用. 人们将会发现, 5 维时空标量场在宇宙微波背景辐射各向异性和时空大尺度结构中留下痕迹.

第十篇　广义相对论引力效应

爱因斯坦的引力场方程和在这个场中的运动方程都是相当复杂的. 由这些方程可以引出许多新的推论. 这些推论对牛顿引力理论进行了修正; 给出了若干含有新参量的场方程和运动方程的新的特解和新的附加条件. 这些推论中, 有一些可以给予或多或少的物理解释, 这样的一些推论被称为引力效应.

在爱因斯坦对广义相对论做了奠基工作之后, 许多年来人们的主要精力并不是用在研究理论预言的引力效应上面, 而是用在它的理论本身 (数学形式) 的研究和推广上面. 随着实验技术的迅速发展和测量精度的显著提高, 这一状况发生了变化. 许多文章和专著, 不仅仅局限于讨论某些理论预言的直接实验验证, 而且还讨论这些引力效应与广义相对论各基本原理之间的联系. 这些新的进展激励人们在解决广义相对论一些特殊问题的同时, 扩展对引力效应和引力实验的研究, 并进一步得出具体的推论. 因此, 除了详细分析广义相对论预言的四个著名的引力效应以外, 有必要把广义相对论预言的许多其他引力效应进行分类研究. 许多引力效应因为比较微弱, 或者因为夹杂在其他效应中难以分出, 在近期内还不能被实验验证. 但是, 我们相信, 随着实验技术 (包括宇航技术) 的发展, 会有越来越多的引力效应被各类实验所验证. 这些效应和实验验证还可以用来区分各种不同引力理论的正确程度. 事实上, 随着实验精度的提高, 已经淘汰了一大批非爱因斯坦引力理论, 虽然人们曾经承认它们是合理的.

本篇选出的广义相对论引力效应均属于非量子化的. 我们着重考虑这些效应与牛顿引力理论中的效应之间的本质区别.

引力场方程的右端是所有非引力场的能量–动量张量. 所以, 引力势 $g_{\mu\nu}$ 的表达式中起参量作用的物理量数目比牛顿引力理论中的要多. 其中不但有引力质量, 而且还有电荷、电的 (或磁的) 偶极矩, 宇宙常数等等. 我们称这些参量为引力参量, 如 "引力质量"、"引力电荷"、"引力自旋" 等. 其中, 只有引力质量是广义相对论和狭义相对论所共有的引力参量, 即使在广义相对论的最简单的引力场 ——Schwarzschild 场中, 大多数引力效应也会与牛顿引力理论中的不同. 如果 $T_{\mu\nu}$ 中除引力质量外又包含其他的参量, 则会出现新的引力效应.

为了使问题简化, 和牛顿力学中的类似, 我们常引入试验物体的概念. 如果一物体的存在不影响周围的引力场, 即对引力场 $g_{\mu\nu}$ 无贡献, 则这一物体叫做试验物体. 在最简单的情况下, 试验物体只有一个参量 —— 很小的质量. 简化之后 (根据等效原理), 它可以按照短程线运动.

各种不同的引力参量和试验参量, 以及在运动方程中加于轨道参量的各种不同的初始条件, 可以构成许多组合, 从而可给出引力场方程和运动方程的很多组解.
由此可预言很多 (广义相对论的) 引力效应. 其中有一些属于同一类效应, 如各种情
况下的引力红移效应等. 但是这些效应对上述不同参量的依赖性又使它们各具特
点, 因此又表现为各自独立的效应.

　　为了描述多体系统, 运动物体的辐射和宇宙解等方面的效应, 除了上述各参量
以外还要引入一些另外的参量.

第1章　引力场中的频移效应

1.1　均匀引力场的情况

光谱线的引力红移效应是广义相对论著名的经典实验验证之一, 它实际上只验证了广义相对论的基本原理 —— 等效原理, 与引力场方程无关. 为了说明这一点, 我们首先讨论均匀引力场的情况.

设想在强度为 $g = \mathrm{const}$ 的均匀引力场中, 沿场强方向有两点 B 和 A(图 10-1). B 在 A 的上方, A、B 相距 h, 一束频率为 ν_B 的光由 B 发出, 至 A 点被接收. 根据等效原理, 引力场 g 等效于一个加速系, 自下而上相对于惯性系做匀加速运动, A 和 B 均静止于加速系中. 光波由 B 至 A 历时 h/c, 此时系统已获得速度 $g\dfrac{h}{c}$. 按多普勒效应, 有

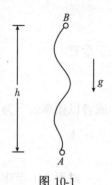

图 10-1

$$\nu_A = \nu_B \left(1 + \frac{v}{c}\right) = \nu_B \left(1 + \frac{gh}{c^2}\right).$$

即 A 点观测到光谱线的紫移. 如果光波由 A 发出 (逆引力场方向传播), 至 B 点被接收, 只要将上式中 A 换成 B, g 换成 $-g$ 即可:

$$\nu_B = \nu_A \left(1 - \frac{gh}{c^2}\right).$$

或

$$\frac{\Delta\nu}{\nu} = -\frac{gh}{c^2}. \tag{1.1.1}$$

此式表明光逆引力场方向传播时要发生光谱线的红移, 上式可表示为

$$\frac{\Delta\nu}{\nu} = -\frac{U_B - U_A}{c^2} = -\frac{\Delta U}{c^2}. \tag{1.1.2}$$

式中 U 为引力标势.

1.2　静态引力场中的静止情况

现在我们将 (1.1.2) 推广到一般的静态引力场, 但仍设光源和接收器都静止在引力场中. 设光波由 A 点发出, 至 B 点被接收, 考虑波场中相邻的两个波阵面. 设

第一个波阵面经过 A 点和 B 点的坐标时分别为 t_1^A 和 t_1^B, 第二个波阵面经过 A 和 B 的坐标时分别为 t_2^A 和 t_2^B. 由于引力场是静态的, 故有

$$t_1^B - t_1^A = t_2^B - t_2^A. \tag{1.2.1}$$

我们知道, 对于引力场中一点发生的过程, 静止标准钟和静止坐标钟读数之间的关系为

$$\mathrm{d}\tau = \sqrt{g_{00}}\mathrm{d}t. \tag{1.2.2}$$

由 (1.2.1) 可知 $\mathrm{d}t^A = \mathrm{d}t^B$, 由 (1.2.2) 可知

$$\mathrm{d}\tau^A = \sqrt{g_{00}^A}\mathrm{d}t^A,$$
$$\mathrm{d}\tau^B = \sqrt{g_{00}^B}\mathrm{d}t^B. \tag{1.2.3}$$

于是有

$$\frac{\mathrm{d}\tau^A}{\mathrm{d}\tau^B} = \frac{\sqrt{g_{00}^A}}{\sqrt{g_{00}^B}}. \tag{1.2.4}$$

或者以频率表示为

$$\frac{\nu_B}{\nu_A} = \frac{\sqrt{g_{00}^A}}{\sqrt{g_{00}^B}}, \quad \frac{\Delta\nu}{\nu} = \sqrt{\frac{g_{00}^A}{g_{00}^B}} - 1. \tag{1.2.5}$$

对于 1.1 节中均匀引力场的经典近似情况, 在上式中代入 $g_{00} = 1 + \dfrac{U}{c^2}, U = \dfrac{g}{c}z$($z$轴沿$AB$方向), 便退化为式 (1.1.1) 和 (1.1.2).

1.3　光源和接收器运动的情况

取 $c = G = h = 1$(自然单位系). 设想在 x_A^i 处有一原子, 以速度 v_A^i 运动时辐射一能量为 ε 的光子, 同时其静止质量由 m_2 变为 m_1, 速度变为 $v_A^{'i}$. 设 p_A^μ 为该原子的四维动量, 根据爱因斯坦能量 – 动量关系式, 辐射光子之前有

$$p_{A\mu}(m_2, v_A^i)p_A^\mu(m^2, v_A^i) = m_2^2, \tag{1.3.1}$$

或

$$g_{\mu\nu}(x_A^i)p_A^\mu(m_2, v_A^i)p_A^\nu(m_2, v_A^i) = m_2^2. \tag{1.3.2}$$

辐射光子之后有

$$g_{\mu\nu}(x_A^i)p_A^\mu(m_1, v_A^{'i})p_A^\nu(m_1, v_A^{'i}) = m_1^2. \tag{1.3.3}$$

由辐射过程中能量–动量守恒可知

$$p_A^\mu(m_1, v_A^{'i}) = p_A^\mu(m_2, v_A^i) - \varepsilon^\mu, \tag{1.3.4}$$

式中 ε^u 为光子的四维动量 ($h = c = 1$). 于是 (1.3.3) 成为

$$g_{\mu\nu}(x_A^i)[p_A^\mu(m_2, v_A^i) - \varepsilon^\mu][p_A^\nu(m_2, v_A^i) - \varepsilon^\nu] = m_1^2. \tag{1.3.5}$$

由 (1.3.2)~(1.3.5) 得到

$$2g_{\mu\nu}(x_A^i)p_A^\mu(m^2, v_A^i)\varepsilon^\nu - g_{\mu\nu}\varepsilon^\mu\varepsilon^\nu = m_1^2 - m_1^2. \tag{1.3.6}$$

由于光子静止质量为零, 所以上式左端后一项等于零

$$g_{\mu\nu}\varepsilon^\mu\varepsilon^\nu = \mu_0^2 = 0. \tag{1.3.7}$$

又假设辐射沿 x^1 方向, 则 ε^μ 只有 ε^0 和 ε^1 两个分量不为零. 于是由 (1.3.6) 和 (1.3.7) 得到

$$\nu_A = \varepsilon^0 = \frac{m_2^2 - m_1^2}{2[g_{\mu 0}(x_A^i) + g_{\mu 1}(x_A^i)]p_A^\mu(m_2, v_A^i)}. \tag{1.3.8}$$

设另一原子在 x_B^i 处以速度 v_B^i 运动, 吸收这一光子之后静止质量由 m_1 变为 m_2(这对应于原子静止质量及其变化相对引力场中空间坐标的不变性). 与得到 (1.3.8) 的过程类似, 得到

$$\nu_B = \frac{m_2^2 - m_1^2}{2[g_{\mu 0}(x_B^i) + g_{\mu 1}(x_B^i)]p_B^\mu(m_2, v_B^{'i})}, \tag{1.3.9}$$

式中 $v_B^{'i}$ 是 B 处原子吸收光子后的速度. 由 (1.3.8) 和 (1.3 9) 得到

$$\nu_B = v_A \frac{[g_{\mu 0}(x_A^i) + g_{\mu 1}(x_A^i)]p_A^\mu(m_2, v_A^i)}{[g_{\mu 0}(x_B^i) + g_{\mu 1}(x_B^i)]p_B^\mu(m_2, v_B^{'i})}, \tag{1.3.10}$$

或

$$\frac{\nu_B - \nu_A}{\nu_A} = \frac{[g_{\mu 0}(x_A^i) + g_{\mu 1}(x_A^i)]p_A^\mu(m_2, v_A^i)}{[g_{\mu 0}(x_B^i) + g_{\mu 1}(x_B^i)]p_B^\mu(m_2, v_B^{'i})} - 1. \tag{1.3.11}$$

这就是光源和接收器运动情况下的引力频移一般表达式.

对于光源和接收器静止的特殊情况, $v_A^i = v_B^{'i} = 0$, 能量–动量关系式为

$$g_{00}p^0p^0 = m_2^2, \quad p^i = 0, \quad i = 1, 2, 3$$

或

$$p^0 = \frac{m^2}{\sqrt{g_{00}}}, \quad p^i = 0. \tag{1.3.12}$$

取时轴正交系 (静态场)$g_{0i} = 0$, 将上式代入 (1.3.10), 便得到 (1.2.5).

对于平直空间的情况, $g_{\mu\nu} = \text{diag}\{1, -1, -1, -1\}$, 代入 (1.3.10) 得

$$v_B = v_A \frac{p_A^0(m_2, v_A^i) - p_A^1(m_2, v_A^i)}{p_B^0(m_2, v_B^{'i}) - p_B^1(m_2, v_B^{'i})}. \tag{1.3.13}$$

当 A 处原子 (光源) 静止时, $v_A^i = 0$, 代入式

$$p^i = \frac{mv^i}{\sqrt{1-v^2}}, \quad p^0 = \frac{m}{\sqrt{1-v^2}}\left(\frac{1}{\sqrt{g_{00}}} - \frac{g_{0i}v^i}{g_{00}}\right),$$

再代入 (1.3.13), 得到

$$v_B = v_A \frac{\sqrt{1-v_B'^2}}{1-v_B'}, \tag{1.3.14}$$

这正是狭义相对论中多普勒效应的表达式.

　　在频移的一般表达式 (1.3.11) 中, 含有度规 $g_{\mu\nu}$、光源和接收器的动量 p^μ. 因此一般地说频移依赖于引力场源参量 (质量, 电荷等) 和运动物体的参量 (p^μ). 等效原理使多普勒频移和引力频移有本质上相同的特点, 由此可以区别于其他种类的频移: 由电场引起的 (史塔克效应), 由磁场引起的 (塞曼效应) 和康普顿效应等等. 引力频移属于多普勒频移, 它不使谱线加宽和分裂. 当然, 由于 (1.3.11) 不仅包含场参量, 而且也包含运动源和观察者参量, 要区分这两者对频移的贡献实际上是不可能的. 通常可以用实验验证的是 (1.2.5). 此式只由 g_{00} 中含有的引力场参量决定, 而与运动方程无关. 可以把 (1.2.5) 看作所含诸参量 (如源质量 m, 源电荷 e 等) 共同作用所产生的总的频移效应.

1.4　Schwarzschild 场中的红移效应

　　在 Schwarzschild 场中, 设观察者 B 离场源足够远, $g_{00}^B = 1$, 而 $g_{00}^A = 1 - \frac{2m}{r}$, 代入 (1.2.5) 得

$$\left(\frac{\Delta\nu}{\nu}\right)_m = \sqrt{1 - \frac{2m}{r}} - 1. \tag{1.4.1}$$

式中下标 m 表示产生引力效应的参量是源质量 m. 当此参量等于零时, 相应的引力也就不存在. $m=0$, 空-时平直, 对应于牛顿引力理论的情况, 那时不存在坐标钟与标准钟的差别, 当然效应 (1.4.1) 等于零. 因此, 红移 (1.4.1) 是广义相对论效应. 注意到 $m \equiv GM/c^2$, 在 $c \to \infty$ 的极限情况下此效应也消失. 精确到 $\left(\frac{m}{r}\right)$ 的一阶项, (1.4.1) 可写为

　　效应 1

$$\left(\frac{\Delta\nu}{\nu}\right)_m = -\frac{m}{r}. \tag{1.4.2}$$

　　对于自太阳表面辐射的光, 由 $M_\odot = 1.98 \times 10^{33} g, r_\odot = 6.95 \times 10^{10} \text{cm}$, 可得理论值

$$z \equiv -\left(\frac{\Delta\nu}{\nu}\right)_m = 2.119 \times 10^{-6}. \tag{1.4.3}$$

对于太阳的观测, 在除去非引力效应之后, 得到的观测值如下:

1959, M.G.Adams: $z = 2 \times 10^{-6}$,

1961, E.Blamont 和 E.Roddier 以及 1963, J.Branlt

$$z = (2.12 \times 10^{-6}) \times (1.05 \pm 0.05) \tag{1.4.4}$$

比较 (1.4.3) 和 (1.4.4) 可知, 理论值以 5% 的精度和观测值相符合. 对于恒星光谱的观测, J.L.Greenstein 等对天狼星 -B 测得 $z = (3.0 \pm 0.5) \times 10^{-4}$, 而理论值为 $(2.8 \pm 1) \times 10^{-4}$.

1960 年, Pound 和 Rebka 首次在实验室中完成了验证引力红移的实验, 他们利用了 1958 年发现的 Mössbauer 效应.

用射线轰击原子核时, 产生吸收的条件是原子核本身也能辐射相同频率的射线, 即人们熟知的共振吸收. 当原子核由激发态跃回基态时, 由于激发能级本身有一定的宽度, 辐射出来的 γ 射线并不是单色的. 用这种射线轰击同类基态原子核时, 应该发生共振吸收, 使基态核跃迁到激发态 (设能级为 E). 设想在某种物理因素的影响下, 射线频率发生微小变化, 但仍未超过吸收范围, 则通过对吸收情况的测量, 便可以确定这种物理因素的微小影响. 这是十分理想的精密测量. 例如, $^{57}_{27}$Co 经过电子俘获蜕变为 $^{57}_{28}$Fe, 铁核处于发态激发态, 共振能级很窄, 因而只要有频移 $z = 10^{-13}$ 就可能观察到. 用这一实验可以测量纵向多普勒效应, 当 ^{57}Fe 共振吸收时, 相对速度 $v = 0.1\text{mm·s}^{-1}$ 所产生的频移 $z = \dfrac{v}{c} \sim 10^{-13}$ 就有可能观测到. 利用可见光所作的测量是无论如何也达不到这样高精度的.

但是遗憾的是, 在 Mössbauer 效应出现之前, 上述共振吸收根本无法实现. 这是由于自由核无论放射还是吸收都伴随有核的反冲. 当核放出 γ 光子时, 激发能的一部分转变为核反冲的动能, 因而实际放出 γ 光子的频率 $\nu_1 < E/h$, 而在吸收 γ 光子时, 入射光子能量 $h\nu_2$ 又要供给核反冲的动能, 因而 $\nu_2 > E/h$. 由此得 $\nu_2 > \nu_1$, 即自由核共振吸收的频率大于它所能放出的频率. 在谱线相当窄的情况下这是不可能实现的. 比如 ^{57}Fe, 反冲动能约为 10^{-3}eV, 比激发能级的宽度大 10^6 倍, 已无法再产生共振. 其实, 即使没有核反冲, 只要分子热运动使两个核的纵向相对速度大于 1mm·s^{-1}, 共振条件也会被破坏. Mössbauer 巧妙地利用了晶格对核的束缚, 同时降低温度, 使其不致受激而产生弹性波. 这样, 基本上消除了核的反冲, 使上述 γ 射线的共振吸收得到实现, 从而提供了一种精度极高的测量方案.

下面简述 1960 年 Pond 和 Rebka 的实验. 在实验室中, 重力加速度 g 可以看作常量, 因此广义相对论预言的频移以 (1.1.1) 式表示. 当 $h = 10m$ 时, 由此式算得

$$z = -\frac{\Delta\nu}{\nu} \approx 1.1 \times 10^{-15},$$

此值在共振线宽度以内, 可以实现共振吸收. 用 ^{57}Co 和 ^{57}Fe 嵌入铁板表面的晶格

中. 将一块板作为吸收层放在下方, 另一块作为放射源放在吸收层的上方, 并在吸收层下面记录共振吸收的情况. 如果放射源和吸收层的高度差 $h = 45.11\text{m}$, (1.1.1) 给出

$$z = -\frac{\Delta\nu}{\nu} \approx 4.92 \times 10^{-15}(\text{理论值}). \tag{1.4.5}$$

实验测得

$$z = (5.13 \pm 0.51) \times 10^{-15}(\text{实验值}), \tag{1.4.6}$$

从而在地球上的实验室中验证了广义相对论的预言, 精度为 5%.

Pound 和 Snider 于 1964 年又以 1% 的精度验证上式 (1.1.1).

上面讨论的红移 (理论的和实验的) 都是 $\left(\dfrac{m}{r}\right)$ 的一阶效应. Schwarzschild 场中的二阶频移效应为

效应 2

$$\left(\frac{\Delta\nu}{\nu}\right)_{m^2} = -\frac{m^2}{2r^2}. \tag{1.4.7}$$

人们曾断言, 由于量 $\left(\dfrac{m}{r}\right)^2$ 很小, 上式被证实的可能性不大. 但是后来有些学者借助于大离心率轨道的宇宙装置研究了二级效应的测量问题, 研究结果认为不久的将来可以验证效应 2. 实际上, 在太阳附近 $(m/r)^2 10^{-13} \sim 10^{-12}$, 用原子钟是完全可以测量的. 原子钟周期的稳定性目前可达到 $10^{-16} \sim 10^{-14}$.

关于光谱线红移的机制, 目前有两种解释. 一种是由引力场产生的引力红移, 另一种是由于天体之间相互远离的速度产生的多普勒红移. 关于引力红移, 目前所知道的最大值是 $z \approx 10^{-2}$(中子星). 但是实际观察到的红移数值自 20 世纪 60 年代类星体发现以来都远远超过了这一数值. 例如, 类星体 OQ172, $z = 3.53$. 如果认为引力红移达到了这样大的值, 则根本无法想象它的物质结构; 若认为是这一类星体迅速后退所产生的多普勒红移, 则后退速度达 $0.9c$ 以上. 是否存在第三种红移机制, 目前尚不清楚.

1.5   R-N 场中的频移效应

将 Reissner-Nordström 度规 [第三篇式 (1.3.9)] 中的 g_{00} 代入 (1.2.5), 可以得到引力电荷 e 对频移的贡献:

效应 3

$$\left(\frac{\Delta\nu}{\nu}\right)_k = \frac{k}{2r^2}. \tag{1.5.1}$$

式中 $k = Ge^2/c^4$, e 为场源所含电荷. 这一效应和电荷的正负无关. 上式大于零, 这表明引力电荷使光谱线紫移而不是红移. 由上式还可看出, 在 $r = r_k = k/2m$ 处,

红移 (1.4.2) 和紫移 (1.5.1) 互相抵消, r_k 只和引力场源参量有关, 仅当比值 k/m 很大时距离 r_k 才有意义. 虽然解 (1.3.9) 中 e 的值可以一直取到 $e = m$, 但是人们研究星体附近等离子区中异号电荷的平衡条件时发现, 星体所含电荷 e 的可能值远小于 m. 所以只能期望在具有 $e > m$ 的裸奇点的场中, 频移 (1.4.2) 和 (1.5.1) 抵消.

原则上, 在静电起电机或静电加速器的场中可以记录频移 (1.5.1). 用迈克耳孙干涉仪做实验, 来比较带正电的、带负电的和中性的场源辐射频率的差别. 当电势为 $\pm 5 \times 10^4$V 时, 预期每伏频移为 $1.1 \pm 8.8 \times 10^{-14}$; 提高测量精度之后, 将电势升至 $\pm 3 \times 10^5$V 时, 预期每伏频移为 $0.9 \pm 1.0 \times 10^{-15}$. 虽然电势的这一数值对于显示效应 3 是很小的, 但实验明显地表明频移与电荷的正负无关 —— 对于不同符号的电荷, 频移近似相等, 这说明频移对静电势的依赖关系是非线性的.

1.6 宇宙项对频移的贡献

将含宇宙项的球对称外部度规 [第三篇 (1.2.13)] 代入 (1.2.5), 容易求出宇宙因子 λ 对频移的贡献:

效应 4

$$\left(\frac{\Delta\nu}{\nu}\right)_\lambda = -\frac{\lambda}{6}r^2. \tag{1.6.1}$$

这一红移效应只有 r 很大时才有可能显示出来, 因为 λ 的值很小. Tolman(1949) 在 de Sitter 宇宙模型中研究了这一效应. 在这种情况下, 由于熟知的引力频移与多普勒频移的相似, 通常用等效多普勒频移代替引力频率 (1.6.1) 进行研究.

1.7 质量四极矩场中的频移效应

在球对称引力场中, 频移不依赖于坐标 θ 和 φ, 所以是各向同性的. 由球对称场的预言与实验观测的符合程度可以判断, 如果存在频移的各向异性, 它应小于整个效应的 0.1%(在地面上观测).

Hofmann(1957) 首先讨论了质量四极矩 σ 引起的频移, 他计算了椭球体的牛顿引力势对一阶效应 (1.4.2) 的影响.

将质量四极矩的度规 [第三篇 (1.8.22)] 代入频移式 (1.2.5), 得到

效应 5

$$\left(\frac{\Delta\nu}{\nu}\right)_\sigma = \frac{m^3\sigma}{15r^3}\left(1 + \frac{m}{r}\right)(3\cos^2\theta - 1). \tag{1.7.1}$$

当位于辐射源的赤道平面 $\left(\theta = \dfrac{\pi}{2}\right)$ 和对称轴 $(\theta = 0)$ 上时, 上式分别简化为

$$\left(\frac{\Delta\nu}{\nu}\right)_{\sigma}\left(\theta=\frac{\pi}{2}\right)=-\frac{m^3\sigma}{15r^3}\left(1+\frac{m}{r}\right),\tag{1.7.2}$$

和

$$\left(\frac{\Delta\nu}{\nu}\right)\sigma(\theta=0)=\frac{2m^3\sigma}{15r^3}\left(1+\frac{m}{r}\right).\tag{1.7.3}$$

由上两式可知, 当角度 θ 改变时, 四极矩的引力作用不但改变了频移的大小, 而且改变了频移的符号. 当 $\theta=\theta_0=\arccos(1/\sqrt{3})$ 时, $\left(\dfrac{\Delta\nu}{\nu}\right)_{\sigma}=0$. 此时质量的非球对称性对谱线频移效应没有贡献. 所以, 在地球上准确地验证效应 (1.4.2) 和 (1.4.7) 只能在 $\theta=\theta_0$ 处进行. 实际上, 考虑到 m 和 σ 的值. 我们得到 $m^3\sigma/r^3\sim 5\times10^{-12}\gg m^2/r^2\approx4\times10^9$. 这就是说, 当二阶效应 (1.4.7) 出现时, 必须考虑 (1.7.1) 的贡献.

1.8   Kerr 场中的频移效应

由 Kerr 度规 [第三篇 (1.14.12)] 和 (1.2.5) 可以求得角动量对频移的贡献:
效应 6

$$\left(\frac{\Delta\nu}{\nu}\right)_{a}=\sqrt{1-\frac{2mr}{r^2+a^2\cos^2\theta}}-1$$
$$\approx\frac{ma^2}{r^3}\cos^2\theta.\tag{1.8.1}$$

与四极矩 σ 的贡献类似, 比角动量 a 确定了效应 6 对角度 θ 的依赖关系, 但这一关系具有 Kerr 场固有的特点. 与 (1.7.2)~(1.7.3) 不同, 我们得到

$$\left(\frac{\Delta\nu}{\nu}\right)_{a}\left(\theta=\frac{\pi}{2}\right)=0,\tag{1.8.2}$$

$$\left(\frac{\Delta\nu}{\nu}\right)_{a}(\theta=0)=\frac{ma^2}{r^3}.\tag{1.8.3}$$

只是频移的大小随 θ 改变, 频移的符号不随 θ 变. 当观察者位于旋转质量上面时, 角动量的引力作用对频移的影响已由 Das(1957) 研究过, 他用了场方程的近似解. Hafele(1972) 研究了克尔场中用原子钟显示的早钟延缓, 从而讨论了频移效应, 但没有强调效应 6 的角关联 (对角度 θ 的依赖关系). 要揭示这种角关联, 需要将原子钟放在不同 θ 角的地方. 实际上只要简单记录 (不要定量测量) 频移是正的还是负的, 就可以判断场方程对应解的结构. 这些简单的实验可以揭示 Kerr 度规的某些性质, 因为效应 (1.8.1) 取决于度规中所含的角动量.

对于地球, $ma^2/r^3\sim10^{-22}$, 所以效应 (1.8.1) 在地球上与 (1.4.7) 量级相近.

1.9 平面引力波场中的频率效应

频移表达式 (1.3.11) 对于任何度规 $g_{\mu\nu}$ 都适用, 就是说对于引力场方程的任何一个解都成立, 当然也包括波动解. 将平面波解代入 (1.3.11), 在辐射源和观察者在引力波场中相对静止的情况下, 得到

$$\left(\frac{\Delta\nu}{\nu}\right)_{GV} = [(h_{22})_B - (h_{22})_A]\sin^2\frac{\theta}{2}. \tag{1.9.1}$$

式中 θ 是光信号与引力波传播方向间的夹角 (取坐标轴 $x^1 = x$). 对于单色波, 可将 h_{22} 写为下面的形式:

$$h_{22} = p_{22}\cos\omega\left(t - \frac{x}{c}\right). \tag{1.9.2}$$

设辐射源位于坐标原点 $(x_A = 0)$, 观察者 B 与辐射源 A 之距离为 l, 则

$$x_B = l\cos\theta, \quad t_A = t_B - t. \tag{1.9.3}$$

由此求得.

效应 7

$$\left(\frac{\Delta\nu}{\nu}\right)_{GV} = 2p_{22}\left[\left(\sin\omega\frac{l}{c}\sin^2\frac{\theta}{2}\right)\right.$$

$$\left. \times \sin\left(\omega t_B - \omega\frac{l}{c}\cos^2\frac{\theta}{2}\right)\right]\sin^2\frac{\theta}{2}. \tag{1.9.4}$$

此式表明, 平面引力波场中的频移是时间的周斯函数, 并依赖于光信号在引力波场中的传播方向, 当光信号的传播方向与 x 轴垂直时, 频移具有最大值

$$\left(\frac{\Delta\nu}{\nu}\right)_{GV,\max} = p_{22}\sin\left(\frac{\omega l}{2c}\right)\sin\left(\omega t_B - \frac{\omega l}{2c}\right). \tag{1.9.5}$$

当光信号沿 x 轴传播时, 不出现频移.

引力波场产生的频移有其特征, 即频移起伏. 对于可能存在的引力波源, 这一效应的量级估计为

$$\left(\frac{\Delta\nu}{\nu}\right)_{GV} \sim 10^{-17}, \tag{1.9.6}$$

比 Mössbauer 效应测量的量级还要小. 因此, 许多人对于如何借助于特殊的实验装置来增加频移起伏 (1.9.6) 感兴趣. 用迈克耳孙实验可以获得较大的 l 值. 无需使光源和观察者相距很远, 只要使光线多次通过回路以后再发生干涉. 以特殊方式选择位相关系、频率和干涉仪两臂的长度, 可以获得频移的共振累积.

在一般情况下, 引力波场中的上述实验所显示的频移, 可能是红移也可能是紫移, 这取决于干涉仪中光线回路的绕行方向和两臂相对于引力波传播方向的取向.

平面引力波场中频移有一个有趣的特点. 假设有一弱引力波沿 $x^1 = z$ 方向传播, 地面上的观察者位于坐标原点, 而作为反射体的宇宙装置静止于坐标为

$$x = \frac{1}{2}\Delta x^0 \sin\theta\cos\varphi,$$
$$y = \frac{1}{2}\Delta x^0 \sin\theta\sin\varphi,$$
$$z = \frac{1}{2}\Delta x^0 \cos\theta \tag{1.9.7}$$

的点. 式中 Δx^0 是信号往和返的传播时间. 此时可以求得相应的频移.

效应 8

$$\left(\frac{\Delta\nu}{\nu}\right)_{GV} = \cos2\varphi\left\{ h_{22}(x^0 - \Delta x^0)\frac{1+\cos\theta}{2}\right.$$
$$\left. - h_{22}\left[x^0 - \frac{\Delta x^0}{2}(1+\cos\theta)\right]\cos\theta - h_{22}(x^0)\frac{1-\cos\theta}{2}\right\}. \tag{1.9.8}$$

此式表明, 当引力辐射为一个短脉冲 $p_{22} \sim \delta(x^0 - z)$ 时, 观察者将收到三个脉冲信号, 它们的振幅各不相同, 对 θ 角和传播时间 Δx^0 的依赖关系也各不相同. 所以, 引力辐射的每一个波将产生三个被接收到的波. 这是引力波场独具的特点. 这一效应与钟的速率、等离子体的振动以及源和反射体的无规则运动都无关. 因此, 可将这一效应用于引力波的检测. 人们甚至认为, 使用空间站, 用氢激光钟作为频率标准 (在大于 10 秒的期间内稳定性 $\sim 10^{-15}$), 可以把引力波记录下来.

1.10　关于地球引力场中的频移效应

由于测量太阳和恒星光谱线移动的精度不够高, 自然要寻求另外的方法来测量. 利用 Mössbauer 效应的测量就是一个成功的例子, 能够在 (m/r) 值不太大的情况下测量地球引力场中的频移. 此外, 早在成功地发射人造空间装置之前, 人们就讨论了利用人造地球卫星验证广义相对论预言的问题. 由于长时间的测量要受到卫星轨道参量的影响, 所以比较好的方案是采用短时间测量 ($\leqslant 30\text{s}$), 用特殊方法实现频移的同时累积. 可以将卫星和地球上观察者接收的信号与某一另外的辐射相混合, 这后一辐射的频率为原来信号的两倍. 这样, 地球上观察者接收到的由卫星一次反射的信号便有两倍的频移. 经过多次反射, 把效应累积起来. 这一方案对于显示效应 2 ~ 6 都很有效. 另外还有一些不同的方案. 例如用人造卫星显示在近地点和远地点, 黑夜和白天等情况下频移的差异. 这些设想虽然在 20 世纪 60 年代初就讨论过, 但实际上是在高稳定性 (目前已达 $10^{-15} \sim 10^{-14}$) 的振荡器出现之后才实现的. 1976 年, 人们用氢激光钟验证效应 (1.4.2) 精度达到 10^{-5}.

用上述方案进行的测量, 其精度已经足以显示地球引力场中的频移效应. 于是人们开始用飞机来验证广义相对论的预言. 1977 年, 人们从飞机上用激光和地球上的标准钟联系, 飞机飞行 15 小时. 测得由地球引力势的差异造成的频移是 53H, 而狭义相对论效应是 5H. 测量精度为 1.005 ± 0.016.

频移效应来自广义相对论中本征时和坐标时的区别. 这一效应不仅和物体运动有关, 而且直接依赖于引力源参量. 自然, 观察到的效应应该是引力源的各个参量的总贡献. 原则上, 源的各参量 (如质量和电荷) 之间数量关系是任意的, 所以在总的频移效应中, 各参量的贡献之间的数量关系也是任意的. Einstein 引力场方程右端的能量 – 动量张量或其分量中, 不同的部分对频移的贡献可能不同. 原则上可以根据它们贡献的程度将一些参量与另一些参量区分开. 在这种情况下, 每个参量的贡献都具有独立的意义.

我们看到, 研究频移效应的引力实验已进入了相当活跃的阶段. 人们采用了地球上的新方法, 新的引力体, 人造地球卫星, 飞机等等. 至今, 已经以足够高的精度验证了广义相对论对频移效应 [主要效应 (1.4.2)] 的预言. 虽然频移效应和整个引力场方程无关, 但正如上面指出的, 它和场方程的右边部分有关, 应该进一步验证那些由场源的其他参量 (能量 – 动量张量的其他部分) 引起的频移, 用这些实验来检验场方程右边部分的正确性, 即检验广义相对论关于场源概念的正确性.

第2章　引力场中物体的轨道效应

本章前三节分别研究试验粒子的短程线运动, 试验粒子的非短程线运动和重质量物体的运动方程. 从第四节开始研究各有关的引力效应.

2.1　试验粒子的短程线运动

首先, 我们局限于准圆锥曲线类型的轨道运动, 短程线方程的第一次积分给出恒定能量 ε 和恒定面积速度 h, 第二次积分给出轨道方程. 假设在球坐标系中, 试验粒子在平面 $\theta = \dfrac{\pi}{2}$ 内运动, 轨道可写成圆锥曲线的形式

$$u \equiv \frac{1}{r} = \frac{1}{p}(1 + e\cos\psi),$$
$$\psi \equiv \varphi + \alpha(\varphi) \equiv \varphi + \Delta\varphi. \tag{2.1.1}$$

式中 p 和 e 分别为焦点 (焦线) 参量和离心率, ψ 是真实的反常角位移, 其中包括 (与牛顿理论比较) 附加的角位移 $\alpha(\varphi)$(附加反常). 当 $e < 1$ 时, $\alpha(\varphi)$ 就是近日点的附加反常角位移, 用来描述 "近日点的移动" 效应. 在圆运动的情况下, 虽然周期的概念退化了, 但更一般的概念 "附加反常" 仍然有效:

$$\lim_{e \to 0} \alpha \neq 0.$$

下面我们从短程线方程出发进行积分. 短程线方程即

$$\frac{\mathrm{d}}{\mathrm{d}\lambda}\left(g_{\sigma\mu}\frac{\mathrm{d}x^{\sigma}}{\mathrm{d}\lambda}\right) = \frac{1}{2}\frac{\partial g_{\lambda\sigma}}{\partial x^{\mu}}\frac{\mathrm{d}x^{\lambda}}{\mathrm{d}\lambda}\frac{\mathrm{d}x^{\sigma}}{\mathrm{d}\lambda},$$
$$g_{\mu\nu}\frac{\mathrm{d}x^{\mu}}{\mathrm{d}\lambda}\frac{\mathrm{d}x^{\nu}}{\mathrm{d}\lambda} = 1. \tag{2.1.2}$$

在球坐标系 $(x^0, r, \theta, \varphi)$ 中, 对于稳定的轴对称场, $g_{\lambda\sigma}$ 不含 x^0 和 φ, $(0, 3)$ 分量分别为

$$\frac{\mathrm{d}}{\mathrm{d}\lambda}(g_{3\sigma}\dot{x}^{\sigma}) = 0,$$
$$\frac{\mathrm{d}}{\mathrm{d}\lambda}(g_{0\sigma}\dot{x}^{\sigma}) = 0.$$

积分得

$$(g_{0\sigma}\dot{x}^{\sigma}) = -\varepsilon, \quad (g_{3\sigma}\dot{x}^{\sigma}) = h. \tag{2.1.3}$$

式中 ε 和 h 为积分常数. 将此式代入 $g_{\mu\nu}\dot{x}^\mu\dot{x}^\nu = 1$, 得到轨道的微分方程

$$\left(\frac{\mathrm{d}u}{\mathrm{d}\varphi}\right)^2 = F(u). \tag{2.1.4}$$

式中 $F(u)$ 是 $u \equiv r^{-1}$ 的多项式. 可以用不同方法获得方程 (2.1.4) 的形如 (2.1.1) 的解.

将 (2.1.1) 代入 (2.1.4), 可以化为形式

$$\frac{e^2}{p^2}\sin\psi^2\left(\frac{\mathrm{d}\psi}{\mathrm{d}\varphi}\right)^2 = A(\varepsilon,h,p,e) + B(\varepsilon,h,p,e)\cdot\frac{e}{p}\cos\psi$$

$$+ C(\varepsilon,h,p,e)\frac{e^2}{p^2}\sin^2\psi. \tag{2.1.5}$$

比较等式两端各项"系数", 可将此方程分解为两个代数方程和一个一阶微分方程:

$$A(\varepsilon,h,p,e) = 0,$$
$$B(\varepsilon,h,p,e) = 0, \tag{2.1.6}$$
$$\psi'^2 = C(\varepsilon,h,p,e), \tag{2.1.7}$$

或由 (2.1.1) 有

$$\alpha'^2 + 2\alpha' - C(\varepsilon,h,p,e) + 1 = 0, \tag{2.1.7a}$$

式中 $\alpha' \equiv \dfrac{\mathrm{d}\alpha}{\mathrm{d}\varphi}$. 由此得到周期附加反常的表达式

$$\frac{\Delta\alpha}{2\pi} = \frac{1}{2\pi}\int_0^{2x} C^{-1/2}\mathrm{d}\psi - 1, \quad \int \mathrm{d}\alpha = -\Delta\alpha. \tag{2.1.8}$$

代数方程 (2.1.6) 确定了 (p,e) 和 (ε,h) 以及场源参量之间的联系, 上面的方程组是很有用的, 将 $g_{\mu\nu}$ 的具体形式代入以后, 便可获得具体的表达式. 它们也可以用于圆轨道的情况. 即使 $e = 0$ 时由 (2.1.4) 求不出附加反常, 仍可以借助于 (2.1.6)~(2.1.8) 求出来, 因为 $\lim\limits_{e\to 0}\left(\dfrac{\Delta\alpha}{2\pi}\right) \neq 0$.

2.2 试验粒子的非短程线运动

1. 无自旋试验粒子的情况

运动方程和短程线方程的偏离可能由不同的原因引起: 非引力的作用 (如机械力和电磁力等)、"试验参量" 的作用、多体问题中的引力相互作用等.

假设有一质量系统, 我们可以把系统的作用量写为

$$I = -\int \mathrm{d}s + I_e, \tag{2.2.1}$$

式中 I_e 是作用量中的非引力部分. 与虚功原理的处理类似, 我们令

$$\delta I_e = -\int F_\mu \delta x^\mu \mathrm{d}s,$$

此式表明 F_μ 是四维力. 对 (2.2.1) 变分且令 $\delta I = 0$, 与导出短程线方程的过程相似, 得到

$$\frac{\mathrm{d}^2 x^\mu}{\mathrm{d}s^2} + \Gamma^\mu_{\sigma\lambda}\frac{\mathrm{d}x^\sigma}{\mathrm{d}s}\frac{\mathrm{d}x^\lambda}{\mathrm{d}s} = F^\mu. \tag{2.2.2}$$

此式也可借助于四维速度 $v^\mu = \dfrac{\mathrm{d}x^\mu}{\mathrm{d}s}$ 表示为

$$\frac{\delta}{\delta s}\left(\frac{\mathrm{d}x^\mu}{\mathrm{d}s}\right) = \frac{\delta v^\mu}{\delta s} = F^\mu, \tag{2.2.3}$$

式中 s 取为沿时迹的仿射参量, 当然也可取为 τ.

考虑引力场中两个邻近的下落粒子, 分别沿轨道 $x^\mu(\tau)$ 和 $x^\mu(\tau)+\delta x^\mu(\tau)$ 运动, 运动方程分别为

$$\frac{\mathrm{d}2x^\mu}{\mathrm{d}\tau^2} + \Gamma^\mu_{\sigma\lambda}(x)\frac{\mathrm{d}x^\sigma}{\mathrm{d}\tau}\frac{\mathrm{d}x^\lambda}{\mathrm{d}\tau} = F^\mu(x),$$

$$\frac{\mathrm{d}^2}{\mathrm{d}\tau^2}(x^\mu+\delta x^\mu) + \Gamma^\mu_{\sigma\lambda}(x+\delta x)\times \frac{\mathrm{d}}{\mathrm{d}\tau}(x^\sigma+\delta x^\sigma)\frac{\mathrm{d}}{\mathrm{d}\tau}(x^\lambda+\delta x^\lambda)$$

$$= \Gamma^\mu(x+\delta x),$$

式中 F^μ 为场源的引力场之外的力. 将二式相减, 保留 δx^μ 的一次项, 得到

$$\frac{\mathrm{d}^2\delta x^\mu}{\mathrm{d}\tau^2} + \frac{\partial \Gamma^\mu_{\sigma\lambda}}{\partial x^p}\delta x^p \frac{\mathrm{d}x^\sigma}{\mathrm{d}\tau}\frac{\mathrm{d}x^\lambda}{\mathrm{d}\tau} + 2\Gamma^\mu_{\sigma\lambda}\frac{\mathrm{d}x^\sigma}{\mathrm{d}\tau}\frac{\mathrm{d}\delta x^\lambda}{\mathrm{d}\tau} = \delta x^\sigma \frac{\partial F^\mu}{\partial x^\sigma},$$

或者写成

$$\frac{\mathrm{d}^2\eta^\mu}{\mathrm{d}\tau^2} + 2\Gamma^\mu_{\sigma\lambda}u^\sigma\frac{\mathrm{d}\eta^\lambda}{\mathrm{d}\tau} + \partial_\rho\Gamma^\mu_{\sigma\lambda}u^\sigma u^\lambda \eta^\rho = \eta^\sigma\partial_\sigma F^\mu, \tag{2.2.4}$$

式中 $\eta^\mu \equiv \delta x^\mu$ 是偏离矢量.

当 $F^\mu = 0$ 时, 方程 (2.2.4) 仍然偏离短程线方程. 虽然一个自由下落粒子在与该粒子固连的参考系看来是静止的, 但是一对邻近的自由下落粒子会有相对运动, 和它们一起下落的观察者看来则显示出引力场的存在. 这并不违背等效原理, 因为当两个粒子之间的距离远小于场的特征尺度时, 偏离方程与短程线方程的差别可忽略不计.

2. 试验自旋的情况

由协变守恒定律

$$\mathcal{T}^{\mu\nu}_{;\nu} = 0 \tag{2.2.5}$$

出发, 可以导出试验自旋的运动方程. 式中 $\mathscr{T}^{\mu\nu}$ 是能量-动量张量密度. 自旋张量定义为

$$S^{\mu\nu} = \int (x^u - X^\mu) \mathscr{T}^{\nu o} \mathrm{d}^3 x - \int (x^\nu - X^\nu) \mathscr{T}^{\nu o} \mathrm{d}^3 x, \qquad (2.2.6)$$

式中 X^μ 是四维空-时中沿粒子轨迹 L 的坐标. L 的方程为

$$X^\mu = X^\mu(s),$$

s 是沿 L 的固有时, $\mathrm{d}s^2 = g_{\mu\nu} \mathrm{d}X^\mu \mathrm{d}X^\nu$; 积分沿 $x^0 = X^0 = \mathrm{const}$ 的三维体积进行. 引进量

$$M^{\lambda\mu\nu} \equiv -u^0 \int (x^\lambda - X^\lambda) \mathscr{T}^{\mu\nu} \mathrm{d}^3 x, \qquad (2.2.7)$$

$$M^{\alpha\beta} \equiv u^0 \int \mathscr{T}^{\alpha\beta} \mathrm{d}^3 x, \qquad (2.2.8)$$

$$u^\alpha \equiv \frac{\mathrm{d}X^\alpha}{\mathrm{d}s}. \qquad (2.2.9)$$

由 $x^0 = X^0$, 故 $M^{0\mu\nu} = 0$. 利用式 (2.2.5), Papapetrou 导出了下面的运动方程:

$$\frac{\mathrm{d}S^{\alpha\beta}}{\mathrm{d}s} + \frac{u^\alpha}{u^0}\frac{\mathrm{d}S^{\beta 0}}{\mathrm{d}s} - \frac{u^\beta}{u^0}\frac{\mathrm{d}S^{\alpha 0}}{\mathrm{d}s} + \left(\Gamma^\alpha_{\mu\nu} - \frac{u^\alpha}{u^0}\Gamma^0_{\mu\nu} \right) M^{\beta\mu\nu}$$

$$- \left(\Gamma^\beta_{\mu\nu} - \frac{u^\beta}{u^0} \right) M^{\alpha\mu\nu} = 0, \qquad (2.2.10)$$

$$\frac{\mathrm{d}}{\mathrm{d}s}\left(\frac{M^{\alpha 0}}{u^0} \right) + \Gamma^\alpha_{\mu\nu} M^{\mu\nu} - \Gamma^\alpha_{\mu\nu,\sigma} M^{\sigma\mu\nu} = 0, \qquad (2.2.11)$$

其中满足关系式

$$2M^{\alpha\beta r} = -(S^{\alpha\beta} u^r + S^{\alpha r} u^\beta) + \frac{u^\alpha}{u^0}(S^{0\beta} u^r + S^{0r} u^\beta), \qquad (2.2.12)$$

$$M^{\alpha\beta} = u^\alpha \frac{M^{\beta 0}}{u^0} - \frac{\mathrm{d}}{\mathrm{d}s}\left(\frac{M^{\alpha\beta 0}}{u^0} \right) - \Gamma^\beta_{\mu\nu} M^{\alpha\mu\nu}. \qquad (2.2.13)$$

对于 $\beta = 0$, 由 (2.2.12) 得到

$$M^{\alpha 0} = \frac{u^\alpha}{u^0} M^{00} + \frac{\mathrm{d}S^{\alpha 0}}{\mathrm{d}s} - \Gamma^0_{\mu\nu} M^{\alpha\mu\nu}. \qquad (2.2.14)$$

这些方程中的未知函数共有 10 个: M^{00}, u^α 的三个独立分量 (因为 $u_\alpha u^\alpha = 1$), 反对称张量 $S^{\mu\nu}$ 的六个分量. 运动方程 (2.2.10)~(2.2.11) 有七个是独立的. 这是因为当 $\alpha = 1, 2, 3$, 和 $\beta = 0$ 时, 对应的方程 (2.2.10) 成为恒等式, 所以 (2.2.10) 只有三个关于 $S^{\mu\nu}$ 的独立方程. 下面改写这七个独立的方程. 引入标量

$$\mu \equiv \frac{1}{(u^0)^2}(M^{00} + \Gamma^0_{\mu\nu} S^{\mu 0} u^\nu) + \frac{u_\alpha}{u_0}\frac{\mathrm{D}S^{\alpha 0}}{\mathrm{D}s}. \qquad (2.2.15)$$

式中按通常的定义有

$$\frac{Df}{Ds} = u^\nu f_{;\nu},$$ (2.2.16)

将方程 (2.2.10)~(2.2.11) 化为协变形式

$$\frac{DS^{\alpha\beta}}{Ds} + u^\alpha u^\rho \frac{DS^{\beta\rho}}{Ds} - u^\beta u_\rho \frac{DS^{\alpha\rho}}{Ds} = 0,$$ (2.2.17)

$$\frac{D}{Ds}\left(\mu u^\alpha + u_\beta \frac{DS^{\alpha\beta}}{Ds}\right) + S^{\mu\nu} u^\sigma (\Gamma^\alpha_{\nu\sigma,\mu} + (\Gamma^\alpha_{\mu\rho}\Gamma^\rho_{\nu\sigma}) = 0.$$ (2.2.18)

令

$$P^\alpha \equiv \mu u^\alpha + u_\beta \frac{DS^{\alpha\beta}}{Ds},$$ (2.2.19)

方程 (2.2.17)~(2.2.18) 可写为

$$\frac{DS^{\mu\nu}}{Ds} = P^\mu u^\nu - P^\nu u^\mu,$$ (2.2.20)

$$\frac{DP^\mu}{Ds} = \frac{1}{2} R^\mu_{\nu\rho\sigma} u^\rho S^{\nu\sigma}.$$ (2.2.21)

如果有外电磁场 $F^{\mu\nu}$ 存在, 且试验粒子带有电荷 q, 则方程 (2.2.18) 和 (2.2.21) 应改写为

$$\frac{D}{Ds}\left(\mu u^\lambda + u_\sigma \frac{DS^{\sigma\lambda}}{Ds}\right) = -\frac{q}{c^2} F^\lambda_\sigma u^\sigma + \frac{1}{2} R^\lambda_{\nu\sigma\rho} u^\sigma s^{\nu\rho}.$$ (2.2.22)

2.3　重质量物体的运动

假设一系统由多个物体组成, 每个物体的质量对引力场的影响都不能忽略 (此时它的体积通常也不能忽略), 这时物体的运动要复杂得多. 这类物体称为 "重质量物体", 以与试验粒子相区别.

获得这类物体运动方程的一个方法是, 假设每个物体沿空–时中的短程线运动, 但空–时度规由系统中其他物体和该物体本身共同产生. 因此, 必须把每个物体作为有质量中心的, 具有有限自引力的物质块, 解方程 $T^{\mu\nu}_{;\nu} = 0$. 对于太阳系, 可以认为每个天体都由理想流体构成 (Will,1981).

我们先回忆一下牛顿引力理论中的类似处理, 然后将其推至后牛顿极限情况.

在牛顿理论中, 对于系统中的第 a 个物体定义惯性质量和引力中心:

$$m_a = \int_a \rho d^3 x, \quad X_a = \frac{1}{m_a} \int_a \rho X d^3 x.$$ (2.3.1)

由连续性方程容易证明

$$\frac{dm_a}{dt} = 0,$$

$$V_a \equiv \frac{\mathrm{d}X_a}{\mathrm{d}t} = \frac{1}{m_a} \int_a \rho V \mathrm{d}^3 x,$$

$$a_a \equiv \frac{\mathrm{d}V_a}{\mathrm{d}t} = \frac{1}{m_a} \int_a \rho \frac{\mathrm{d}V}{\mathrm{d}t} \mathrm{d}^3 x. \tag{2.3.2}$$

由理想流体运动方程 [第三篇 (5.1.5)], 可得

$$a_a = \nabla \chi,$$

$$\chi = \sum_{b \neq a} \left[\frac{m_b}{r_{ab}} + \frac{1}{2} Q_b^{ij} \frac{x_{ab}^i x_{ab}^j}{r_{ab}^5} + O(r_{ab}^{-5}) \right], \tag{2.3.3}$$

Q_b^{ij} 是第 b 个物体的四极矩, 定义为

$$Q_b^{ij} \equiv \int_b \rho[3(x^i - x_b^i)(x^i - x_b^i) - |x - x_b|^2 \delta^{ij}] \mathrm{d}^3 x.$$

在后牛顿极限中, 定义第 a 个物体的惯性质量为

$$m_a \equiv \int_b \tilde{\rho} \left(1 + \frac{1}{2} \bar{v}^2 - \frac{1}{2} \bar{U} + \Pi \right) \mathrm{d}^3 x, \tag{2.3.4}$$

式中 $\tilde{\rho}$ 为守恒密度 [见第一篇 (5.3.16)], $\bar{v} \equiv v - v_{a(0)}$, 而 $v_{a(0)}$ 为

$$v_{a(0)} \equiv \int_a \bar{\rho} v \mathrm{d}^3 x, \tag{2.3.5}$$

(2.3.4) 中的 $\bar{U}$ 为

$$\bar{U} \equiv \int_a \rho(r', t) |r - r'|^{-1} \mathrm{d}^3 x'. \tag{2.3.6}$$

可以认为 m_a 是在随动的局部静止惯性中测得的总能量 (包括粒子的静止质量、动能、引力能和内能). 根据 PPN 形式守恒定律的讨论, 由 (2.3.4)～(2.3.6) 可严格证明

$$\frac{\mathrm{d}m_a}{\mathrm{d}t} = 0, \tag{2.3.7}$$

即在后牛顿精度下 m_a 是守恒量.

定义惯性质量中心为

$$r_a \equiv \frac{1}{m_a} \int_a \tilde{\rho} \left(1 + \frac{1}{2} \bar{v}^2 - \frac{1}{2} \bar{U} + \Pi \right) r \mathrm{d}^3 x \tag{2.3.8}$$

利用连续性方程和相应的后牛顿表示式, 我们得到

$$v_a \equiv \frac{\mathrm{d}r_a}{\mathrm{d}t} = \frac{1}{m_a} \int_a \left[\tilde{\rho} \left(1 + \frac{1}{2} \bar{v}^2 - \frac{1}{2} \bar{U} + \Pi \right) v + pv - \frac{1}{2} \tilde{\rho} \bar{W} \right] \mathrm{d}^3 x. \tag{2.3.9}$$

式中

$$\bar{\boldsymbol{W}} = \int_a \tilde{\rho}' \frac{[\boldsymbol{v}' \cdot (\boldsymbol{r} - \boldsymbol{r}')](\boldsymbol{r} - \boldsymbol{r}')}{|\boldsymbol{r} - \boldsymbol{r}'|^3} \mathrm{d}^3 x. \tag{2.3.10}$$

从而得到加速度

$$\boldsymbol{a}_a \equiv \frac{\mathrm{d}\boldsymbol{v}_a}{\mathrm{d}t} = \frac{1}{m_a} \left\{ \int_a \tilde{\rho} \left(1 + \frac{1}{2}\bar{v}^2 - \frac{1}{2}\bar{U} + \Pi \right) \frac{\mathrm{d}\boldsymbol{v}}{\mathrm{d}t} \mathrm{d}^3 x \right.$$

$$+ v_\alpha^i \int_a p_{,i} \bar{\boldsymbol{v}} \mathrm{d}^3 x + \int_a \left[p_{,0} \bar{\boldsymbol{v}} - \frac{p}{\tilde{\rho}} \nabla p \right] \mathrm{d}^3 x$$

$$\left. - \frac{1}{2} \frac{\mathrm{d}}{\mathrm{d}t} \int_a \tilde{\rho} \bar{\boldsymbol{W}} \mathrm{d}^3 x + \frac{1}{2} \mathscr{T}_a - \frac{1}{2} \mathscr{T}_a + \mathscr{T}_a \right\}, \tag{2.3.11}$$

式中

$$\mathscr{T}_a \equiv \int_a \frac{\tilde{\rho}\tilde{\rho}' \bar{\boldsymbol{v}}'[\bar{\boldsymbol{v}}' \cdot (\boldsymbol{r} - \boldsymbol{r}')]}{|\boldsymbol{r} - \boldsymbol{r}'|^3} \mathrm{d}^3 x \mathrm{d}^3 x',$$

$$\mathscr{T}_a \equiv \int_a \frac{\tilde{\rho}\tilde{\rho}'[\bar{\boldsymbol{v}}' \cdot (\boldsymbol{r} - \boldsymbol{r}')]\bar{\boldsymbol{v}}}{|\boldsymbol{r} - \boldsymbol{r}'|^3} \mathrm{d}^3 x \mathrm{d}^3 x',$$

$$\mathscr{T}_a \equiv \int_a \frac{\tilde{\rho}\tilde{\rho}'(\boldsymbol{r} - \boldsymbol{r}')}{|\boldsymbol{r} - \boldsymbol{r}'|^3} \mathrm{d}^3 x \mathrm{d}^3 x'. \tag{2.3.12}$$

现在利用 PPN 理想流体运动方程, 计算 (2.3.11) 右端括号中的第一项积分. 把 $T^{\mu\nu}$ 的后牛顿表达式和 $\Gamma^\mu_{\nu\tau}$ 的后牛顿表达式代入运动方程 $T^{\mu\nu}_{;\nu} = 0$, 并重新用守恒密度 $\tilde{\rho}$ 写出, 结果是

$$\tilde{\rho}\frac{\mathrm{d}v^i}{\mathrm{d}t} = \tilde{\rho}U_{,i} - [p(1 + 3\gamma U)]_{,i} + p_{,i}\left(\frac{1}{2}v^2 + \Pi + \frac{p}{\tilde{\rho}}\right)$$

$$- \tilde{\rho}\frac{\mathrm{d}}{\mathrm{d}t}\left[(2\gamma + 2)Uv^i - \frac{1}{2}(4\gamma + 4 + \alpha_1)V^i \right.$$

$$\left. - \frac{1}{2}\alpha_1 Uw^i \right] + v^i(\tilde{\rho}U_{,0} - p_{,0})$$

$$- \frac{1}{2}(1 + \alpha_2 - \zeta_1 + 2\zeta_w)\tilde{\rho}(V^i - W^i)_{,0}$$

$$- \frac{1}{2}\tilde{\rho}[(4\gamma + 4 + \alpha_1)v^k + (a_1 - 2\alpha_3)w^k]V_{k,i}$$

$$+ \tilde{\rho}\frac{\partial}{\partial x^i}\left[\Phi - \zeta_w \Phi_w - \frac{1}{2}(\zeta_1 - 2\zeta_w)\mathscr{A} \right.$$

$$\left. - \frac{1}{2}\alpha_2 w^i w^k U_{ik} + \alpha_2 w^k(V_k - W_k) \right]$$

$$+ \tilde{\rho} U_{,i} \left[\gamma v^2 - \frac{1}{2} \alpha_1 \boldsymbol{w} \cdot \boldsymbol{v} + \frac{1}{2} (\alpha_2 + \alpha_3 - \alpha_1) w^2 \right.$$

$$\left. - (2\beta - 2) U + 3\gamma p/\tilde{\rho} \right]. \tag{2.3.13}$$

将 (2.3.13) 代入 (2.3.11) 求积分. 为了简化, 我们对每个物体的几个固有时间取平均. 这样, 所有固有量的时间导数都可取为零. 对于太阳系, 这一近似是合理的, 因为太阳和行星结构的变化是相当缓慢的. 这样, 可以用一些牛顿关系式来简化后牛顿表达式. 对于每个物体应用下面形式的牛顿运动方程:

$$2 \mathscr{T}^{ij} + \Omega^{ij} + \delta^{ij} P = \langle \ddot{I}^{ij} \rangle = 0,$$

$$2 \mathscr{T} + \Omega + 3P = \langle \ddot{I} \rangle = 0,$$

$$H^{(ij)} - \int \bar{v}(_i P_{,j}) \mathrm{d}^3 x = \langle \dot{\mathscr{T}}^{ij} \rangle = 0,$$

$$H^{(ij)} - 3K^{ij} = \langle \dot{\Omega}^{ij} \rangle = 0,$$

$$H^{(ij)} = -\langle \dot{\Omega} \rangle = 0,$$

$$\int P_{,0} \mathrm{d}^3 x = \langle \dot{P} \rangle = 0,$$

$$-t^i - \mathscr{T}^i + \mathscr{T}^i + 3 \mathscr{T}^{*i} - \tilde{\Omega}^i - \mathscr{T}^i = \left[\frac{\mathrm{d}}{\mathrm{d}t} \int \tilde{\rho} \bar{W}^i \mathrm{d}^3 x \right] = 0,$$

$$\mathscr{T}^i + \mathscr{T}^i + \Omega^i + \mathscr{T}^i = \langle \frac{\mathrm{d}}{\mathrm{d}t} \int \tilde{\rho} \bar{V}^i \mathrm{d}^3 x \rangle = 0. \tag{2.3.14}$$

式中各积分表示如下:

$$\Omega_\alpha^i = \int_\alpha \frac{\tilde{\rho} \tilde{\rho}' \rho''(x - x')^i}{|\boldsymbol{r}' - \boldsymbol{r}''||\boldsymbol{r} - \boldsymbol{r}'|^3} \mathrm{d}^3 x \mathrm{d}^3 x' \mathrm{d} x'',$$

$$\tilde{\Omega}^i = \int_a \frac{\tilde{\rho} \tilde{\rho}' \tilde{\rho}''(\boldsymbol{r}' - \boldsymbol{r}'') \cdot (\boldsymbol{r} - \boldsymbol{r}')(x - x')^i}{|\boldsymbol{r}' - \boldsymbol{r}''|^3 |\boldsymbol{r} - \boldsymbol{r}'|^3} \times \mathrm{d}^3 x \mathrm{d}^3 x' \mathrm{d}^3 x'',$$

$$t_\alpha^i = \int_a \frac{\tilde{\rho} \tilde{\rho}' \bar{v}^i \bar{v}' \cdot (\boldsymbol{r} - \boldsymbol{r}')}{|\boldsymbol{r} - \boldsymbol{r}'|^3} \mathrm{d}^3 x \mathrm{d}^3 x',$$

$$\mathscr{T}^{*i} = \int_a \frac{\tilde{\rho} \tilde{\rho}' [\bar{v}' \cdot (\boldsymbol{r} - \boldsymbol{r}')]^2 (x - x')^i}{|\boldsymbol{r} - \boldsymbol{r}'|^5} \mathrm{d}^3 x \mathrm{d}^3 x';$$

$$\mathscr{T}_a^{ij} = \frac{1}{2} \int \tilde{\rho} \bar{v}'^i \bar{v}^j \mathrm{d}^3 x, \quad \mathscr{T}_a = \frac{1}{2} \int_\alpha \tilde{\rho} \bar{v}^2 \mathrm{d}^3 x,$$

$$\Omega_a^{ij} = -\frac{1}{2} \int_a \frac{\tilde{\rho} \tilde{\rho}'(x - x')^i (x - x')^j}{|\boldsymbol{r} - \boldsymbol{r}'|^3} \mathrm{d}^3 x \mathrm{d}^3 x',$$

$$\Omega_a = -\frac{1}{2}\int_\alpha \frac{\tilde{\rho}\tilde{\rho}'}{|\boldsymbol{r}-\boldsymbol{r}'|}\mathrm{d}^3x\mathrm{d}^3x',$$

$$I_a^{ij} = \int_a \tilde{\rho}(x-x_a)^i(x-x_a)^j\mathrm{d}^3x,$$

$$I_a = \int_a \tilde{\rho}|\boldsymbol{r}-\boldsymbol{r}_a|^2\mathrm{d}^3x, \quad P_a = \int_\alpha p\,\mathrm{d}^3x,$$

$$H_a^{ij} = \int_a \frac{\tilde{\rho}\tilde{\rho}'\bar{v}^i(x-x')^j}{|\boldsymbol{r}-\boldsymbol{r}'|^3}\mathrm{d}^3x\mathrm{d}^3x', \quad E_a = \int_\alpha \tilde{\rho}\Pi\,\mathrm{d}^3x,$$

$$K^{ij} = \int_a \frac{\tilde{\rho}\tilde{\rho}'\bar{\boldsymbol{v}}'\cdot(\boldsymbol{r}-\boldsymbol{r}')(x-x')^i(x-x')^j}{|\boldsymbol{r}-\boldsymbol{r}'|^5}\mathrm{d}^3x\mathrm{d}^3x'.$$

由 (2.3.14) 得到 PPN 运动方程的最后形式为

$$\boldsymbol{a}_a = (\boldsymbol{a}_a)_1 + (\boldsymbol{a}_a)_2 + (\boldsymbol{a}_a)_3. \tag{2.3.15}$$

式中 $(\boldsymbol{a}_a)_1$ 为 "自加速度", $(\boldsymbol{a}_a)_2$ 为准牛顿加速度, $(\boldsymbol{a}_a)_3$ 为 n 体项, 表达式如下:

$$(a_a^i)_1 = -\frac{1}{m_a}\Bigg[\frac{1}{2}(a_3+\zeta_1)t_a^i + \zeta_1\left(\mathscr{T}_a^i - \frac{3}{2}\mathscr{T}_a^{*i}\right)$$
$$+ \zeta_2\Omega_a^i + \zeta_3\mathscr{E}_a^i + 3\zeta_4\mathscr{T}_a^i\Bigg] - \frac{1}{m_a}\alpha_3(w+v_a)^k H^{ki}, \tag{2.3.16}$$

其中

$$\mathscr{E}_a = \int_a \frac{\tilde{\rho}\tilde{\rho}'\Pi'(\boldsymbol{r}-\boldsymbol{r}')}{|\boldsymbol{r}-\boldsymbol{r}'|^3}\mathrm{d}^3x\mathrm{d}^3x',$$

$$(a_a^i)_2 = \frac{1}{m_a}(m_p)_a^{ik}\chi_{,k;} \tag{2.3.17}$$

$$(a_a^i)_3 = \sum_{b\neq a}\frac{m_b x_{ab}^i}{r_{ab}^3}\Bigg\{(2\gamma+2\beta)\frac{m_b}{r_{ab}} + \left(2\gamma+2\beta+1+\frac{1}{2}\alpha_1-\zeta_2\right)\frac{m_a}{r_{ab}}$$
$$+ (2\beta-1-2\zeta_w-\zeta_2)\sum_{c\neq ab}\frac{m_a}{r_{bc}} + (2\gamma+2\beta-2\zeta_w)\sum_{c\neq ab}\frac{m_c}{r_{bc}}$$
$$- \frac{1}{2}(1+2\zeta_w+\alpha_2-\zeta_1)\sum_{c\neq ab}m_c\frac{\boldsymbol{r}_{ab}\cdot\boldsymbol{r}_{bc}}{r_{bc}^3} - \zeta_w\sum_{c\neq ab}m_c\frac{\boldsymbol{r}_{bc}\cdot\boldsymbol{r}_{ac}}{r_{ac}^3} - \gamma v_a^2$$
$$+ \frac{1}{2}(4\gamma+4+\alpha_1)\boldsymbol{v}_a\cdot\boldsymbol{v}_b - \frac{1}{2}(2\gamma+2+\alpha_2+\alpha_3)v_b^2$$
$$+ \frac{1}{2}(\alpha_1-\alpha_2-\alpha_3)w^2 + \frac{1}{2}\alpha_1\boldsymbol{w}\cdot\boldsymbol{v}_a$$
$$+ \frac{1}{2}(\alpha_1-2\alpha_2-2\alpha_3)\boldsymbol{w}\cdot\boldsymbol{v}_b + \frac{3}{2}(1+\alpha_2)(\boldsymbol{v}_b\cdot\hat{\boldsymbol{n}}_{ab})^2$$
$$+ \frac{3}{2}\alpha_2(\boldsymbol{w}\cdot\hat{\boldsymbol{n}}_{ab})^2 + 3\alpha_2(\boldsymbol{w}\cdot\hat{\boldsymbol{n}}_{ab})(\boldsymbol{v}_b\hat{\boldsymbol{n}}_{ab})\Bigg\}$$

$$-\frac{1}{2}(4\gamma + 3 - 2\zeta_w + \alpha_1 - \alpha_2 + \zeta_1)\sum_{b\neq a}\frac{m_b}{r_{ab}}$$

$$\times \sum_{c\neq ab}\frac{m_c x^i_{bc}}{r^3_{bc}} - \zeta_w\sum_{b\neq a}\frac{m_b}{r^3_{ab}}(\delta_{ik} - 3\hat{n}^i_{ab}\hat{n}^k_{ab})$$

$$\times \sum_{c\neq ab} m_c\left(\frac{x^k_{ac}}{r_{ac}} - \frac{x^k_{bc}}{r_{bc}}\right) + \sum_{b\neq a}\frac{m_b}{r^3_{ab}}\boldsymbol{r}_{ab}\cdot[(2\gamma + 2)\boldsymbol{v}_a$$

$$-(2\gamma + 1)\boldsymbol{v}_b]v^i_a - \frac{1}{2}\sum_{b\neq a}\frac{m_b}{r^3_{ab}}\boldsymbol{r}_{ab}$$

$$\times [(4\gamma + 4 + \alpha_1)\boldsymbol{v}_a - (4\gamma + 2 + \alpha_1 - 2\alpha_2)\boldsymbol{v}_b$$

$$+2\alpha_2\boldsymbol{w}]v^i_b - \frac{1}{2}\sum_{b\neq a}\frac{m_b}{r^3_{ab}}\boldsymbol{r}_{ab}$$

$$\times [\alpha_1\boldsymbol{v}_a - (\alpha_1 - 2\alpha_2)\boldsymbol{v}_b + 2\alpha_2\boldsymbol{w}]w^i. \tag{2.3.18}$$

式 (2.3.16) 中的前六项表示质量中心的 "自加速度", 因为 t^i_a, $\mathscr{T}^i_a$ 等项取决于第 a 个物体的内部结构. 自加速度的存在与总动量不守恒相联系, 它们决定于 PPN 守恒参量 $\alpha_3, \zeta_1, \zeta_2, \zeta_3$ 和 ζ_4. 在半守恒引力理论中, 由于

$$\alpha_3 \equiv \zeta_1 \equiv \zeta_2 \equiv \zeta_3 \equiv \zeta_4 \equiv 0, \tag{2.3.19}$$

所以自加速度等于零, 另外, 球对称物质的项

$$t^i_a = \mathscr{T}^i_a = \tilde{\mathscr{T}}^{*i} = \Omega^i_a = \mathscr{E}^i_a = \mathscr{T}^i_a = 0, \tag{2.3.20}$$

所以自加速度也为零. 如果两个物体沿近似圆轨道运动, 作为这两个物体构成的系统取轨道周期平均值时, 自加速度也等于零. 正因为这个原因, 在太阳系中无法检验这个效应的存在. 但是对于脉冲双星系统, 当轨道离心率很大时, 是可以验证这一效应的.

式 (2.3.16) 中的最后一项 $-\dfrac{1}{m_a}\alpha_3(w + v_a)^k H^{ki}$ 也是自加速度, 其中含有物体相对于宇宙静止标架的运动. 这一效应取决于 PPN 参量 α_3. 在任意半守恒引力理论中 $\alpha_3 = 0$, 所以无此效应. 静止的物体 $\bar{v} = 0$, 所以 $H^{ki}_a = 0$, 此效应也不存在. 但对于匀角速转动的物体 $H^{ki}_a \neq 0$. 设角速度为 $\boldsymbol{\omega}$, 则有

$$\boldsymbol{v} = \boldsymbol{\omega} \times (\boldsymbol{r} - \boldsymbol{r}_a),$$

$$\begin{aligned}H^{ki}_a &= \epsilon^{klm}\boldsymbol{\omega}^l\int_a \frac{\tilde{\rho}\tilde{\rho}'(x' - x_a)^m(x - x')^i}{|\boldsymbol{r} - \boldsymbol{r}'|^3}\mathrm{d}^3x\mathrm{d}^3x' \\ &= \epsilon^{klm}\boldsymbol{\omega}^l(\Omega_a)^{im}.\end{aligned} \tag{2.3.21}$$

对于接近球形物体, Ω^{im} 的各向同性部分是对式 (2.3.21) 的主要贡献, 即

$$(\Omega_a)^{im} \approx \frac{1}{3}\delta^{im}\Omega_a, \quad H_a^{ki} \approx \frac{1}{3}\varepsilon^{ikl}\omega^l\Omega_a. \tag{2.3.22}$$

这时式 (2.3.16) 中的最后一项可改写为

$$-\frac{1}{3}\alpha_3\frac{\Omega_a}{m_a}(\boldsymbol{\omega}+\boldsymbol{v}_a)\times\boldsymbol{\omega}. \tag{2.3.23}$$

式 (2.3.15) 中 $(\boldsymbol{a}_a)_2$ 是重质量物体的准牛顿加速度, 它的表达式 (2.3.17) 中的 $(m_p)_a^{ik}$ 是 "被动引力质量线量", 具有形式

$$(m_p)_a^{ik} = m_a\left\{\delta^{ik}\left[1+(4\beta-\gamma-3-3\zeta_w-\alpha_1+\alpha_2-\zeta_1)\frac{\Omega_a}{m_a}\right.\right.$$
$$\left.\left.-3\zeta_w\hat{n}_{ab}^1\hat{n}_{ab}^m\frac{\Omega_a^{1m}}{m_a}\right]+(2\zeta_w-\alpha_2-\zeta_1-\zeta_2)\frac{\Omega_a}{m_a}\right\}; \tag{2.3.24}$$

(2.3.17) 中的 $\chi(\boldsymbol{r}_a)$ 是准牛顿引力势, 具有形式

$$\chi(\boldsymbol{r}_a) = \sum_{b\neq a}\frac{[m_A(\hat{\boldsymbol{n}}_b)]_b}{r_{ab}}. \tag{2.3.25}$$

式中 $[m_A(\hat{\boldsymbol{n}})_{ab}]_b$ 是第 b 个物体的 "主动引力质量", 它的表达式为

$$[m_A(\hat{\boldsymbol{n}})_{ab}]_b = m_b\left\{1+\left(4\beta-\gamma-3-3\zeta_w-\frac{1}{2}\alpha_3-\frac{1}{2}\zeta_1-2\zeta_2\right)\times\frac{\Omega_b}{m_b}\right.$$
$$+\zeta_3\frac{E_b}{m_b}-\left(\frac{3}{2}\alpha_3+\zeta_1-3\zeta_4\right)\frac{P_b}{m_b}$$
$$\left.+\frac{1}{2}(\zeta_1-2\zeta_w)\hat{n}_{ab}^i\hat{n}_{ab}^k\frac{\Omega_b^{ik}}{m_b}\right\}. \tag{2.3.26}$$

应注意, 主动引力质时和被动引力质量与相对于其他物体的方向 $\hat{\boldsymbol{n}}_{ab}$ 有关. 为了应用的方便, 我们改写准牛顿加速度的表达式, 使其含有与位置无关的惯性质量、主动引力质量和被动引力质量张量, 及引力势 χ^{lm}, 结果表示为

$$(\tilde{m}_I^{ik})_a(a_\alpha^k)_2 = (\tilde{m}_p)_a^{lm}\chi_{,i}^{lm},$$
$$\chi^{lm} \equiv \sum_{b\neq a}(\tilde{m}_A)_b^{ml}\hat{n}_{ab}^k\hat{n}_{ab}^l r_{ab}^{-1}, \tag{2.3.27}$$

式中

$$(\tilde{m}_I)_a^{ik} = m_a\left\{\delta^{ik}\left[1+(\alpha_1-\alpha_2+\zeta_1)\frac{\Omega_a}{m_a}\right]+(\alpha_2-\zeta_1+\zeta_2)\frac{\Omega_a^{ik}}{m_a}\right\},$$
$$(\tilde{m}_p)_a^{lm} = m_a\left\{\delta^{lm}\left[1+(4\beta-\gamma-3-3\zeta_w)\frac{\Omega_a}{m_a}\right]-\zeta_w\frac{\Omega_a^{lm}}{m_a}\right\}, \tag{2.3.28a}$$

$$(\tilde{m}_A)_b^{mk} = m_b \left\{ \delta^{mk} \left[1 + (4\beta - \gamma - r - 3\zeta_w - \frac{1}{2}\alpha_3 - \frac{1}{2}\zeta_1 \right. \right.$$
$$\left. \left. - 2\zeta_2)\frac{\Omega_b}{m_b} + \zeta_3\frac{E_b}{m_b} - \left(\frac{3}{2}\alpha_3 + \zeta_1 - 3\zeta_4\right)\frac{P_b}{m_b} \right] - \left(\zeta_w - \frac{1}{2}\zeta_1\right)\frac{\Omega_b^{mk}}{m_b} \right\}, \quad (2.3.28b)$$

Ω_a 是惯性引力能张量. Ω_a^{ij} 是引力能张量.

在牛顿理论中, 主动引力质量, 被动引力质量和惯性质量都是相同的, 所以每个物体的加速度与其质量和结构无关, 此即等效原理. 但是由 (2.3.28) 可知, 在给定的引力度规理论中, 并不要求被动引力质量等于惯性质量, 二者的差别取决于几个 PPN 参量和物体的自引力能 (Ω 和 Ω^{ik}). 这一效应称为 Nordtvedt 效应, 在弱等效原理中不存在. Nordtvedt 效应的存在并不违背 Eøtvøs 实验, 因为在考虑实验室尺度的物体时忽略了自引力 $\left[\frac{\Omega}{m}(\text{实验室内}) < 10^{-39}\right]$.

对于大多数实际情况, 可以设物体是球对称的, 于是可用 $\Omega_a^{ik} \approx \frac{1}{3}\delta^{ik}\Omega_a$ 简化质量张量, 这时我们有

$$(a_a^i)_2 = \frac{1}{m_a}(m_p)_a\chi_{,i},$$
$$\chi = \sum_{b\neq a}(m_A)_b/r_{ab}.$$

式中

$$\frac{(m_p)_a}{m_a} = 1 + \left(4\beta - \gamma - 3 - \frac{10}{3}\zeta_w - \alpha_1 + \frac{2}{3}\alpha_2 - \frac{2}{3}\zeta_1 - \frac{1}{3}\zeta_2\right)\frac{\Omega_a}{m_a},$$
$$\frac{(m_A)_b}{m_b} = 1 + \left(4\beta - \gamma - 3 - \frac{10}{3}\zeta_w - \frac{1}{2}\alpha_3 - \frac{1}{3}\zeta_1 - 2\zeta_2\right)\frac{\Omega_b}{m_b}$$
$$+ \zeta_3\frac{E_b}{m_b} - \left(\frac{3}{2}\alpha_3 - \zeta_1 - 3\zeta_4\right)\frac{P_b}{m_b}. \quad (2.3.29)$$

我们已把 $(\tilde{m}_I^{ik})^{-1}$ 和 $\tilde{m}_p^{lm}$ 放入 m_p 之中.

式 (2.3.15) 中的 $(a_a)_3$ 称为 n 体项, 它是对 "点质量" PPN 短程线运动方程的后牛顿修正, 也含有物体本身引力场产生的一些后牛顿项. 这一 n 体加速度可以产生 "经典的" 近日点进动和一些其他的引力效应.

2.4 Schwarzschild 场中的近日点移动 (爱因斯坦经典效应)

我们首先讨论试验粒子的情况, 即 "经典" 近日点进动. 将 Schwarzschild 度规

代入 (2.1.4), 得到

$$F(u) = \frac{\varepsilon^2 - 1}{h^2} + \frac{2m}{h^2}u - u^2 + 2mu^3. \tag{2.4.1}$$

解方程 (2.1.6), 给出常数 ε 和 h 的准确表达式:

$$\varepsilon^2 = \left[\left(1 - \frac{2m}{p}\right)^2 - \frac{4m^2}{p^2}e^2\right]\left[1 - \frac{m(3+e^2)}{p}\right]^{-1},$$

$$h^2 = mp\left[1 - \frac{m(3+e^2)}{p}\right]^{-1}. \tag{2.4.2}$$

由 (2.1.7) 得

$$C = 1 - \frac{2m}{p}(3 + e\cos\psi). \tag{2.4.3}$$

取 $\theta = \dfrac{\pi}{2}$, 将 (2.4.3) 代入 (2.1.8) 积分, 得到近日点附加移动的近似表达式:

效应 9

$$\left(\frac{\Delta\alpha}{2\pi}\right)_m = \frac{3m}{p} + \frac{27m^2}{2p^2} + \frac{3m^2}{4p^2}e^2, \tag{2.4.4}$$

此式表明, 牛顿椭圆轨道的近日点发生进动. 式中第一项是爱因斯坦 (1915) 由场方程的近似解得到的, 而严格解是 Schwarzschild 于 1916 年才给出的. 此效应随焦参量 p 的减小而增大. 对于水星,

$$p(\text{水星}) = 5.53 \times 10^{11}\text{cm},$$

$$\Delta\alpha(\text{水星, 理论值}) = 0.1038'' \cdot \text{周}^{-1} = 43.03'' \cdot \text{百年}^{-1}, \tag{2.4.5}$$

$$\Delta\alpha(\text{水星, 观测值}) = (42.56 \pm 0.94)'' \cdot \text{百年}^{-1}. \tag{2.4.6}$$

爱因斯坦首先将理论预言的结果与以前的观测所确定的数值进行了比较, 符合得很好.

为了清楚地显示出四极矩和其他参量对轨道近日点移动的影响, 我们用 PPN 形式系统再仔细讨论这一效应 (关于四极矩效应的一个简单讨论见 2.16 节). 考虑惯性质量为 m_1 和 m_2, 自引力能为 Ω_1 和 Ω_2 的两体系统. 第一个物体具有很小的四极矩 Q^{ij}. 分 $w = 0$ 和 $w \neq 0$ 两种情况讨论, w 是参考系相对于宇宙静止标架的速度.

(1) $w = 0$ 的情况, 即整个系统相对于宇宙静止标架是静止的. 假设系统附近再没有其他引力休. 取系统质量中心为 PPN 坐标系原点. 认为每个物体都近似为球体, 我们有 $\Omega^{ik} \approx \frac{1}{3}\delta^{ik}\Omega_a$. 根据 (2.3.15), 得到每个物体的加速度

$$\boldsymbol{a}_1 = \left(\frac{m_p}{m}\right)_1 (\nabla\chi)_1 - \frac{m_2\boldsymbol{r}}{r^3}\left[(2\gamma + 2\beta)\frac{m_2}{r}\right.$$

$$+ \left(2\gamma + 2\beta + 1 + \frac{1}{2}\alpha_1 - \zeta_2\right)\frac{m_1}{r} - \gamma\boldsymbol{v}_1^2$$

$$+ \frac{1}{2}(4\gamma + 4 + \alpha_1)\boldsymbol{v}_1 \cdot \boldsymbol{v}_2 - \frac{1}{2}(2\gamma + 2 + \alpha_2 + \alpha_3)\boldsymbol{v}_2^2$$

$$+ \frac{3}{2}(1 + \alpha_2)(\boldsymbol{v}_2 \cdot \hat{\boldsymbol{n}})^2 \Big] - \frac{m_2\boldsymbol{r}}{r^3} \cdot [(2\gamma + 2)\boldsymbol{v}_1$$

$$- (2\gamma + 1)\boldsymbol{v}_2]\boldsymbol{v}_1 + \frac{1}{2}\frac{m_2\boldsymbol{r}}{r^3} \cdot [4\gamma + 4 + \alpha_1)\boldsymbol{v}_1$$

$$- (4\gamma + 2 + \alpha_1 - 2\alpha_2)\boldsymbol{v}_2]\boldsymbol{v}_2,$$

$$\boldsymbol{a}_2 = \{\text{上式中将} \boldsymbol{r} \text{换为} - \boldsymbol{r}, \text{脚标 1 与 2 对换}\}. \tag{2.4.7}$$

式中 $\boldsymbol{r} \equiv \boldsymbol{r}_{21}, \hat{\boldsymbol{n}} \equiv \boldsymbol{r}/r$. 在物体 1 产生的准牛顿势中含有四极矩的牛顿贡献, 我们有

$$(\chi_{,i})_1 = (m_A)_2\frac{x^i}{r^3}$$

$$(\chi_{,i})_2 = -(m_A)_1\frac{x^i}{r^3} - \frac{1}{2}\frac{Q_1^{kl}}{r^4}(5\hat{n}^k\hat{n}^l\hat{n}^i - 2\delta^{ik}\hat{n}^l), \tag{2.4.8}$$

式中 $(m_A)_1$ 和 $(m_A)_2$ 是由方程 (2.3.29) 给出的主动引力质量. 可以证明, 一个关于 $\hat{e}$ 方向轴对称的物体, Q^{ik} 的形式为

$$Q_1^{ik} = m_1 R_1^2 J_{2(1)}(\delta^{ik} - 3\hat{e}^i\hat{e}^k). \tag{2.4.9}$$

式中 J_2 是四极矩的大小, 由下式给出:

$$J_2 = \frac{C - A}{mR^2}, \tag{2.4.10}$$

C 是关于对称轴的惯性矩, A 是关于赤道轴的惯性矩, R 是半径.

由于系统的质量中心是静止的, 保证 (2.4.7) 中后牛顿项的足够精度, 我们可以把 $\boldsymbol{v}_1$ 和 $\boldsymbol{v}_2$ 用下式代换:

$$\boldsymbol{v}_1 = -\frac{m_2}{m}\boldsymbol{v}, \quad \boldsymbol{v}_2 = \frac{m^1}{m}\boldsymbol{v}. \tag{2.4.11}$$

式中

$$\boldsymbol{v} \equiv \boldsymbol{v}_2 - \boldsymbol{v}_1, \quad m \equiv m_1 + m_2. \tag{2.4.12}$$

定义折合质量为

$$\mu = \frac{m_1 m_2}{m}. \tag{2.4.13}$$

这样, 相对加速度 $\boldsymbol{a} \equiv \boldsymbol{a}_2 - \boldsymbol{a}_1$ 可写为

$$\boldsymbol{a} = -\frac{\tilde{m}\boldsymbol{r}}{r^3} + \frac{1}{2}\frac{m_1\boldsymbol{R}_1^2\boldsymbol{J}_{2(1)}}{r^4}[15(\hat{e} \cdot \hat{\boldsymbol{n}})]^2\hat{\boldsymbol{n}}$$

$$-6(\hat{e}\cdot\hat{n})\hat{e} - 3\hat{n}] + \frac{m\boldsymbol{r}}{r^3}\left[(2\gamma + 2\beta)\frac{m}{r} - \gamma v^2\right.$$

$$+ (2 + \alpha_1 - 2\zeta_2)\frac{\mu}{r} - \frac{1}{2}(6 + \alpha_1 + \alpha_2 + \alpha_3)\frac{\mu}{m}v^2$$

$$+ \frac{3}{2}(1 + \alpha_2)\frac{\mu}{m}(\boldsymbol{v}\cdot\hat{n})^2\right] + \frac{m(\boldsymbol{r}\cdot\boldsymbol{v})\boldsymbol{v}}{\boldsymbol{r}^3}\left[(2\gamma + 2) - \frac{\mu}{m}(2 - \alpha_1 + \alpha_2)\right]. \quad (2.4.14)$$

式中

$$\tilde{m} \equiv \left(\frac{m_p}{m}\right)_2 (m_A)_1 + \left(\frac{m_p}{m}\right)_1 (m_A)_2$$

$$= m([1 + f_1(\Omega_1) + f_2(\Omega_2)]. \quad (2.4.15)$$

$f_1(\Omega_1)$ 和 $f_2(\Omega_2)$ 分别代表两个物体的引力自能项, 对于太阳, 它们不超过 $\sim 10^{-5}$, 并且是一个常量. 所以有 $\tilde{m} \approx m$, 可以去掉波号.

在太阳系中, 取地球轨道平面为参考平面, 春分点的地–日方向为参考方向. 对于所有的行星, 其轨道与参考平面的夹角 i 都很小, 可以认为 $\sin i \ll 1$. 从参考方向到上交点的角为 Ω. 在轨道平面中测得的近日点角度为 ω, 离心率为 e, 半长轴为 a. 用标准方法计算轨道参量的扰动. 把 (2.4.14) 中的加速度 $\boldsymbol{a}$ 分解为径向分量 $a^{(1)}$. 垂直于轨道平面的分量 $a^{(2)}$ 和垂直于前两个方向的分量 $a^{(3)}$, 利用下列公式计算各轨道参量的变化率:

$$\frac{da}{dt} = -\frac{pa^{(1)}}{he}\cos\phi + \frac{(p+r)a^{(3)}}{he}\sin\phi - \frac{ra^{(2)}}{h}\cot i\cdot\sin(\omega+\phi), \quad (2.4.16)$$

$$\frac{de}{dt} = \frac{1-e^2}{h}\left[aa^{(1)}\sin\phi + \frac{a^{(3)}}{e}\left(\frac{ap}{r} - r\right)\right], \quad (2.4.17)$$

$$\frac{da}{dt} = \frac{2a^2}{h}\left(\frac{pa^{(3)}}{r} + a^{(1)}e\sin\phi\right), \quad (2.4.18)$$

$$\frac{di}{dt} = \frac{ra^{(2)}}{h}\cos(\omega+\phi), \quad (2.4.19)$$

$$\frac{d\Omega}{dt} = \frac{a^{(2)}r}{h}\frac{\sin(\omega+\phi)}{\sin i}. \quad (2.4.20)$$

式中 h 是单位质量的轨道角动量, ϕ 是从近日点到行星的角, p 的定义仍为

$$p = a(1 - e^2), \quad (2.4.21)$$

r, ϕ, p, e 的关系仍为

$$r \equiv p(1 + e\cos\phi)^{-1},$$
$$r^2\frac{d\phi}{dt} \equiv h \equiv (mp)^{1/2}. \quad (2.4.22)$$

由于在地心坐标系中观测, 所以测得的近日点为

$$\tilde{\alpha} = \alpha + \Omega\cos i. \tag{2.4.23}$$

这时可算出 $\tilde{\alpha}$ 的变化率

$$\frac{\mathrm{d}\tilde{\alpha}}{\mathrm{d}t} = -\frac{pa^{(1)}}{he}\cos\phi + \frac{a^{(3)}(p+r)}{he}\sin\phi. \tag{2.4.24}$$

式 (2.43.24) 中的扰动加速度为

$$\begin{aligned}
a^{(1)} = {} & \frac{3}{2}\frac{m\boldsymbol{R}^2\boldsymbol{J}_2}{r^4}[3(\hat{\boldsymbol{e}}\cdot\hat{\boldsymbol{n}})]^2 - 1] + \frac{m}{r^2}\Big[(2\gamma+2\beta)\frac{m}{r} \\
& - \gamma v^2 + (2\gamma+2)(\boldsymbol{v}\cdot\hat{\boldsymbol{n}})^2 + (2+\alpha_1-2\zeta_2)\frac{\mu}{r} \\
& - \frac{1}{2}(6+\alpha_1+\alpha_2+\alpha_3)\frac{\mu}{m}v^2 \\
& - \frac{1}{2}(1-2\alpha_1-\alpha_2)\frac{\mu}{m}(\boldsymbol{v}\cdot\boldsymbol{n})^2\Big],
\end{aligned}$$

$$a^{(3)} = \frac{-3mR_2J_2}{r^4}(\hat{\boldsymbol{e}}\cdot\hat{\boldsymbol{n}})(\hat{\boldsymbol{e}}\cdot\hat{\boldsymbol{\lambda}}) + \frac{m}{r^2}(\boldsymbol{v}\cdot\hat{\boldsymbol{n}})(\boldsymbol{v}\cdot\hat{\boldsymbol{\lambda}})[(2\gamma+2) - \frac{\mu}{m}(2-\alpha_1+\alpha_2). \tag{2.4.24a}$$

式中 $\hat{\boldsymbol{\lambda}}$ 沿轨道运动方向, 与 $\hat{\boldsymbol{n}}$ 正交, $\boldsymbol{\lambda}$ 和 $\hat{\boldsymbol{n}}$ 都是单位矢. 在太阳系中, 对称轴与轨道平面正交, 所以 $\hat{\boldsymbol{e}}\cdot\hat{\boldsymbol{n}} = 0$. 把 (2.4.24) 代入 (2.4.24), 并注意 (2.4.22), 沿轨道求积分, 得到

效应 10

$$\begin{aligned}
\Delta\tilde{\alpha} = {} & \frac{6\pi m}{p}\Big[\frac{1}{3}(2+2\gamma-\beta) \\
& + \frac{1}{6}(2\alpha_1-\alpha_2+\alpha_3+2\zeta_2)\frac{\mu}{m} + \frac{J_2R^2}{2mp}\Big]. \tag{2.4.25}
\end{aligned}$$

上式中的第一项取决于 PPN 参数 γ 和 β 的经典近日点进动. 第二项取决于两物体质量的比, 这一项在完全守恒理论中 $(\alpha_1 \equiv \alpha_2 \equiv \alpha_3 \equiv \zeta_2 \equiv 0)$ 为零. 由于水星质量与太阳质量之比约为 2×10^{-7}, 所以 $\mu/m \sim 2\times10^{-7}$, 故对于水星和太阳可忽略这一项. 第三项取决于太阳四极矩 J_2. 太阳四极矩是由它的扁平结构产生的, 估计 $J_2 \sim 10^{-7}$, 用这一值及水星-太阳的标准轨道参数代入, 得到近日点进动值为

$$\dot{\tilde{\alpha}} = 42''\cdot95\lambda_p \cdot \text{百年}^{-1},$$

$$\lambda_p \equiv \frac{1}{3}(2+2\gamma-\beta) + 3\times10^{-4}(J_2/10^{-7}). \tag{2.4.26}$$

用雷达测量水星轨道, 得到对 PPN 参数的限制

$$\frac{1}{3}(2+2\gamma-\beta) = \begin{cases} 1.005 \pm 0.020(\text{Shapiro, 1972}) \\ 1.003 \pm 0.005(\text{Shapiro, 1976}) \end{cases} \tag{2.4.27}$$

曾经有一段时间, 人们对水星近日点进动的解释有争议. 主要是由于 Dicke 等 (1966) 测量太阳的扁率, 得到极半径与赤道半径之差为 $\Delta R = (43.''3 \pm 3.''3) \times 10^{-3}$. 由此得到

$$J_2 = (2.47 \pm 0.23) \times 10^{-5} \quad \text{(Dicke, 1974)} \tag{2.4.28}$$

这样大的 J_2 值对水星近日点进动的贡献约为 $4'' c^{-1}$. 这使广义相对论的预言与观测结果不一致. 另一方面, 这一值可由 Brans-Dicke 的标量引力理论得到解释, 只要取其中参量 $\omega \approx 5$.

这一争议直至 Hill 小组公布了他们的观测结果之后才平息下来. 他们观测的结果是

$$\Delta R = (9.''2 \pm 6''2) \times 10^{-3},$$

$$J_2 = 0.10 \pm 0.43 \times 10^{-5} \quad \text{(Hill et al., 1974)}. \tag{2.4.29}$$

此结果比 Dicke 值小 5 倍. 但是这两个观测结果的不一致性仍未解决.

要区分相对论引力效应和 J_2 效应是很困难的. 一种方法是比较不同行星的进动. 但是目前对金星、地球和火星进动值的测量精度都不够高. Shapiro(1972) 曾指出, 用雷达对内行星进行几年观测, 有可能作出上述比较. 最有希望的是用所谓太阳探索, 发射一飞船, 其近日点与太阳中心距离为太阳半径的 4 倍. 借助于这样高偏心率的飞船, 能给出精度为 10^{-8} 的 J_2 值 (Nordtvedt,1977).

(2) $w \neq 0$ 的情况. 设两体系统的质心以速度 w 相对于宇宙静止标架运动. 由 (2.3.16), (2.3.17) 和 (2.3.23) 得到附加加速度

$$
\begin{aligned}
\delta \boldsymbol{a}_1 = & -\frac{1}{3}\alpha_3 \frac{\Omega_1}{m_1}(\boldsymbol{w}+\boldsymbol{v}_1) \times \boldsymbol{w} - \frac{m_2 \boldsymbol{r}}{r^3}\left[(4\beta + 2\gamma - 1 - \zeta_2 - 3\zeta_w)\frac{m_G}{r_G}\right. \\
& + \frac{1}{2}(\alpha_1 - \alpha_2 - \alpha_3)w^2 + \frac{1}{2}\alpha_1 \boldsymbol{w}\cdot\boldsymbol{v}_1 + \frac{1}{2}(\alpha_1 - 2\alpha_2 - 2\alpha_3)\boldsymbol{w}\cdot\boldsymbol{v}_2 + \frac{3}{2}\alpha_2(\boldsymbol{w}\cdot\hat{\boldsymbol{n}})^2 \\
& \left. + 3\alpha_2(\boldsymbol{w}\cdot\hat{\boldsymbol{n}})(\boldsymbol{v}_2\cdot\hat{\boldsymbol{n}})\right] - \zeta_w \frac{m_2}{r^3}\frac{m_G}{r_G}[2(\hat{\boldsymbol{n}}_G\cdot\boldsymbol{r})\hat{\boldsymbol{n}}_G - 3r(\boldsymbol{n}_G\cdot\hat{\boldsymbol{n}})^2] \\
& + \alpha_2 \frac{m_2}{r^3}(\boldsymbol{r}\cdot\boldsymbol{w})\boldsymbol{v}_2 + \frac{1}{2}\frac{m_2}{r^3}\boldsymbol{r}\cdot[\alpha_1\boldsymbol{v}_1 - (\alpha_1 - 2\alpha_2)\boldsymbol{v}_2 + 2\alpha_2\boldsymbol{w}]\boldsymbol{w},
\end{aligned}
$$

$$\delta \boldsymbol{a}_2 = \{\text{在上式中将} \boldsymbol{r} \text{换为} -\boldsymbol{r}, \text{脚标} 1 \leftrightarrow 2\}, \tag{2.4.30}$$

式中 $\boldsymbol{r} \equiv \boldsymbol{r}_{21}, \hat{\boldsymbol{n}} = \boldsymbol{r}/r, r_G \equiv |\boldsymbol{r}_{1G}|, \hat{\boldsymbol{n}}_G \equiv \boldsymbol{r}_{1G}/r_G$, 下脚标 G 代表银河系. 在导出上式的过程中忽略了 $m_G r/r_G^2, m_G r^2/r_G^2$ 等高阶项. (2.4.30) 的第一个中括号里前两项为常数, 可以放到牛顿加速度中去. 由太阳和行星组成的系统, 可忽略行星的 Ω/m. 取太阳为物体 1, 则相对加速度 $\delta \boldsymbol{a} = \delta \boldsymbol{a}_2 - \delta \boldsymbol{a}_1$ 可写为

$$\delta \boldsymbol{a} = \frac{m\boldsymbol{r}}{r^3}\left[\frac{1}{2}\alpha_1 \frac{\delta m}{m}\boldsymbol{w}\cdot\boldsymbol{v} + \frac{3}{2}\alpha_2(\boldsymbol{w}\cdot\hat{\boldsymbol{n}})^2\right]$$

$$+ \zeta_w \frac{m}{r^3} \frac{m_G}{r_G} [2(\hat{\boldsymbol{n}}_G \cdot \boldsymbol{r}) \hat{\boldsymbol{n}}_G - 3r(\hat{\boldsymbol{n}}_G \cdot \hat{\boldsymbol{n}})^2]$$

$$- \frac{m\boldsymbol{r}}{r^3} \left[\frac{1}{2} \alpha_1 \frac{\delta m}{m} \boldsymbol{v} + \alpha_2 \boldsymbol{w} \right] \boldsymbol{w} + \frac{1}{3} \alpha_3 \left(\frac{\Omega}{m} \right)_{\ominus} \boldsymbol{w} \times \boldsymbol{w}. \tag{2.4.31}$$

式中用到了 (2.4.11) 和 (2.4.12), $\delta m \equiv m_2 - m_1$.

设 $m_2 \ll m_1, e \ll 1$, $\boldsymbol{w}$ 与轨道平面正交, 用计算 (2.4.25) 的方法, 取到 e 的零阶, 得到轨道上 $\bar{\alpha}$ 的变化量

$$\Delta \bar{\alpha} = -2\pi \left[\frac{1}{4} \alpha_1 \left(\frac{m}{p} \right)^{1/2} \frac{w_\odot}{e} + \frac{1}{8} \alpha_2 (w_p^2 - w_Q^2) \right.$$

$$\left. - \frac{1}{4} \zeta_w \frac{m_G}{r_G} (\hat{n}_p^2 - \hat{n}_Q^2) - \frac{1}{2} \alpha_3 \left(\frac{|\Omega|}{m} \right)_\odot \times \left(\frac{|w|p^2}{me} \right) w_Q \right]. \tag{2.4.32}$$

式中 w_p, w_Q 和 $\hat{n}_p, \hat{n}_Q$ 分别是矢量 $\boldsymbol{w}$ 和 $\boldsymbol{n}$ 沿近日点方向 $(w_p, \hat{n}_p)$ 和沿与它垂直 (与轨道面上) 的方向 $(w_Q, \hat{n}_Q)$ 的分量. 可以证明, 式 (2.4.31) 中的扰动引起 e, i 和 Ω 的变化. 将水星、地球和太阳的各有关参量代入. 有

$$\left(\frac{\Omega}{m} \right)_\odot \approx 4 \times 10^{-6}, \quad w_\odot \approx 3 \times 10^{-6} \mathrm{s}^{-1},$$

$\boldsymbol{w}$ 的方向指向银河系中心. 太阳系相对于优越标架的速度

$$w = 350 \mathrm{km} \cdot \mathrm{s}^{-1}, \tag{2.4.33}$$

这一数值是根据 (1977) 测量数据算得的. 考虑到 "经典" 贡献, 最后得到

效应 11

$$\dot{\bar{\alpha}}_{水星} = 43.0 \left[\frac{1}{3}(2\gamma + 2 - \beta) + 3 \times 10^{-4} (J_2/10^{-7}) \right]$$

$$- 123\alpha_1 + 92\alpha_2 + 1.4 \times 10^5 \alpha_3 + 63\zeta_w / 百年 \tag{2.4.34}$$

效应 12

$$\dot{\bar{\alpha}}_{地球} = 3.8 \left[\frac{1}{3}(2\gamma + 2 - \beta) \right] - 198\alpha_1 + 12\alpha_2$$

$$+ 2.4 \times 10^6 \alpha_3 + 14\zeta_w / 百年 \tag{2.4.35}$$

取 $J_2 < 5 \times 10^{-6}$, 按观测值与上两式比较, 可以得到对几个 PPN 参量的限制

$$|49\alpha_1 - \alpha_2 - 6.3 \times 10^5 \alpha_3 - 2.2\zeta_w| < 0.1,$$

$$|a_3| \lesssim 2 \times 10^{-7}. \tag{2.4.36}$$

效应 11 和效应 12 是由于 $w \neq 0$ 引起的, $(\alpha_1, \alpha_2, \alpha_3$ 不为零), 属于优越标架效应.

2.5　Nordtvedt 效应

在 2.3 节中已指出, 对于重质量的具有自引力的物体, 弱等效原理可能不成立. 每个物体的被动引力质量和惯性引力质量不必须相等, 它们的差异可用 PPN 参量表示出来. 物体加速度的准牛顿部分表示为 (2.3.27) 和 (2.3.28). 太阳系中大多数天体接近球形, 所以有

$$\Omega_a^{ik} \approx \frac{1}{3} \Omega_a \delta^{ik}. \tag{2.5.1}$$

将此式代入 (2.3.27), 可把准牛顿加速度写为

$$(a_a^i)_2 = \left(\frac{m_p}{m}\right)_a \chi_{,i}. \tag{2.5.2}$$

式中

$$\left(\frac{m_p}{m}\right)_a = 1 + \left(4\beta - \gamma - 3 - \frac{10}{3}\zeta_w - \alpha_1 + \frac{2}{3}\alpha_2 - \frac{2}{3}\zeta_1 - \frac{1}{3}\zeta_2\right)\frac{\Omega_a}{m_\sigma},$$

$$\chi = \sum_{b \neq a} \frac{(m_A)_6}{r_{ab}}. \tag{2.5.3}$$

由于月球的自引力能比地球的小, 按 (2.5.2)~(2.5.3), 月球和地球以不同的加速度落向太阳. 考虑到它们的相互吸引, 由 (2.5.2) 和 (2.5.3)(忽略四极矩项) 得到

$$a_{\text{地}}^i = -\left(\frac{m_p}{m}\right)_{\text{地}}\left[(m_A)_\odot \frac{X^i}{R^3} - \frac{(m_A)_\text{月} x^i}{r^3}\right],$$

$$a_\text{月}^i = -\left(\frac{m_p}{m}\right)_\text{月}\left[(m_A)_\odot \frac{X_0^i}{R_0^3} + \frac{(m_A)_\text{地} x^i}{r^3}\right], \tag{2.5.4}$$

式中 X 和 X_0 分别表示太阳到地球和月亮的矢量, x 是由地球到月球的矢量. 月球相对于地球的加速度为

$$\begin{aligned}
a \equiv a_\text{月} - a_\text{地} \\
= -\frac{\tilde{m}r}{r^3} + \eta\left[\left(\frac{\Omega}{m}\right)_\text{地} - \left(\frac{\Omega}{m}\right)_\text{月}\right]\frac{m_\odot X}{R^3} \\
+ \left(\frac{m_p}{m}\right)_\text{月} m_\odot \left(\frac{X}{R^3} - \frac{X_0}{R_0^3}\right).
\end{aligned} \tag{2.5.5}$$

式中

$$\tilde{m} \equiv (m_A)_\text{地} + (m_A)_\text{月} + \eta\left[(m_A)_\text{地}\left(\frac{\Omega}{m}\right)_\text{月} + (m_A)_\text{月}\left(\frac{\Omega}{m}\right)_\text{地}\right],$$

$$m_\odot \equiv (m_A)_\odot, \tag{2.5.6}$$

$$\eta \equiv 4\beta - \gamma - 3 - \frac{10}{3}\zeta_w - \alpha_1 + \frac{2}{3}\alpha_2 - \frac{2}{3}\zeta_1 - \frac{1}{3}\zeta_2.$$

式 (2.5.5) 中第二项是地球和月球落向太阳的加速度之差.

效应 13

$$(\boldsymbol{a})_{\Omega,\eta} = \eta \frac{m_\odot \boldsymbol{X}}{R^3} \left[\left(\frac{\Omega}{m} \right)_{\text{地}} - \left(\frac{\Omega}{m} \right)_{\text{月}} \right], \tag{2.5.7}$$

此即 Nordtvedt 效应. 第三项是非相对论扰动, 第一项是地球和月球的牛顿加速度. 这样, 由 (2.5.5) 略去非相对论扰动, 得到月球相对于地球的运动方程为

$$\boldsymbol{a} = -\frac{\tilde{m}\boldsymbol{r}}{r^3} + \eta \frac{m_\odot \boldsymbol{X}}{R^3} \left[\left(\frac{\Omega}{m} \right)_{\text{地}} - \left(\frac{\Omega}{m} \right)_{\text{月}} \right]. \tag{2.5.8}$$

取 PPN 准笛卡儿坐标系, 设未受扰动时月球在 $x-y$ 面内做角速度为 ω_0 的圆运动, 地球在此平面内做角速度为 ω_e 的圆运动, 于是有

$$\boldsymbol{a} = \frac{\mathrm{d}^2 \boldsymbol{r}}{\mathrm{d}t^2}, \quad \boldsymbol{h} = \boldsymbol{r} \times \frac{\mathrm{d}\boldsymbol{r}}{\mathrm{d}t}, \tag{2.5.9}$$

式中 $\boldsymbol{h}$ 为地–月轨道的比角动量. 由上式可得

$$\frac{\mathrm{d}^2 r}{\mathrm{d}t^2} = \frac{\boldsymbol{r} \cdot \boldsymbol{a}}{r} + \frac{h^2}{r^3},$$
$$\frac{\mathrm{d}\boldsymbol{h}}{\mathrm{d}t} = \boldsymbol{r} \times \boldsymbol{a}. \tag{2.5.10}$$

这样, 由 (2.5.7) 和 (2.5.8) 得

$$\frac{\mathrm{d}^2 r}{\mathrm{d}t^2} = -\frac{\tilde{m}}{r^2} + \frac{h^2}{r^3} + (a)_\Omega \cos\omega t,$$
$$\frac{\mathrm{d}h}{\mathrm{d}t} = -r(a)_\Omega \sin\omega t. \tag{2.5.11}$$

式中

$$\omega \equiv \omega_0 - \omega_e, \quad \cos\omega t \equiv -\frac{\hat{\boldsymbol{n}} \cdot \boldsymbol{r}}{r} \quad \sin\omega t \equiv -\frac{(\hat{\boldsymbol{n}} \times \boldsymbol{r})_z}{r},$$
$$(a)_{\Omega,\eta} \equiv \eta \frac{m_\odot}{R^2} \left[\left(\frac{\Omega}{m} \right)_{\text{地}} - \left(\frac{\Omega}{m} \right)_{\text{月}} \right], \tag{2.5.12}$$

角度 ωt 是地–日方向和地–月方向的夹角. 令

$$r \equiv r\sigma + \delta r, \quad h \equiv h_0 + \delta h, \tag{2.5.13}$$

并利用 $\tilde{m}/r_0^3 = h_0^2/r_0^4 = \omega_0^2$, 代入 (2.5.11), 积分得

效应 14

$$(\delta r)_{\Omega,\eta} = \left(\frac{1 + 2\omega_0/\omega}{\omega_0^2 - \omega^2} \right) (a)_\Omega \cos\omega t, \tag{2.5.14}$$

效应 15

$$(\delta h)_{\Omega,\eta} = \frac{r_0}{\omega}(a)_{\Omega}\cos\omega t. \tag{2.5.15}$$

式 (2.5.14) 表示由自引起的地–月轨道的极化. $\eta > 0$ 时, 这极化总是指向太阳 (即轨道长轴指向太阳).

利用已知参量值

$$m_{\odot}/R^2 \approx 5.9 \times 10^{-6} \mathrm{km \cdot s^{-2}},$$

$$\omega_0 \approx 13.4\omega_e \approx 2.7 \times 10^{-6} \mathrm{s^{-1}},$$

$(\Omega/m)_{\text{地}} \approx -4.6 \times 10^{-10}, (\Omega/m)_{\text{月}} \approx -0.2 \times 10^{-10}$, 可以将 (2.5.14) 写为

$$(\delta r)_{\Omega,\eta} \approx 8.0\eta\cos(\omega - \omega_e)tm. \tag{2.5.16}$$

1969 年 8 月测得由月球上的 Apollo11 号反射器反射回来的激光信号到达得克萨斯的观测器所经历的时间, 精度为 1 ns(30cm), 对于测量数据的分析, 没能把 Nordtvedt 效应和其他的因素分离开, 它有可能被其他的地–月轨道扰动所掩盖.

2.6 Schwarzschild 场中近日点的移动 (非经典效应)

1. 电荷在 Schwarzschild 场中运动时轨道近日点的移动

设有两个重质量物体, 它们都带有电荷, 而电荷又足够大, 会影响引力场. 这时解两个重质量物体组成的系统的运动方程, 才能显示出引力效应. 设其中一个物体的质量远小于另一物体的质量, 而令大质量物体的电荷为零, 则附加反常的表达式为

效应 16

$$\left(\frac{\Delta\alpha}{2\pi}\right)_k = -\frac{\tilde{k}}{2\tilde{m}p}. \tag{2.6.1}$$

式中 $\tilde{k}$ 表示小质量物体电荷的平方, $\tilde{m}$ 表示其质量.

效应 (2.6.1) 只和运动物体的参量有关. 可以在很大范围内改变这些参量的值, 从而改变效应 (2.6.1) 的值. 因此, 可以按最合适 (对于观测) 的参量发射卫星来测量此效应. 这比通常测量具有固定参量的巨大天体要简单得多.

2. 引力磁矩对近日点移动的贡献

与 2.3 节中的方法相似, 设两个重质量物体都带有磁矩, 这些磁矩对引力场都有贡献, 解二体运动方程, 来显示引力效应. 设大质量物体的磁矩等于零, 则可得到小质量物体的磁矩对附加反常的贡献. 假设小物体的引力磁矩 $\hat{n}$ 与轨道平面垂直, 轨道近日点附加移动为

效应 17

$$\left(\frac{\Delta\alpha}{2\pi}\right)_n = -\frac{6m\tilde{n}}{p\sqrt{mp}}. \tag{2.6.2}$$

由上式可见, 运动物体参量的引力作用减小了总的附加反常. 因此, 如果发射一个具有大电量或大磁矩的物体到中性试验物体的轨道上去, 则这荷电 (磁) 的物体会比中性物体落后. 如果强磁体的 $|c\hat{\boldsymbol{n}}| \to 10^3 \sim 10^5 \mathrm{cm}^2 \cdot \mathrm{s}^{-1}$, 则效应为 (绕地球一周)

$$\left(\frac{\Delta\alpha}{2\pi}\right)_{\tilde{n}} \to 1.6 \times (10^{-11} \sim 10^{-9}). \tag{2.6.3}$$

在焦点参量 $p \sim 10^9 \mathrm{cm}$ 的轨道上, 卫星每年绕地球运行约 3000 周, 所以卫星上磁体的近日点每年移动 $0.5 \sim 200 \mathrm{cm}$. 用运行着的卫星可以做这一检验.

3. Schwarzschild 场中试验振子近日点移动

假设试验粒子在 Schwarzschild 场中沿半径为 r_0 的圆轨道运动. 如果粒子受到附加的非引力的作用, 则其运动方程为 (2.2.4).

对于周期性外力的情况

$$F^\mu = -\Omega^2\eta^\mu, \quad \eta^\mu = \xi^\mu \mathrm{e}^{\mathrm{i}(\omega\tau+\beta)}. \tag{2.6.4}$$

式中 Ω 是频率, $\omega = f(\Omega)$. 假设只有径向分量 F^1 和 η^1, 我们对运动方程 (2.2.4) 做一次积分后, 得到力 F^μ 作用下试验振子一个周期内附加反常的表达式

效应 18

$$\left(\frac{\Delta\alpha}{2\pi}\right)_\Omega = \left[1 + \frac{\Omega^2}{\omega_0^2}\left(1 + \frac{3m}{r_0}\right)\right]^{1/2}\left(1 + \frac{3m}{r_0}\right) - \left(1 + \frac{\Omega}{\omega_0}\right)^2. \tag{2.6.5}$$

式中 $\omega_0 = \sqrt{\dfrac{m}{r_0^3}}$ 是开普勒频率. 这一效应的特点是它的大小与频率 Ω 和 ω_0 之比有关. 由 (2.6.5) 可得

$$\left(\frac{\Delta\alpha}{2\pi}\right)_{\Omega=0} = \frac{3m}{r_0}$$

$$\left(\frac{\Delta\alpha}{2\pi}\right)_{\Omega_1 \ll \omega_0} = \frac{3m}{r_0}\left(1 - \frac{\Omega_1^2}{\omega_0^2}\right),$$

$$\left(\frac{\Delta\alpha}{2\pi}\right)_{\Omega_2 \gg \omega_0} = \frac{3m}{2r_0} - \frac{\omega_0}{\Omega_2}. \tag{2.6.6}$$

由上式可见, 频率为 Ω_1 和 Ω_2 的两个振子的极化角不同, 因此它们之间的距离应随时间变化. 观察这种变化可以验证效应 (2.6.5).

4. 试验自旋法向分量的贡献

考虑一个试验物体的非短程线运动, 它的所有参量都是试验参量. 设所研究物体具有试验自旋, 方向垂直于轨道平面, $S = S_z$. 可以证明, 当沿赤道面运动时, 轨道是稳定的.

Papapetrou 方程 (2.2.17) 和 (2.2.18) 的第一次积分可写为

$$\mu u_0 + u^\lambda \frac{\mathrm{D}S_{\lambda 0}}{\mathrm{D}\tau} + \frac{1}{2}g_{0\rho,\sigma}S^{\rho\sigma} = -\mu\varepsilon,$$

$$\mu u_3 + u^\lambda \frac{\mathrm{D}S_{3\lambda}}{\mathrm{D}\tau} + \frac{1}{2}g_{3\rho,\sigma}S^{\rho\sigma} = \mu h. \tag{2.6.7}$$

另外, 由于方程组 (2.2.17)~(2.2.18) 含有 7 个独立的方程和 10 个未知量 ($S^{\mu\nu}$ 和 u^λ), 还可对粒子的自旋加上具体的附加条件. 此条件可选为

$$S^{\rho\sigma}u_\sigma = 0, \quad \frac{1}{\mu}S_{\lambda\sigma} = \eta_{\lambda\sigma\rho\nu}S^\rho u^\nu, \tag{2.6.8}$$

并且只限于自旋的线性项, 因为这时才可以将粒子看成试验自旋, 也才可以忽略形如 $u^\lambda \dfrac{\mathrm{D}S_{\lambda\sigma}}{\mathrm{D}\tau}$ 的项. 由 (2.6.7) 和 $g_{\mu\nu}\dot{x}^\mu\dot{x}^\nu = 1$, 代入 Schwarzschild 度规, 只保留自旋的一次项, 我们得到轨道微分方程

$$\boldsymbol{F}_{m,s}(u) = \frac{\varepsilon^2 - 1}{h^2}\left(1 \pm \frac{2S\varepsilon}{h}\right) + \frac{2m}{h^2}\left(1 \pm \frac{2S\varepsilon}{h}\right)u$$

$$- u^2 + 2m\left(1 \mp \frac{S\varepsilon}{h}\right)u^3. \tag{2.6.9}$$

由 (2.1.5) 得

$$C = 1 - \frac{2m}{p}\left(1 \mp \frac{S\varepsilon}{h}\right)(3 + e\cos\psi). \tag{2.6.10}$$

按前面相同的程序, 对自旋作近似积分, 得到自旋对轨道近日点移动的贡献.

效应 19

$$\left(\frac{\Delta\alpha}{2\pi}\right)_{m,s} = \mp\frac{3mS}{p\sqrt{mp}}. \tag{2.6.11}$$

当自旋与轨道角动量平行时, 式 (2.6.9)~(2.6.11) 取上面的符号, 反平行时取下面的符号. 对于地球, $S = a$, 所以在地面附近效应 (2.6.11)~10^{11}.

如果有两个试验自旋同在一个 Schwarzschild 场中的一个轨道上运行, 当它们的自旋反平行时, 二者会离开. 这一实验可以用来检验效应 (2.6.11). 第一周, 同向绕行的两个反向自旋粒子分离开的角度为

$$\Delta\beta = \frac{12\pi mS}{p\sqrt{mp}}. \tag{2.6.12}$$

2.7 Schwarzschild 场对试验物体轨道参量的限制

多种原因都会导致对轨道参量的限制, 比如轨道参量 p, e 和守恒能量 ε, 守恒面积 h 之间的依赖关系就可使 p 和 e 受到限制. 经常讨论的是圆轨道的稳定性问题, 因为这一情况在天体物理方面是有用的, 同步引力辐射就属于这种情况.

试验粒子的轨道必须满足下面的条件, 这些条件也可称为准则:

(a) 真实的运动要求

$$\varepsilon \geqslant 0, \quad h \geqslant 0; \tag{2.7.1}$$

(b) 径向稳定性要求

$$\frac{\mathrm{d}^2\varepsilon}{\mathrm{d}r^2} > 0, \quad \frac{\mathrm{d}^2 h}{\mathrm{d}r^2} > 0. \tag{2.7.2}$$

对轨道还可能有一系列其他限制, 在具体物理问题中再讨论. 下面研究 Schwarzschild 场中的情况.

1. Schwarzschild 场中的圆轨道

当 $e = 0$ 时, 由 (2.4.2) 得到

$$\varepsilon = \left(1 - \frac{2m}{r}\right)\left(1 - \frac{3m}{r}\right)^{-1/2},$$

$$h = \sqrt{mr}\left(1 - \frac{3m}{r}\right)^{-1/2}. \tag{2.7.3}$$

(2.7.1) 要求

$$r \geqslant 3m. \tag{2.7.4}$$

上式取等号对应于光速 (光子轨道). 由 (2.7.2) 可知 $r = 6m$ 的轨道满足 "拐点" 条件. 满足条件

效应 20

$$r \geqslant 6m \tag{2.7.5}$$

的轨道对于径向扰动是稳定的. 这就是说, 当轨道半径介于 $3m$ 和 $6m$ 之间时, 只要使径向坐标有一点变化, 试验物体就会飞向无限远或者落入引力中心. 对引力场中圆轨道的上述限制在牛顿引力理论中是没有的. 显然, 上述效应只对半径小于 $6m$ 的引力源才成立.

2. 圆轨道的分离

将 (2.4.1) 再对 u 微分一次, 把所得方程用于圆轨道情况, 不难得到确定这些轨道半径的方程

$$r^2 - \frac{h^2}{m}r + 3h^2 = 0. \tag{2.7.6}$$

此方程的解为

效应 21

$$r_\pm = \frac{h^2}{2m}\left(1 \pm \sqrt{1 - \frac{12m^2}{h^2}}\right).$$
(2.7.7)

这一效应表明, h 确定以后, 在 Schwarzschild 场中存在两个圆轨道, 其半径为 r_+ 和 r_-, $r_+ > r_-$. 当 h 充分大, $m/h \to 0$ 时, 得到 $r_- = 0, r_+ = \dfrac{h^2}{2m} = r_{\text{Newton}}$. 此效应表示在图 10-2 中. $r < 6m$ 时轨道不稳定, 只有当 $r = r_+$ 时运动才是稳定的. 随着 h 值增大, r_+ 增大而 r_- 减小. 由 (2.7.7) 可见, 在 Schwarzschild 场中只有 $h \geqslant 2\sqrt{3}m$ 对应的轨道运动才是可能的.

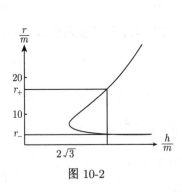

图 10-2

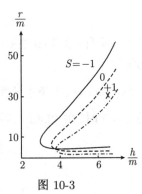

图 10-3

3. Schwarzschild 场中两个自旋的圆轨道

效应 22

设自旋方向与轨道平面垂直. 这一试验自旋的轨道运动由 Papapetrou 方程代入 Schwarzschild 度度规 $\left(\theta = \dfrac{\pi}{2}\right)$ 作第一次积分便可得到. $\varepsilon(r)$ 满足一个二次方程, 其中各项系数含有 m, r 和 S. 由于这个方程含有自旋的线性组合, 所以可以认为 $\varepsilon(r)$ 和 $h(r)$ 是自旋 S 的线性函数. 这就是说, 圆轨道半径依赖于自旋 S 的取向 (图 10-3). 这一取向通常以轨道角动量矢量为标准方向. 轨道角动量矢量在轨道面法线上的投影即为守恒面积 h. 图中表明 r 和 h 间的关系, 是由方程的数值解画出的. 由图 10-3 可见, 当试验粒子自旋沿轨道角动量正方向取向 (即正向绕行) 时的轨道比反方向取向 (逆行) 时更靠近场源. 两个反方向取向的试验自旋在作同向绕行时, 稳定轨道半径的差异效应是自旋–轨道相互作用的结果. 这一效应的实验观测要求仪器具有很高的精度. 例如, 用卫星做实验, 需要记录卫星中回转仪的位移.

4. 场源质量对轨道的影响

当 Schwarzschild 场源的质量改变时, 试验物体将会离开稳定轨道. 由于微粒辐射和波辐射, 太阳和其他恒星的质量会减小, 它们的引力场也会随时间减弱, 中心质量的变化必导致试验物体轨道参量的变化. 若源的质量突然改变 (如由于爆炸), 则本身位于稳定轨道上的试验物体就可能飞到无限远. 在牛顿引力理论中, 飞出的条件是

$$(\Delta m)_N \geqslant \frac{1}{2}(m + \mu). \tag{2.7.8}$$

式中 μ 为试验物体的质量. 在 Schwarzschild 场中, 如果假设 $\dot{r}$ 和 h 不变, $m \gg \mu$, 则试验物体飞出的条件是

$$(\Delta_m)_{GR} \geqslant \frac{m(r - 4m)}{2(r - 2m)} \approx \frac{m}{2}\left(1 - \frac{2m}{r}\right). \tag{2.7.9}$$

可见爱因斯坦理论与牛顿理论预言是不同的, 其差为

效应 23

$$(\Delta m)_{GR} - (\Delta_m)_N \approx -\frac{m^2}{r}. \tag{2.7.10}$$

比较 (2.7.9) 和 (2.7.8) 可以发现, 广义相对论效应偏离牛顿效应是由于在牛顿理论中 (2.7.8) 和径向坐标 r 无关.

当 r 很小时, 即使 $(\Delta_m)_{GR}$ 不很大, 粒子也可能脱离稳定轨道. 当质量源发生吸积过程 (质量增大) 时, 也会出现对应的效应.

2.8 Schwarzschild 场中的进动效应

受引力场的影响, 试验物体的参量可能发生变化. 例如试验自旋引力场中轨道运动时, 受引力场的影响, 它的自旋会改变. 这类效应属于广义相对论效应. 当然上述进动应遵守矢量进动的一般方程

$$\frac{\mathrm{d}\boldsymbol{A}}{\mathrm{d}t} = \boldsymbol{\Omega} \times \boldsymbol{A}. \tag{2.8.1}$$

式中 $\boldsymbol{\Omega}$ 是进动角速度. 在某些情况下, 自旋的方向可能改变, 但不发生进动.

引力场中的轨道角动量也会有上述进动效应.

1. Schwarzschild 场中的进动效应

de Sitter(1916) 证明了: 试验自旋在有心力场中作轨道运动时, 应以角速度

效应 24

$$(\boldsymbol{\Omega})_{m,s} = \frac{3m}{2r^3}\boldsymbol{r} \times \boldsymbol{v} \tag{2.8.2}$$

进动, 式中 $\boldsymbol{r}$ 是试验物体惯性中心的矢径, $\boldsymbol{v}$ 是它的轨道运动速度. de Sitter 进动的特点是只和引力源的质量有关, 与试验物体的自旋无关. Schiff(1 960) 根据 Papapetrou 运动方程 (2.2.17)~(2.2.18) 研究了这一效应, 并讨论了用人造卫星上的实验来检验地球引力场中这一效应的可能性. 理论预言 $7'' \cdot a^{-1}$ 左右的效应.

下面我们较详细地研究一试验自旋沿一半径为 r_0 的闭合轨道自由运动时的短程线运动. 矢量 v^μ 沿曲线的平移由下式给出 (希腊字母取 1, 2, 3, 4,):

$$\frac{\delta v^\mu}{\delta u} = \frac{\mathrm{d}v^\mu}{\mathrm{d}\lambda} + \Gamma^\mu_{\rho\sigma}\frac{\mathrm{d}x^\rho}{\mathrm{d}u}v^\sigma = 0. \tag{2.8.3}$$

我们把 "起始点" $P_0(u = u_0)$ 处的矢量记作 $v^{\mu0}$, 把上式的解 v^μ 写成

$$v^\mu = \tilde{g}^\mu_{\sigma0}v^{\mu0}. \tag{2.8.4}$$

式中脚标 O 不表示坐标分量, 而表示 P_0 处的值; $\tilde{g}^\mu_{\sigma0}$ 为平移传播函数. 注意矢量 $v^{\mu0}$ 在 P_0 点可以任意选择, 将 (2.8.4) 代入 (2.8.3), 得到 $\tilde{g}^\mu_{\sigma0}$ 满足的方程

$$\frac{\delta g^\mu_{\sigma0}}{\delta u} = \frac{\mathrm{d}\tilde{g}^\mu_{\sigma0}}{\mathrm{d}u} + \Gamma^\mu_{\rho\tau}\frac{\mathrm{d}x^\rho}{\mathrm{d}u}\tilde{g}^\tau_{\sigma0} = 0. \tag{2.8.5}$$

按照此所取的号差, Schwarzschild 度规具有形式

$$\mathrm{d}s^2 = \left(1 - \frac{2m}{r}\right)^{-1}\mathrm{d}r^2 + r^2(\mathrm{d}\theta^2 + \sin^2\theta\mathrm{d}\varphi^2) - \left(1 - \frac{2m}{r}\right)\mathrm{d}t^2. \tag{2.8.6}$$

位于赤道平面内具有一个仿射参量 λ 的闭合轨道方程可以写为

$$r = r_0, \quad \theta = \frac{\pi}{2}, \quad \varphi = \frac{u}{\alpha r_0^2},$$

$$t = \frac{\beta u}{1 - 2m/r_0}, \quad \alpha^2\beta^2 = \frac{1}{mr_0}\left(1 - \frac{2m}{r_0}\right)^2, \tag{2.8.7}$$

其中 α 和 β 是初始状态参量, 当 $r_0 > 3m$ 时轨道是类时的. 由 (2.8.6) 和 (2.8.7), 可将平移传播函数的方程 (2.8.5) 改写为

$$\frac{\mathrm{d}\tilde{g}^1_{\sigma0}}{\mathrm{d}u} + \frac{1}{ar_0^2}\Gamma^1_{33}\tilde{g}^3_{\sigma0} + \frac{\beta}{1 - 2m/r_0}\Gamma^1_{44}\tilde{g}^4_{\sigma0} = 0 \tag{2.8.8}$$

$$\frac{\mathrm{d}\tilde{g}^2_{\sigma0}}{\mathrm{d}u} = 0, \tag{2.8.9}$$

$$\frac{\mathrm{d}\tilde{g}^3_{\sigma0}}{\mathrm{d}u} + \frac{1}{ar_0^2}\Gamma^3_{31}\tilde{g}^1_{\sigma0} = 0, \tag{2.8.10}$$

$$\frac{\mathrm{d}\hat{g}^4_{\sigma0}}{\mathrm{d}u} + \frac{\beta}{1 - 2m/r_0}\Gamma^4_{41}\tilde{g}^1_{\sigma0} = 0, \tag{2.8.11}$$

式中 $x' = r, x^2 = \theta, x^3 = \varphi, x^4 = t$. 为了解方程 (2.8.8)~(2.8.11), 微分 (2.8.8), 并代入 (2.8.10) 和 (2.8.11), 得到

$$\frac{\mathrm{d}^2\tilde{g}^1_{\sigma0}}{\mathrm{d}u^2} + \gamma^2\tilde{g}^1_{\sigma0} = 0. \tag{2.8.12}$$

式中

$$\gamma \equiv \left(1 - \frac{3m}{r_0}\right)/a^2 r_0^4.$$

方程 (2.8.12) 的通解为

$$\tilde{g}^1_{\sigma 0} = A_{\sigma 0}\mathrm{e}^{\mathrm{i}ru} + B_{\sigma 0}\mathrm{e}^{-\mathrm{i}ru}, \tag{2.8.13}$$

矢量 $A_{\sigma 0}$ 和 $B_{\sigma 0}$ 由初始条件确定

$$\lim_{U \to 0} \tilde{g}^1_{\sigma 0} = \delta^1_\sigma, \tag{2.8.14}$$

$$\lim_{U \to 0} \frac{\mathrm{d}\tilde{g}^1_{\sigma 0}}{\mathrm{d}u} = -\left(\frac{1}{ar_0^2}\Gamma^1_{33}\tilde{g}^3_{\sigma 0} + \frac{\beta}{1 - 2m/r_0}\Gamma^1_{44}\tilde{g}^4_{\sigma 0}\right)_{u=0}. \tag{2.8.15}$$

将求得的 $\tilde{g}^1_{\sigma 0}$ 代入 (2.8.10) 和 (2.8.11), 便可求出 $\tilde{g}^3_{\sigma 0}$ 和 $\tilde{g}_{00}$. 这样, 我们得到沿类时闭合轨道的平移传播函数的表达式

$$\tilde{g}^\mu_{\sigma 0} = \begin{bmatrix} \cos\gamma u & 0 & \dfrac{r_0(1-2a)}{(1-3a)^{1/2}}\sin\gamma u & -\dfrac{(1-2a)\sqrt{a}}{(1-3a)^{1/2}}\sin\gamma u \\[2mm] 0 & 0 & 0 & 0 \\[2mm] -\dfrac{\sin\gamma u}{r_0(1-3a)^{1/2}} & 0 & 1 - \dfrac{2(1-2a)}{1-3a}\sin^2\dfrac{\gamma u}{2} & \dfrac{2(1-2a)\sqrt{a}}{r_0(1-3a)}\sin^2\dfrac{\gamma u}{2} \\[2mm] -\dfrac{\sqrt{a}\sin\gamma u}{(1-2a)(1-3a)^{1/2}} & 0 & -\dfrac{2r_0\sqrt{a}}{1-3a}\sin^2\dfrac{\gamma u}{2} & 1 + \dfrac{2a}{1-3a}\sin^2\dfrac{\gamma u}{2} \end{bmatrix} \tag{2.8.16}$$

式中 $a = m/r_0$. 上式也可以应用到类空轨道和类零轨道, 只要分别取 r_0 满足条件 $2m < r_0 < 3m$ 和 $r_0 \to 3$ 即可.

现在我们应用上述传播函数研究 Schwarzschild 场中一个试验自旋的行为. 设自旋 S 沿闭合轨道做自由运动. 在 (2.8.6) 和 (2.8.7) 中, 取仿射参量 $u = \tau$(固有时), 则可求得 α 和 β

$$a = \frac{1}{r_0}\left(\frac{r_0}{m}\right)^{1/2}\left(1 - \frac{3m}{r_0}\right)^{1/2}, \quad \beta = \frac{1 - 2m/r_0}{(1 - 3m/r_0)^{1/2}}. \tag{2.8.17}$$

我们引入随动系 $\{e_i\}$ 和对应的基 $\{\omega^i\}$

$$e_{\hat{i}} = h^i_k e_k, \quad \omega^{\hat{i}} = t^i_k \omega^k. \tag{2.8.18}$$

式中 $\{e_k\}$ 即 $\left\{\dfrac{\partial}{\partial x^i}\right\}$, $\{\omega_k\}$ 即对应的基矢量系 $\{\mathrm{d}x^i\}$. 这些变换矩阵为

$$
(h_i^k) = \begin{bmatrix} (1-2a)^{1/2} & 0 & 0 & 0 \\ 0 & r_0^{-1} & 0 & 0 \\ 0 & 0 & \dfrac{(1-2a)^{1/2}}{r_0(1-3a)^{1/2}} & \dfrac{\sqrt{a}}{[(1-2a)(1-3a)]^{1/2}} \\ 0 & 0 & \dfrac{\sqrt{a}}{r_0(1-3a)^{1/2}} & \dfrac{1}{(1-3a)^{1/2}} \end{bmatrix}, \qquad (2.8.19)
$$

$$
(t_k^i) = \begin{bmatrix} \dfrac{1}{(1-2a)^{1/2}} & 0 & 0 & 0 \\ 0 & r_0 & 0 & 0 \\ 0 & 0 & \dfrac{r_0(1-2a)^{1/2}}{(1-3a)^{1/2}} & -\dfrac{\sqrt{a}(1-2a)^{1/2}}{(1-3a)^{1/2}} \\ 0 & 0 & -\dfrac{r_0\sqrt{a}}{(1-3a)^{1/2}} & \dfrac{1-2a}{(1-3a)^{1/2}} \end{bmatrix}. \qquad (2.8.20)
$$

由基矢量系 $\{e_i\}$ 变换到 $\{e_{\hat{i}}\}$, 我们可以计算平移传播函数 $\tilde{g}_{\hat{\sigma}0}^{\hat{u}}$. 在随动标架中有 $\tilde{g}_{\hat{\sigma}0}^{\hat{u}} = t_k^\mu h_{\sigma0}^{l0} \tilde{g}_{l0}^k$, 即

$$
(\tilde{g}_{\hat{\sigma}0}^{\hat{u}}) = \begin{bmatrix} \cos\gamma u & 0 & \sin\gamma u & 0 \\ 0 & 1 & 0 & 0 \\ -\sin\gamma u & 0 & \cos\gamma u & 0 \\ 0 & 0 & 0 & 1 \end{bmatrix}. \qquad (2.8.21)
$$

由于试验自旋 $\boldsymbol{S}$ 保持与速度矢量 $\dfrac{\mathrm{d}x}{\mathrm{d}u}$ 垂直, 即 $S_\mu \dfrac{\mathrm{d}x^\mu}{\mathrm{d}u} = 0$, 故有

$$
S^4 = \frac{r_0(m/r_0)^{1/2}}{1-2m/r_0} S^3. \qquad (2.8.22)
$$

自旋 $S^{\hat{\mu}}$(在随动系中) 可类似地由 $S^{\hat{\mu}} = t_\sigma^\mu S^\sigma$ 得到, 这时由 (2.8.22) 可得 $S^{\hat{4}} = 0$. 令 $S^{\hat{i}0}(i=1,2,3)$ 表示 P_0 处的自旋, 平移至闭合轨道上的任一点 P 时表示为 $S^{\hat{i}}$. 当 $u = u_p = 2\pi r_0(r_0/m)^{1/2}(1-3m/r_0)^{1/2}$ 时, $\boldsymbol{S}$ 沿这轨道回到开始的空间点 P_0, 我们可以将 $\boldsymbol{S}$ 沿时间轴 x^4 平行移动一周, 确定 $S^{\hat{a}}$ 和 $S^{\hat{a}0}$ 的标量积, 从而确定它们之间的夹角.

由 (2.8.21) 可看出, 自旋矢量 $S^{\hat{i}}$ 环绕着基矢量 $e_{\hat{2}}$ 旋转. 因此, 为了寻求自旋的渐近进动频率 Ω, 可以令 $S^{\hat{2}0}=0$. 这时我们得到 $S^{\hat{i}0}$ 和 $S^{\hat{i}}$ 间的夹角:

$$
\cos\delta = \frac{S^{\hat{i}0} S^{\hat{i}}}{|S^{\hat{i}0}||S^{\hat{i}}|} = \cos\gamma u_p. \qquad (2.8.23)
$$

式中 $S^{\hat{i}} = \tilde{g}_{\hat{j}0}^{\hat{i}} S^{\hat{i}0}$, $g_{\hat{\mu}\hat{\nu}} = \eta_{\hat{\mu}\hat{\nu}}$. 在随动系中, 由于 $\gamma u_p = 2\pi(1-3m/r_0)^{1/2}$, 故可得到

$$\delta = \pm 2\pi \left(1 - \frac{3m}{r_0}\right)^{1/2} + 2n\pi, \quad n = 0, \pm 1, \pm 2, \cdots \tag{2.8.24}$$

另外, 当 $\delta \to 0$ 时, 对应于 $3m/r_0 \to 0$; 而 $\delta > 0$, 所以有

$$\delta = 2\pi \left[1 - \left(1 - \frac{3m}{r_0}\right)^{1/2}\right]. \tag{2.8.25}$$

由此, 我们得到渐近进动频率

效应 25

$$(\boldsymbol{\Omega})_m = |\boldsymbol{\Omega}| = \frac{\delta}{u_p} = \frac{1}{r_0}\left(\frac{m}{r_0}\right)^{1/2} \times \left[\left(1 - \frac{3m}{r_0}\right)^{-1/2} - 1\right]. \tag{2.8.26}$$

如果采用坐标时 $t = u/\sqrt{1 - 3m/r_0}$, 上式的最低阶近似为 $|\boldsymbol{\Omega}| = \frac{3}{2}(m/r_0^2)\sqrt{\frac{m}{r_0}}$, 这结果与 Schiff(1960) 的结果一致.

2. Schwarzschild 场中试验自旋的下落

当试验自旋沿径向运动时, Papapetrou 方程可以简化, 从而可以获得运动方程的准确解. 将 Schwarzschild 度规代入, 得到

效应 26

$$|\boldsymbol{S}|^2 = \gamma_{ij}S^iS^j = [(S_\infty^{1\ 2})^2 + (S_\infty^{1\ 3})^2] \times \left(1 - \frac{2m}{r}\right)^{-1} + (S_\infty^{2\ 3})^2, \tag{2.8.27}$$

$$\cos(\boldsymbol{S}, \mathrm{d}\boldsymbol{x}^1) = \frac{S_\infty^{2\ 3}}{S},$$

$$\cos(\boldsymbol{S}, \mathrm{d}\boldsymbol{x}^2) = S_\infty^{1\ 3}/S\sqrt{1 - \frac{2m}{r}}, \tag{2.8.28}$$

$$\cos(\boldsymbol{S}, \mathrm{d}\boldsymbol{x}^3) = S_\infty^{2\ 1}/S\sqrt{1 - \frac{2m}{r}}. \tag{2.8.29}$$

式中 $S_\infty^{i\ j}$ 是 S^{ij} 在空间无限远处的值. 可见仅当自旋沿径向时 $(S_\infty^{1\ 2} = S_\infty^{1\ 3} = 0)$, 它的大小才不发生变化. 在一般情况下, 当 $r \to 2m$ 时 $S \to \infty$. 由 (2.8.28) 可以看出, 试验自旋 $\boldsymbol{S}$ 力图转向由 $\boldsymbol{S}_\infty$ 和运动方向确定的平面 ($\boldsymbol{S}_\infty$ 始终和运动方向垂直). 如果 $(S^{23})_0 = 0, (S^{12})_0^2 + (S^{13})_0^2 \neq 0$, 则沿径向运动时矢量 $\boldsymbol{S}$ 的大小和取向都不变.

3. 不均匀旋转效应

如果所研究的物体具有有限大小, 则在 Schwarzschild 场中做轨道运动时会发生不均匀旋转. 由 Papapetrou 方程得到摆动角速度

$$\boldsymbol{\omega} = -\frac{2m}{r^3}\left(1 - \frac{v^2}{c^2}\right)^{-1/2}(\boldsymbol{r} \times \boldsymbol{v}) + \boldsymbol{\omega}_0. \tag{2.8.30}$$

式中 v 是轨道运动速度. 对于赤道运动 $\omega_z = -2mh/r^3$. 应用 (2.1.1), 当 φ 由 $-\pi/2$ 到 $+\pi/2$ 变化时, 我们得到由于摆动产生的转动角

效应 27

$$(\Delta\varphi)_m = -\frac{6m}{p}e. \tag{2.8.31}$$

对于地球在太阳引力场中的运动, 已观察到地球转动角速度随季节的变化. 但是效应 (2.8.31) 是观测值的一部分.

下面研究 R-N 场中的轨道效应.

2.9 引力电荷对近日点移动的贡献

1. 中性粒子在 R-N 场中轨道近日点的移动

按照 2.1 节中的程序, 将 R-N 度规 [第三篇 (1.3.9)] 代入, 得到

$$F_{m,k}(u) = \frac{\varepsilon^2 - 1}{h^2} + \frac{2m}{h^2}u - \left(1 - \frac{k}{h^2}\right)u^2 + 2mu^3 - ku^4. \tag{2.9.1}$$

式中 $k \equiv e^2$, e 为电荷, 对应的轨道微分方程的解已由 Armenti(1977) 给出. 由方程组 (2.1.6) 得到常数 ε, h 和 C 的准确值

$$\varepsilon^2 = \left\{\left(1 - \frac{2m}{p} + \frac{k}{p^2}\right)^2 + e^2\left[\frac{2k}{p^2} + \frac{4mk}{p^3} - \frac{4m^2}{p^2}\right.\right.$$
$$\left.\left. - \frac{k^2}{p^4}(2 - e^2)\right]\right\} \times \left\{1 - \frac{m}{p}(3 + e^2) + \frac{2k}{p^2}(1 + e^2)\right\}^{-1}, \tag{2.9.2}$$

$$h^2 = (mp - k)\left\{1 - \frac{m}{p}(3 + e^2) + \frac{2k}{p^2}(1 + e^2)\right\}^{-1},$$

$$C = 1 - \frac{2m}{p}(3 + e\cos\psi) + \frac{k}{h^2} + \frac{2k}{p^2}(3 + 2e\cos\psi) + \frac{ke^2}{p^2}(1 + \cos^2\psi). \tag{2.9.3}$$

代入 (2.1.8) 积分, 得到

效应 28

$$\left(\frac{\Delta\alpha}{2\pi}\right)_k = -\frac{k}{2mp} - \frac{6k}{p^2} - \frac{ke^2}{4p^2}. \tag{2.9.4}$$

将上式与 (2.6.1) 比较, 可以发现二者一致, 即在非短程线运动的情况下试验质量所带电荷 k 的引力作用与在短程线运动的情况下源电荷 k 对中性试验粒子的引力作用一致.

2. 异号试验电荷在 R-N 场中的分离

在 R-N 场中, 可以证明试验电荷 $\tilde{e}$ 的轨道微分方程也具有 (2.1.4) 的形式 (Jaffe, 1922), 其中

$$F_{k,\tilde{e}}(u) = \frac{\varepsilon^2 - 1}{h^2} + \frac{2(m - A\varepsilon)}{h^2}u - \left(1 + \frac{k - A^2}{h^2}\right) \times u^2 + 2mu^3 - ku^4. \quad (2.9.5)$$

式中 $A \equiv \pm Q\tilde{e}/\mu c^2$, 当中心引力体的电荷和试验电荷同号时取正号, 异号时取负号. 由 (2.9.5) 和 (2.1.5) 得到

$$C = 1 + \frac{k - A^2}{h^2} - \frac{2m}{p}(3 + e\cos\psi) + \frac{2k}{p^2}(3 + 2e\cos\psi) + \frac{ke^2}{p^2}(1 + \cos^2\psi) \quad (2.9.6)$$

由此得到实验电荷轨道近日点的移动

效应 29

$$\left(\frac{\Delta\alpha}{2\pi}\right)_{k,\tilde{e}} = \mp\frac{Q\tilde{e}}{\mu MG}\left(\frac{k}{2mp} \mp \frac{Q\tilde{e}}{2p\mu c^2} - \frac{11k}{4p^2}\right). \quad (2.9.7)$$

Jaffe 将 h 的表达式代入 (2.1.8), 算得了上式中的前两项 (导出上式时假定 $A \sim m$). 在较大范围内改变试验物体的参量, 可以增大 (2.9.7) 的值. 效应 (2.9.7), (2.6.1) 和 (2.9.4) 的共同作用可导致轨道近日点 $-2''.26/$ 百年的附加移动. 用现代技术显示效应 (2.9.7) 原则上是可能的. 另一方面, 由斯塔克效应确的水星和太阳的电量代人此式, 得到对轨道近日点移动的贡献为 $\sim 0.1''/$ 百年 (Smith, 1977).

根据 (2.9.7) 对异号电荷的区别, 可以测量异号电荷极化角之差, 来验证这一效应.

3. 引力电荷对试验自旋的影响

设一试验粒子具有自旋 S, 在 R-N 场中运动. 将 R-N 度规代入 Papapetrou 运动方程, 得到

$$\left(\frac{\mathrm{d}u}{\mathrm{d}\varphi}\right)^2 = F(u),$$

$$F_{k,s}(u) = \frac{\varepsilon^2 - 1}{h^2}\left(1 \pm \frac{2S\varepsilon}{h}\right) + \frac{2m}{h^2}\left(1 \pm \frac{2S\varepsilon}{h}\right)u$$

$$- \left\{1 + \frac{k}{h^2}\left(1 + \frac{2S\varepsilon}{h}\right)\right\}u^2 + 2m\left(1 \mp \frac{S\varepsilon}{h}\right)u^3$$

$$- k\left(1 \mp \frac{2S\varepsilon}{h}\right)u^4, \quad (2.9.8)$$

经过近似积分之后, 我们求得轨道近日点的附加进动

效应 30

$$\left(\frac{\Delta\alpha}{2\pi}\right)_{k,s} = \pm\frac{15kS}{2p^2\sqrt{mp}}. \tag{2.9.9}$$

上面诸式中正负号的取法与效应 19 中的相同. 由此可知, 两个反向自旋 (对应于上式中不同符号) 将发生分离. 但是这里和 Schwarzschild 场中的情况 (2.6.11) 不同. 比较可以发现, 从效应的正或负考虑, 引力电荷 k 和引力质量 m 的效应是相反的. 即对于非短程线运动, 参量 k 仍然力图抵消总反常中 m 的贡献.

2.10　引力电荷场中的圆轨道

由 R-N 度规和 (2.1.6) 得到

$$\varepsilon = \left(1-\frac{2m}{r}+\frac{k}{r^2}\right)\left(1-\frac{3m}{r}+\frac{2k}{r^2}\right)^{-1/2},$$

$$h = \sqrt{mr-k}\left(1-\frac{3m}{r}+\frac{2k}{r^2}\right)^{-1/2}. \tag{2.10.1}$$

限制条件 (2.7.1) 要求

$$r^2-2mr+2k \geqslant 0, \quad mr-k \geqslant 0,$$

从而有

$$r \geqslant \frac{3m}{2}\left(1+\sqrt{1-\frac{8k}{9m^2}}\right). \tag{2.10.2}$$

此式表明, 无论引力电荷取何值, 都使中性试验粒子的圆轨道半径减小. 稳定性条件 (2.7.2) 要求

$$r^3-6mr^2+9kr-\frac{4k^2}{m} \geqslant 0, \tag{2.10.3}$$

考虑到 $k \ll m^2$ 得到

效应 31

$$r \geqslant 6m\left(1-\frac{k}{4m^2}\right). \tag{2.10.4}$$

下面讨论 de Sitter 场 (含宇宙项的球对称场) 中的轨道效应.

2.11　宇宙因子对轨道近日点移动的影响

1. 中性试验粒子的轨道

由含宇宙项的球对称度规 [第三篇 (1.2.13)], 得到

$$F_{m,\lambda}(u) = \frac{\varepsilon^2-1}{h^2}+\frac{\lambda}{3}+\frac{2m}{h^2}u-u^2+2mu^3+\frac{\lambda}{3h^2u^2}. \tag{2.11.1}$$

解相应的方程组, 得到

$$\varepsilon^2 = \left[\left(1 - \frac{2m}{p} - \frac{\lambda p^2}{3}\right)^2 - 2\lambda p^2 e^2 \left(1 - \frac{10m}{p}\right) \right] \times \left\{ 1 - \frac{m}{p}(3 + e^3) \right\}^{-1},$$

$$h^2 = \left[mp - \frac{\lambda}{3}p^4(1 + 2e^2) \right] \left[1 - \frac{m}{p}(3 + e^2) \right]^{-1}, \tag{2.11.2}$$

$$C = 1 - \frac{2m}{p}(3 + e\cos\psi) - \frac{\lambda p^4}{3h^2}(3 - 4e\cos\psi + 5e^2 + 5e^2\cos^2\psi). \tag{2.11.3}$$

代入 (2.1.8), 积分得到近似式

效应 32

$$\left(\frac{\Delta\alpha}{2\pi}\right)_\lambda = \mp\frac{\lambda p^3}{2m}\left(1 + \frac{6m}{p}\right) + \frac{\lambda p^3}{2m}\left(\frac{5}{2} + 12\frac{m}{p}\right)e^2. \tag{2.11.4}$$

2. 试验自旋的轨道

设自旋垂直于轨道平面. 将含宇宙项的度规 [第一篇 (1.2.13)] 代入 Papapetrou 方程 $(q = 0)$, 第一次积分给出

$$F_{\lambda,s}(u) = \left(\frac{\varepsilon^3 - 1}{h^2} + \frac{2m}{h^2}u\right)\left(1 \mp \frac{2S\varepsilon}{h}\right) + \frac{\lambda}{3h^2}u^{-2} \times \left(1 \pm \frac{2S\varepsilon}{h}\right)$$

$$- u^2 + 2m\left(1 \mp \frac{2S\varepsilon}{h}\right)u^3 + \frac{\lambda}{3} \pm \frac{2\lambda S\varepsilon}{3h}, \tag{2.11.5}$$

近似积分, 得到

效应 33

$$\left(\frac{\Delta\alpha}{2\pi}\right)_{\lambda,S} = \pm\frac{7\lambda S p^2}{2\sqrt{mp}}. \tag{2.11.6}$$

由于此效应和自旋的取向有关, 所以不同取向的两个自旋的轨道也会分离.

2.12 宇宙因子对圆轨道半径的限制

由含宇宙项的 de Sitter 度规和轨道微分方程, 对于圆轨道可以求出 ε 和 h 的准确表达式:

$$\varepsilon = \left(1 - \frac{2m}{r} - \frac{\lambda}{3}r^2\right)\left(1 - \frac{3m}{r}\right)^{-1/2},$$

$$h = \sqrt{mr - \frac{\lambda}{3}r^4}\left(1 - \frac{3m}{r}\right)^{-1/2}. \tag{2.12.1}$$

代入条件 (2.7.1), 得到

$$r \geqslant 3m, \quad r \leqslant \left(\frac{3m}{\lambda}\right)^{1/3}. \tag{2.12.2}$$

代入稳定性条件, 得到

$$r^4 - \frac{15}{4}mr^3 - \frac{3}{4}\frac{mr}{\lambda} + \frac{9m^2}{2\lambda} = 0. \tag{2.12.3}$$

如果限于 $9m^2\lambda < 1$ 的情况, 则由上面方程的近似解可知, 当 $r > r_0$ 的轨道是稳定的, 其中 r_0 为

效应 34

$$r_0 = \frac{32m}{9} + 4m\sqrt{p}\cos\frac{\pi + \beta}{3}. \tag{2.12.4}$$

式中 β 是依赖于 λ 和 m 的常量. 当 $m < r < r_0$, 不存在稳定的圆轨道. 可以证明, 稳定圆轨道的半径还存在一个上限. 这就是说, 在含宇宙项的球对称场中, 仅在一个确定的范围内, 圆轨道才是稳定的.

下面讨论 Kerr 场中的轨道效应.

2.13   Kerr 场中轨道近日点的移动

1. 中性试验粒子的轨道

由 Kerr 度规 [第一篇 (1.14.12)] 可算出 (2.1.4) 的表达式

$$F_{m,a}(u) = \frac{\varepsilon^2 - 1}{h^2} + \frac{2m}{h^2}\left[1 - \frac{2a\varepsilon}{h}(\varepsilon^2 - 1)\right]u - \left[1 + \frac{8m^2a}{h^3}\varepsilon^3\right]u^2$$

$$+ 2m\left[1 - \frac{8m^2a}{h^3}\varepsilon - \frac{8m^3a}{h^4}\varepsilon \times (\varepsilon^2 - 1)\right]u^3. \tag{2.13.1}$$

由 (2.1.5) 求出

$$C = 1 + \frac{8am^2}{h^3}\varepsilon^3 - 2m\left[1 - \frac{8am^3}{h^3}\varepsilon - \frac{8am^3}{h^4}\varepsilon(\varepsilon^2 - 1)\right] \times \frac{3 + e\cos\psi}{p}. \tag{2.13.2}$$

积分 (2.1.7a), 得到旋转质量引起的试验粒子轨道近日点移动效应:

效应 35

$$\left(\frac{\Delta\alpha}{2\pi}\right)_a = -\frac{4a\sqrt{m}}{p\sqrt{p}}\left(1 + \frac{9m}{p}\right). \tag{2.13.3}$$

由上式可见, 当粒子绕行方向与场源旋转方向相反时, 修正量 (2.13.3) 使爱因斯坦效应 (2.4.4) 增大, 反向绕行时使之减小.

Lense 和 Thirring 发现, 克尔场中轨道近日点的移动和轨道平面取向有关 (相对于赤道平面). 设轨道面对赤道面的倾角为 i, 可以用因子 $\cos i$ 来表示上述依赖关系:

效应 36

$$\left(\frac{\Delta\alpha}{2\pi}\right) = -\frac{4a\sqrt{m}}{p\sqrt{p}}\cos i. \tag{2.13.4}$$

分别以太阳和地球为场源, 由数值

$$a_\odot = 1.26m_\odot, \quad a_{地} = 330\text{cm},$$

可知效应 (2.13.3) 的量级分别为 10^{-8} 和 10^{-11}, 即约为 Schwarzschild 场中的百分之几.

在人造卫星的运动中, 目前测量的精度可以显示出效应 (2.13.3)(考虑到非引力扰动的修正之后). 根据计算估计, 这一效应可能相当明显.

2. 试验自旋的轨道

试验自旋在克尔场中运动时, 考虑到中心质量在旋转, 试验自旋轨道近日点的移动应依赖于自旋–轨道耦合以及 S 与 a 的相互作用.

我们讨论自旋垂直于赤道平面的情况. 此时由克尔度规得到

$$F_{a,S}(u) = \frac{\varepsilon^2-1}{h^2}\left(1\pm\frac{2S\varepsilon}{h}\right) + \frac{2m}{h^2}\left[1\pm\frac{2S\varepsilon}{h} + \frac{2a\varepsilon}{h}(\varepsilon^2-1)\right.$$

$$\left. \pm\frac{6aS\varepsilon^2}{h^2}(\varepsilon^2-1)\right]u - \left[1 - \frac{8am^2\varepsilon^2}{h^3} \pm \frac{24a}{h^4}m^2S\varepsilon^4\right]u^2$$

$$+ 2m\left[1\mp\frac{S\varepsilon}{h} \pm \frac{aS}{h^2}(1-2\varepsilon^2) + \frac{8am^2\varepsilon}{h^3} \pm \frac{24a}{h^4}m^2S\varepsilon^2\right]u^3. \tag{2.13.5}$$

只保留 aS 的一阶项, 对轨道微分方程作近似积分, 我们得到

效应 37

$$\left(\frac{\Delta\alpha}{2\pi}\right)_{a,S} = \mp\frac{27aS}{p^2}. \tag{2.13.6}$$

取 a 的方向沿 $\theta = 0$, 当自旋 S 与 a 同向且 a 与轨道角动量同向时 (顺行), 上两式均取上面的符号, 当 S 与 a 反向, 或者 S 与 a 同向而粒子逆行时取下面的符号.

2.14 Kerr 场对轨道的限制

1. 圆轨道和绕行方向的关系

一个中性无自旋试验粒子, 在克尔场中赤道面上运动. 关于这一粒子的圆轨道

的存在和稳定性问题, 首先由 Ruffini 和 Wiler(1971) 研究. 轨道半径满足方程

效应 38

$$[r^3 + a^2(r + 2m)]\varepsilon^2 - 4amh\varepsilon$$
$$+ [(2m - r)h^2 - r^2(r - 2m) - a^2r] = 0. \tag{2.14.1}$$

可以看出, 方程的解和引力源的旋转方向有关, 因此也就依赖于试验粒子沿圆轨道的运行方向 (绕行). 图 10-4 中描述了这种依赖性. 由图可以看出, 相对于源质量的旋转方向, 正向绕行的粒子比反向绕行的粒子具有更小的轨道半径. 按 Ruffini 和 Wiler 的估算, 在极端克尔场 ($a = m$) 中, 正向绕行粒子的轨道半径直至 $r_+ = m$ 都是稳定的, 而反向绕行粒子的轨道半径只能到 $r_- = 9m$. 因此, 绕行方向相反的两个粒子的轨道会分开.

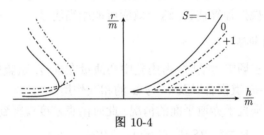

图 10-4

2. 不同倾角的圆轨道

由于旋转质量具有辐射对称性, 研究轨道按角 θ 的分布是有意义的. 人们称函数 $\varepsilon = \varepsilon(\theta)$ 为 θ 势. Johnson 和 Ruffini 证明这个势满足方程

$$B = K - (h - a\varepsilon)^2 = \cos^2\theta[a^2(1 - \varepsilon^2) + h^2\sin^{-2}\theta], \tag{2.14.2}$$

式中 K 是表征角动量的参数. 由此得角度 θ 对场和轨道参量的依赖关系:

效应 39

$$\sin^2\theta_{1,2} = \frac{1}{2}\left[1 - \frac{B + h^2}{a^2(1 - \varepsilon^2)}\right]$$
$$\times \left\{1 \pm \left[1 + \frac{4h^2a^2(1 - \varepsilon^2)}{[a^2(1 - \varepsilon^2) - (B + h^2)]^2}\right]^{1/2}\right\}. \tag{2.14.3}$$

由此可见, 不在赤道面上的轨道只在 (2.14.3) 决定的角度上才可能倾向于赤道. 当 $h = 0$ 时, 由上式得到

效应 40

$$\sin^2\theta_{1,2} = \frac{1}{2}(1 \pm 1)\left[1 - \frac{B}{a^2(1 - \varepsilon^2)}\right]. \tag{2.14.4}$$

如果 B 是任意的, 则有 $\sin^2\theta_2 = \sin^2\theta_- = 0$; 如果 $B = a^2(1 - \varepsilon^2)$, 则有 $\sin^2\theta_1 = \sin^2\theta_2 = 0$. 就是说, 仅当 $h = 0$ 时才有 $\theta = 0$.

Johnson 和 Ruffini 又将结果推广至荷电试验物体在 Kerr-Newman 场中进行运动的情况.

3. 试验自旋的圆轨道

效应 41

由于自旋–自旋相互作用, Kerr 场中两个试验自旋的运动有很大差别, 这一差别比效应 38 和效应 22 都要大些. 由图 10-5 可知, 此效应反映了稳定轨道半径和 $S - a$ 相互取向的关系, 两个试验自旋的稳定圆轨道在 Kerr 场中会分离

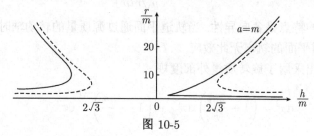

图 10-5

4. 试验物体的运动趋于直线

将 Kerr 度规代入运动方程, 由第一次积分得到

$$\frac{\mathrm{d}\varphi}{\mathrm{d}s} = \frac{h(1 - 2m/r) + 2am\varepsilon/r}{r^2 + a^2(1 - m/r)}. \tag{2.14.5}$$

$\frac{\mathrm{d}\varphi}{\mathrm{d}s} = 0$ 确定一转变点, 即 φ 由增大变为减小或相反. 这一点为

效应 42

$$r = 2m + \frac{2am\varepsilon}{h}. \tag{2.14.6}$$

当试验物体到达这一点时, 趋于 φ 不变, 即趋于沿直线 $\varphi = \mathrm{const}$ 运动. 这一效应只能在黑洞的引力场中出现, 因为 r 已接近引力半径 r_g.

2.15 Kerr 场中的运动效应

1. 试验自旋的进动

Kerr 场中 Papapetrou 方程的自旋部分已由 Schiff(1960) 研究, 并获得了它的解, 从而得到参量 a、S 对进动角速度的贡献:

效应 43

$$(\Omega)_{a,S} = \frac{am}{r^5}[3\boldsymbol{r}(\boldsymbol{r} \cdot \boldsymbol{a}) - \boldsymbol{a}r^2], \tag{2.15.1}$$

导出上式时只考虑了 a 的线性项. 这一效应称为 Schiff 进动. 如果试验自旋垂直于轨道平面, 则 de Sitter 效应为零, 只有效应 (2.15.1). 在轨道上放置两个自旋方向互

相垂直的陀螺, 可以区分效应 (2.15.1) 和效应 (2.8.2). 在人造地球卫星上测得 Schiff 进动的大小为 ~0.05"·a^{-1}.

2. 轨道角动量的进动

Schwarzschild 场产生试验自旋的进动, Kerr 场除产生试验自旋的进动以外还产生轨道角动量矢量的进动. 根据 (2.8.1), 轨道平面的进动表示式 (近似式) 为

效应 44

$$(\Omega)_a = \frac{2m\boldsymbol{a}}{p\sqrt{mp}}. \tag{2.15.2}$$

这一效应的特点是各向异性. 当轨道平面通过源质量的转动轴时, 这一效应达最大值. 沿赤道平面的轨道无此效应.

上式的导出采用了旋转质量外部度规

$$ds^2 = \left(1 - \frac{2m}{r}\right)dx^{0^2} - \left(1 - \frac{2m}{r}\right)^{-1}dr^2$$

$$- r^2(d\theta^2 + \sin^2\theta d\varphi^2) - \frac{4ma}{r}\sin^2\theta d\varphi dx^0. \tag{2.15.3}$$

此式由 Lense 和 Thirring(1918) 给出. 如果由克尔度规出发, 则可发现 Kerr 场中轨道角动量的进动有一奇异性: 随着试验粒子轨道半径的减小, 进动角速度无限增大. 所以, 当轨道半径较小时, 试验粒子绕行一周, 轨道平面绕源质量自转轴转动很多周.

这一效应还有一个特点, 即只要求源转动, 与源是否荷电无关.

3. VPE 效应

Van Patten 和 Everitt(1976) 证明, 效应 (2.15.2) 可导致试验粒子轨道平面的分离. 效应 (2.15.2) 在极化轨道上达最大值, 而且和试验粒子的绕行方向有关. 我们考虑两个试验粒子, 它们的轨道十分相近, 且都是极化的; 但它们有不同的绕行方向. 设在初始时刻两个粒子的轨道角动量反平行, 然后按 (2.15.2) 沿不同方向绕中心质量的自转轴转动. 这样, 两粒子之间的距离 (严格说是它们的轨道和平面 $z = \text{const}$ 的交点间距离) 也随时间而增大:

效应 45

$$(\Delta\varphi)_a = 2\Omega_a x^0. \tag{2.15.4}$$

借助于人造地球卫星可以测量这一效应. 两颗人造卫星的轨道和赤道平面交点间的距离在飞行半年之后为 13.9km(卫星距地面高度为 800km). 测量精度可达 1%.

下面研究质量四极矩的引力场和引力波场中的轨道效应.

2.16　质量四极矩场中的轨道效应

1. 质量四极矩对近日点移动的贡献

将质量四极矩场的度规代入短程线方程, 按前面的程序得到

$$F(u) = \frac{\varepsilon^2 - 1}{h^2} + \frac{2m}{h^2} u - u^2 + 2m \left[1 + \frac{m^2 \sigma (2\varepsilon^2 - 1)}{15 h^2} \right] u^3 + \frac{m^4 \sigma (3\varepsilon^2 - 1)}{3h^2} u^4. \quad (2.16.1)$$

(2.1.6) 的近似解给出

$$\varepsilon^2 = 1 - \frac{m}{p}(1 - e^2) + \frac{m^2}{p^2}(1 - e^2)^2,$$

$$h^2 = mp \left[1 - \frac{m(3 + e^2)}{p} \right]^{-1} \left[1 + \frac{m^2 \sigma^2}{15 p^2} (2\varepsilon^2 - 1) \times (3 + e^2) \right.$$

$$\left. + \frac{2m^3 \sigma}{3p^3}(3\varepsilon^2 - 1)(1 + e^2) \right]; \quad (2.16.2)$$

$$C = 1 - \frac{3m}{p} \left[1 + \frac{m^2 \sigma^2}{15 h^2}(2\varepsilon^2 - 1) \right] (3 + e\cos\psi)$$

$$- \frac{m^4 \sigma}{3h^2 p^2}(3\varepsilon^2 - 1)(6 + 4e\cos\psi + e^2 + e^2\cos^2\psi). \quad (2.16.3)$$

代入 (2.1.8) 积分, 得到四极矩对近日点移动的贡献:

效应 46

$$\left(\frac{\Delta\alpha}{2\pi} \right)_\sigma = \frac{14m^3\sigma}{5p^3} + \frac{4m^3\sigma}{5p^3} e^2. \quad (2.16.4)$$

在太阳表面附近, 上式中两项分别为 0.898×10^{-5} 和 2.664×10^{-10}; 在地球附近为 1.45×10^{-3} 和 1.412×10^{-11}. 因此, 在地球引力场中运动的物体必须计及此效应.

2. 质量四极矩场中的进动效应

场源的质量四极矩对于试验自旋的进动应有附加的贡献. 对于极化轨道求平均之后, 我们得到

效应 47

$$(\Omega)_{\sigma,s} = -\frac{\sigma m^2}{15 r^2} \Omega_{m,S}, \quad (2.16.5)$$

式中参量 σ 和质量四极矩 Q 的关系为 $Q = 2m^3\sigma/15$. 当轨道角动量任意取向时, 进动角速度和角 θ 有关. 因此, 效应 (2.16.5) 的大小和进动方向都与倾角有关. 当角 θ 很小时, 此效应减小了 de Sitter 效应; 当 $\theta = \frac{\pi}{2}$ 时则增大了 de Sitter 效应. 跟前边讨论的情况相似, 此效应只和自旋的取向有关, 和它的大小无关. 按 Connell 的估计, 效应 (2.16.5) 应该是可以测量的. 使陀螺仪在靠近地球的轨道上运行, 此效应约为 $0.001'' \cdot a^{-1}$.

2.17　引力波场中的轨道效应

1. 平面引力波中轨道近日点的移动

由于引力波影响试验粒子的轨道运动, 因此引力波对轨道近日点的移动应有贡献.

假设在质量 m 的引力场中, 有一平面引力波, 其传播方向与试验粒子的轨道面垂直. 此时引力波产生的附加力为

$$F_r = \frac{1}{2}r\ddot{h}\cos(2\varphi + \alpha_1), \quad F_\varphi = \frac{1}{2}r\ddot{h}\sin(2\varphi + \alpha_1),$$

$$h = \frac{1}{2}h_0\sin(\omega_g t + \alpha_2). \tag{2.17.1}$$

式中 α_2 是位相, ω_g 是引力波频率, α_1 表示极化. 我们应用运动方程 (2.2.4). 当效应随时间累积时, 对实验验证有利, 因此最好在共振情况下解 (2.17.1). 同步条件为 $\omega_g = \omega_0 \cdot \omega_0$ 是开普勒频率, 它满足 $\omega_0 = \sqrt{m/r_0^3}$. 此时得到的轨道近日点移动为

$$\frac{\Delta\alpha}{2\pi} = \frac{3m}{r_0} + \frac{3r_0 h_0}{8\xi^1}, \tag{2.17.2}$$

式中 $\xi^1 = (r - r_0)/\sin\omega\tau$ 是近日点移动的径向分量. 在这种情况下, 引力波引起的近日点共振移动为

效应 48

$$\left(\frac{\Delta\alpha}{2\pi}\right)_{GV} = \frac{3r_0 h_0}{8\xi^1}. \tag{2.17.3}$$

由上式可见, 当 ξ^1 很小时, 此效应会很大, 甚至比爱因斯坦效应还大. 但是很难准确知道 ξ^1, 所以测量 (2.17.3) 给出的效应仍是困难的.

2. 引力波对轨道参量的影响

如果平面引力波落到引力源和试验物体的系统上, 可以期望试验物体的轨道会发生随时间变化的微弱变化. 我们感兴趣的是引力波和轨道运动发生共振的情况. 对于轨道的摄动, 可以得到 (Rudenko,1975)

$$\ddot{r} + \omega_0^2 r = -\frac{1}{4}r_0 h_0 \omega_g^2 \frac{\omega_g - 4\omega_0}{\omega_g + 2\omega_0}\sin(\Omega t + \Phi).$$

如果粒子在原轨道 r_0 上的绕行频率等于引力波的频率 $(\omega_g = \omega_0)$ 或者 $\omega_g = 3\omega_0$, 则出现共振跃迁, 粒子由圆轨道跃迁到椭圆轨道, 轨道的离心率随时间线性增大. 椭圆轨道的取向取决于引力波的极化和位相. 如果 $\omega_g = 2\omega_0, \Omega = 0$, 则轨道成为螺旋线.

Schwarzschild 场中, 试验粒子轨道的离心率在引力波作用下要发生变化:

效应 49

$$\tilde{e} \approx e - \frac{3}{8} h_0 \omega_0 s \cdot \sin(\alpha_2 - \alpha_1) + \frac{3}{8} h_0 \cos(\alpha_2 - \alpha_1)$$
$$- \frac{5}{24} h_0 \cos(\alpha_1 + \alpha_2) \sin \omega_0 s. \tag{2.17.4}$$

3. 试验自旋在引力波场中的共振进动

设自旋的初始位置为 $(S^{ij})_0$, 在随动坐标系中解 Papapetrou 方程的自旋部分, 得到自旋 S^{ij} 的近似式

$$S^{23} = (S^{23})_0, \quad S^{12} = (S^{12})_0 \left(1 + \frac{h_{22}}{2}\right),$$
$$S^{31} = (S^{31})_0 \left(1 - \frac{h_{22}}{2}\right).$$

由上式可见, 原来静止的自旋绕着波的传播方向 (x^1 轴) 进动. 假设试验自旋沿一圆轨道运动, 轨道平面与波的传播方向垂直 (设 $x^1 = 0$), 则对于单色波共振的情况 ($\omega_g = \omega_0$), 我们得到

效应 50

$$S^{ij} \approx (S^{ij})0 + \frac{v}{c}(S^{ij})_1. \tag{2.17.5}$$

式中 $(S^{ij})_1$ 的各分量为

$$(S^{23})_1 = \frac{h_0}{4} \omega_g t [(S^{12})_0 \sin\varphi - (S^{31})_0 \cos\varphi],$$

$$(S^{31})_1 = \frac{h_0}{4} \omega_g t (S^{23})_0 \cos\varphi,$$

$$(S^{12})_1 = -\frac{h_0}{4} \omega_g t (S^{23})_0 \sin\varphi. \tag{2.17.6}$$

由此可知, 试验自旋发生共振进动, 其大小与 $h\omega/4$ 成正比且随时间增大.

4. 引力波场中轨道平面的转动

假设试验粒子在平面 (x, y) 内绕源质量运动, 一平面引力波沿 x 轴正方向传播. 可以证明, 轨道平面绕着引力波传播方向转动, 角速度为

效应 51

$$(\omega)_{GV} = \frac{B}{4\omega_g} = \frac{\partial^2 h_{23}}{\partial t^2} \frac{1}{4\omega_g \cos\omega_g t}. \tag{2.17.7}$$

式中 ω_0 为粒子绕行频率. 推导中已设 $\omega_0 = \omega_g$, 所以此效应具有共振性质.

第3章　引力场中极端相对论
粒子和光子的轨道效应

本章研究极端相对论粒子在引力场中的轨道效应, 认为这些粒子以极端相对论速度沿准双曲线运动. 其极限情况 $(v \to c)$ 即光子的轨道效应, 包括光线的引力偏转类效应. 对于光线 (电磁信号) 的传播, 一般来说, 要同时研究爱因斯坦引力场方程和广义相对论麦克斯韦方程. 在光线附近, 而且不考虑偏振的情况下, 可以认为电磁信号沿零短程线传播. 这里, 光子的 (各向同性的) 零短程线方程的解和通常粒子的短程线方程的解, 只是积分常数的极限值不同. 所以, 为了求出附加反常, 可以由 (包含极限情况的) 一般短程线方程出发 (Eddington, 1922).

3.1　极端相对论粒子的轨道

为了得到极端相对论粒子的轨道方程, 只需将 (2.1.4) 用瞄准参量 b 和无限远处的初始速度 v_0 表示出来. 结果为

$$\varepsilon = (1 - \beta_0^2)^{-1/2}, \quad h = b\beta_0(1 - \beta_0)^{-1/2},$$

$$\frac{\varepsilon^2 - 1}{h^2} = b^{-2}, \quad \beta_0 = \frac{v_0}{c}. \tag{3.1.1}$$

由粒子的准双曲线运动可以计算其轨道与直线的偏离. 由 (2.1.1) 可知, 在坐标系 $(r, \psi = \varphi + \alpha)$ 中, 此方程为双曲线方程. 所以, 轨道的两条渐近线之间的夹角 θ 可写为

$$\theta = f + \alpha_{\max}. \tag{3.1.2}$$

式中 f 为坐标系 (r, ψ) 中双曲线两条渐近线之间的夹角, $\alpha_{\max}$ 是由坐标系 (r, ψ) 变到坐标系 (r, φ) 时转过的角. 由双曲线方程得到

$$f = \arctan \frac{1}{\sqrt{e^2 - 1}}, \tag{3.1.3}$$

所以有

$$\theta = \arctan \frac{1}{\sqrt{e^2 - 1}} + \alpha_{\max}. \tag{3.1.4}$$

通常极端相对论粒子通过场源 m 的引力场时, 满足条件

$$m^2/b^2 \ll 1, \quad 1/e^2 \ll 1. \tag{3.1.5}$$

此时, 在 Schwarzschild 场中, 可以得到

$$\varepsilon^2 = \left(1 - \frac{me}{b}\right)^{-1} = \frac{1}{1 - \beta_0^2},$$

$$h^2 = mbe\left(1 - \frac{me}{b}\right)^{-1} = \frac{b^2 - \beta_0^2}{1 - \beta_0^2},$$

$$\beta^2 = \frac{v^2}{c^2} = \beta_0^2 + \frac{2m}{r}(1 - \beta_0^2), \tag{3.1.6}$$

式中

$$\beta_0^2 \equiv \beta^2(m = 0, r = \infty) = 1 - \frac{1}{\varepsilon^2} = \frac{me}{b}.$$

在极限情况下 (即对于光子轨道), 由 (3.1.1) 有

$$\varepsilon(\beta_0 = 1) = \infty,$$

$$h(\beta_0 = 1) = \infty,$$

$$\frac{h}{\varepsilon} - (\beta_0 = 1) = b. \tag{3.1.7}$$

应用 (2.1.7) 和 (3.1.6), 得到元附加反常

$$\mathrm{d}\alpha \approx \left(-\frac{3m}{\varepsilon b} - \frac{m}{b}\cos\varphi\right)\mathrm{d}\psi. \tag{3.1.8}$$

积分上式给出 $\alpha_{\max}$

$$\alpha_{\max} = \int_{\psi 1}^{\psi 2} \left(-\frac{3m}{\varepsilon b} - \frac{m}{b}\cos\varphi\right)\mathrm{d}\psi, \tag{3.1.9}$$

式中 ψ_1 和 ψ_2 是在 (2.1.1) 中令 $r = \infty$ 时 ψ 的两个绝对值较小的根. 将此式代入 (3.1.2), 考虑到 (3.1.6), 得到引力场中极端相对论粒子轨道的偏转效应:

效应 52

$$\theta_m \approx \frac{2m}{b}\left(1 + \frac{1}{\beta_0^2}\right) \approx \frac{4m}{R}\left(1 + \frac{\delta}{2\beta_0^2} + \frac{m}{R\beta_0^2}\right)\cdots,$$

$$r_0 = r(\varphi = 0) = b\left(1 + \frac{1}{e}\right)^{-1}, \quad b \approx r_0\left(1 + \frac{m}{r_0\beta_0}\right),$$

$$\theta = 2\varphi_{\max} - \pi. \tag{3.1.10}$$

式中 $\delta = 1 - \beta_0^2, r_0$ 是轨道与引力中心的最小距离.

3.2 Schwarzschild 场中的光子轨道效应

1. 光线的爱因斯坦偏转

在 (3.1.10) 中, 取极限 $\beta_0 \to 1$, 得到光线的**爱因斯坦偏转效应**:

效应 53

$$(\theta)_m(\beta_0 = 1) \approx \frac{4m}{r_0}. \tag{3.2.1}$$

这一效应是广义相对论的经典检验之一, 也称为**光线弯曲效应**.

按照前面的程序, (3.2.1) 可以这样得到:

由 Schwarzschild 场中的运动微分方程 (2.4.1) 取极限 $\beta_0 \to 1$. 将 (3.1.6) 代入, 我们得到

$$F_m(u, h \to \infty) = \frac{1}{b^2} - u^2 + 2mu^3. \tag{3.2.2}$$

按 (2.1.6) 和 (2.1.7) 把上式分解为代数方程和常微分方程之后, 保持前面的精确度, 得到

$$p = \frac{b^2}{m}, \quad e = \frac{b}{m} > 1, \tag{3.2.3}$$

$$C(\varepsilon, h \to \infty) = 1 - \frac{2m}{p} e \cos\psi. \tag{3.2.4}$$

作近似积分, 保留 m 的一阶项, 便得到总偏转角的表达式 (3.2.1).

下面采用 PPN 形式, 详细讨论偏转效应, 并给出相应的表达式. 所给出的表达式的意义比 (3.2.1) 更广泛, 除了在特殊情况 ($\gamma = 1$) 下成为 (3.2.1) 以外, 还可以用来比较不同引力理论对此效应的预言.

光子沿零短程线

$$\frac{\mathrm{d}^2 x^\mu}{\mathrm{d}\lambda^2} + \Gamma^\mu_{\sigma\tau} \frac{\mathrm{d}x^\sigma}{\mathrm{d}\lambda} \frac{\mathrm{d}x^\tau}{\mathrm{d}\lambda} = 0, \tag{3.2.5}$$

$$g_{\mu\nu} \frac{\mathrm{d}x^\mu}{\mathrm{d}\lambda} \frac{\mathrm{d}x^\tau}{\mathrm{d}\lambda} = 0 \tag{3.2.6}$$

运动, 式中 λ 是沿轨道的某一仿射参量. 我们可以用 PPN 坐标时 $t = x^0$ 作为上式中的仿射参量 λ. 此时由于 $\frac{\mathrm{d}^2}{\mathrm{d}t^2} x^0 = 0$, (3.2.5) 的空间分量可改写为

$$\frac{\mathrm{d}^2 x^i}{\mathrm{d}t^2} + (\Gamma^i_{\sigma\tau} - \Gamma^0_{\sigma\tau}) \frac{\mathrm{d}x^\sigma}{\mathrm{d}t} \frac{\mathrm{d}x^\tau}{\mathrm{d}t} = 0. \tag{3.2.7}$$

式 (3.2.6) 改写为

$$g_{\mu\nu} \frac{\mathrm{d}x^\mu}{\mathrm{d}t} \frac{\mathrm{d}x^\nu}{\mathrm{d}t} = 0. \tag{3.2.8}$$

取后牛顿极限 [第一篇 (5.2.22) 和 (5.2.24)], (3.2.7) 和 (3.2.8) 成为

$$\frac{\mathrm{d}^2 x^i}{\mathrm{d}t^2} = U_{,i}\left(1 + \gamma\left|\frac{\mathrm{d}\boldsymbol{r}}{\mathrm{d}t}\right|^2\right) - 2\frac{\mathrm{d}x^i}{\mathrm{d}t}\left(\frac{\mathrm{d}\boldsymbol{r}}{\mathrm{d}t}\cdot\nabla U\right)(1+\gamma),$$

$$1 - 2U - \left|\frac{\mathrm{d}\boldsymbol{r}}{\mathrm{d}t}\right|^2(1+2\gamma U) = 0. \tag{3.2.9}$$

这些方程的牛顿解为

$$x^i = \hat{n}^i(t - t_0), \quad \hat{\boldsymbol{n}} \equiv \frac{\boldsymbol{r}}{r}. \tag{3.2.10}$$

此式表明光子以恒定速度 $\left|\dfrac{\mathrm{d}\boldsymbol{r}}{\mathrm{d}t}\right| = 1$ 沿直线 $\hat{\boldsymbol{n}}$ 运动. 在 x^i 中引入一偏离直线的量 x_p^i

$$x^i \equiv \hat{n}^i(t - t_0) + x_p^i, \tag{3.2.11}$$

代入 (3.2.9), 得到偏离匀速直线运动的后牛顿方程

$$\frac{\mathrm{d}^2\boldsymbol{r}}{\mathrm{d}t^2} = (1+\gamma)[\nabla U - 2\hat{\boldsymbol{n}}(\hat{\boldsymbol{n}}\cdot\nabla U)], \tag{3.2.12}$$

$$\hat{\boldsymbol{n}}\cdot\frac{\mathrm{d}\boldsymbol{r}}{\mathrm{d}t} = -(1+\gamma)U. \tag{3.2.13}$$

知道 PPN 度规的具体形式, 便可由上式确定光子轨道的具体形状.

设坐标时间为 t_e 时在 x_e 处发射一光信号, 初始方向沿 $\hat{\boldsymbol{n}}$. 考虑到后牛顿修正 $\boldsymbol{r}_p$, 光子轨道为

$$x^0(t) = t,$$

$$\boldsymbol{r}(t) = \boldsymbol{r}_e + \hat{\boldsymbol{n}}(t - t_c) + \boldsymbol{r}_p(t). \tag{3.2.14}$$

式中用了边界条件 $\boldsymbol{r}_p(t_e) = 0$. 把 $\boldsymbol{r}_p$ 分解为沿着未受扰动轨道的分量和垂直于原轨道的分量:

$$r_{p//} = \hat{\boldsymbol{n}}\cdot\boldsymbol{r}_p(t),$$

$$r_{p\perp} = \boldsymbol{r}_p(t) - [\hat{\boldsymbol{n}}\cdot\boldsymbol{r}_p(t)]\hat{\boldsymbol{n}}, \tag{3.2.15}$$

这时由 (3.2.12) 和 (3.2.13) 得到

$$\frac{\mathrm{d}}{\mathrm{d}t}r_{p//} = -(1+\gamma)U, \tag{3.2.16}$$

$$\frac{\mathrm{d}^2}{\mathrm{d}t^2}x_{p\perp}^i = (1+\gamma)[U_{;i} - \hat{n}^i(\hat{\boldsymbol{n}}\cdot\nabla U)]. \tag{3.2.17}$$

对于 Schwarzschild 场源 m, 牛顿势为

$$U = \frac{m}{r}. \tag{3.2.18}$$

沿着未受扰动的光子轨道有

$$U = \frac{m}{r(t)} = \frac{m}{|\boldsymbol{r}_e + \hat{\boldsymbol{n}}(t - t_e)|}. \tag{3.2.19}$$

代入 (3.2.17) 积分, 精确到后牛顿项, 得到

$$\frac{\mathrm{d}}{\mathrm{d}t}\boldsymbol{r}_{p\perp} = -(1 + \gamma)m\frac{\boldsymbol{a}}{a^2}\left[\frac{\boldsymbol{r}(t) \cdot \hat{\boldsymbol{n}}}{r(t)} - \frac{\boldsymbol{r}_e \cdot \hat{\boldsymbol{n}}}{r_e}\right]. \tag{3.2.20}$$

式中

$$\boldsymbol{a} \equiv \hat{\boldsymbol{n}} \times (\boldsymbol{r}_e \times \hat{\boldsymbol{n}}) \tag{3.2.21}$$

是从引力源中心到未受扰动光线的距离 (图 10-6). 式 (3.2.20) 表明, 光子轨道方向的变化指向太阳 (沿 $-\boldsymbol{a}$ 方向). 由 (3.2.16) 和 (3.2.20), 得到

$$\frac{\mathrm{d}}{\mathrm{d}t}\boldsymbol{r}_p(t) = -(1 + \gamma)U\hat{\boldsymbol{n}} - (1 + \gamma)\frac{m\boldsymbol{a}}{a^2} \times \left(\frac{\boldsymbol{r}(t) \cdot \hat{\boldsymbol{n}}}{r(t)} - \frac{\boldsymbol{r}_e \cdot \hat{\boldsymbol{n}}}{r_e}\right). \tag{3.2.22}$$

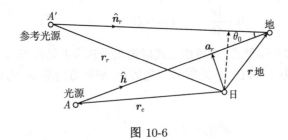

图 10-6

　　假设地球上一观察者, 接收到由源 A 和参考源 A' 发出的光子. 两个光子入射线之间的夹角为 θ. 用投影算符

$$P_\mu^\nu \equiv \delta_\mu^\nu + u_\mu u^\nu \tag{3.2.23}$$

将两个入射光子轨道的切矢量 $k^\mu \equiv \dfrac{\mathrm{d}x^\mu}{\mathrm{d}t}$ 和 $k_r^\mu \equiv \dfrac{\mathrm{d}x_r^\mu(t)}{\mathrm{d}t}$ 投影到与 u^μ 正交的超曲面上 (u^μ 是观察者的四维速度), 得到

$$\cos\theta \equiv \frac{P_\lambda^\mu k^\lambda P_{\nu\mu}k_r^\nu}{|P_\lambda^\tau k^\lambda||P_{\nu\mu}k_r^\nu|} = 1 + \frac{\boldsymbol{\kappa} \cdot \boldsymbol{\kappa}_r}{(\boldsymbol{u} \cdot \boldsymbol{\kappa})(\boldsymbol{u} \cdot \boldsymbol{\kappa}_r)}. \tag{3.2.24}$$

地球速度只产生光程差, 可略去. 此时上式简化为

$$\cos\theta = 1 - g_{00}^{-1}g_{\mu\nu}k^\mu k_r^\nu. \tag{3.2.25}$$

把 (3.2.14) 和 (3.2.22) 代入上式, 精确到后牛顿项, 得到

$$\cos\theta = \hat{\boldsymbol{n}} \cdot \hat{\boldsymbol{n}}_r - (1+\gamma)\left[\frac{m}{a}\left(\frac{\boldsymbol{a} \cdot \hat{\boldsymbol{n}}_r}{a}\right)\left(\frac{\boldsymbol{r}_{地} \cdot \hat{\boldsymbol{n}}}{r_{地}} - \frac{\boldsymbol{r}_e \cdot \hat{\boldsymbol{n}}}{r_e}\right)\right.$$

$$\left. + \frac{m}{a_r}\left(\frac{\boldsymbol{a}_r \cdot \hat{\boldsymbol{n}}}{a_r}\right)\left(\frac{\boldsymbol{r}_{地} \cdot \hat{\boldsymbol{n}}_r}{r_{地}} - \frac{\boldsymbol{r}_r \cdot \hat{\boldsymbol{n}}_r}{r_r}\right)\right]. \tag{3.2.26}$$

式中

$$\boldsymbol{a}_r \equiv \hat{\boldsymbol{n}}_r \times (\boldsymbol{r}_r \times \hat{\boldsymbol{n}}_r). \tag{3.2.27}$$

设 θ_0 是未受扰动时两入射光线的夹角, 即

$$\cos\theta_0 = \hat{\boldsymbol{n}} \cdot \hat{\boldsymbol{n}} r. \tag{3.2.28}$$

观测到的夹角 θ 与 θ_0 的偏差为 $\delta\theta \equiv \theta - \theta_0$.

　　如果取太阳本身为参考光源 (图 10-6), 则 $a_r = 0$, $\boldsymbol{a} \cdot \hat{\boldsymbol{n}}_r / a = \sin\theta_0$, 我们得到
　　效应 54

$$\delta\theta = \left(\frac{1+\gamma}{2}\right)\frac{2m}{a}\left(\frac{\boldsymbol{r}_{地} \cdot \hat{\boldsymbol{n}}}{r_{地}} - \frac{\boldsymbol{r}_e \cdot \hat{\boldsymbol{n}}}{r_e}\right). \tag{3.2.29}$$

对于远处恒星发出的光, 我们有

$$r_e \gg \boldsymbol{r}_{地}, \qquad \frac{\boldsymbol{r}_e \cdot \hat{\boldsymbol{n}}}{r_e} \approx -1, \tag{3.2.30}$$

$$\frac{\boldsymbol{r}_{地} \cdot \hat{\boldsymbol{n}}}{r_{地}} \approx \hat{\boldsymbol{n}} \cdot \hat{\boldsymbol{n}}_r = \cos\theta_0. \tag{3.2.31}$$

于是 (3.2.29) 简化为
　　效应 55

$$\delta\theta = \left(\frac{1+\gamma}{2}\right)\frac{4m}{a}\left(\frac{1+\cos\theta_0}{2}\right). \tag{3.2.32}$$

　　对于广义相对论, $\gamma = 1$, 再取 $\theta_0 = 0$, 上式即为 (3.2.1).

　　由 (3.2.32) 可以看出, 掠过太阳 ($\theta_0 \approx 0$) 的光线偏转角最大. 代入各量的值: $a \approx R_\odot \approx 6.96 \times 10^5 \text{km}$, $m = m_\odot = 1.476 \text{km}$, 得到此效应的理论值

$$(\delta\theta)_{\max} = \frac{1}{2}(1+\gamma)1''.75. \tag{3.2.33}$$

广义相对论 ($\gamma = 1$) 对于掠过太阳的光线预言的最大偏转角为 $1''.75$; 对于木星, 要小 100 倍. 这些估算早已由爱因斯坦给出. 早在 1913 年, Freundlich 研究了 1901 年的日食照片, 考查实验观测的结果. 1914 年, 为了观测爱因斯坦的这一引力效应, 他率探险队到克雷姆去观测. 第一次世界大战后的第一次日全食期间 (1919), Eddington 等观测了星光的弯曲效应, 观测值为 $1''.61 \pm 0.40$. 他们的实验精确度只有 30%, 接着几次实验精确度也没有明显提高, 结果在 $\frac{1}{2}$ 和 2 倍爱因斯坦值之间

摆动. 后来, Biesbroek(1947,1952), Texas 大学 (1973) 观测值在误差范围内都与爱因斯坦理论值符合得很好. 虽然由于各种因素影响观测的精确度, 但人们还是公认这些观测都准确地验证了广义相对论. 实际上, 日食专家早已能够断言, 除了引力效应以外, 任何别的效应 (或效应组合) 都不可能解释观测到的光线偏转现象.

1973 年 Texas 大学的观测结果是

$$\delta\theta = 1''58 \pm 0.16,$$

或者

$$\frac{1}{2}(1+\gamma) = 0.95 \pm 0.11. \tag{3.2.34}$$

此式给出了不同引力理论中参量 γ 应受到的限制.

为了提高测量精度, Lillestrand(1961) 建议把测量装置放在宇宙飞船里. 这样, 即使不发生日食也有可能观测到光线偏转效应, 并且测量精度可达 1%. 但是此后验证此效应的研究却沿另一途径发展了. 20 世纪 50 年代末以来, 长基线和超长基线无线电干涉技术发展迅速, 用这一技术可以测出角度变化 (或分开角度)3×10^{-4} 弧秒. 与此同时, 每年有多颗类星体强射电源在太阳附近出现. 由于类星体辐射角范围小, 可以在较大范围内改变射电干涉的基线, 于是人们可以通过测量干涉仪发出的信号的相位差, 精确地确定一对类星体分开的角度.

2. 恒星的视差

由于光线的引力偏转效应改变了恒星在天穹上的视位置, 必然出现恒星视差的相对论修正, 对 Schwarzschild 场中的零短程线方程作第二次积分, 可以得到恒星周年视差的减小效应. 保留源质量 m 的一阶项, 得到

效应 56

$$\Delta p = p(\mathrm{tr}) - p(\mathrm{real}) = -\frac{2m}{r}\sin^{-2}\varphi_0. \tag{3.2.35}$$

式中 $p(\mathrm{tr})$ 是总视差, 由三角测量得到; $l(\mathrm{real}) = \dfrac{r}{r_0}$ 是牛顿视差, r_0 和 φ_0 是恒星的日心坐标 (距离和纬度), r 是观察者和引力源中心的距离. 效应 (3.2.35) 预言的 $\Delta_p \geqslant 0.004''$.

3. 试验自旋对轨道偏转的影响

根据广义相对论, 试验物体自旋的取向在很大程度上是任意的. 这可以由多体问题的解得到, 也可以由一个物体的 Papapetrou 方程得到. 设试验自旋沿轨道平面的法线分量为 S_n, 我们得到

$$(\Delta\alpha_{\max})_s(S^{0i} = 0) = -2mS_n^*/\varepsilon b^2, \tag{3.2.36}$$

实际上 $S_n^* = \varepsilon S_n$. 由 (3.1.4) 和 (3.2.36) 得到附加偏转

效应 57

$$(\delta\theta)_{m,S}(S^{0i} = 0) = -2m\frac{S_n}{b^2}. \tag{3.2.37}$$

这一效应和对粒子自旋加上的附加条件 $(S^{0i} = 0)$ 有关. 由上式可见, 自旋为零的光子的轨道没有这一偏转, 它是自旋 S_n 的贡献.

4. 光子偏离平面运动

如果粒子开始运动时其自旋在平面 $\theta = \frac{\pi}{2}$ 内, 运动中它的自旋的法向分量保持不变 (即 $S_z = 0, S_x, S_y \neq 0$), 则试验自旋的运动方程 (巴巴别特鲁方程) 转为短程线方程. 可以证明, 这样的运动不是平面运动.

下面讨论光子偏离平面运动的效应. 为了给出这一效应, 解短程线偏离方程 (2.2.4), 并把 (2.2.22) 右端后一项 $(q = 0)$ 作为扰动力 F^λ, 将 Schwarzschild 度规代入. 最后得到由于光子自旋的存在, 使轨道沿垂直于赤道平面的方向偏转:

效应 58

$$l = \frac{mA_1}{(A_2)^2}\sin2\varphi. \tag{3.2.38}$$

3.3 Schwarzschild 场中对光子轨道的限制

1. 对光线掠射角的限制

假设 Schwarzschild 场中一点处有一光源, 发出的光子沿 Schwarzschild 场的零短程线运动, 由第一次积分得到速度的空间分量:

$$v^1 = \frac{\mathrm{d}r}{\mathrm{d}x^0} = \left(1 - \frac{2m}{r}\right)\sqrt{1 - \frac{b^2}{r^2}\left(1 - \frac{2m}{r}\right)},$$

$$v^3 = r\frac{\mathrm{d}\varphi}{\mathrm{d}x^0} = \frac{b}{r}\left(1 - \frac{2m}{r}\right). \tag{3.3.1}$$

式中 b 为瞄准参量. v^1 和 v^3 间有关系式

$$\tan\varphi = \frac{v^3}{v^1} = \left(\frac{r^2}{b^2} - 1 + \frac{2m}{r}\right)^{-1/2}. \tag{3.3.2}$$

式中 φ 是光线与光源－观察者连线间的夹角. 由于速度的物理分量 v_r, v_φ 和上式中的 v_1, v_3 之间有关系式

$$v_r = v_1\sqrt{\frac{g^{11}}{-g_{00}}}, \quad v_\varphi = v_3\sqrt{\frac{g_{33}}{-g_{00}}},$$

故 (3.3.2) 改写为

效应 59

$$(\tan\varphi)_m = \frac{v_\varphi}{v_r} = \left(1 - \frac{2m}{r}\right)^{1/2} \left(\frac{r^2}{b^2} - 1 + \frac{2m}{r}\right)^{-1/2}. \tag{3.3.3}$$

$\dfrac{b}{r}$ 只能算一定的值, 才能保证上式被开方数为正定的. 这意味着, 由引力源附近发射的光线, 只有限制在顶角为 2φ 的锥内才能到达无限远处的观察者. 锥外的光线将落在引力中心或被引力质量俘获 [见效应 (3.3.6)]. 在这个意义上, 引力源质量的引力作用限制了光线相对于矢径 (光源 — 观察者) 的掠射角.

2. 光线的引力俘获

根据广义相对论, 在 Schwarzschild 场中, 粒子轨道可能终止于引力中心. 在牛顿引力理论中, 这种轨道只能沿径向, 粒子撞在引力体上. 在广义相对论中, 守恒面积 $h < 4m$ 的所有试验粒子都可能被俘获. 当 $h = 4m$ 时轨道成为一个圆. 引力场俘获光子的情况是很有趣的. 由 Schwarzschild 场中零短程线的第一次积分得到

$$\frac{\mathrm{d}r}{\mathrm{d}x^0} = \left(1 - \frac{2m}{r}\right)\left[1 - \frac{b^2}{r^2}\left(1 - \frac{2m}{r}\right)\right]^{1/2}. \tag{3.3.4}$$

令 $\dfrac{\mathrm{d}r}{\mathrm{d}x^0} - 0$, 得到瞄准参量 b 和光线到引力中心最小距离 $r_{\min}$ 之间的关系

$$b = r_{\min}\left(1 - \frac{2m}{r_{\min}}\right)^{-1/2}. \tag{3.3.5}$$

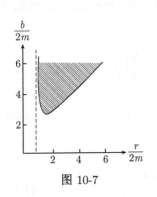

图 10-7

令 $\dfrac{\mathrm{d}b}{\mathrm{d}(r_{\min})} = 0$, 得到 $(r_{\min})_0 = 3m$, $b_0 = 3\sqrt{3}m$. 即当 $r_{\min} = 3m$ 时, 函数 $b(r_{\min})$ 有极小值 $b_0 = 3\sqrt{3}m$. 所以, 只有瞄准参量 $b > b_0$ 的那些光线才能到达无限远处的观察者, 而瞄准参量满足

效应 60

$$b < b_0 = 3\sqrt{3}m \tag{3.3.6}$$

的光线均被引力源俘获 (图 10-7). 当 $b = b_0$ 时光线闭合为圆. 这是广义相对论特有的效应. 由 (3.3.3) 可知, 当 $b < b_0$ 时限制光线的圆锥顶角大于 π, 光线不会到达无限远 (被引力中心俘获).

3.4　R-N 场中光子的轨道效应

在讨论光子轨道效应之前, 我们先讨论极端相对论粒子的轨道偏转效应.

1. 极端相对论粒子在 R–N 场中的轨道偏转效应

设 $k \ll m^2, (1 - \beta^2) \ll 1$. 由 (2.1.7) 出发, 和得到 (3.1.2) 类似, 我们得到最大的附加反常 $\alpha_{\max}$ 和 f. 最大附加反常为

$$\alpha_{\max} = \frac{2m}{b} + \frac{\pi m^2}{b^2} - \frac{15}{4} - \frac{3}{4}\frac{\pi k}{b^2}, \tag{3.4.1}$$

离开直线的偏转角为

$$\theta_{m,k} = \theta_m - \frac{3}{4}\frac{\pi k}{b^2}. \tag{3.4.2}$$

式中 θ_m 为 Schwarzschild 场中的偏转角 (3.1.10). 因此, 源电荷参量 k 使极端相对论粒子轨道产生的偏转效应为

效应 61

$$\theta_k = -\frac{3}{4}\frac{\pi k}{b^2}. \tag{3.4.3}$$

由上式可见, 根据广义相对论, 电荷的引力作用使引力质量产生的轨道偏转角减小. 在所取的近似条件下, 效应 (3.4.3) 不含 β_0, 这表明此式也适用于光子的轨道. 下面我们单独研究光子的轨道偏转效应.

2. R–N 场中光子轨道的偏转

由 (2.9.1) 得到轨道微分方程, 当 $\varepsilon, h \to \infty$ 时为

$$\tilde{F}_{m,k}(u) = \frac{1}{b^2} - u^2 + 2mu^3 - ku^4. \tag{3.4.4}$$

不难导出准双曲线焦点参量和离心率的关系

$$p = \frac{b^2}{m}\left(1 + \frac{3k}{b^2}\right), \quad e = \frac{b}{m}\left(1 + \frac{5k}{2b^2}\right). \tag{3.4.5}$$

由 (2.9.3) 得到

$$\tilde{C} = 1 - \frac{2m}{p}(3 + e\cos\psi) + \frac{k}{p^2}(6 + 4e\cos\psi + e^2 + e^2\cos^2\psi). \tag{3.4.6}$$

由上两式和 (2.1.7) 立刻导出偏转角

效应 62

$$\tilde{\theta}_k = -\frac{3}{4}\frac{\pi k}{b^2}. \tag{3.4.7}$$

3. 对光线掠射角的限制

天体物理中对于外部观察者和黑洞附近观察者如何测得电磁信号的问题很感兴趣. 光线在引力场中掠射受到限制, 有些方向的电磁信号不可能被远处观察者观察到. Schwarzschild 场中的这一效应已在 §3.3 中讨论过. 关于致密天体 (中子星、

星系核、黑洞) 中可能含有电荷和磁单极的问题已有许多学者研究过. R-N 场源是含有电荷的球对称质量, 用获得双荷度规的方法很容易将这一度规推广到含大量磁单极的情况. 实际上, 结果只是将度规中的 $k = e^2$ 换为 $k = e^2 + q^2$, 式中 e 和 q 分别为电荷和磁荷.

与 §3.3(1) 的过程相似, 以 R-N 度规代替 Schwarzschild 度规, 与 (3.3.3) 对应地, 得到光线掠射角受到的限制:

效应 63

$$(\tan\varphi)_{m,k} = \left(1 - \frac{2m}{r} + \frac{k}{r^2}\right)^{1/2} \left(\frac{\gamma^2}{b^2} - 1 + \frac{2m}{r} - \frac{k}{r^2}\right)^{-1/2} \tag{3.4.8}$$

4. 光线的自闭合

在 R-N 场中, 由短程线方程的第一次积分得到

$$b = r_{\min} \left(1 - \frac{2m}{r_{\min}} + \frac{k}{r_{\min}^2}\right)^{-1/2}. \tag{3.4.9}$$

这里, 函数 $b(r_{\min})$ 不但和 m 有关, 而且与 $\dfrac{k}{m^2}$ 有关. 这一关系表述于图中. 可以发现, 中性试验粒子在 R-N 场中不可能被引力俘获. 但是当 $k \gg m^2$ 时, 试验物体逐渐转到更深的轨道 (k 增大则 b 减小). 当 $b < 4m$ 时, 光线可以穿过面 $r = m$.

令 $\dfrac{\mathrm{d}b}{\mathrm{d}r_{\min}} = 0$, 得到 b 取极值的条件:

效应 64

$$r_{\min} = \frac{3m}{2} \left(1 \pm \sqrt{1 - \frac{8k}{9m^2}}\right). \tag{3.4.10}$$

将此式代入 (3.4.9) 便得到 b 的极限值. (3.4.10) 对应于 R-N 场中光子的两上圆轨道.

3.5　Kerr 场中极端相对论粒子和光子的轨道效应

1. 轨道偏转效应

在通常情况下, $a^2 \ll m^2 \ll b^2$, $1 - \beta_0^2 \ll 1$, 我们在这些近似条件下, 首先研究准双曲线轨道附加反常的一般情况. 由克尔度规出发, 按照 Schwarzschild 场中的计算序, 我们得到

$$\alpha_{\min} = \frac{2m}{b} + \frac{15}{4} - \frac{\pi m^2}{b^2}, \tag{3.5.1}$$

$$\theta_{m,a} \approx \theta_m - \frac{4am}{b^2}. \tag{3.5.2}$$

由此得到, Kerr 场参量 a 产生的极端相对论粒子轨道的偏转效应为

效应 65

$$\theta_a \approx -\frac{4am}{b^2} \tag{3.5.3}$$

与上一节中的情况相似, 在 (3.5.3) 中不含 β_0. 所以, 在同样近似条件下, 此式也可用于光子轨道的情况. 我们也可单独研究光子轨道. 设光子轨道在赤道面内, 只保留 a 的一次项, 由 (2.13.1) 得到

$$\tilde{F}_a(u) = \frac{1}{b^2} + \frac{4am}{b^3}u - \left[1 - \frac{8am^2}{b^3}\right]u^2 + 2m\left[1 + \frac{8am^2}{b^3}\right]u^3. \tag{3.5.4}$$

由此得到

$$p = \frac{b}{m}\left(1 + \frac{2a}{b}\right), \quad e = \frac{b}{m}\left(1 + \frac{2a}{b}\right), \tag{3.5.5}$$

$$\tilde{C} = 1 + \frac{8am^2}{b^3} - \frac{2m}{p}\left(1 + \frac{8am^2}{b^3}\right)(3 + e\cos\psi). \tag{3.5.6}$$

由这些式子直接得到

效应 66

$$\tilde{\theta}_a \approx -\frac{4am}{b^2}. \tag{3.5.7}$$

这一效应的特点是依赖于源质量的旋转方向及其与光子运动方向的相互取向; 如果光子轨道不在赤道面内, 还依赖于轨道面与赤道面的夹角. 特别是当光线平行于转轴传播时, 偏转角不依赖于 a 的一次项. 所有这些特点都包含在下面的表达式中:

$$\tilde{\theta}_a = \frac{4m}{b^2}\boldsymbol{a}\cdot\hat{\boldsymbol{n}}. \tag{3.5.8}$$

式中 $\hat{\boldsymbol{n}}$ 是轨道平面法线单位矢. 要用实验验证这一效应, 必须测出具有不同瞄准参量的光线的偏转角. 利用太阳遮住类星体的机会是最方便的, 因为人们已经作过这类观测 —— 测量类星体被太阳遮住前后所发出射线的偏转角.

2. 引力俘获效应

光子的引力俘获效应在 Kerr 场中有新的特点. 设光子轨道在赤道面内, 可导出瞄准距离 $b = b(r_{\min})$ 的严格表达式

$$b = \left(1 - \frac{2m}{r_{\min}}\right)^{-1}\left[\pm r_{\min}\sqrt{1 - \frac{2m}{r_{\min}} + \frac{a^2}{r_{\min}^2} - \frac{2am}{r_{\min}}}\right]. \tag{3.5.9}$$

绕着源转动方向顺行的光子轨道取上式中上边的符号, 逆行的取下边的符号. 令

$\dfrac{\mathrm{d}b}{\mathrm{d}r_{\min}} = 0$, 保留 a 的一次项, 得到

$$(r_{\min})_{\pm} = \frac{3m}{2}\left[1 + \sqrt{1 \mp \frac{8a}{9m}}\right]. \tag{3.5.10}$$

由上式可知, 顺行光子在 $r = (r_{\min})_+$ 处被 Kerr 场引力俘获; 逆行光子在 $r = (r_{\min})_-$ 处被 Kerr 场引力俘获. 将 (3.5.10) 代入 (3.5.9) 可以得到光子被俘获的条件:

效应 67

$$b < b_0 = 2m\left[1 + \sqrt{1 \mp \frac{a}{m}}\right]. \tag{3.5.11}$$

由于顺行光子和逆行光子的俘获情况不同: $(b_0)_+ \neq (b_0)_-$, 所以 Kerr 场中的引力俘获效应是各向异性的.

3. 光子轨道的扭转

效应 (3.5.7) 和 (3.5.8) 已指出, Kerr 场中在赤道面内的光子轨道会产生各向异性偏转. 光子在平面 $\varphi = \mathrm{const}$ 运动时, 轨道的偏转角与在 Schwarzschild 场中的相同. 可以证明, 如果光子开始沿着 a 的方向运动, 则在 Kerr 场中其轨道会扭转一个角度:

效应 68

$$(\Delta\varphi)_a = \frac{4am}{b^2}. \tag{3.5.12}$$

式中 φ 是在赤道面内的极化角. 仅在光子沿赤道运动时此效应才不存在. 这一效应与效应 (2.14.6) 类似.

3.6 其他引力场中的光子轨道效应

1. 质量四极矩产生的偏转效应

采用前面的推导程序, 由第三篇的度规 (1.8.22) 得到

$$\tilde{F}_\sigma(u) = \frac{1}{b^2} - u^2 + 2m\left(1 + \frac{2m^2\sigma}{15b^2}\right)u^3 + \frac{m^4\sigma}{b^2}u^4. \tag{3.6.1}$$

由此求得

$$p = \frac{b^2}{m}\left(1 - \frac{2m^2\sigma}{15b^2}\right), \quad e = \frac{b}{m}\left(1 - \frac{2m^2\sigma}{15b^2}\right), \tag{3.6.2}$$

$$\tilde{C} = 1 - \frac{2m}{p}\left(1 + \frac{2m^2\sigma}{15b^2}\right)(3 + e\cos\psi) - \frac{m^4\sigma}{b^2p^2}(6 + 4e\cos\psi + e^2 + e^2\cos^2\psi). \tag{3.6.3}$$

代入 (2.1.7), 应用 (3.1.6) 得到附加反常 $\alpha_{\max}$, 进而得到 (当 $\theta = \pi/2$) 偏转角

效应 69

$$\theta_{\sigma,m} = \frac{8m^3\sigma}{15b^3}. \tag{3.6.4}$$

我们注意到, 由于度规 (1.8.22) 具有辐射对称性, 而不具有球对称性, 所以偏转角很强地依赖于轨道平面和赤道面的夹角, 这就是说, 光子轨道的偏转是各向异性的. 当取向角 θ 等于某一值 θ_0 时, 四极矩的贡献会消除.

2. 宇宙项产生的偏转效应

由度规 (1.2.13) 得到光子轨道微分方程

$$\tilde{F}_\lambda(u) = \frac{1}{b^2} + \frac{\lambda}{3} - u^2 + 2mu^3. \tag{3.6.5}$$

按前边的方法, 求得 p 和 e

$$p = \frac{b^2}{m}\left(1 - \frac{\lambda b^2}{3}\right), \quad e = \frac{b}{m}\left(1 - \frac{\lambda b^2}{6}\right),$$

$$\tilde{C} = 1 - \frac{2m}{p}(3 + e\cos\psi). \tag{3.6.6}$$

最后积分, 得到宇宙因子 λ 对偏转角的贡献:

效应 70

$$\theta_\lambda = \frac{2}{3}mb\lambda. \tag{3.6.7}$$

由此可见, 宇宙因子的贡献随瞄准距离的增大而增大.

3. 引力波场中的偏转效应

可以证明, 在引力波场 [第一篇 (4.1.13)] 中等效的 "折射系数" 可写为

$$n = 1 + \frac{1}{2}p_{ij}\hat{e}^i\hat{e}^j. \tag{3.6.8}$$

式中 $\hat{e}$ 是沿光线传播方向的单位矢. 分量 p_{ij} 是时间的周期函数, 把引力场作为光的特殊 "媒质", 光线的两条渐近线间夹角可写为

$$\theta = \int_{-\infty}^{\infty} \frac{\mathrm{d}}{\mathrm{d}r}(\ln n)\mathrm{d}r. \tag{3.6.9}$$

弱引力的上述效应是极微小的, 所以人们设法将引力波场中的上述效应累积起来. 可在 $x^2 = 0$ 和 $x^2 = l$ 处各处一面镜子, 设引力波治 x^2 轴方向传播, 则光线由坐标原点发出后将沿 x^1 和 x^3 轴偏转

$$x^1 = -\frac{n\pi c}{\omega_g}\beta^2 p_{22}\sin\Phi,$$

$$x^3 = \frac{2c}{\omega_g}\beta[1 - (-1)^N]p_{23}(\cos\tilde{\Phi} - n\pi\sin\tilde{\Phi}). \tag{3.6.10}$$

式中 $\dfrac{1}{\omega_g}N\pi v = l$($N$ 是整数). 比较偶数 (N) 次反射, 发现沿 x^3 的移动抵消了, 沿 x^1 的移动相加. 因此, 选择适当的相位和频率 (使发生共振), 在两个镜子组成的系统中, 可以获得光线的累积偏移. 它的表达式为

效应 71

$$\Delta x^1 = -l\beta p_{22}\sin\Phi. \tag{3.6.11}$$

第4章　试验粒子和电磁信号的延迟效应

在一个大质量物体的引力场中, 电磁信号 (光) 通过一给定的距离所需要的时间, 广义相对论预言的值比牛顿理论预言的值要大, 这一效应称为时间延迟效应.

4.1　延迟时间表达式

1. 由不同步引起的粒子和电磁信号的延迟

在一般情况下, 任意间隔

$$ds^2 = dx^{(0)^2} - dl^2 = g_{\mu\nu}dx^\mu dx^\nu$$

中, $dx^{(0)}$ 和 dl 表示某一局部惯性系中的本征 (物理的) 时间元和距离元. 由同步条件 $dx^{(0)} = 0$, 即

$$g_{\mu\nu}dx^\mu dx^\nu + dl^2 = 0, \tag{4.1.1}$$

解出 dx^0, 得到不同步坐标时

$$dx^0(dx^{(0)} = 0) \equiv dx^0_{\text{des}}$$

$$= -\frac{g_{0i}dx^i}{g_{00}} \pm \frac{1}{g_{00}}\sqrt{(g_{0i}g_{0j} - g_{00}g_{ij})\frac{dx^i dx^j}{g_{00}} + dl^2}. \tag{4.1.2}$$

我们还可以给出 dx^0_{des} 的另一表达式:

$$dx^0_{\text{des}} = -\frac{u_i}{u_0}dx^i = -\frac{g_{i\mu}\dot{x}^\mu dx^i}{g_{0\lambda}\dot{x}^\lambda}. \tag{4.1.3}$$

式中 $u^\mu \equiv \dot{x}^\mu$ 是质点运动方程的解. 对于电磁信号, $dl \equiv d\tilde{l} = 0$, (4.1.2) 是信号传播时间, 其中包括广义相对论预言的延迟时间项. 当 $dl \neq 0$ 时, 对应于试验粒子的延迟时间.

假设信号在 $\theta = \frac{\pi}{2}$ 平面内传播, 取类 Schwarzschild 坐标 $(x^0, r, \theta, \varphi)$. 这时有

$$g_{00}dx^{02} - g_{11}dr^2 - g_{33}d\varphi^2 - 2g_{03}dx^0 d\varphi = 0, \tag{4.1.4}$$

或者

$$g_{00} - g_{11}\left(\frac{dr}{dx^0}\right)^2 - g_{33}\left(\frac{d\varphi}{dx^0}\right) - 2g_{03}\frac{d\varphi}{dx^0} = 0. \tag{4.1.5}$$

零短程线的第一积分给出

$$\left(g_{00} - g_{03}\frac{\mathrm{d}\varphi}{\mathrm{d}x^0}\right)x^0 = \varepsilon,$$

$$\left(g_{33}\frac{\mathrm{d}\varphi}{\mathrm{d}x^0} + g_{03}\right)x^0 = h. \tag{4.1.6}$$

式中 $x^0 \equiv \dfrac{\mathrm{d}x^0}{\mathrm{d}\lambda}$, λ 为沿着零短程线的某个参量 $(\lambda \neq s)$. 由此得到信号的传播时间

$$x^0(\mathrm{d}s = 0)$$

$$= \int_{\varphi 2}^{\varphi 2} \frac{\{g_{03}(r_0) + [g_{03}^2(r_0) + g_{00}(r_0)g_{33}(r_0)]^{1/2}\}g_{03} + g_{33}g_{00}}{g_{03} + (g_{03}^2 + g_{00}g_{33})^{1/2}g_{00} - g_{03}g_{00}}d\varphi. \tag{4.1.7}$$

式中 r_0 是光信号和引力中心的最小距离.

设辐射源位于 (r_1, ψ_1)

$$r_1 = p(1 + e\cos\psi_1)^{-1}, \quad \psi_1 = -\frac{\pi}{2} + \frac{1}{e}\left(\frac{p}{r_1} - 1\right),$$

反辐射体位于 (r_2, ψ_2)

$$r_2 = p(1 + e\cos\psi_2)^{-1}, \quad \psi_2 = \frac{\pi}{2} - \frac{1}{e}\left(\frac{p}{r_1} - 1\right).$$

由此可以得到由于引力场中光线的弯曲所产生的时间差

$$\Delta x^0 = \int_{\psi 1}^{\psi 2} \frac{[g_{03} + (g_{03}^2 + g_{00}g_{33})^{1/2}]g_{03} + g_{32}g_{00}}{g_{03} + (g_{03}^2 + g_{00}g_{33})^{1/2}g_{00} - g_{03}g_{00}} \times \frac{\mathrm{d}\psi}{\sqrt{\tilde{C}}} - (\Delta x^0)_{m=0}. \tag{4.1.8}$$

式中 $(\Delta x^0)_{m=0}$ 是无引力场时信号沿直线传播的时间. $\tilde{C}$ 即 $(2.1.5)\sim(2.1.7)$ 中的 C 对于光子的极限情况 $(3.1.7)$.

2. 试验粒子在 Schwarzschild 场中的延迟效应

在 $\theta = \dfrac{\pi}{2}$ 的平面内, 代入 Schwarzschild 度规, 得到粒子运动方程的解

$$\frac{\mathrm{d}r}{\mathrm{d}x^0} = \frac{A}{\alpha^3\varepsilon}, \quad \frac{\mathrm{d}\varphi}{\mathrm{d}x^0} = \frac{h}{\alpha^3\varepsilon r^2}, \quad \frac{\mathrm{d}r}{\mathrm{d}\varphi} = \frac{r^2 A}{\alpha h}, \tag{4.1.9}$$

$$\alpha \equiv \left(1 - \frac{2m}{r}\right)^{-1/2}, \quad A = \alpha^2\varepsilon^2 - 1 - \frac{h^2}{r^2}. \tag{4.1.10}$$

把 $(4.1.9)$ 代入 $(4.1.3)$, 得到试验粒子的延迟效应:

效应 72

$$\Delta x_{\mathrm{des}}^0 = \int(\mathrm{d}x_{\mathrm{des}}^0) \quad (\mathrm{d}s = \mathrm{d}l \geqslant 0)$$

$$= \int \left(\frac{\alpha^2 \varepsilon}{h} - \frac{1}{\varepsilon h} \right) r^2 \mathrm{d}\varphi$$

$$= \int \left(\frac{\alpha^2 \varepsilon}{h} - \frac{1}{\varepsilon h} \right) \left[\frac{\alpha^2 \varepsilon^2}{h^2} - \frac{1}{h^2} - \frac{1}{r^2} \right]^{-1/2} a \mathrm{d}r. \tag{4.1.11}$$

由上式可见, $\Delta x_{\mathrm{des}}^0$ 可能大于零, 也可能小于零. 就是说, 超前和延迟都是可能的. 要在具体问题中确定了 ε 和 h 的值, 才能具体确定此效应的大小.

假设一试验粒子沿半径为 r 的圆周运动, 则有

$$h(e=0) \approx \sqrt{mr} \left(1 + \frac{3m}{r} \right), \quad \varepsilon(e=0) \approx 1 - \frac{m}{2r}. \tag{4.1.12}$$

将此式代入 (4.1.11), 并变换为对 ψ 的积分 $\left(\int_0^{2\pi} \right)$, 我们得到

效应 73

$$\left(\frac{\Delta x_{\mathrm{des}}^0}{2\pi} \right)_{m,e=0} = \sqrt{mr}, \quad \frac{m^2}{r^2} = \beta_l^4 \ll 1. \tag{4.1.13}$$

这一不同步时间和开普勒周期的比为

$$\left(\frac{\Delta x_{\mathrm{des}}^0}{2\pi} \right) / T_0 = \frac{\sqrt{mr}}{1/\omega_0} = \frac{m}{r} = \beta_l^2. \tag{4.1.14}$$

此式表明 Schwarzschild 场中的上述效应是极其微小的.

下面计算试验粒子沿准双曲线轨道运动时的不同步时间, 采用近似条件

$$\frac{me^2}{r_0} \ll 1, \quad \beta^4 = \frac{v^4}{c^4} \ll 1. \tag{4.1.15}$$

此时由 (4.1.3) 得到

效应 74

$$(\Delta x_{\mathrm{des}}^0)_m = - \int_0^p \frac{u_i \mathrm{d}x^i}{u_0}$$

$$= \sqrt{mp}(\Phi + e\mathrm{sh}\Phi)(e^2 - 1)^{-1/2}. \tag{4.1.16}$$

式中

$$\Phi \equiv \mathrm{arth}\sqrt{(e-1)/(e+1)}\tan\varphi.$$

条件 (4.1.15) 要求轨道离心率很小. 当极端相对论粒子沿着离心率大的轨道运动时, 代替条件 (4.1.15) 有

$$\frac{1}{e^2} \ll 1, \quad \beta^4 \approx 1 - \frac{2m}{r_0}. \tag{4.1.17}$$

特殊地, 如果 $e = \frac{r_0}{m}$, 可以得到

$$\Delta x_{\text{des}}^0 = -\int_{r_0}^r \frac{u_i \mathrm{d}x^i}{u_0} = \sqrt{r^2 - r_0^2} + (\Delta x_{\text{des}}^0)_m. \tag{4.1.18}$$

其中最后一项即为不同步时间:

效应 75

$$(\Delta x_{\text{des}}^0)_m = m\sqrt{r^2 - r_0^2}\left\{ \frac{r_0 - r}{2r_0(r + r_0)} + 2[P(r) - P(r_0)] \right\}. \tag{4.1.19}$$

式中

$$P(r) \equiv \ln\left[\frac{1}{e} + \frac{r}{b}(1 - A_0) \right].$$

由上面三个效应可见, 在相对论速度不太大的情况下 [效应 (4.1.13) 和 (4.1.16)], 全部不同步时间都由广义相对论确定. 在极端相对论速度的情况下 [效应 (4.1.18)], 不同步时间由两项组成. (4.1.18) 的第一项是狭义相对论的, 第二项是广义相对论预言的超前时间.

4.2　Schwarzschild 场中电磁信号的延迟效应

本节中我们先从一般延迟式 (4.1.8) 出发, 给出电磁信号延迟时间的表达式, 然后再按 PPN 形式给出这一效应的表达式.

1. 电磁信号的不同步时间

设电磁信号自 Schwarzschild 场中的点 (r_1, φ_1) 传播到点 (r_2, φ_2). 信号的轨迹由轨道微分方程 $\left(\dfrac{\mathrm{d}u}{\mathrm{d}\varphi}\right)^2 = 23.3\tilde{F}(u)$ 描述, 这里 $\tilde{F}(u)$ 与 (2.1.4) 对应, 只是代入极限情况 $\beta = 1$. 按前面的程序解关于 p 和 e 的方程组, 用 r_0 代替 b, 得到

$$p = \frac{r_0^2}{m}\left(1 + \frac{2m}{r_0} - \frac{4m^2}{r_0^2} \right),$$

$$e = \frac{r_0}{m}\left(1 + \frac{m}{r_0} - \frac{4m^2}{r_0^2} \right),$$

$$b = r_0\left(1 - \frac{2m}{r_0} \right)^{-\frac{1}{2}}.$$

将 Schwarzschild 度规代入 (4.1.8), 得到

$$\Delta x^0 = \int_{\psi_1}^{\psi_2} \frac{r^2}{r_0} \sqrt{1 - \frac{2m}{r_0}\left(1 - \frac{2m}{r} \right)^{-1}} \frac{\mathrm{d}\psi}{\sqrt{\tilde{C}}} - (\Delta x_0)_{m=0}. \tag{4.2.1}$$

将 $\tilde{C}$ 的表达式代入并积分, 保留 m 的一次项, 得到

$$\Delta x^0 = (r_1 + r_2) - \frac{r_0^2}{2}\left(\frac{1}{r_1} + \frac{1}{r_2}\right)$$

$$+ 2m\left\{1 - \frac{r_0}{2}\left(\frac{1}{r_1} + \frac{1}{r_2}\right) + \ln\frac{4r_1r_2}{r_0^2}\right\} - (\Delta x^0)_{m=0}. \quad (4.2.2)$$

式中前两项和最后一项都和 m 无关, 所以有

效应 76

$$(\Delta x^0)_m = 2m - mr_0\left(\frac{1}{r_1} + \frac{1}{r_2}\right) + 2m\ln\frac{4r_1r_2}{r_0^2}. \quad (4.2.3)$$

这样, 广义相对论预言, 光线和电磁信号在 Schwarzschild 场中传播都将发生延迟效应. 如果用水星作为雷达信号的反射体, 并设 $r_0 \approx R_\odot$, 忽略第二项, 得到

$$(\Delta x^0)_m = 4m\left\{1 + \ln\frac{4r_1r_2}{r_0^2}\right\} \approx 240\mu s(72km). \quad (4.2.4)$$

第一批实验观测以 20% 的精度证实了理论预言. 后来不断提高测量精度, 在消除系统测量误差之后, 理论值和观测值符合的精确度达到 0.1%.

2. 时间延迟的后牛顿表示式

由 (3.2.16)

$$\frac{\mathrm{d}}{\mathrm{d}t}r_{p_\parallel} = -(1+\gamma)U,$$

将 (3.2.19) 代入, 并积分, 得到

$$r_{p_\parallel}(t) = -(1+\gamma)m\ln\frac{r(t) + \boldsymbol{r}(t)\cdot\hat{\boldsymbol{n}}}{r_e + \boldsymbol{r}_e\cdot\hat{\boldsymbol{n}}} \quad (4.2.5)$$

由 (3.2.14), 从发射点到观察点 $\boldsymbol{r}$ 光信号传播所经历坐标时间为

$$t - t_\varepsilon = |\boldsymbol{r} - \boldsymbol{r}_\varepsilon| + (1+\gamma)m\ln\frac{r(t) + \boldsymbol{r}(t)\cdot\hat{\boldsymbol{n}}}{r_e + \boldsymbol{r}_e\cdot\hat{\boldsymbol{n}}}. \quad (4.2.6)$$

假设一信号由地球发射, 经 $\boldsymbol{r}_p$ 处的行星 (或飞船) 反射后回到地球, 整个过程所经历坐标时间为

效应 77

$$\Delta t = 2|\boldsymbol{r}_\text{地} - \boldsymbol{r}_p| + 2(1+\gamma)m\ln\frac{(\boldsymbol{r}_\text{地} + \boldsymbol{r}_\text{地}\cdot\hat{\boldsymbol{n}})(r_p - \boldsymbol{r}_p\cdot\hat{\boldsymbol{n}})}{d^2} \quad (4.2.7)$$

式中 $\hat{\boldsymbol{n}}$ 是返回时光子的方向. 严格说, 所经历时间应该用本征时间表示, 即由地球上的标准钟测定, 但这样并不改变上述结果. (4.2.7) 中右端后一项即为附加的时间延迟 $(\Delta t)_m$, 当行星和地球位于太阳的两侧时, $(\Delta t)_m$ 达最大值, 即当

$$\boldsymbol{r}_\text{地}\cdot\hat{\boldsymbol{n}} \approx r_\text{地}, \quad \boldsymbol{r}_p\cdot\hat{\boldsymbol{n}} \approx r_p, \quad d \approx R_\odot, \quad (4.2.8)$$

此时有

$$(\Delta t)_m = 2(1+\gamma)m\ln\left(\frac{4r_{地}r_p}{\mathrm{d}^2}\right)$$

$$= \frac{1}{2}(1+\gamma)\left[240\mu s - 20\mu s\ln\left(\frac{\mathrm{d}}{R_\odot}\right)^2\left(\frac{a}{r_p}\right)\right]. \tag{4.2.9}$$

式中 a 是天文单位.

自 1964 年以来, 人们已经采用过多种反射体. 第一种是行星 (如水星、金星). 用这一方法的主要困难之一是不了解行星的地形, 这一因素会引起 $5\mu s$ 的误差.

第二种反射体是人造卫星. 这里不存在地形问题, 而且飞船上的脉冲转发器可以让人们准确地知道飞船的位置.

由光线偏转实验和时间延迟实验, 得到的参量 $\frac{1}{2}(1+\gamma)$ 的误差都小于 0.2%. 各种非爱因斯坦引力理论, 利用各自的自由度调整其参量值或宇宙边界条件, 来满足这种限制. 为了使理论值与观测值的误差小于 0.1%, 标量引力理论中的参量 ω 要满足 $\omega > 500$.

4.3　其他场中的延迟效应

随着测量雷达信号传播时间的精度的不断提高, 人们期望能够测出其他引力参量对延迟效应的贡献. 其中包括引力电荷、宇宙因子项、源的角动量等.

1. R-N 场中的超前效应

由 R-N 度规代入轨道微分方程, 得到轨道参量

$$p = \frac{r_0^2}{m}\left(1 + \frac{2m}{r_0} + \frac{2k}{r_0^2}\right),$$

$$e = \frac{r_0}{m}\left(1 + \frac{m}{r_0} + \frac{2k}{r_0^2}\right). \tag{4.3.1}$$

代入 (4.1.8) 得

$$\Delta x^0 = \int_{\psi_1}^{\psi_2} \frac{r^2}{r_0}\sqrt{1 - \frac{2m}{r_0} + \frac{k}{r_0}}\left(1 - \frac{2m}{r} + \frac{k}{r^2}\right)^{-1} \times \frac{\mathrm{d}\psi}{\sqrt{\tilde{C}}} - (\Delta x^0)_{m=0}. \tag{4.3.2}$$

积分, 得到电磁信号自点 (r_1, ψ_1) 到点 (r_2, ψ_2) 的传播时间 (保留 m 和 k 的一阶项):

$$\Delta x^0 = (r_1 + r_2) + 2m\left(1 + \ln\frac{4r_1r_2}{r_0^2}\right) - \frac{3k}{2}\left[\frac{\pi}{r_0} - \left(\frac{1}{r_1} + \frac{1}{r_2}\right)\right]. \tag{4.3.3}$$

与 (4.2.2) 比较可知, 引力电荷产生的时间延迟是

效应 78

$$(\Delta x^0)_k = -\frac{3\pi k}{2r_0} + \frac{3k}{2}\left(\frac{1}{r_1} + \frac{1}{r_2}\right). \tag{4.3.4}$$

此式表明, 场源电荷的引力作用减小了引力质量产生的效应. 甚至当比值 k/m 足够大时, 上式中的第一项可能引起信号的超前效应.

2. 宇宙项的贡献

将含 λ 项的球对称外部度规代入轨道运动微分方程, 经过类似的推导, 可以得到

$$\Delta x^0 = \int_{\psi 1}^{\psi 2} \frac{r^2}{r_0}\sqrt{1 - \frac{2m}{r_0} - \frac{\lambda r_0^2}{3}}\left(1 - \frac{2m}{r} - \frac{\lambda r^2}{3}\right)^{-1}$$

$$\times \left[1 + \frac{m}{r}(3 + e\cos\psi)\right]^{-1}\mathrm{d}\psi - (\Delta x^0)_{m=0}. \tag{4.3.5}$$

积分, 得到宇宙项对时间延迟的贡献:

效应 79

$$(\Delta x^0)_\lambda = \frac{\lambda r_0^2}{3}\left\{(r_1 + r_2) + \frac{r_0^2}{m}\left[1 + \frac{1}{2}\ln\frac{4r_1 r_2}{r_0^2}\right] + \frac{r_1^3 + r_2^3}{3r_0^2}\right\}, \tag{4.3.6}$$

可见此效应随 r_0 的增大而增大.

3. 旋转质量源对延迟效应的贡献

旋转质量外部场的各向异性, 要影响电磁信号的延迟. 由 Kerr 度规出发, 经过类似前面几节的推导过程, 保留 a 的一阶项, 得到轨道参量

$$p = r_0(1 + e), \quad e = \frac{r_0}{m\left(1 + \frac{2a}{r_0}\right)}. \tag{4.3.7}$$

令 $\theta = \frac{\pi}{2}$, 可以得到信号在赤道面内的传播时间

$$x^0 = (r_1 + r_2) + 2m - \frac{r_0^2}{2}\left(\frac{1}{r_1} + \frac{1}{r_2}\right)\left(1 + \frac{2m}{r_0}\right) + 2m\ln\frac{4r_1 r_2}{r_0^2} \mp \frac{8am}{r_0}. \tag{4.3.8}$$

其中比角动量 a 的贡献为

效应 80

$$(\Delta x^0)_a = \mp\frac{8am}{r_0}. \tag{4.3.9}$$

式中的正负号取决于信号相对于 $\boldsymbol{a}$ 的绕行方向, 顺行时取负号, 逆行时取正号. 这就是说, 对于顺行信号, 源的角动量使源质量产生的延迟减小; 对于逆行信号, 则

使其增大. 比角动量 a 对信号延迟产生的这一效应的效特殊性在于, 自一宇宙装置上发出的信号, 经太阳两侧到达地球时, 地球上观察者将发现这两个信号有不同的延迟时间. 因此, 无需测量每个信号的延迟时间, 只要测量两个信号到达的时间差. 这一测量已由两个空间站完成, 其中一个作为发射体, 另一个作为接收器, 测量时它们位于太阳的两侧. 测量结果和理论预言相符合.

第 5 章　引力加速效应

5.1　试验粒子的加速度

在牛顿力学中, 引力场中试验物体的加速度和引力之间的联系由运动方程确定. 场对物体的作用总表现为引力, 没有斥力. 在广义相对论中, 不仅运动方程复杂化了, 而且它们的解释也复杂化了. 比如试验物体在四维空–时中沿短程线运动, 有时看做是自由物体按惯性运动, 不涉及引力和加速度的概念. 但是当采用洛伦兹局部空间截面来研究物体运动时, 就又回到了加速度和力的概念. 这时三维加速度可写为

$$g^i = -\Gamma^i_{\mu\nu}\frac{\mathrm{d}x^\mu}{\mathrm{d}s}\frac{\mathrm{d}x^\nu}{\mathrm{d}s} = +\frac{1}{c}\frac{\mathrm{d}}{\mathrm{d}s}\frac{v^i}{\sqrt{1-\beta^2}}, \tag{5.1.1}$$

速度 v^i 属于上述局部截面. 三维速度的大小由纯空间度规给出

$$v = \sqrt{\gamma_{ij}v^i v^j}, \tag{5.1.2}$$

$$\gamma_{ij} \equiv \frac{g_{0i}g_{0j}}{g_{00}} - g_{ij}. \tag{5.1.3}$$

加速度 (5.1.1) 可化为形式

$$g^i = \frac{1}{1-\beta^2}\left[-\frac{\Gamma^i_{00}}{g_{00}} - \frac{2}{\sqrt{g_{00}}}\left(\Gamma^i_{0k} - \frac{g_{0k}}{g_{00}}\Gamma^i_{00}\right)\frac{v^k}{c}\right.$$
$$\left. -\left(\Gamma^i_{kj} - \frac{g_{0j}}{g_{00}}\Gamma^i_{0k} - \frac{g_{0k}}{g_{00}}\Gamma^i_{0j} + \frac{g_{0j}g_{0k}}{g_{00}^2}\Gamma^i_{00}\right)\frac{v^j}{c}\frac{v^k}{c}\right]. \tag{5.1.4}$$

三维加速度的大小也由纯空间度规 γ_{ij} 给出

$$g = \sqrt{\gamma_{ij}g^i g^j}. \tag{5.1.5}$$

如果试验粒子在给定的时刻相对于所选定的参考系静止 (随动参考系), 则有 $v^i = 0$, 加速度简化为

$$g^i(v^i = 0) = -\frac{\Gamma^i_{00}}{g_{00}}. \tag{5.1.6}$$

由 (5.1.4) 可以看出, 引力参量和试验物体参量对加速度都有贡献. 有的参量使试验物体受到吸引, 有的参量则可能使物体受到排斥, 这与牛顿吸力理论中的情况不同.

在非短程线运动的情况下, (5.1.4) 右端还应有非引力产生的附加的加速度.

5.2　Schwarzschild 场中的加速效应

1. $v^1 = 0$ 的情况

在随动系中 $(v^i = 0)$, 将 Schwarzschild 度规代入, 得到试验粒子的加速效应:

效应 81

$$g_m = -\frac{m}{r^2} \bigg/ \sqrt{1 - \frac{2m}{r}}.\tag{5.2.1}$$

由于场的对称性, 加速度只有径向分量. 与牛顿加速度不同, 当 $r \to 2m$ 时, 加速度迅速增大. 在 Schwarzschild 半径附近, 这一效应会很明显.

将灵敏的重力差计安装在空间装置上, 原则上可记录效应 (5.2.1). 目前这种记录仪器可精确到 $10^{-8} \mathrm{m \cdot s^{-2}}$, 比地球引力场中的牛顿加速度小 10^9 倍.

2. $v^i \neq 0$ 的情况

设中性试验粒子沿径向运动, 即 $v^1 \neq 0, v^2 = v^3 = 0$. 这时将 Schwarzschild 度规代入 (5.1.4), 得到加速效应

效应 82

$$g_m^1 = \frac{1}{1-\beta^2}\left[-\frac{m}{r^2} + \frac{m}{r^2}\left(1-\frac{2m}{r}\right)^{-1}\left(\frac{v^1}{c}\right)^2\right].\tag{5.2.2}$$

式中出现了与牛顿加速度符号相反的项. 当 $v \to c$ 时, 这一项会大于牛顿加速度.

如果在 (5.1.4) 中, 把对本征时的微商变为对坐标时的微商, 则 (5.2.2) 代之以下式:

效应 83

$$\frac{\mathrm{d}^2 r}{\mathrm{d}x^{0 2}} = \frac{1}{1-\beta^2}\left[-\frac{m}{r^2}\left(1-\frac{2m}{r}\right) + \frac{3m}{r^2}\left(1-\frac{2m}{r}\right)^{-1}\left(\frac{\mathrm{d}r}{\mathrm{d}x^0}\right)^2\right].\tag{5.2.3}$$

这是距场源无限远处标准钟测得的加速度. 只保留 m 的一次项时, 上式简化为

$$\frac{\mathrm{d}^2 r}{\mathrm{d}x^{02}} \approx \frac{1}{1-\beta^2}\left[-\frac{m}{r^2} + \frac{3m}{r^2}\left(\frac{\mathrm{d}r}{\mathrm{d}x^0}\right)^2\right].\tag{5.2.4}$$

由此可知, 当 $\mathrm{d}r/\mathrm{d}t \geq c/\sqrt{3}$ 时, 试验粒子不再受引力而受斥力. 所以, 远处观察者发现, 具有 $v^1 \geq c/\sqrt{3}$ 的试验粒子 (包括光子), 总是受到 Schwarzschild 场的斥力, 阻止其下落.

5.3 引力电荷产生的加速效应

1. 中性试验粒子受到引力推斥

将 R-N 度规 [第一篇 (1.3.9)] 代入 (5.1.6), 得到随动系中测得的加速度

效应 84

$$g_{m,k} = \left(\frac{m}{r^2} - \frac{k}{r^3}\right)\left(1 - \frac{2m}{r} + \frac{k}{r^2}\right)^{-1/2}. \tag{5.3.1}$$

将此式与 (5.2.1) 比较可以发现, 源电荷的引力作用减小了引力质量 m 产生的加速度, 即引力电荷 k 的引力作用是使中性试验粒子受到一种引力推斥作用. 当 $r < k/m$ 时, 推斥大于吸引; 当 $r = k/m$ 时有 $g = 0$. 因此, 试验粒子不到达场源, 而停滞在 $r = k/m$ 处. 可以证明, 在带电荷的场 (第一篇 1.5 节) 中, 试验物体将停滞在较大的距离上.

2. 试验电荷的加速度

在强引力场中, 由于引力和非引力的共同作用, 一些效应可能具有某些新的特点. 我们考查一个试验电荷在 R-N 场中的加速度. 此时在 (5.1.4) 右端应附加一项由库仑力产生的加速度. 取随动系, 得到试验电荷加速度的近似式:

效应 85

$$g_{m,k} = \frac{m}{r^2} - \frac{k}{r^3} \mp \frac{qQ}{\mu r^2 c^2}. \tag{5.3.2}$$

在上式中, 当 q 和 Q 同号时取上边的符号, 异号时取下边的符号. 由上式可见, 当 k/r^3 的值足够大时 (r 很小时可满足), 引力推斥作用可能大于引力吸引加上静电吸引作用.

5.4 Kerr 场中的加速效应

1. Kerr 场中加速度随位置的变化

我们选取随动坐标系, 将 Kerr 度规 [第三篇 (1.14.12)] 代入 (5.1.6), 得到试验粒子的加速度:

效应 86

$$g_{m,a} = \frac{m}{\Sigma^{3/2}\left(\Sigma - 2m\right)}\left[\Delta\left(2r^2 - \Sigma\right)^2 + r^2 a^4 \sin^2 2\theta\right]^{1/2}. \tag{5.4.1}$$

式中 $\Delta = r^2 - 2mr + a^2$, $\Sigma = r^2 + a^2\cos^2\theta$. g^i 中除了 g^1 以外, 还有横向分量 $g^2 \neq 0.g^1$, g^2 和 g 都与 r, θ 有关, 即依赖于试验物体的位置. 当 $\theta = 0$ 和 $\theta = \frac{\pi}{2}$ 时有

$$g(\theta = 0) \approx \frac{m}{r^2}\left(1 - \frac{3a^2}{r}\right),$$

$$g\left(\theta = \frac{\pi}{2}\right) \approx \frac{m}{r^2}\left(1 + \frac{a^2}{2r^2}\right). \tag{5.4.2}$$

此式表明, 当角 θ 很小时, 引力源的角动量会使牛顿加速度减小. 令 (4.1.1) 等于 (5.2.1), 可求出 a 的贡献为零的点 (r, θ).

2. 类科里奥利加速度

设试验粒子在赤道面内做圆运动, 在克尔度规中只保留 a 的一次项, 在 (5.1.4) 中略去 v^i 的二次项, 我们得到

效应 87

$$g_{m,a} = \frac{m/r^2}{\sqrt{1 - 2m/r}}\left[1 \pm a\frac{\mathrm{d}\varphi}{\mathrm{d}\tau}/c\sqrt{1 - 2m/r}\right]\frac{1}{1 - \beta^2} \tag{5.4.3}$$

粒子相对于 a 顺行时, 式中取正号, 逆行时取负号. 粒子顺行时, a 的贡献是附加的吸引; 粒子逆行时, a 的贡献是附加的推斥.

粒子不在赤道面内运动时, 附加的加速度和轨道面的取向有关. 当轨道平面通过源自转轴时, 附加的加速度等于零.

将 (5.1.4) 变到三维矢量时, g_0 具有柯里奥利加速度的形式. 因此将 (5.4.3) 称为类科里奥利加速度.

3. 试验自旋的加速效应

由 Papapetrou 方程出发, 与导出 (5.1.4) 的过程类似, 可以得到含试验自旋的加速度表达式. 当 $v^i = 0$ 时, 表达式简化为

效应 88

$$g_{a,s} = -\nabla\left\{\frac{1}{r^s}[mr^2 s \cdot a - 3m(s \cdot a)(a \cdot r)]\right\} \tag{5.4.4}$$

由此可以看出, 自旋和场源角动量间的夹角可能影响加速度的符号. 二者平行时则吸引, 反平行时则推斥. 所以, 在旋转场源的引力场中, 两个反平行的试验自旋的加速度应是不同的. 为了显示出引力产生的自旋–自旋效应, 可以计算两个试验物体在实验室条件下的相互作用力.

5.5 其他引力场中的加速效应

1. 宇宙因子项的贡献

将含宇宙项的度规 [第一篇 (1.2.13)] 代入 (5.1.6), 设粒子沿径向落下, 则加速度只有径向分量. 加速度的大小为

效应 89

$$g_{m,\lambda} = \left(\frac{m}{r^2} - \frac{\lambda}{3}r\right)\left(1 - \frac{2m}{r} - \frac{\lambda r^2}{3}\right)^{-1/2}. \tag{5.5.1}$$

此式表明, 宇宙因子 λ 的作用是使试验粒子受一个附加的斥力. 当 $r = \left(\dfrac{3m}{\lambda}\right)^{1/3}$ 时, $g_{m,\lambda} = 0$. 即在离引力源足够远处, 试验物体可能停滞.

2. 引力波场中的加速效应

由方程 (2.2.4) 可以证明, 在引力波场中两个试验物体的相对加速度为

效应 90

$$\Delta g^\mu = -R^\mu_{oio}d^i. \tag{5.5.2}$$

式中 d^i 为两物体间距离, d^i 远小于引力波的波长; 曲率张量是时间的周期函数. 因此, 两个试验物体间的距离在引力波场中将随时间周期变化.

3. 引力波对自转的影响

假设一质点组位于坐标系的空间原点附近, 以 r^μ 表示其中一个质点的位置矢量. 以 $\varepsilon_{\mu\alpha\beta\tau}r^\beta$ 乘 (2.2.3) 式, 得到

$$\varepsilon_{\mu\alpha\beta\tau}r^\beta\frac{\delta}{\delta s}\frac{\mathrm{d}x^\alpha}{\mathrm{d}s} = \frac{\mathrm{d}}{\mathrm{d}s}\varepsilon_{\mu\alpha\beta\tau}r^\beta\frac{\mathrm{d}x^\alpha}{\mathrm{d}s} + \varepsilon_{\mu\alpha\beta\tau}r^\beta\Gamma^\alpha_{\lambda\sigma}v^\lambda v^\sigma$$

$$= \varepsilon_{\mu\alpha\beta\tau}r^\beta F^\alpha. \tag{5.5.3}$$

这里用到了恒等式 $\varepsilon_{\mu\alpha\beta\tau}v^\alpha v^\beta = 0$, v^μ 为世界线的切矢量. 设在原点的世界线上 $\Gamma^\mu_{\nu\tau} = 0$, 则 (5.5.3) 可写为

$$\varepsilon_{\mu\alpha\beta\tau}r^\beta\frac{\delta}{\delta s}\frac{\mathrm{d}x^\alpha}{\mathrm{d}s} = \frac{\mathrm{d}}{\mathrm{d}s}\varepsilon_{\mu\alpha\beta\tau}r^\beta\frac{\mathrm{d}x^\alpha}{\mathrm{d}s} + \varepsilon_{\mu\alpha\beta\tau}r^\beta\frac{\partial\Gamma^\alpha_{\lambda\sigma}}{\partial x^\delta}v^\lambda v^\sigma r^\delta. \tag{5.5.4}$$

在所选择的坐标系中, $R^\alpha_{\lambda\sigma\delta} = \partial\Gamma^\alpha_{\lambda\delta}/\partial x^\sigma$, 由此可将式 (5.5.4) 改写为

$$\varepsilon_{\mu\alpha\beta\tau}r^\beta\frac{\delta}{\delta s}\frac{\mathrm{d}x^\alpha}{\mathrm{d}s} = \frac{\mathrm{d}}{\mathrm{d}s}\varepsilon_{\mu\alpha\beta\tau}r^\beta\frac{\mathrm{d}x^\alpha}{\mathrm{d}s} - \varepsilon_{\mu\alpha\beta\tau}R^\beta_{\lambda\sigma\delta}v^\lambda v^\delta r^\sigma r^\alpha. \tag{5.5.5}$$

由 (5.5.5) 和 (5.5.3), 对所有质量取和, 得到

$$\sum\frac{\mathrm{d}}{\mathrm{d}s}\varepsilon_{\mu\alpha\beta\tau}r^\beta\frac{\mathrm{d}x^\alpha}{\mathrm{d}s} = \sum\varepsilon_{\mu\alpha\beta\tau}R^\beta_{\lambda\sigma\delta}v^\lambda v^\delta r^\alpha r^\sigma - \sum\varepsilon_{\mu\alpha\beta\tau}r^\alpha F^\beta. \tag{5.5.6}$$

如不存在非引力场的力 $(F^\beta = 0)$, 上式简化为

$$\sum\frac{\mathrm{d}}{\mathrm{d}s}\varepsilon_{\mu\alpha\beta\tau}r^\beta\frac{\mathrm{d}x^\alpha}{\mathrm{d}s} = \sum\varepsilon_{\mu\alpha\beta\tau}R^\beta_{o\sigma o}r^\alpha r^\sigma. \tag{5.5.7}$$

由上式可计算地球自转在引力波场中的无规则起伏. 设入射引力波具有连续谱, 计算结果为

效应 91

$$\langle(\Delta L)^2\rangle/L^2 \approx \frac{25\pi G}{\omega^2 c^3}S. \tag{5.5.8}$$

式中 $\langle(\Delta L)^2\rangle$ 是地球角动量的均方起伏, L 是自转角动量, S 是总引力波能流 (erg · s^{-1} · cm^{-2}).

4. 引力波场中的谐振子

考虑引力波场中的两个单位质量的物体组成的振动系统. 引进参量 λ, 使每个物体的短程线对应一个 λ 的确定值. 取 (2.2.3) 对 λ 的协变导数, 得到

$$\frac{\delta^2 v^\mu}{\delta\lambda\delta s} = \frac{\delta F^\mu}{\delta\lambda}. \tag{5.5.9}$$

另一方面, 由直接计算得

$$\frac{\delta^2 v^\mu}{\delta s\delta\lambda} = \frac{\delta^2 v^\mu}{\delta\lambda\delta s} + R^\mu_{\alpha\beta\sigma}v^\alpha v^\beta\frac{\partial x^\sigma}{\partial\lambda}. \tag{5.5.10}$$

应用协变微分的对易关系 (5.5.10), 可将 (5.5.9) 写为

$$\frac{\delta^2 v^\mu}{\delta\lambda\delta s} = \frac{\delta^2 v^\mu}{\delta s\delta\lambda} - R^\mu_{\alpha\beta\sigma}v^\alpha v^\beta\frac{\partial x^\sigma}{\partial\lambda} = \frac{\delta F^\mu}{\delta\lambda}, \tag{5.5.11}$$

式中 $\frac{\partial x^\sigma}{\partial\lambda}$ 是与世界线正交的单位矢, 而四维速度 v^μ 是与世界线相切的单位矢. 将 $\frac{\partial x^\sigma}{\partial\lambda}$ 对 s 求协变导数, 得

$$\frac{\delta}{\delta s}\left(\frac{\partial x^\sigma}{\partial\lambda}\right) = \frac{\delta}{\delta\lambda}\left(\frac{\partial x^\sigma}{\partial s}\right) = \frac{\delta v^\sigma}{\delta\lambda}. \tag{5.5.12}$$

定义一无穷小矢量 n^μ

$$n^\mu \equiv \frac{\partial x^\mu}{\partial\lambda}d\lambda. \tag{5.5.13}$$

由 (5.5.9)~(5.5.13) 得到

$$\frac{\delta^2 n^\mu}{\delta s^2} + R^\mu_{\alpha\beta\sigma}v^\alpha n^\beta v^\sigma = \frac{\delta F^\mu}{\delta\lambda}d\lambda. \tag{5.5.14}$$

令

$$n^\mu = r^\mu + \xi^\mu. \tag{5.5.15}$$

式中 r^μ 的定义为 $\frac{\delta r^\mu}{\delta s} = 0$(对于所有的 s); 当 $R^\mu_{\alpha\beta\sigma} = 0$ 和振动的内阻尼很大时有 $r^\mu \to n^\mu$. 这样, (5.5.14) 可改写为

$$\frac{\delta^2 \xi^\mu}{\delta s^2} + R^\mu_{\alpha\beta\sigma} v^\alpha v^\sigma (r^\beta + \xi^\beta) = f^\mu. \tag{5.5.16}$$

式中 f^μ 表示作用在两物体上的力 (非引力) 之差. 设 f^μ 由恢复力 $-k^\mu_\alpha \xi^\alpha$ 和阻尼力 $-A^\mu_\alpha (\delta\xi^\alpha/\delta s)$ 组成, 式中 k^μ_α 和 A^μ_α 是与弹性有关的张量. 我们可以把 (5.5.16) 写成

$$\frac{\delta^2 \xi^\mu}{\delta s^2} + A^\mu_\alpha \frac{\delta\xi^\alpha}{\delta s} + k^\mu_\alpha \xi^\alpha = -R^\mu_{\alpha\beta\sigma} v^\alpha v^\sigma (r^\beta + \xi^\beta). \tag{5.5.17}$$

取系统质心的世界线为时间轴, 则振子自由下落. 选一坐标系, 使克里斯托费尔符号为零, 则 (5.5.17) 的近似式为

$$\frac{d^2 \xi^\mu}{dt^2} + A^\mu_\alpha \frac{d\xi^\alpha}{dt} + k^\mu_\alpha \xi^\alpha = -R^\mu_{o\alpha o} r^\alpha. \tag{5.5.18}$$

此式表明, 谐振子的策动力是由引力场决定的黎曼张量. 设引力波为平面波, 并且 k^μ_α 和 A^μ_α 都只有一个分量 $k^1_1 = k, A^1_1 = A$; 取随动坐标 (笛卡儿系), 使谐振子沿 x^1 方向. 取 (5.5.18) 的傅里叶变换式, 得到

$$\xi^\mu(\omega) = R^\mu_{o\alpha o}(\omega) r^\alpha (\omega^2 - i\omega A \delta^\mu_1 - k \delta^\mu_1)^{-1}. \tag{5.5.19}$$

在共振条件下, 即当 $-\omega^2 + k = 0$ 时, 上式有一个极大值. 总耗散 $A = A_i + A_e$, 其中外耗散 A_e 对应的功率 P 可由辅助仪器接收. P 的表示式为

$$P = \frac{1}{2}\omega^2 A_e \xi^2 = \frac{A_e (R^\mu_{o\alpha o} r^\alpha)^2}{2(A_i + A_e)^2}. \tag{5.5.20}$$

当 $A_i = A_e$ 时 $P = P_{\max}$.

效应 92

$$P_{\max} = \frac{(R^\mu_{o\alpha o} r^\alpha)^2}{8A_i}. \tag{5.5.21}$$

5. CM 场中的加速效应

由电荷 (或磁荷) 和磁矩的引力场度规 [第一篇 (1.6.42)] 出发, 在一级近似下得到

$$\Gamma^1_{00} = \frac{1}{r^2} - \frac{2m^2}{r^3} - \frac{ke^2}{r^3}\left(1 - \frac{3m}{r}\right) - \frac{2\alpha^2 p^2}{r^5}\cos^2\theta.$$

$$\Gamma^2_{00} = -\frac{\alpha^2 p^2}{2r^6}\sin 2\theta,$$

$$\Gamma^1_{11} = \frac{m}{r^2} + \frac{2m^2}{r^3} - \frac{ke^2}{r^3}\left(1 + \frac{3m}{r}\right) + \frac{\alpha^2 p^2}{r^5}\cos^2\theta, \tag{5.5.22}$$

$$\Gamma^2_{11} = \frac{1}{r^2}\left(1 + \frac{4m}{r}\right)\frac{\alpha^2 p^2}{2r^4}\sin 2\theta.$$

代入 (5.1.4), 设试验粒子沿径向下落 ($v = v^1$, 设指向中心的方向为正), 得到

$$g^1 = \frac{1}{1-\beta^2}\left\{ \left[\frac{m}{r^2} - \frac{2m^2}{r^3} - \frac{ke^2}{r^3}\left(1 - \frac{3m}{r}\right) - \frac{2\alpha^2 p^2}{r^5}\cos^2\theta \right]\right.$$
$$\times \left[1 - \frac{2m}{r} + \frac{ke^2}{r^2} + \frac{\alpha^2 p^2}{r^4}\cos^2\theta \right]^{-1} + \left[\frac{m}{r^2} + \frac{2m^2}{r^3} \right.$$
$$\left.\left. - \frac{ke^2}{r^3}\left(1 - \frac{3m}{r}\right) + \frac{\alpha^2 p^2}{r^5}\cos2\theta \right]\frac{v^{1^2}}{c^2}\right\}, \tag{5.5.23}$$

$$g^2 = \frac{1}{1-\beta^2}\frac{\alpha^2 p^2 \sin2\theta}{2r^6}\left\{ \left(1 - \frac{2m}{r}\right) - \left(1 + \frac{4m}{r}\right)\frac{v'^2}{c^2} \right\} \tag{5.5.24}$$

大质量天体含电荷的量远小于 m, 但含磁荷的量可能很大 (Rubakov and Callan, 1982). 当 $ke^2 \approx m^2$ 时, $\alpha \approx 0$, 此时有

效应 93

$$g = \left(\frac{m}{r^2} - \frac{ke^2}{r^3} \right)\left(1 - \frac{2m}{r} + \frac{ke^2}{r^2} \right)^{-1/2}. \tag{5.5.25}$$

此式表明, 磁荷的引力作用是使源质量产生的加速度减小, 即右端小于 Schwarzschild 场中的加速度. 在 $r = r_c \equiv \dfrac{e^2}{c^2 M}$ 处, 试验粒子的加速度等于零. 越过此界面后, 试验粒子所受的力由引力变为斥力. 这样, 试验粒子停滞在 $r = r_c$ 处, 不落向中心 $r = 0$.

对于缓慢落向天体的磁单极, 当 $m^2 \approx ke^2 (\alpha \approx 0)$ 时, 加速度的近似式可写为

效应 94

$$g = \frac{m}{r^2} - \frac{ke^2}{r^3} \mp \frac{e\tilde{q}}{\mu c^2 r^2}. \tag{5.5.26}$$

式中 $\tilde{q}$ 为磁单极磁荷. 当 e 和 $\tilde{q}$ 同号时上式最后一项取负号, 反之取正号. 在通常情况下, 第一项大于后两项, 磁单极受引力, 即使后一项取负号也如此. 但是当第二项的值大于第一项与第三项之和时 (这一条件在 e 足够大和 r 很小时可能满足), 磁单极仍可能不落向引力中心.

效应 95

磁矩 p 的作用. 由 (5.5.23) 可见, 磁矩 p 的引力作用是使径向加速度减小. 由 (5.5.24) 可知, 下落速度远小于光速的粒子 ($v^1 \ll c$), 横向加速度 g^2 的方向恒指向赤道面; 下落速度接近光速的粒子 ($v^1 \approx c$), g^2 恒指向两极. 这就是说, 落向这类天体的低速粒子将聚集于赤道面附近, 高速粒子将聚集于两极附近区域. 这样, 这类具有磁矩的天体的亮度将不均匀, 或者两极出现亮斑, 或者两极区较为暗弱.

5.6 时钟佯谬的严格讨论

我们把非惯性系中的时钟看作在引力场 [第三篇 (1.1.7)] 中自由下落的标准钟, 计算其运转速率, 从而严格地解决时钟佯谬问题.

如图 10-8 所示, 设钟 C_1 位于惯性系 $(XYZT)$ 的原点 O_1, 钟 C_2 于 $T = 0$ 自 O_1 沿 X 轴以恒定加速度 g 运动到 A 点, 再以恒定速度 v 运动到 B 点, 然后以加速度 $-g$ 运动到 C 点; 改变速度的方向之后, 按相反的过程返回 O_1. 钟 C_1 和 C_2 的本征时间分别用 τ_1 和 τ_2 表示. 上述往返过程两钟记录的时间间隔分别为

$$\tau_1 = T = 2(T' + T'' + T''') = 2(2T' + T''), \tag{5.6.1}$$

$$\tau_2 = 2(\tau_2' + \tau_2'' + \tau_2''') = 2(2\tau_2' + \tau_2''). \tag{5.6.2}$$

式中 T', T'' 和 T''' 分别表示惯性系 S_1 中 C_1 所指示的钟 C_2 经过 O_1A, AB 和 BC 各段所经历时间; τ_2', τ_2'' 和 τ_2''' 分别表示钟 C_2 所指示的对应各段时间间隔.

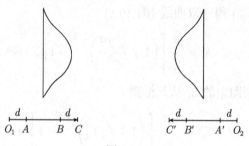

图 10-8

1. 在惯性系 S_1 中研究 C_2 的运动

对于 O_1A 段, 由狭义相对论有

$$\frac{\mathrm{d}}{\mathrm{d}T}\left(\frac{u}{\sqrt{1 - u^2/c^2}}\right) = g, \quad u \equiv \frac{\mathrm{d}X}{\mathrm{d}T}. \tag{5.6.3}$$

设 $T = 0$ 时 $u = 0$, 积分得

$$\left.\frac{u}{\sqrt{1 - u^2/c^2}}\right|_0^v = gT\bigg|_0^{T'}, \tag{5.6.4}$$

由此得到

$$T' = \frac{v}{g\sqrt{1 - v^2/c^2}}. \tag{5.6.5}$$

为了计算 τ_2', 只要根据延缓效应 $\mathrm{d}\tau_2 = \sqrt{1 - u^2/c^2}\,\mathrm{d}T$, 将 (5.6.4) 中的 u 解出并代入此式积分

$$\tau_2' = \int_0^{T'} (1 + g^2 T^2/c^2)^{-1/2}\mathrm{d}T = \frac{c}{g}\mathrm{sh}^{-1}\frac{gT'}{c},$$

将 (5.6.5) 代入, 得

$$\tau_2' = \frac{c}{g}\mathrm{th}^{-1}\left(\frac{v}{c}\right). \tag{5.6.6}$$

对于 AB 段, 显然有

$$\tau_2' = T''\sqrt{1 - v^2/c^2}. \tag{5.6.7}$$

将 (5.6.5)~(5.6.7) 代入 (5.6.1) 和 (5.5.2), 得到

$$\frac{\tau_2}{\tau_1} = \frac{2(c/g)\mathrm{th}^{-1}(v/c) + (1 - v^2/c^2)^{1/2}T''}{2(v/g)(1 - v^2/c^2)^{-1/2} + T''} \tag{5.6.8}$$

为了下面的计算, 我们先给出两钟间最大距离 l 的表示式. 由 (5.6.4) 解出 u

$$u = \frac{\mathrm{d}X}{\mathrm{d}T} = \frac{gT}{\sqrt{1 + g^2 T^2/c^2}},$$

积分 ($T = 0$ 时 $X = 0$) 得一双曲线 (图 10-8)

$$X = \frac{c^2}{g}\left[\left(1 + \frac{g^2 T^2}{c^2}\right)^{1/2} - 1\right].$$

将 (5.6.5) 代入, 得到图中的 d, 从而得到 l

$$l = 2d + T_v'' = \frac{2c^2}{g}\left\{\left(1 + \frac{g^2}{c^2}T_2'\right)^{1/2} - 1\right\} + T''v. \tag{5.6.9}$$

当两钟间距离最大时它们相对静止, 所以 S_1 系和 S_2 系测得同一个 l 值.

2. 在非惯性系 S_2 中的计算

在第一段和第三段时间内, S_2 相对于惯性系 S_1 加速. 根据等效原理, 在 S_2 内存在引力场, 度规由第一篇 (1.1.10) 给出

$$\mathrm{d}s^2 = \left(1 + \frac{gx}{c}\right)^2 c^2\mathrm{d}t^2 - \mathrm{d}x^2 - \mathrm{d}y^2 - \mathrm{d}z^2. \tag{5.6.10}$$

C_1 在这一引力场中沿短程线做自由下落运动, 短程线方程可写为

$$\frac{\mathrm{d}^2 x}{\mathrm{d}s^2} = -g\left(1 + \frac{gx}{c^2}\right)\left(\frac{\mathrm{d}t}{\mathrm{d}s}\right)^2. \tag{5.6.11}$$

将 $\mathrm{d}y = \mathrm{d}z = 0$ 代入 (5.6.10) 得

$$\left(\frac{\mathrm{d}t}{\mathrm{d}s}\right)^2 = \left[\left(\frac{\mathrm{d}x}{\mathrm{d}s}\right)^2 + 1\right]\bigg/ c^2\left(1 + \frac{gx}{c^2}\right)^2. \tag{5.6.12}$$

将此式代入 (5.6.11) 积分 $\left(t=0\text{时}s=0,\dfrac{\mathrm{d}x}{\mathrm{d}s}=0,x=x_0\right)$, 得到

$$x=\pm\left\{\frac{c^4}{g^2}\left(1+\frac{gx_0}{c^2}\right)^2-s^2\right\}^{1/2}\frac{c^2}{g} \tag{5.6.13}$$

将 (5.6.13) 代入 (5.6.12), 开方后将 ± 号放入 g 内, 得到

$$\frac{\mathrm{d}t}{\mathrm{d}s}=\frac{c_2}{g(a^2-s^2)},\quad a=\frac{c^2}{g}\left(1+\frac{gx_0}{c^2}\right).$$

积分得

$$t=\frac{c}{g}\ln\frac{s+a}{s-a}=\frac{c}{g}\mathrm{th}^{-1}\left(\frac{s}{a}\right),$$

即

$$s=a\,\mathrm{th}\frac{gt}{c}=\frac{c^2}{g}\left(1+\frac{gx_0}{c^2}\right)\mathrm{th}\frac{gt}{c}. \tag{5.6.14}$$

要计算在 O_2A 段 C_1 记录的时间, 只要在 (5.6.14) 中代入 $x_0=0$, $t=\tau_2'$, 并注意到 (5.6.6), 得

$$\tau_1'=\frac{s}{c}=\frac{v}{g}. \tag{5.6.15}$$

在 AB 段, 根据延缓效应, 注意到 (5.6.7), 有

$$\tau_1''=\tau_2''\sqrt{1-v^2/c^2}=T''(1-v^2/c^2). \tag{5.6.16}$$

在 BC 段, 在 (5.6.14) 中将 g 换成 $-g$, 代入 $x_0=l,t=\tau_2'''=\tau_2'$, 注意到 (5.6.6), 得到

$$\tau_1'''=\frac{s}{c}=\frac{v}{g}\left(1+\frac{gl}{c^2}\right). \tag{5.6.17}$$

由 (5.6.15)~(5.6.17) 和 (5.6.9), 得到

$$\tau_1=2(\tau_1'+\tau_1''+\tau_1''')=2\left\{T''+\frac{2v}{g}(1-v^2/c^2)^{-\frac{1}{2}}\right\}. \tag{5.6.18}$$

由 (5.6.18), (5.6.6) 和 (5.6.7) 最后得到

效应 96

$$\frac{\tau_2}{\tau_1}=\frac{2(c/g)\mathrm{th}^{-1}(v/c)-(1-v^2/c^2)^{\frac{1}{2}}T''}{2(v/g)(1-v^2/c^2)^{-1/2}+T''}. \tag{5.6.19}$$

非惯性系 S_2 中计算的结果 (5.6.19) 和惯性系 S_1 中计算的结果 (5.6.8) 完全相同, 等式右端总小于 1. 这一结果严格地解决了时钟 (双生子) 佯谬问题 —— 相对于惯性系经历了加速过程的时钟 C_2 发生了延缓. 或者说, 双生子中, 乘飞船去旅行的一个较留在地球上 (惯性系) 的一个年轻.

由严格等式 (5.6.19) 可知, 在一般情况下不能得到狭义相对论的结果

$$\tau^2 = \sqrt{1 - v^2/c^2}\tau_1. \tag{5.6.20}$$

要得到这一结果必须取某种近似条件. 为了与上式比较, 我们把 (5.6.19) 改写为

$$\frac{\tau_2}{\tau_1} = (1 - v^2/c^2)^{\frac{1}{2}} \frac{2(1 - v^2/c^2)^{-1/2}\mathrm{th}^{-1}(v/c) + gT''/c}{2(v/c)(1 - v^2/c^2)^{-1/2} + gT''/c} \tag{5.6.21}$$

有趣的是右端只含有两个参量: v/c 和 gT''/c. Moller(1955) 令 $g \to \infty$, 当然 (5.6.21) 就变成了 (5.6.20). 因此, Moller 的讨论属于 (5.6.21) 的特殊 (近似) 情况. 实际上不需要 Moller 近似条件这样强, 只要有

$$gT''/c \gg (1 - v^2/c^2)^{-1/2}\mathrm{th}^{-1}(v/c), \tag{5.6.22}$$

(5.6.21) 即成为 (5.6.20), 因为 $\mathrm{arth}(v/c) > v/c$, 所以此时 (5.6.21) 右端分子分母中的第一项均可略去.

　　实际上狭义相对论中诸方案都包含在 (5.6.21) 之中. 狭义相对论方案忽略加速和减速时间意味着 g 足够大或者 T'' 足够大, 使 (5.6.22) 成立.

　　如果 $T'' = 0, g \neq \infty$, 则上述诸方案都不成立, 此时仍可用 (5.6.21) 解决问题. 为了明显起见, 还可将此式写成级数形式. 注意到 $(1 - v^2/c^2)^{1/2} = 1 - v^2/2c^2 + \cdots$, (5.6.20) 可写为

$$\frac{\tau_2}{\tau_1} = 1 - \frac{1}{6}\frac{v^2}{c^2} + \cdots \tag{5.6.23}$$

此式对两个参考系是完全相同的, 而右端总小于 1.

第6章　引力场中的亏损效应

亏损的概念最早是由罗巴切夫斯基引入的, 当时的定义是: 非欧几里得几何中的量和欧几里得几何中对应量的差叫做亏损. 如三角形内角和的亏损、平行四边形的亏损等. 广义相对论中引入了许多量, 在一般情况下这些量和牛顿引力理论中的对应量是不同的. 我们把它们的差称为亏损. 计算广义相对论中一些最基本的量 (时间、长度、质量等) 的亏损是很有意义的, 因为它们不依赖于坐标系的选择. 在广义相对论中, 根据引力场方程和物体的运动方程计算的一些基本的物理量一般作为引力参量、试验参量和其他量的函数. 人们不仅要把这些量与它们的牛顿极限比较, 计算其亏损, 还要将它们在不同情况下的广义相对论值进行比较, 计算其亏损. 比如两邻点本征时的差也叫亏损. 所有这些亏损都属于引力场产生的效应.

6.1　Schwarzschild 场中的亏损效应

1. 恒星坐标周期的亏损

在广义相对论中描述轨道运动, 一方面与在牛顿引力理论中一样, 引入各种周期变化, 有反常周期、恒星周期等; 另一方面又和牛顿引力理论不同, 它们既可以按坐标时确定, 也可以按本征时确定. 对于 Schwarzschild 场中恒星坐标周期 x^0 的变化, 在 Schwarzschild 度规中代入 $\varphi = 0, \varphi = 2\pi$, 得到

$$T_\varphi = \frac{2\pi p^{3/2}}{\sqrt{mc^2(1-e^2)^3}} \left[1 + \frac{3m}{p}(1-e^2) - \frac{3m}{p}(1-e^2)^{3/2}(1+e\cos\Phi)^{-2} \right]. \quad (6.1.1)$$

式中 Φ 是近日点的纬度, T_φ 表示恒星坐标周期. 由此式计算牛顿的开普勒周期, 从而得到周期亏损

效应 97

$$\Delta T_\varphi \equiv T_\varphi(\varphi_1 = 0, \varphi_2 = 2\pi) - T_0$$

$$= T_0 \frac{3m}{p}[(1-e^2) - (1-e^2)^{3/2})(1+e\cos\Phi)^{-2}]. \quad (6.1.2)$$

这一效应与 m/p 成正比. 按照现代技术对 m/p 的测量精度, 这一效应是可以显示出来的.

由 (6.1.2) 可知, 轨道离心率越大, 效应越明显.

2. 反常本征周期的亏损

假设在 Schwarzschild 场中有一试验物体 (卫星), 绕引力源做圆周运动. 另外有一个试验粒子沿另一圆轨道运动, 轨道中心相对于引力源的运动很小 (可以忽略). 设两轨道在同一平面内, 粒子在不同位置穿过卫星轨道. 相对于卫星轨道, 粒子完成一振动. 由 Schwarzschild 场中的短程线方程, 对于 r- 振动, 得到振动频率的表达式 (按本征时计)

$$\omega = \omega_0 \left[\left(1 - \frac{6m}{r_0}\right)\left(1 - \frac{3m}{r_0}\right)\right]^{1/2} \approx \omega_0 \left(1 - \frac{3m}{2r_0}\right). \tag{6.1.3}$$

与此式对应的反常周期为

$$T_\psi(\psi_1 = 0, \psi_2 = 2\pi) = T_0 \left(1 + \frac{3m}{2r_0}\right). \tag{6.1.4}$$

式中 r_0 是卫星轨道半径, 下标 ψ 指反常的量. 因此, r- 振动的反常本征周期亏损为

效应 98

$$\Delta T_\psi = T_\psi - T_0 = \frac{3m}{2r_0}T_0. \tag{6.1.5}$$

可以证明, θ- 振动和 φ- 振动的周期分别为

$$(T_\psi)_\theta = T_0 \left(1 - \frac{3m}{2r_0}\right), \quad (T_\psi)_\varphi = T_0 \left(1 + \frac{3m}{2r_0}\right),$$

周期亏损分别为

$$\Delta(T_\psi)_\theta = -\frac{3m}{2r_0}T_0, \quad \Delta(T_\psi)_\varphi = \frac{3m}{2r_0}T_0, \tag{6.1.6}$$

由此得

效应 99

$$(T_\psi)_\theta - (T_\psi)_\varphi = -\frac{3m}{r_0}T_0,$$

$$(T_\psi)_\theta - (T_\psi)_r = -\frac{3m}{r_0}T_0. \tag{6.1.7}$$

试验粒子轨道穿过卫星轨道的点的位移依赖于 $(T_\psi)_r$, $(T_\psi)_\theta$ 和 $(T_\psi)_\varphi$. 设地球引力场中卫星轨道半径为 $r = 7000\mathrm{km}$, 当原始位移 $\sim 10\mathrm{cm}$ 时, 广义相对论预言卫星上试验粒子的附加位移 $\sim 10^{-6}$.

3. 本征时间亏损

在广义相对论中, 本征时间是受引力场影响的. 因此, 区分开不同物体的本征

时是有意义的. 除了要区分广义相对论本征时和它的牛顿极限以外, 还要区分两个沿不同轨道的对应的两个本征时间. 在 Schwarzschild 场中, 假设一试验物体绕场源做圆周运动 (如地球的公转), 另一试验物体沿离心率 $e \neq 0$ 的椭圆轨道运动 (如火箭绕太阳运动), 第二个物体穿过第一物体的轨道 (图 10-9). 由 Schwarzschild 度规可以得到本征时间的近似式

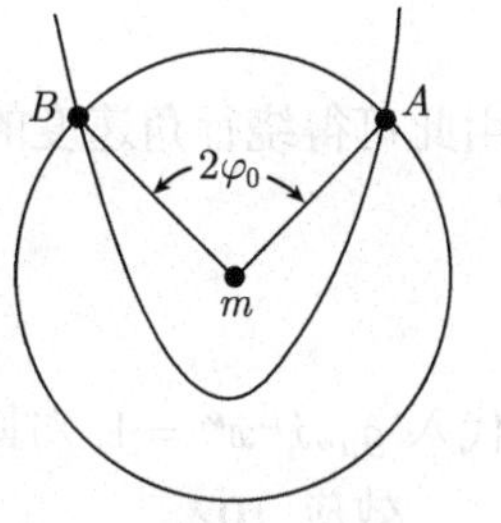

图 10-9

$$s = ct_0 - \frac{c}{2} \int_0^{t_0} \left(\frac{2m}{r} + \frac{v^2}{c^2} \right) \mathrm{d}t = (t_0 - \Delta t)c.$$

首先, 对于半径为 R 的圆轨道, 上式给出对牛顿时间的修正:

效应 100

$$(\Delta s)_{e=0} = \frac{3m}{2R} ct_0 = 3c\sqrt{\frac{m}{R}}\varphi_0,$$

$$t_0 = \frac{2\varphi_0}{\omega_0} = 2\varphi_0 \left(\frac{R^3}{m} \right)^{1/2}. \tag{6.1.8}$$

式中 φ_0 是物体相对于引力中心的角位移.

对于图中 AB 间的运动, 沿两个轨道本征时间的亏损为

效应 101

$$\Delta s = (\Delta s)_{e=0} - (\Delta s)_{e \neq 0}$$

$$= (\Delta s)_{e=0} \left[1 + \frac{1-e^2}{3(1-e\cos\varphi_0)} - \frac{4}{3}\frac{1-e\cos\varphi_0}{\varphi_0} \int_{\varphi_0}^{\pi} \frac{\mathrm{d}\varphi}{1-e\cos\varphi} \right]. \tag{6.1.9}$$

当 $e = 0$, $\varphi_0 = \dfrac{\pi}{2}$, 即两个轨道为同一个圆, 但两个试验物体绕行方向相反时, 由上式得 $\Delta s = 0$.

设火箭由地球上发射, 以 58 km·s^{-1} 速度沿一抛物线运动, 当它返回地球时已经过两周, 转过角度 $2\varphi_0 = 1.04\text{rad}$. 按上式计算, 火箭上的钟落后 0.19s. 本征时间亏损效应也为测量引力红移的实验所证实.

4. 试验自旋对时间亏损的贡献

引力频率是和时间亏损相联系的. 由 (1.3.11) 可知, 引力频率和相应的时间亏损不仅和场源参量有关, 而且和试验物体参量有关. 当试验自旋做轨道运动时, 其自旋起重要作用. 该物体的绕行运动本身也可以作为计时的钟. 设两个试验自旋在 Schwarzschild 场中沿同一圆轨道运动, 其方向相反: 一个与轨道角动量平行, 另一个反平行. 将 Schwarzschild 度规代入巴巴别特鲁运动方程, 第一次积分给出

$$\varepsilon = \left(1 - \frac{2m}{r} \right) x^0 \pm \frac{m}{r} S\dot{\varphi},$$

$$h = r^2 \dot{\varphi} \pm \left(1 - \frac{2m}{r}\right) S \dot{x}^0. \tag{6.1.10}$$

由此可得绕行角速度的近似式:

$$\dot{\varphi} = \omega_0 \left(1 + \frac{3m}{2r} \mp \frac{S}{\sqrt{mr}}\right), \tag{6.1.11}$$

代入 $g_{\mu\nu}\dot{x}^\mu\dot{x}^\nu = 1$, 对圆轨道积分, 得到本征时间亏损:

效应 102

$$s = T_0 \left[1 - \frac{m}{r} + \omega_0^2 r^2 \left(1 + \frac{3m}{r} \mp \frac{2S}{\sqrt{mr}}\right)\right]. \tag{6.1.12}$$

此式表明本征时间亏损和试验自旋有关.

由 (6.1.11) 可见, 本征时间亏损的原因是两个试验自旋相遇点的移动:

效应 103

$$(\Delta\varphi)_{m,s} = \frac{4\pi S}{\sqrt{mr}}. \tag{6.1.13}$$

在人造地球卫星上安装两个反平行的陀螺, 可以测量这一引力效应.

5. 双星周期的亏损

Will(1976) 证明了, 在非守恒引力理论中, 双星系统的质心要向着近星点自加速, 加速度的大小为

$$\boldsymbol{a} = \frac{\pi m_1 m_2 (m_2 - m_1)e}{T m^{3/2} p^{3/2}} (\alpha_3 + \zeta_2)\hat{\boldsymbol{n}}_p. \tag{6.1.14}$$

式中 $m = m_1 + m_2$, $\hat{\boldsymbol{n}}_p$ 是质心到 m_1 轨道近星点的单位矢量. 由于多普勒频移, 这种轨道效应将使脉冲双星的脉冲周期和轨道周期发生亏损 (在地球上观测). 代入脉冲双星 PSR1913+16 的各数据, 得到久期亏损:

效应 104

$$\frac{\langle T \rangle}{T} \approx -2.5 \times 10^{-9} (\alpha_3 + \zeta_2) \frac{X(1-X)}{1 + X^2} \left(\frac{m}{m_\odot}\right)^{2/3} \cdot \sin\varphi_0 \mathrm{a}^{-1}. \tag{6.1.15}$$

式中 $X = m_1/m_2$; φ_0 为近星点进动角, 观测值为 $\varphi_0 \approx 4''.2\mathrm{a}^{-1}$.

6. 圆轨道振子振动次数的亏损

附加反常 (2.6.5) 产生的二次效应是振动次数的变化. 当 $\Omega^2/\omega_0^2 \gg 1$ 时, 假设远处观察者测得卫星在时间 t 内绕行 N 圈, 我们得到

效应 105

$$\Delta n_N \approx \frac{3}{2}\frac{m}{r_0}\frac{t}{T_0}, \quad t = NT, \quad T_0 = \frac{2\pi}{\omega_0}. \tag{6.1.16}$$

令 $\Delta n = 1$, 得到 $\Delta t = \dfrac{2}{3}\dfrac{r_0 T}{m}$, $n = \dfrac{2r_0}{3m}$. 这就是说, 在时间 $\Delta t(\Delta n = 1)$ 内, 即振动总次数为 $n(\Delta n = 1)$ 时, 积累了一次附加振动. 假设在太阳的引力场中, $\Omega = 100$Hz, 则积累一次附加振动需经历的总振动次数 $\sim 10^7$.

7. 轨道运动速度和位移的亏损

在球对称引力场中, 由于广义相对论和牛顿引力理论具有完全不同的场方程和试验粒子运动方程, 所以 Schwarzschild 场中运动物体的径向坐标变化、横向坐标变化和各速度分量都与牛顿理论不同. 相应的广义相对论应效应称位移 (坐标) 亏损和速度亏损 (**效应 106**). 由于这一效应的表达式太复杂, 这里只给出了径向坐标亏损和横向速度亏损的函数曲线 (图 10-10、图 10-11). 这一效应表明, 试验物体在球对称引力场中做轨道运动时, 广义相对论和牛顿理论给出的对应位置的不同和对应速度的不同. 由图可见, 当试验物体绕行 2 周时有

$$r_N \Delta \varphi \equiv r_N(\varphi_N - \varphi_{GR}) = 11000 \text{km}.$$

Lass 和 Solloway(1969) 指出, 用无线电定位装置测出这一效应是完全可能的.

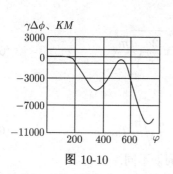

图 10-10

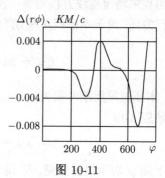

图 10-11

6.2 Kerr 场中的亏损效应

1. 本征反常周期的亏损

在 Kerr 场中, 存在与效应 (6.1.7) 对应的本征反常周期的亏损. 设卫星轨道在赤道面上, 解 Kerr 场中的运动方程, 保留 a 的一次项, 得到振动周期的表达式

$$T_r = T_\varphi = T_0 \left(1 + \frac{3m}{2r_0}\right)\left[1 + \frac{4a}{r_0}\left(\frac{m}{r_0}\right)^{3/2}\right],$$

$$\Gamma_\theta = T_0 \left(1 - \frac{3m}{2r_0}\right)\left[1 - \frac{4a}{r_0}\left(\frac{m}{r_0}\right)^{3/2}\right]. \tag{6.2.1}$$

这时与牛顿极限比较, 本征反常周期亏损为

效应 107

$$\Delta T_r \equiv T_r - T_0 = T_0 \frac{3m}{2r_0} \left[1 + \frac{8a}{3m}\left(\frac{m}{r_0}\right)^{3/2} + \frac{4a}{r_0}\left(\frac{m}{r_0}\right)^{3/2} \right],$$

$$\Delta T_\varphi = \Delta T_r,$$

$$\Delta T_\theta \equiv T_\theta - T_0 = T_0 \frac{3m}{2r_0} \left[-1 - \frac{8a}{3m}\left(\frac{m}{r_0}\right)^{3/2} + \frac{4a}{r_0}\left(\frac{m}{r_0}\right)^{3/2} \right]. \tag{6.2.2}$$

将 T_r 与 T_θ、T_φ 比较, 得到周期亏损的表达式

效应 108

$$(\Delta T)_a \equiv T_\theta - T_r = T_\theta - T_\varphi = -\frac{8a}{r_0}\left(\frac{m}{r_0}\right)^{3/2} T_0. \tag{6.2.3}$$

如果试验物体轨道不在赤道面内, 在一般情况下, 上述效应和轨道角动量与 a 的夹角有关.

2. 两个试验物体相遇点的移动

由克尔场短程线方程的第一次积分可以得到, 沿圆轨道运行的周期依赖于粒子的绕行方向. 对于本征恒星周期有

$$T_{\varphi\pm} = 2\pi\sqrt{\frac{r^3}{m}}\sqrt{1 - \frac{3m}{r} \mp \frac{2a}{r}\sqrt{\frac{m}{r}}}. \tag{6.2.4}$$

因此, 本征恒星周期亏损为

效应 109

$$(\Delta T_\varphi)_a = T_{\varphi+} - T_{\varphi-} = -\frac{a}{r}\sqrt{\frac{m}{r}}T_0. \tag{6.2.5}$$

式中下标 φ 表示恒星的量, 与 (6.2.1) 中的反常周期不同.

相对于 a, 顺行物体上的钟所指示的时刻要比逆行的早一些. 在地球的轨道上, 这一亏损为 0.65×10^{-3}s. 顺行粒子和逆行粒子的角速度是不同的, 由上述效应可以得到

$$\omega_\pm = \pm\omega_0(1 \pm a\omega_0)^{-1}, \quad \omega_0 = \sqrt{m/r^3}. \tag{6.2.6}$$

这就是说, 绕行方向相反的试验物体在相同的时间里通过不同的路程, 以角位移表示, 即

$$\varphi_\pm = \pm\pi(1 \pm a\omega_N). \tag{6.2.7}$$

因此, 在克尔场中, 两个沿同一圆轨道反向绕行的试验物体的相遇点将移动

效应 110

$$(\Delta\varphi)_a = 2\pi a\sqrt{m/r^3}. \tag{6.2.8}$$

位移以顺行方向为正.

6.3 引力波场中的亏损效应

1. 脉冲周期的亏损

如果在真空中, 经过相同的时间 Δt 发射电磁脉冲, 沿 $x^1 = x$ 方向传播. 在几何光学近似下, 脉冲沿零短程线传播, 且 $dx^0 = dx$. 在平面引力波场中, 此式变为 $dx^0 = \left[1 - \dfrac{1}{2}p_{22}(t,x)\right]dx$. 在时刻 t_1 和 t_2 发射的两个光脉冲通过相同的距离 dx, 用了不同的时间间隔:

$$cd\delta(t) = \frac{1}{2}[p_{22}(t_1,x) - p_{22}(t_2,x)]dx,$$

式中 $\delta(t)$ 表示脉冲沿时间轴的移动. 如果假设引力波波源是一双星, 则两个脉冲达到观察者的周期变化 (亏损) 为

效应 111

$$\Delta T = \delta(t) = \frac{\pi\alpha\Delta t}{c\tau}\int_{-b_1}^{b_2}\frac{b^4 - b^2 x}{(b^2 + x)^{5/2}}\sin\left[2\omega t + 2\frac{\omega}{c}(x - \sqrt{x^2 - b^2})\right]dx. \qquad (6.3.1)$$

式中 $\alpha = \alpha(m_1, m_2, \tau), m_1$ 和 m_2 是双星的两个质量, $\tau = 2\pi/\omega$ 是双星周期. 当图 10-12 中的 $d = \lambda_{GV}$ 时, 此效应明显. 在光学近似下, 设 $m_1 \approx m_2 \approx 10^2 M_\odot, \tau \approx$ 10 天, 则脉冲周期的相对亏损是

$$\frac{\Delta T}{\Delta t} \sim 10^{-14}.$$

2. 干涉图样的周期性移动

充满引力辐射的空间可以看作折射率为 $n = 1 + \dfrac{1}{2}h_{\alpha\beta}n^\alpha n^\beta$ 的介质. 由于沿波的传播方向 $n = n_{//} = 1$,

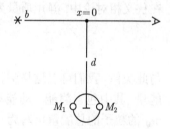

图 10-12

沿垂直方向 $n = n_\perp = 1 + \dfrac{1}{2}p_{22}\cos2\varphi + \dfrac{1}{2}p_{23}\sin2\varphi$(Zeldovich and Novikov,1971), 于是就产生了长度亏损, 如果在引力波场中放置一个干涉仪, 使一个臂沿着波的传播方向, 则应产生光程差 $l(n_{//} - n_\perp)$. 假设引力波的周期远大于光线通过干涉仪的时间, 我们得到干涉图样的移动:

效应 112

$$\Delta l \approx \frac{1}{2}lp_{22}. \qquad (6.3.2)$$

取 $l = 10^3$cm, 观测时间为 1s, 则上述效应的大小为 $10^{-7} \sim 10^{-4}$. 现在, 许多实验中心根据上述效应来寻找引力辐射.

6.4　质量亏损效应

广义相对论预言, 当粒子由无引力区域结合成引力质量时, 质量的一部分要被辐射出去. 本节中, 我们将计算球对称球壳和固体球的质量亏损.

1. Schwarzschild 场中的质量亏损

由等效原理可知粒子的引力质量等于其惯性质量. 由于动能和势能可以转化为惯性质量, 所以也就可以转化为引力质量. Schwarzschild 场中的源质量 m 就包含有与引力场本身质量相应的自能. 把这一质量 m 和组成它的所有粒子都在无穷远处时所具有的质量进行比较, 便可求得上述质量亏损. 为此, 先求出引力场中一个试验粒子的质量和它在无限远处质量之间的关系式. 取 $c = G = 1$ 的自然单位系.

试验粒子的质量亏损　Schwarzschild 场中短程线方程 ($\mu = 0$ 分量) 的第一次积分为

$$\left(1 - \frac{2M}{r}\right)\frac{\mathrm{d}t}{\mathrm{d}s} = A, \tag{6.4.1}$$

式中 M 为场源质量, A 为一常量. 当 $r \to \infty$ 时度规应是闵可夫斯基的, $\frac{\mathrm{d}t}{\mathrm{d}s} \to A$. 在狭义相对论中, 静止质量为 m_0 的粒子, 相对论总能量表示为

$$m_0\frac{\mathrm{d}t}{\mathrm{d}s} = m. \tag{6.4.2}$$

与此类似, 我们可以这样解释 (6.4.1) 中的常量 A: m_0A 是引力场中自由粒子的总能量, 其中包含静能、动能和引力势能. 这样, 在 Schwarzschild 场中, 静止质量为 m_0 的粒子的总能量可写为

$$E = \left(1 - \frac{2M}{r}\right)m_0\left\{\left(1 - \frac{2M}{r}\right) - \left[\left(1 - \frac{2M}{r}\right)^{-1}r^2 + r^2\dot{\theta}^2 + r\sin^2\theta\dot{\varphi}^2\right]\right\}^{-1/2}. \tag{6.4.3}$$

粒子沿任一条短程线运动时, 保持总能量不变. 当这个粒子由无限远处移至 Schwarzschild 场内时, 在有心力作用下获得动能. 当粒子运动到场内某一点静止时, 这些动能便以热能和其他形式的能量辐射出去. 这一能量损失等于粒子静止质量的减少. 令 $\dot{r} = \dot{\theta} = \dot{\varphi} = 0$, 得到

$$\bar{m}_0 = \left(1 - \frac{2M}{r}\right)^{1/2}m_0,$$

或

效应 113

$$\Delta m = m_0(\sqrt{1 - 2M/r} - 1).\tag{6.4.4}$$

式中 $\bar{m}_0$ 是粒子自无限远处运动至场中 r 处静止下来之后具有的静止质量, m_0 是它的惯性静质量. 在引力场中, 静止粒子的能量 $\bar{m}_0$ 由惯性静止质量 m_0 和引力势能两部分组成

$$\bar{m}_0 = m_0 + m_0\left[\left(1 - \frac{2M}{r}\right)^{1/2} - 1\right].\tag{6.4.5}$$

均匀球壳的质量亏损　设球壳半径为 a, 厚度可忽略, 质量为 M, 在它自己产生的引力场中. 考虑球壳表面上一质量元 $\mathrm{d}M$. 设它在无限远处时质量为 $\mathrm{d}M_0$ 则由 (6.4.4) 有

$$\mathrm{d}M_0 = \left(1 - \frac{2M}{a}\right)^{-1/2}\mathrm{d}M\tag{6.4.6}$$

积分上式 $\left(\int_0^{M_0} \text{和} \int_0^M\right)$, 得到

效应 114

$$M = M_0 - \frac{M_0^2}{2a}.\tag{6.4.7}$$

式中 M_0 是组成球壳的物质分散在无限远处时的惯性静止质量, M 是这些物质形成球壳之后球壳的质量. 由上式可见, M_0 一定时, 壳半径 a 越小, 则有效引力质量 M 也越小. 当 $a = M_0$ 时, M 减至最小值

$$M_{\min} = \frac{1}{2}M_0.\tag{6.4.8}$$

另一方面, M 作为 M_0 的函数 $M(M_0)$ 有极大值. 令 $\dfrac{\mathrm{d}M}{\mathrm{d}M_0} = 0$ 得 $M_0 = a$, 此时有

$$M_{\max} = \frac{a}{2}.\tag{6.4.9}$$

这时壳半径等于 Schwarzschild 半径. 所以, 能够辐射出去的最大质量是 $\frac{1}{2}M_0$.

效应 115　均匀固体球的质量亏损　设固体球的密度为 ρ_0, 半径为 a, 则式

$$M = \frac{4\pi}{3}\rho_0 a^3\tag{6.4.10}$$

可作为 ρ_0 的定义. 设半径为 r 的球面上厚度为 $\mathrm{d}r$ 的一层质量元 $\mathrm{d}m$ 在无限远处时具有质量 $\mathrm{d}M_0$, 则由 (6.4.6) 得

$$\mathrm{d}M_0 = 4\pi r^2 \rho_0 \left(1 - \frac{8\pi r^2 \rho_0}{3}\right)^{-1/2}\mathrm{d}r.\tag{6.4.11}$$

积分 $\left(\displaystyle\int_0^{M_0} 和 \int_0^a\right)$, 得到

$$M_0 = 2\pi\rho_0\mu_0^3\left[\arcsin\frac{a}{\mu_0} - \frac{a}{\mu_0}\left(1 - \frac{a^2}{\mu_0^2}\right)^{1/2}\right]. \tag{6.4.12}$$

式中 $\mu_0 \equiv \left(\dfrac{3}{8\pi\rho_0}\right)^{1/2}$. 上式也可由 Schwarzschild 内部解直接得到. 将 (6.4.10) 代入上式, 得到 M_0 和 M 之间的关系:

效应 116

$$M_0 = \frac{3a}{4}\left[\left(\frac{a}{2M}\right)^{1/2}\sin^{-1}\left(\frac{2M}{a}\right)^{1/2} - \left(1 - \frac{2M}{a}\right)^{1/2}\right]. \tag{6.4.13}$$

由函数 (6.4.13) 的数值曲线可以得到均匀固体球的最大质量亏损 (或称束缚能).

效应 117

$$(\Delta M)_{\max} = 0.5756M_0. \tag{6.4.14}$$

2. R-N 场中的质量亏损

荷电试验粒子的质量亏损. 设场源质量为 M, 电荷为 Q, 试验粒子的质量为 m_0, 电荷为 e. 这一试验粒子在 R-N 场 [第一篇 (1.3.9)] 中的运动方程为

$$\frac{\mathrm{d}x^\mu}{\mathrm{d}s^2} + \Gamma^\mu_{\alpha\beta}\frac{\mathrm{d}x^\alpha}{\mathrm{d}s}\frac{\mathrm{d}x^\beta}{\mathrm{d}s} = \Gamma^\mu_\alpha\frac{\mathrm{d}x^\alpha}{\mathrm{d}s}\frac{e}{m_0}. \tag{6.4.15}$$

取 $\mu = 0$ 有

$$F^0_\alpha\frac{\mathrm{d}x^\alpha}{\mathrm{d}s}\frac{e}{m_0} = e\left(-\frac{\partial\phi}{\partial x^\alpha}\right)\left(1 - \frac{2M}{r} + \frac{Q^2}{r^2}\right)^{-1}\frac{\mathrm{d}x^\alpha}{\mathrm{d}s}. \tag{6.4.16}$$

式中 ϕ 为静电势. 由上式可得

$$F^0_\alpha\frac{\mathrm{d}x^0}{\mathrm{d}s}\frac{e}{m} = -e\left(1 - \frac{2M}{r} + \frac{Q^2}{r^2}\right)^{-1}\frac{\mathrm{d}\phi}{\mathrm{d}s}. \tag{6.4.17}$$

将此式代入 (6.4.15), 得到第一积分

$$m_0\frac{\mathrm{d}t}{\mathrm{d}s}\left(1 - \frac{2M}{r} + \frac{Q^2}{r^2}\right) + e\phi = A. \tag{6.4.18}$$

类似于由 (6.4.1) 到 (6.4.4) 的讨论, 可知 A 的含义为粒子在引力场中的总能量 $\bar{m}_0$, 再令 $\theta = \dot{r} = \dot{\varphi} = 0$, 求出 $\dfrac{\mathrm{d}t}{\mathrm{d}s}$, 从而得到试验粒子 (m_0, e) 的质量亏损

效应 118

$$\Delta m = \bar{m}_0 - m_0 = m_0 \left[\left(1 - \frac{2M}{r} + \frac{Q^2}{r^2} \right)^{1/2} - 1 + \frac{e}{m_0} \varphi \right]. \tag{6.4.19}$$

对 R-N 场中的中性试验粒子, 可在上式中令 $e = 0$. 这时得到中性粒子由无限远处移到引力电荷的场中时所发生的质量亏损 (Ivanitzkaya, 1979):

效应 119

$$(\Delta m)_{M,k} = m_0 \left(\sqrt{1 - \frac{2M}{r} + \frac{k}{r^2}} - 1 \right). \tag{6.4.20}$$

这一效应可用来估计试验粒子落向引力源时引力辐射的能量.

下面计算荷电情况下球壳和球体的质量亏损. 为了简化计算步骤, 我们设 $Q/M = \alpha = \mathrm{const}, e/m = \mathrm{const}$. 这个假设的含义是, 在质量亏损过程中电荷也成正比地亏损.

均匀荷电球壳的质量亏损 与得到 (6.4.6) 的过程类似, 可以得到

$$\mathrm{d}M_0 = \left(1 - \frac{M}{a} \alpha^4 \right) \left(1 - \frac{2M}{a} + \frac{\alpha^2 M^2}{a^2} \right)^{-1/2} \mathrm{d}M. \tag{6.4.21}$$

积分 $\left(\int_0^{M_0} \text{和} \int_0^M \right)$, 得到质量 M_0 和 M 的关系式:

效应 120

$$M_0 = \int_0^M \left(1 - \frac{M}{a} \alpha^4 \right) \left(1 - \frac{2M}{a} + \frac{\alpha^2 M^2}{a^2} \right)^{-1/2} \mathrm{d}M. \tag{6.4.22}$$

均匀荷电固体球的质量亏损 设半径为 r 的球面上厚 $\mathrm{d}r$ 的一层质量元在无限远处的质量为 $\mathrm{d}M_0$, 球体质量密度为 ρ_0, 则由 (6.4.21) 有

$$\mathrm{d}M_0 = \left(1 - \frac{4\pi}{3} \rho_0 \alpha^4 r^2 \right) \left(1 - \frac{8\pi}{3} \rho_0 r^2 + \frac{16\pi^2}{9} \rho_0^2 \alpha^2 r^4 \right)^{-1/2} \cdot 4\pi \rho_0 r^2 \mathrm{d}r.$$

由此可以得到均匀荷电球体的质量 M_0 与 M 的关系式:

效应 121

$$M_0 = \int_0^a 4\pi \rho_0 \left(1 - \frac{4\pi}{3} \rho_0 \alpha^4 r^2 \right) \left(1 - \frac{8\pi}{3} \rho_0 r^2 + \frac{16\pi^2}{9} \rho_0^2 \alpha^2 r^4 \right)^{-1/2} r^2 \mathrm{d}r,$$

$$M = \frac{4\pi}{3} a^3 \rho_0, \quad Q = \alpha M. \tag{6.4.23}$$

3. 宇宙因子对质量亏损的影响

由含宇宙项的度规 [第一篇 (1.2.13)] 出发, 与获得 (6.4.20) 类似, 可得到短程线方程的第一积分

$$\varepsilon = m_0 = \bar{m}_0 \left(1 - \frac{2M}{r} - \frac{\lambda r^2}{3} \right), \tag{6.4.24}$$

与 (6.4.20) 对应, 得到试验粒子的质量亏损

效应 122

$$\Delta m = m_0 \left(\sqrt{1 - \frac{2M}{r} - \frac{\lambda r^2}{3}} - 1 \right). \tag{6.4.25}$$

第 7 章 其他引力效应

本章讨论几种类光学引力效应, 其中包括引力史塔克效应, 引力透镜效应和宇宙空间的光学各向同性效应等. 还有一些引力效应未列入本章, 分别在其他各篇中讨论, 如第五篇讨论引力坍缩放应和磁抵抗引力坍缩效应, 第六、七、八篇讨论了宇宙学效应.

7.1 类光学引力效应

有些广义相对论效应和物理学其他部分的一些效应很相似, 特别是与一些光学效应相似. 有时引力场代替电磁场, 可以产生类似的光学效应; 有时由于引力波对电磁波的作用, 在几何光学近似下产生一些引力光学效应. 特别是随着技术的发展, 用现代技术可能研究引力场中的电磁辐射, 这更加激发人们研究广义相对论中波动过程和光学现象的兴趣. 另一方面, 解决广义相对论中一些理论问题 (如能量问题) 时, 也经常采用与电动力学类比的办法, 注意二者之间的各种相似性. 本节将讨论一系列类光学引力效应, 与前几章中的许多部分一样, 一般只简略地给出主要结果.

1. Schwarzschild 场中的引力史塔克 (Stark) 效应

在电场的作用下光谱线会发生分裂 (频移), 这一效应称为史塔克效应. 对于线性史塔克效应, 谱线的频移和电场强度成正比. 人们曾经假设用引力场代替电场也能发生类似的效应, 并给出了 Schwarzschild 场中这一效应的表达式

效应 123

$$(\Delta\nu)_m = \frac{A_m}{r^2}\left(1 - \frac{2m}{r}\right)^{-1/2}. \tag{7.1.1}$$

式中 A 是比例系数. Polozov (1978) 用量子力学方法 (狄拉克方程) 研究了这一问题, 也得到了引力史塔克效应.

将 (7.1.1) 展开, 第一项在太阳的引力场中产生的效应为 $\sim 10^{-24}$, 比同样条件下的爱因斯坦引力红移要小得多. 当天体的质量 $M \approx M_\odot$, 半径 $R \approx 1.2 \times 10^6 \mathrm{m}$ 时, 引力斯塔克效应可增大到 10^{-15}, 这时才可能用现代技术测出来. 由 (7.1.1) 可以发现, 当 $r \to 2m$ 时, 此效应增大.

2. Schwarzschild 场中的引力切连科夫 (Cherenkov) 辐射

真空中匀速运动的荷电粒子不会发生辐射. 但是在介质中, 荷电粒子即使做匀

速运动, 只要其速度大于介质中光的相速度 $\frac{c}{n}$ (n 为折射率), 就会产生一种特殊的辐射. 这种 "超光速" 荷电粒子产生的辐射称为切连科夫辐射. 这一辐射的频率依赖于介质的折射率 n. 由 Schwarzschild 场中的麦克斯韦协变方程可以得到

$$D = \frac{E}{\sqrt{g_{00}}}, \quad B = \frac{H}{\sqrt{g_{00}}},$$

即 Schwarzschild 场的折射率

$$n = (g_{00})^{-1/2} \approx 1 + \frac{m}{r} > 1. \tag{7.1.2}$$

按照相似性可以假设, 如果一个荷电粒子在 Schwarzschild 场中运动的速度大于 $\frac{c}{n}$, 应该有辐射. 这种引力切连科夫辐射的频率上限可以表示为

效应 124

$$(\omega)_m = \frac{pc}{\hbar}\sqrt{1 - \frac{2m}{r}}\frac{r}{m}\left(1 - \frac{c}{v}\sqrt{1 - \frac{2m}{r}}\right). \tag{7.1.3}$$

太阳表面 $n < 1.001$, 所以这一效应只可能在大质量恒星和星系核一类天体的引力场中显示出来.

3. 引力塞曼 (Seeman) 效应

在一定意义上, 旋转质量外部的引力场类似于磁场. 因此可以期望, Kerr 场中的一系列引力效应与磁场中的效应类似. Zeldovich(1965) 指出, Kerr 场中的电磁辐射存在引力塞曼效应. 如果在旋转场源的两极附近放置一个振荡器, 发出一束线偏振光, 则这一线偏振光将分解为两束圆偏振光的组合, 其频率分别为 $\omega_0 + \Omega$ 和 $\omega_0 - \Omega$, $\Omega \sim \frac{2m\omega}{r}$, ω 是场源旋转角速度. 因此远处观察者将发现光谱线的分离:

效应 125

$$(\Delta\omega)_a = 2\Omega = 4\frac{m}{r}\omega. \tag{7.1.4}$$

4. 引力萨亚克 (Saniak) 效应

当试验粒子在 Schwarzschild 场中沿圆轨道运动时, 延迟效应由 (4.1.13) 给出. 可以证明, 当试验粒子在克尔场中运动时, 延迟效应表示为

$$(\Delta x_{de}^0)_\pm = 2\pi\left(\sqrt{mr} \pm \frac{am}{r}\right) = T_0\left(\frac{m}{r} \pm \frac{am\sqrt{m}}{r^2\sqrt{r}}\right).$$

式中正号对应于顺行粒子, 负号对应于逆行粒子 (相对于 a). 于是在克尔场中存在延迟时间的相对亏损效应:

效应 126

$$\Delta x^0 \equiv (\Delta x_{de}^0)_+ - (\Delta x_{de}^0)_- = 4\pi\frac{am}{r}. \tag{7.1.5}$$

此式与粒子速度无关, 因此可推广到光子的运动. 这样, 当两束光波沿静止回路相向传播时, 效应 (7.1.5) 使两束光波产生相位差, 因此应该有干涉图样的移动. 这一现象可由萨亚克实验观测. 在 Schwarzschild 场中不存在这一效应.

5. 引力法拉第效应

根据克尔场中广义协变麦克斯韦方程的解可以证明电磁波的偏振面要发生旋转, 因此, 将有类似于法拉第效应的引力效应 (Pineault, 1977). 计算结果是, 偏振面绕 a 的方向旋转一个角度:

效应 127

$$(\Phi)_a = -\frac{2am}{B^2}. \tag{7.1.6}$$

式中 B 是非赤道轨道的瞄准参量.

6. 两束偏振光在克尔场中的分离

Volkov(1970) 曾断言, 在引力场中光线的偏振不影响它的偏转. 接着, Harwitt(1974) 提出了检验这一断言的实验. 实验结果表明, 在太阳的引力场中, 不同偏振的光线有不同的偏转.

Mashhoon(1974) 重新研究这一问题, 提出一个新的广义相对论效应. 他由 Kerr 场中的广义协变麦克斯韦方程得到, 右偏振和左偏振的光线沿场源转轴方向传播时会发生分离, 其偏转角之差为

效应 128

$$(\Delta\theta)_{a,m} = \theta_+ - \theta_- = Aa\lambda\frac{m}{b^3}. \tag{7.1.7}$$

式中 A 为常数 (量级为 1), λ 是波长. 在克尔黑洞附近, 频率为 $4 \times 10^8 \text{Hz}$ 的辐射线, 此效应可达 $1'$ 左右.

7. 球对称引力透镜的焦点

考虑一束平行光线自无限远处射到引力体上, 由于光线经过引力场时要发生偏转, 所以具有相同瞄准距离的光线将被引力场会聚于一点. 这一效应首先是由 Zwicky(1937) 提出来的. 在球对称引力场中, 引力透镜的焦点与场源的距离为

效应 129

$$F = \frac{R^2}{8m}. \tag{7.1.8}$$

式中 R 是源半径, 光线与源的表面相切. 太阳引力场的这一 "焦距" 比太阳系的线度还大. 由于引力透镜的焦距太大, 所以只有以遥远的恒星作为透镜时才有可能观测到这一效应.

对类星体 (Quasar) 的观测为人们提供了检验效应 (7.1.8) 的新的可能性. 根据对 208 颗类星体的分析, 认为类星体 3C268.4 和 3C286 是检验引力透镜效应的最好的候选者.

8. 引力的亮度增大效应

当观察者通过引力透镜的焦点时, 他将发现明亮的光闪. 但是这一光闪不只是由于聚焦使光通量重新分布而造成的, 附加的引力效应也增强了辐射亮度. 按广义相对论计算, 增强系数为

效应 130

$$\text{Amp} = \frac{I}{I_0} = \frac{I}{1 - E^2}, \quad E \equiv \frac{4mr_ar_b}{b^2(r_a + r_b)}. \tag{7.1.9}$$

式中 I_0 是入射波的强度, r_a 和 r_b 分别为光源和观察者到引力中心的距离. 在 Schwarzschild 场中, 由于场的球对称性, 这一效应达最大值. 以 λ 表示入射线的波长, 此时效应可达到 $10\frac{m}{\lambda}$.

9. 引力透镜中的成像效应

效应 131

首先考虑引力质量就是光源这种"本征引力透镜". 引力质量使它本身发出的光线弯曲, 由于发射体的引力场使这些光线聚焦, 所以恒星的一部分表面发出的光能到达位于透镜外阴影中的观察者 (图 10-13). 由于这一原因, 观察者看到的发射体的像比没有光线引力偏转时要大一些. 如果恒星半径接近它的引力半径, 由于本征引力透镜效应, 它的圆盘将增大 2.59 倍.

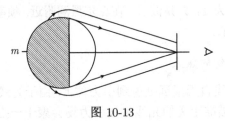

图 10-13

另一种情况是观察者和源的连线通过引力质量中心. 这时, 由于 Schwarzschild 场的引力透镜作用, 观察者将看到围绕引力质量的一个亮环, 其角半径为

效应 132

$$\Phi = 2\sqrt{\frac{4m}{b} \cdot \frac{R}{r_1}}. \tag{7.1.10}$$

式中, R 是透镜半径, r_1 是观察者到透镜的距离.

10. 旋转引力透镜

克尔场中也存在引力的亮度增大效应. 克尔场与 Schwarzschild 场引力亮度增大系数之差为:

效应 133

$$\Delta Amp = -\frac{4aE^2}{b(1 - E^2)}.\tag{7.1.11}$$

这一效应中存在非对称性, 当光线传播方向和引力源转动方向一致时, 其亮度增大系数要大一些, 方向不一致通过引力源另一侧时的亮度增大系数要小一些, 这样的两条光线的偏转角也不相同. 所以当辐射源、引力透镜和观察者位于同一直线上时, 像位于这条直线之外.

现在我们讨论光源移动位置时聚焦光束截面的变化. 在 Schwarzschild 引力透镜的情况下, 当光源移动位置时 (图 10-14), 聚焦光束的截面变为椭圆, 其长轴垂直于透镜中心和像的连线. 在克尔场中, 由于光子轨道的扭转效应 (3.4.12), 上述椭圆截面相对于它原来的位置要有一个转动. 转动方向取决于焦点相对于克尔场源转动轴的位置, 转动角的最大值为

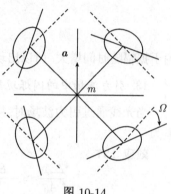

图 10-14

效应 134

$$\Phi_{\max} = \frac{a}{b}.\tag{7.1.12}$$

当 $b = 200\text{m}$, $a = 0.2\text{m}$ 时, 上式给出的效应值约为 $0.06°$.

这一效应可以将旋转引力透镜和 Schwarzschild 引力透镜或外尔 (Will) 引力透镜区别开.

11. 电磁波在引力波场中的聚焦

如果平面引力波通过一粒子组或者一电磁波场, 则不同的粒子或电磁波波面的不同部分将获得不同的相对加速度. 所以这些粒子或电磁波波面的不同部分, 在离开引力波场时将具有相对速度. 波面之外的观察者将发现波面变成凹凸不平的了, 且在某一时刻"聚成一条线". 对于试验电磁波, 我们可以说它被聚焦了. 对于 δ 型引力波和 θ 型电磁波, 推导给出在波面上有

效应 135

$$\cos^2 Av = B^2 u^2.\tag{7.1.13}$$

式中 u 和 v 表示落后 (或超前) 的位相, 参量 A 和 B 取决于引力波和电磁波的特性.

12. 引力–电磁共振

当引力波和电磁波相遇, 且频率和位相满足某些特定关系时, 这两种波的相互作用可能具有共振性质. 设一平面单色圆偏振引力波沿法向入射到环形振荡器上, 推导给出:

效应 136

$$\Delta\omega = -2\omega t\sqrt{\frac{2\pi GI}{c^3}}\cos(\alpha_1 + \alpha_2)\sin(\alpha_2 - \alpha_1). \tag{7.1.14}$$

式中 I 是引力波能流. $\Delta\omega$ 的最大值是

$$\Delta\omega_{\max} = \sqrt{\frac{2\pi GI}{c^3}}\omega t. \tag{7.1.15}$$

由于振幅随时间增大, 所以出现引力–电磁共振.

13. 引力波场中的闪烁现象

当光线通过引力波场时, 它的强度将发生变化. 计算给出, 光强度的相对变化量为

效应 137

$$\frac{\Delta A_0}{A_0} \approx -\frac{E_0\xi^2}{2L}\int_0^L u(1-u)[f^1(\alpha_4 t + \xi u)]^4 \mathrm{d}u. \tag{7.1.16}$$

式中 L 为自光源至观察者的距离, $\xi = \alpha_\mu v^\mu = \alpha_4(1 - \cos\theta)$, θ 是光线方向和引力波传播方向的夹角. 由于这一效应的局部性质, 实验观测闪烁现象是非常困难的.

14. 电荷的附加制动

不均匀的引力场可以看成是折射率随位置变化的介质, 因此, 不均匀引力场中也应有电磁辐射 "尾". 这种 "尾" 是由 "曲率反射" 产生的, 变换到平直空–时便消失. "尾" 可能显示各种不同的效应, 其中之一是引力场中电荷的制动效应. 在弯曲空–时中, 点电荷运动的非短程线方程 (De Witt, 1960) 可以写为

效应 138

$$\mu\left(\frac{\mathrm{d}^2 x^\mu}{\mathrm{d}s} + \Gamma^\mu_{\sigma\lambda}\dot{x}^\sigma\dot{x}^\lambda\right) = f_1(F^{ij}_{\mu\nu}) + f_2(\dot{x}^\lambda, \dddot{x}^\mu) + q^2\dot{x}^\lambda\int_{-\infty}^r f^\mu_{\lambda\sigma'}\dot{x}^{\sigma'}\mathrm{d}x'. \tag{7.1.17}$$

式中右端第一项取决于外部电磁场, $F^{ij}_{\mu\nu}$ 是电磁场双矢量; 第二项是经典制动; 第三项是辐射尾引起的附加制动, $f^\mu_{\lambda\sigma'}$ 由背景度规确定. 对于荷电粒子在 Schwarzschild 场中沿椭圆轨道运动的情况, De Witt 计算了 (7.1.17) 右端第三项, 其中一部分产生轨道近日点的移动:

$$\frac{\Delta\alpha}{2\pi} = \frac{\tilde{k}}{mp}.$$

这一效应减弱了效应 (2.6.1).

15. Schwarzschild 场中的引力镜效应

光线在引力场中不仅能发生偏转, 而且还可能绕引力源转若干圈后偏转任意的角度. 由光源发出的光线在围绕场源转整数圈之后可能转回来, 形成一个光源的像 (图 10-15). 在黑洞的对称轴 OO' 附近应该可以观察到一个光环. 这样的光环是由远处恒星发出的光线经"引力镜""反射"形成的. "引力反射"的强度 I 取决于观察点与黑洞的距离 r 和与对称轴的距离 d, 其具体形式可近似表示为

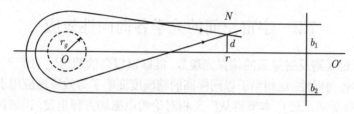

图 10-15

效应 139

$$I \approx 2A \frac{b_0^2}{rd} \left\{ \sum_{n=1}^{\infty} \left(1 - \frac{1}{2}\sqrt{A}e^{-nx} + Ae^{-2nx} \right) e^{-2n\pi} \right\} I_0. \tag{7.1.18}$$

式中 I_0 是入射光 (远处恒星的光) 的强度, n 是光线绕质量源的圈数, $b_0 = 3\sqrt{3}m$, $A \approx 15.6$. 由于衍射, (7.1.18) 要损失 $d < d_0 = \lambda r b^{-1}$ 区域的强度 $\bar{I}$, 这一区域内的强度为

$$\bar{I} = 2A \frac{b_0^3}{\lambda r^2} \sum_{n=1}^{N} \left(1 - \frac{1}{2}\sqrt{A}e^{-n\pi} + Ae^{-2n\pi} \right) e^{-2n\pi}. \tag{7.1.19}$$

当 b_0, λ 和 r 取某一确定值时, 光环的亮度可能超过入射到引力源的光强 I_0. 这一现象在大质量致密天体附近可能发生. 如果太阳光射向一远处的黑洞, 假设黑洞质量 $m = 3 \times 10^{-8} M_\odot$, 与太阳距离 $r = 10^4 pc$, 波长 $\lambda = 10^{-4}$cm, 则地球上观测到的光环光强 $I \approx 10 I_0$.

16. Schwarzschild 场中光环的时间分离效应

式 (7.1.18) 和 (7.1.19) 描述入射光线环绕引力源 n 圈之后叠加的结果, 不同的圈数 n 对应于光信号不同的绕行时间. 如果光信号是一短脉冲, 到达点 N 时应有一定量的延迟. 于是将观测到光环的时间分离现象. 由 3.3 节中 (2) 可知, 当 $b \to b_0 = 3\sqrt{3}$m 时, 光信号沿一半径为 3m 的圆绕行, 角速度 $\omega = \dfrac{\mathrm{d}\varphi}{\mathrm{d}x^0} = \dfrac{2}{3} \Big/ \sqrt{3} r_g$. 由此可以得到光信号每绕一圈的分离时间表示为

效应 140

$$(T)_m = \frac{2\pi}{\omega} = 3\sqrt{3}\pi r_g. \tag{7.1.20}$$

根据 (7.1.20), 测量光环的分离时间便可确定黑洞的引力半径. 这一效应原则上可以测量, 因为即使对于可坍缩的最小恒星 $(r_g \approx 6\text{km})$, 效应 (7.1.20) 的大小也达到约 3×10^{-4}s. 可以用强脉冲发生器或脉冲星作为光信号源. 以 ΔT 表示脉冲延续时间, T 表示信号源周期, 须满足条件

$$\Delta T \ll (T)_m \ll T.$$

7.2　宇宙空间的光学各向同性效应

人们通过观测反射星云的偏振光现象, 能够以极高的精确度 (10^{-26}) 证明宇宙空间的光学各向同性, 这相当于以同样高的精确度证明了等效原理应用于电磁现象的正确性 (强等效原理). 本节将从广义相对论的电磁场方程出发, 详细讨论这一效应.

1. 宇宙空间的光学各向同性现象

观测反射星云反射到地球上的光的偏振情况, 表明宇宙空间是光学各向同性的, 反射星云和地球相距宇宙距离 $(l \sim 10^{21}\text{cm})$, 只要有极微小的双折射效应, 在地球上便可观察到, 精确度为.

$$\Delta n \sim 10^{-26}. \tag{7.2.1}$$

实际观测的零结果表明等效原理是适用于电磁现象的. 在 (2) 中将证明, 虽然 10^{-26} 量级对于检验量子电动力学中的磁场使真空产生双折射的现象是远远不够的 (要达到 10^{-42}), 但是对于检验等效原理是足够精确的.

如果等效原理不成立, 由于引力场的张量性质, 会使得在引力场中传播的光线发生双折射现象 (与在晶体中一样). 相对于引力场张量不同的主方向, 不同偏振的光的传播速度是不同的. 如果等效原理成立, 这一现象就不会发生. 根据强等效原理, 在自由下落的参考系中引力场不存在, 不能产生引力双折射现象; 而双折射现象的存在与否是不依赖于参考系的选择的, 所以在一般情况下引力双折射现象应该不存在. 显然, 要证明这个结论必须用到广义协变的麦克斯韦方程.

把引力场作为介质, 经典电动力学中的塔姆 (Tamm) 张量 $S^{\mu\nu\tau\lambda}$ 在引力场中可以写为

$$S_{GR}^{\mu\nu\tau\lambda} = \sqrt{-g}\, g^{\mu\tau} g^{\nu\lambda}. \tag{7.2.2}$$

这时可以证明, 广义相对论麦克斯韦方程可以写成运动介质电动力学方程 (无引力场) 的形式

$$(S_{GR}^{\mu\nu\tau\lambda} F_{\tau\lambda})_{,\nu} = 0, \quad \varepsilon^{\mu\nu\tau\lambda} F_{\tau\lambda,\nu} = 0. \tag{7.2.3}$$

在时轴正交系中 $(g_{0i} = 0)$, 方程 (7.2.3) 可以改写成 "ε-μ 形式", 并且由 (7.2.2) 得到张量 ε 和 μ 的关系

$$\varepsilon_{GR} = \mu_{GR}. \tag{7.2.4}$$

从而证明了不应该存在双折射现象. 当 $g_{0i} \neq 0$ 时, 同样可以得出这一结论, 只是更加麻烦一些.

2. 引力双折射的计算

现在我们研究 Δn 应该小到什么程度才算验证了强等效原理. 我们假定强等效原理不成立, 它和某一个真实的原理有一偏离; 这一偏离引起引力势的偏离为一阶小量, 引起原子质量亏损的偏离为一阶小量 (即核子动能的偏离为一阶小理). 这时, 物体引力质量和惯性质量之比 m_g/m_I 对于不同物体的差值应具有量级

$$\Delta\left(\frac{m_g}{m_I}\right) \sim \frac{v^2}{c^2} U. \tag{7.2.5}$$

式中 v 是内部特征速度, U 为引力势. 在地球周围, 太阳引力势 $U \sim 10^{-8}$, 而 $v^2/c^2 \sim 10^{-3}$, 从而有

$$\Delta\left(\frac{m_g}{m_I}\right) \sim 10^{-11}. \tag{7.2.6}$$

假设有引力双折射效应, 则 Δn 应该和 ∇U 同量级, 或者

$$\Delta n \sim U^2. \tag{7.2.7}$$

在地球附近 $(U \sim 10^{-8})$, $\Delta n \sim 10^{-16}$, 比 (7.2.1) 大很多. 按照地球轨道直径的量级 $(3 \times 10^{13}\text{cm})$, 相应的光程差 $\sim 3 \times 10^{-3}\text{cm}$, 比光波的波长大很多. 因此, 如果强等效原理不成立, 是一定会观察到双折射现象的.

现在我们进行仔细的计算. 假定强等效原理不成立, 存在引力双折射, 广义相对论麦克斯韦方程只对 U 精确到一阶小量成立. 令

$$g_{\mu\nu} = h_{\mu\nu} + \eta_{\mu\nu}, \quad \eta_{\mu\nu} = \text{diag}(1, -1, -1, -1) \tag{7.2.8}$$

精确到 $h_{\mu\nu}$ 的二阶项, 简化广义协变麦克斯韦方程. 这时 (7.2.3) 的形式不变, (7.2.2) 变为

$$S^{\mu\nu\tau\lambda} = \eta^{\mu\tau}\eta^{\nu\lambda}\left(1 + \frac{1}{2}h\right) - h^{\nu\lambda}\eta^{\mu\tau} - h^{\mu\tau}\eta^{\nu\lambda}. \tag{7.2.9}$$

这里和下边的指标的升降均由 $\eta^{\mu\nu}$ 进行, 当 $h_{0i} = 0$ 时, 将张量 $S_{GR}^{\mu\nu\tau\lambda}$ 按 $h_{\mu\nu}$ 展开. 由于张量 ε_{GR} 和 μ_{GR}^{-1} 的分量可以表示为 $S_{GR}^{\mu\gamma\tau\lambda}$ 的线性组合, 所以张量 ε_{GR} 和 μ_{GR}^{-1} 也可以按 $h_{\mu\nu}$ 展开. 这时应有下面形式 (张量形式) 的关系式

$$\varepsilon = \mu + O(h_{\mu\nu}^2). \tag{7.2.10}$$

因此, 如果 $h_{0i} = 0$, 而 h_{ij} 是空间各向异性的, 就可以断定张量 ε 和 μ 之差为 $h_{\mu\nu}$ 的二阶小量, 因而引力双折射的量级也为二阶小量. 当 $h_{0i} \neq 0$ 时, 自然也可以有同样结论.

由于方程组 (7.2.3) 和 (7.2.9) 不是广义协变的, 它们和坐标系有关. 为了完整起见, 还应假定某些坐标条件. 但是我们的目的只是研究引力双折射的大小, 所以只需选择这样的坐标系, 使 (7.2.3) 和 (7.2.9) 导致双折射的最小值.

在 (7.2.3) 中作代换

$$F_{\mu\nu}(x) = f_{\mu\nu}(x)\exp[\mathrm{i}\xi(x)],$$

然后按惯用的几何光学方法计算. 与晶体光学一样, 波 $F_{\mu\nu}(x)$ 分解成两个线偏振波 $F_{\mu\nu}^{\mathrm{I}}(x)$ 和 $F_{\mu\nu}^{\mathrm{II}}(x)$, 各自具有自己的位相 $(\xi^{\mathrm{I}}\xi^{\mathrm{II}})$ 和振幅 $(f_{\mu\gamma}^{\mathrm{I}}, f_{\mu\gamma}^{\mathrm{II}}$. 忽略 $h_{\mu\nu}$ 的高阶项, 使 x^3 轴平行于波矢量, 得到两个波的折射率之差 Δn

$$(\Delta n)^2 = \frac{1}{4}[(h_{22}-h_{11})(h_{00}+h_{33}+2h_{03}) + (h_{10}+h_{13})^2 - (h_{20}-h_{23})^2]^2$$

$$+ [h_{12}(h_{00}+h_{33}+2h_{03}) - (h_{01}+h_{13})(h_{20}+h_{23})]^2. \tag{7.2.11}$$

将上式对波矢量的所有方向取平均, 得到

效应 141

$$(\Delta n^2) = \frac{1}{5}(A_{mn}A_{mn} + B_{mn}B_{mn}). \tag{7.2.12}$$

式中

$$A_{mn} \equiv \chi_{00}\chi_{mn} - h_{0m}h_{0n} + \frac{1}{3}\delta_{mn}(h_{0p}h_{0p}) - \frac{1}{3}\chi_{mp}\chi_{pn} - \frac{1}{3}\varepsilon_{mpq}\varepsilon_{nij}\chi_{pi}\chi_{qj},$$

$$B_{mn} \equiv h_{0p}(\varepsilon_{pqm}\chi_{qn} + \varepsilon_{pqn}\chi_{qm}), \tag{7.2.13}$$

$$\chi_{00} \equiv h_{00} + \frac{1}{3}h_{mm} = g_{00} + \frac{1}{3}g_{mm},$$

$$\chi_{ij} \equiv h_{ij} - \frac{1}{3}\delta_{ij}h_{mm} = g_{ij} - \frac{1}{3}\delta_{ij}g_{mm}. \tag{7.2.14}$$

χ_{ij} 是张量势的空间 (各向异性) 分量.

如果用 Schwarzschild 度规代入 (7.2.12)~(7.2.14), 可得

$$\langle \Delta n^2 \rangle = \frac{2}{15}\left(\frac{2m}{r}\right)^4 + O\left[\left(\frac{2m}{r}\right)^5\right]. \tag{7.2.15}$$

此式与我们估计的量级 (7.2.7) 相符合.

综上所述, 如果强等效原理不成立, 就会存在引力双折射, 其量级为 (7.2.15) 或 (7.2.7), 在地球表面 $\Delta n \sim 10^{-16}$. 可是精确至 10^{-26} 的测量结果断定没有双折射现象, 因此证明了强等效原理成立.

附录 黎曼几何和张量分析

F.1 坐 标 变 换

在 Minkowski 空–时中, 一组坐标确定一个四维矢量. 两个坐标系之间的变换为 Lorentz 变换. 在一般的 Riemann 空–时中, 任何四个独立的变量 $x^\mu(\mu = 0, 1, 2, 3)$ 都可取作这一四维空–时中的坐标. 与 Minkowski 空–时不同, 黎曼空–时中的一组坐标不能确定一个四维矢量, 只能确定 Riemann 空–时中的一个点.

设坐标系 x^μ 和坐标系 x'^μ 之间存在着下面的变换式

$$x'^\mu = x'^\mu(x^\nu), \tag{F.1.1}$$

只要 Jacobian

$$J(x'^\mu/x^\nu) \neq 0, \tag{F.1.2}$$

四个函数 $x'^\mu = x'^\mu(x^\nu)$ 就是独立的, 且存在逆变换

$$x^\mu = x^\mu(x'^\nu). \tag{F.1.3}$$

在 Riemann 空–时中任一点, 引入坐标系 (x^μ) 和 (x'^μ), 在坐标系 (x^μ) 中可以确定一个矢量 $\mathrm{d}x^\mu$. 设同一矢量在另一坐标系 (x'^μ) 中表示为 $\mathrm{d}x'^\mu$, 而两坐标系之间的变换为 (F.1.1)~(F.1.3). 此时有

$$\mathrm{d}x'^\mu = a_\nu^{\mu'} \mathrm{d}x^\nu, \quad a_\nu^{\mu'} \equiv \frac{\partial x'^\mu}{\partial x^\nu},$$

$$\mathrm{d}x^\mu = a_{\nu'}^\mu \mathrm{d}x'^\nu, \quad a_{\nu'}^\mu \equiv \frac{\partial x^\mu}{\partial x'^\nu}. \tag{F.1.4}$$

按爱因斯坦惯例, $A_\mu B^\mu \equiv \sum\limits_\mu A_\mu B^\mu$, 省略取和号 $\sum$. 如无特殊声明, 希腊字母取值 $0, 1, 2, 3$; 拉丁字母取值 $1, 2, 3$.

由 (F.1.4) 可得

$$\mathrm{d}x^\alpha = a_{\mu'}^\alpha a_\beta^{\mu'} \mathrm{d}x^\beta,$$

故

$$a_{\mu'}^\alpha a_\beta^{\mu'} = \delta_\beta^\alpha; \tag{F.1.5}$$

同样可得

$$a_\alpha^{\mu'} a_{\nu'}^\alpha = \delta_\nu^\mu. \qquad (F.1.6)$$

式中 δ_β^α 是 Kronecker 符号. 如果 $a_\nu^{\mu'}$ 看作矩阵, 则 $a_{\beta'}^\nu$ 就是它的逆矩阵. 因此, 变换的 Jacobian 满足

$$|a| \cdot |a'| = 1. \qquad (F.1.7)$$

1. 逆变矢量

如果有 4 个函数 A^μ 的集合, 在坐标变换下 A^μ 和 $\mathrm{d}x^\mu$ 一样变换

$$A'^\mu = a_\nu^{\mu'} A^\nu, \qquad (F.1.8)$$

则集合 A^μ 称为**逆变矢量**, A^μ 和 A'^μ 分别称为逆变矢量在两个坐标系中的分量.

2. 标量

如果量 $\phi(x^\mu)$ 在坐标变换下按下式变换:

$$\phi(x^\mu) = \phi'(x'^\mu), \qquad (F.1.9)$$

则量 $\phi(x^\mu)$ 称为**标量**, 或**不变量**. 由上式可得

$$\frac{\partial \phi'}{\partial x'^\mu} = a_{\mu'}^\nu \frac{\partial \phi}{\partial x^\nu}. \qquad (F.1.10)$$

3. 协变矢量

由 (F.1.10) 可知, 算符 $\dfrac{\partial}{\partial x^\mu}$ 的变换规律为

$$\frac{\partial}{\partial x'^\mu} = a_{\mu'}^\nu \frac{\partial}{\partial x^\nu}, \qquad (F.1.11)$$

如果有四个函数 A_μ 的集合, 在坐标变换下 A_μ 按 (F.1.11) 式变换

$$A_\mu' = a_{\mu'}^\nu A_\nu, \qquad (F.1.12)$$

则集合 A_μ 称为**协变矢量**. A_μ 和 A_ν' 分别称为在两个坐标系中协变矢量的分量. 显然, 标量函数的梯度 $\dfrac{\partial \phi}{\partial x^\mu}$ 是协变矢量.

F.2 张　　量

如果有 16 个函数的集合 $T_{\mu\nu}$ 和 $T^{\mu\nu}$ 在坐标变换下按下式变换:

$$T'_{\alpha\beta} = a^{\mu}_{\alpha'} a^{\nu}_{\beta'} T_{\mu\nu}, \quad T'^{\alpha\beta} = a^{\alpha'}_{\mu} a^{\beta'}_{\nu} T^{\mu\nu}, \tag{F.2.1}$$

则称集合 $T_{\mu\nu}$ 为**二阶协变张量**, $T^{\mu\nu}$ 为**二阶逆变张量**.

类似地, 如果有 16 个函数 T^{ν}_{μ} 组成的集合, T^{ν}_{μ} 在坐标变换下按下式变换:

$$T'^{\alpha}_{\beta} = a^{\alpha'}_{\nu} a^{\mu}_{\beta'} T^{\nu}_{\mu}, \tag{F.2.2}$$

则称集合 T^{ν}_{μ} 为**二阶混合张量**. 混合张量 T^{ν}_{μ} 是一阶协变一阶逆变的. 高阶张量的定义可由上面的定义推广得到. 如果有一组函数 $T^{\tau\lambda\cdots}_{\mu\nu\cdots}$ 组成的集合, $T^{\tau\lambda\cdots}_{\mu\nu\cdots}$ 按下式变换:

$$T'^{\gamma\delta\cdots}_{\alpha\beta\cdots} = a^{\gamma'}_{\tau} a^{\delta'}_{\lambda} \cdots a^{\mu}_{\alpha'} a^{\nu}_{\beta'} \cdots T^{\tau\lambda\cdots}_{\mu\nu\cdots}, \tag{F.2.3}$$

则称集合 $T^{\tau\lambda\cdots}_{\mu\nu\cdots}$ 为 $(m+n)$ 阶张量, 其中 m 阶逆变和 n 阶协变. 这一张量具有 4^{m+n} 个分量.

1. 张量代数

对张量所施加的运算分为代数运算和微分运算, 相应的两部分数学内容分别称为张量代数和张量分析. 这里先讨论张量代数.

(1) 同类张量的线性组合, 在同一点确定一个新的同类张量. 例如, 如果 $A_{\alpha\beta}$ 和 $B_{\alpha\beta}$ 是两个二阶协变张量, 则它们的线性组合确定一个新的二阶协变张量

$$T_{\alpha\beta} = aA_{\alpha\beta} + bB_{\alpha\beta}. \tag{F.2.4}$$

式中 a 和 b 是两个标量. 很容易证明 $T_{\alpha\beta}$ 为二阶协变张量

$$\begin{aligned} T'_{\alpha\beta} &= aA'_{\alpha\beta} + bB'_{\alpha\beta} \\ &= aa^{\mu}_{\alpha'} a^{\nu}_{\beta'} A_{\mu\nu} + ba^{\mu}_{\alpha'} a^{\nu}_{\beta'} B_{\mu\nu} \\ &= a^{\mu}_{\alpha'} a^{\nu}_{\beta'} T_{\mu\nu}. \end{aligned}$$

对于任意阶张量均可类似地证明.

(2) 一个 m 阶张量和一个 n 阶张量的并积, 在同一点产生一个新的 $(m+n)$ 阶张量. 例如, 一个二阶协变张量和一个逆变矢量的并积产生一个新的张量

$$T^{\gamma}_{\alpha\beta} = A_{\alpha\beta} B^{\gamma}, \tag{F.2.5}$$

在坐标变换下有

$$\begin{aligned} T'^{\gamma}_{\alpha\beta} &= A'_{\alpha\beta} B'^{\gamma} = a^{\mu}_{\alpha'} a^{\nu}_{\beta'} A_{\mu\nu} a^{\gamma'}_{\rho} B^{\rho} \\ &= a^{\mu}_{\alpha'} a^{\nu}_{\beta'} a^{\gamma'}_{\rho} T^{\rho}_{\mu\nu}, \end{aligned}$$

因此, $T_{\alpha\beta}^{\gamma}$ 为 3 阶混合张量.

(3) 一个 n 阶混合张量进行缩并 (contraction), 可以产生一个新的 $(n-2)$ 阶张量. 所谓缩并, 即一个协变指标和一个逆变指标按四个值取和. 例如, 一个四阶混合张量缩并后产生一个新的张量:

$$T_{\alpha\beta} = T_{\alpha\mu\beta}^{\mu}. \tag{F.2.6}$$

由于在坐标变换下有

$$\begin{aligned} T'_{\alpha\beta} &= T'^{\mu}_{\alpha\mu\beta} \\ &= a_{\rho}^{\mu'} a_{\alpha'}^{\gamma} a_{\mu'}^{\sigma} a_{\beta'}^{\delta} T_{\gamma\sigma\delta}^{\rho} \\ &= \delta_{\rho}^{\sigma} a_{\alpha'}^{\gamma} a_{\beta'}^{\delta} T_{\gamma\sigma\delta}^{\rho} \\ &= a_{\alpha'}^{\gamma} a_{\beta'}^{\delta} T_{\gamma\delta}, \end{aligned}$$

因此, $T_{\alpha\beta}$ 是二阶协变张量.

二阶混合张量 T_{β}^{α} 缩并后得到的标量 T_{α}^{α} 称为张量 T_{β}^{α} 的**迹**(trace). 一个逆变矢量 A^{α} 和一个协变矢量 B_{β} 的并积, 缩并后得到的标量 $A^{\alpha}B_{\alpha}$ 称为二矢量的**标量积**. $A^{\alpha}B_{\alpha}$ 是标量, 这一点可直接证明:

$$A'^{\alpha}B'_{\alpha} = a_{\mu}^{\alpha'} a_{\alpha'}^{\nu} A^{\mu}B_{\nu} = \delta_{\mu}^{\nu} A^{\mu}B_{\nu} = A^{\mu}B_{\mu}. \tag{F.2.7}$$

反之, 如果知道量 $A^{\mu}B_{\mu}$ 是标量, 且知道其中一个 (如 A^{μ}) 是矢量, 则可断定另一个 (B_{μ}) 为矢量.

Kronecker 符号 δ_{β}^{α} 在弯曲空–时中和在平直空–时中一样定义:

$$\delta_{\beta}^{\alpha} = \begin{cases} 0, & \alpha \neq \beta \\ 1, & \alpha = \beta \end{cases} \tag{F.2.8}$$

Kronecker 符号可以作为一个混合张量的分量, 而且在坐标变换下保持不变:

$$\delta_{\beta}'^{\alpha} = a_{\mu}^{\alpha'} a_{\beta'}^{\nu} \delta_{\nu}'^{\mu} = \delta_{\beta}'^{\alpha}. \tag{F.2.9}$$

2. 张量的对称性

张量的对称性和反对称性是张量的重要性质. 如果交换张量的两个协变指标 (或两个逆变指标) 时张量的数值不变, 则称这个张量对这两个指标是**对称的**. 如果交换上述两个指标时张量的值改变正负号, 则称这个张量对这两个指标是**反对称的**.

张量的对称性在坐标变换下是不变的. 设坐标系 x^{μ} 中有

$$T_{\alpha\cdot\beta\cdots}^{\cdots} = T_{\beta\cdot\alpha\cdots}^{\cdots}, \tag{F.2.10}$$

$$A_{\alpha\cdot\beta\cdots}^{\cdots} = -A_{\beta\cdot\alpha\cdots}^{\cdots}, \tag{F.2.11}$$

则在坐标系 x'^μ 中有

$$T'^{\cdots}_{\alpha\cdot\beta\cdots} = T'^{\cdots}_{\beta\cdot\alpha\cdots},$$
$$A'^{\cdots}_{\alpha\cdot\beta\cdots} = -A'^{\cdots}_{\beta\cdot\alpha\cdots}, \tag{F.2.12}$$

对于两个逆变指标的对称性, 与此类似.

任何一个二阶协变张量均可写成一个对称部分和一个反对称部分之和:

$$T_{\alpha\beta} = T_{(\alpha\beta)} + T_{[\alpha\beta]},$$

式中

$$T_{(\alpha\beta)} \equiv \frac{1}{2}(T_{\alpha\beta} + T_{\beta\alpha}), \tag{F.2.13}$$
$$T_{[\alpha\beta]} \equiv \frac{1}{2}(T_{\alpha\beta} - T_{\beta\alpha}). \tag{F.2.14}$$

二阶逆变张量的情况与此类似. 对二阶张量的对称性和反对称性的讨论可以推广到高阶张量. 例如, 由三阶张量 $T_{\alpha\beta\gamma}$ 可以构成一个全对称张量

$$T_{(\alpha\beta\gamma)} \equiv \frac{1}{3!}(T_{\alpha\beta\gamma} + T_{\beta\gamma\alpha} + T_{\gamma\alpha\beta} + T_{\beta\alpha\gamma} + T_{\alpha\gamma\beta} + T_{\gamma\beta\alpha}). \tag{F.2.15}$$

这一张量 $T_{(\alpha\beta\gamma)}$ 对于任意两个指标都是对称的. 同时, 还可构成一个全反对称张量

$$T_{[\alpha\beta\gamma]} \equiv \frac{1}{3!}(T_{\alpha\beta\gamma} + T_{\beta\gamma\alpha} + T_{\gamma\alpha\beta} - T_{\beta\alpha\gamma} - T_{\alpha\gamma\beta} - T_{\gamma\beta\alpha}). \tag{F.2.16}$$

这一张量 $T_{[\alpha\beta\gamma]}$ 对于任意两个指标都是反对称的. 逆变张量的情况与此类似.

如果张量 $S_{\alpha\beta\gamma}$ 是全对称的, 则有

$$S_{(\alpha\beta\gamma)} = S_{\alpha\beta\gamma}, \tag{F.2.17}$$

如果张量 $A_{\alpha\beta\gamma}$ 是全反对称的, 则有

$$A_{[\alpha\beta\gamma]} = A_{\alpha\beta\gamma}. \tag{F.2.18}$$

上面由已知 3 阶张量构成全对称张量和全反对称张量的方法可以推广到高阶张量. 对于高于 4 阶的张量, 按上述方法构成的全反对称张量等于零. 因此, 全反对称张量的最高阶数是 4. 以 $A_{\alpha\beta\gamma\delta}$ 表示 4 阶全反对称张量, 它的不等于零的分量都是由 A_{0123} 将其脚标重新排列构成的, 这就是说, $A_{\alpha\beta\gamma\delta}$ 的所有不等于零的分量只能等于 A_{0123} 或者 $-A_{0123}$. 4 阶全反对称张量只有一个独立分量, 好像一个标量. 这样的张量常称为**赝标量**.

3 阶全反对称张量 $A_{\alpha\beta\gamma}$ 只有 4 个独立分量: A_{023}、A_{031}、A_{012}、A_{123}, 好像一个矢量, 这样的张量常称为**赝矢量**.

3. 度规张量

微分几何中一个基本概念是流形, 一群元素组成的集合, 如果集合中每一元素可以和 n 个连续可微函数一一对应, 则此集合构成一个 n 维微分流形. 如果流形中定义一个不变量 (长度或度规)

$$ds^2 = g_{\mu\nu}dx^\mu dx^\nu, \tag{F.2.19}$$

则流形便成为度量空间, 此空间称为 Riemann 空间. $g_{\mu\nu}$ 称为**度规张量**. 我们可以把 $g_{\mu\nu}$ 写成对称部分和反对称部分之和:

$$g_{\mu\nu} = g_{\mu\nu}^{(s)} + g_{\mu\nu}^{(A)},$$

其中

$$g_{\mu\nu}^{(s)} = g_{\nu\mu}^{(s)}, \quad g_{\mu\nu}^{(A)} = -g_{\nu\mu}^{(A)}.$$

于是有

$$ds^2 = g_{\mu\nu}dx^\mu dx^\nu = g_{\mu\nu}^{(s)}dx^\mu dx^\nu.$$

其中 $g_{\mu\nu}^{(A)}$ 对 ds^2 无贡献. 因此, 对于 Riemann 几何, 总可以认为 $g_{\mu\nu}$ 是对称的.

不难证明 $g_{\mu\nu}$ 是一个二阶协变张量. 由 (F.2.19) 有

$$g'_{\mu\nu}dx'^\mu dx'^\nu = g_{\mu\nu}dx^\mu dx^\nu.$$

而

$$dx^\mu = a_{\rho'}^\mu dx'^\rho, \quad dx^\nu = a_{\sigma'}^\nu dx'^\sigma,$$

于是得到

$$\begin{aligned} g'_{\mu\nu}dx'^\mu dx'^\nu &= g_{\mu\nu}a_{\rho'}^\mu a_{\sigma'}^\nu dx'^\rho dx'^\sigma \\ &= g_{\rho\sigma}a_{\mu'}^\rho a_{\nu'}^\sigma dx'^\mu dx'^\nu. \end{aligned}$$

所以

$$g'_{\mu\nu} = a_{\mu'}^\rho a_{\nu'}^\sigma g_{\rho\sigma},$$

即 $g_{\mu\nu}$ 为二阶协变张量.

由于 $g \neq 0$, 所以矩阵 $g^{\mu\nu}$ 的逆一定存在. 我们定义 $g^{\mu\nu}$ 为 $g_{\mu\nu}$ 的逆:

$$g^{\mu\nu}g_{\nu\tau} \equiv \delta_\tau^\nu \equiv g_\tau^\nu, \tag{F.2.20}$$

或者

$$g^{\mu\nu} \equiv \frac{\Delta^{\mu\nu}}{g} \equiv g^{\nu\mu}.$$

式中 $\Delta^{\mu\nu}$ 是元素 $g_{\mu\nu}$ 的余子式. 容易证明, $g^{\mu\nu}$ 为二阶逆变张量. 令 $A_\mu = g_{\mu\nu}dx^\nu$, 则有

$$A_\mu g^{\mu\lambda} = g_{\mu\nu}g^{\mu\lambda}\mathrm{d}x^\nu = \delta_\nu^\lambda \mathrm{d}x^\nu = \mathrm{d}x^\lambda,$$

类似地有

$$A'_\tau g'^{\tau\lambda} = \mathrm{d}x'^\lambda.$$

又因为

$$A'_\tau = a_{\tau'}^\mu A_\mu, \quad \mathrm{d}x'^\lambda = a_\nu^{\lambda'}\mathrm{d}x^\nu = a_\nu^{\lambda'}g^{\mu\nu}A_\mu,$$

于是有

$$a_{\tau'}^\mu g'^{\tau\lambda}A_\mu = a_\nu^{\lambda'}g^{\mu\nu}A_\mu,$$

由 A_μ 的任意性得

$$a_{\tau'}^\mu g'^{\tau\lambda} = a_\nu^{\lambda'}g^{\mu\nu},$$

即

$$g'^{\tau\lambda} = a_\mu^{\tau'}a_\nu^{\lambda'}g^{\mu\nu},$$

所以 $g^{\mu\nu}$ 是二阶逆变张量.

根据 (F.2.20), 可以用度规张量来升 (降) 任一张量的指标:

$$T_\rho^\nu g'^{\rho\mu} = T^{\nu\mu}, \quad T^{\alpha\beta}g_{\alpha\mu} = T_\mu^\beta.$$

因此, 两个矢量的标量积可表示为

$$A_\alpha B^\alpha = g_{\alpha\beta}A^\alpha B^\beta.$$

4. 纯空间度规

在 Minkowski 空间中, 两事件间的空间距离 (长度) 通常表示为

$$\mathrm{d}l^2 = \mathrm{d}X^{1^2} + \mathrm{d}X^{2^2} + \mathrm{d}X^{3^2} \equiv \mathrm{d}X^i\mathrm{d}X^i, \tag{F.2.21}$$

X^i 为一直角坐标的空间分量. 在弯曲空间中, 取坐标系 x^μ, 度规为 $g_{\mu\nu}$, 二事件的纯空间距离 (长度) 也只能用同样方法定义, 这样才具有测量的意义. 即在给定点建立一个局部洛伦兹系 X^μ, 使 X^0 平行于 x^0, 于是有

$$\frac{\partial X^i}{\partial x^0} = 0, \quad \frac{\partial X^0}{\partial x^0} \neq 0.$$

对于两个事件, 按 (F.2.21) 定义纯空间距离

$$\mathrm{d}l^2 = \mathrm{d}X^i \mathrm{d}X^i = \frac{\partial X^i}{\partial x^\mu}\frac{\partial X^i}{\partial x^\nu}\mathrm{d}x^\mu \mathrm{d}x^\nu, \tag{F.2.22}$$

由度规张量的变换式 $g^{\mu\nu} = \dfrac{\partial X^\alpha}{\partial x^\mu}\dfrac{\partial X^\beta}{\partial x^\nu}\eta_{\alpha\beta}$ ($\eta_{\alpha\beta}$ 为 Minkowski 度规张量) 得到

$$g_{jk} = \frac{\partial X^0}{\partial x^j}\frac{\partial X^0}{\partial x^k} - \frac{\partial X^i}{\partial x^j}\frac{\partial X^i}{\partial x^k},$$
$$g_{00} = \frac{\partial X^0}{\partial x^0}\frac{\partial X^0}{\partial x^0}, \quad g_{0j} = \frac{\partial X^0}{\partial x^0}\frac{\partial X^0}{\partial x^j}.$$

将上式代入 (F.2.22), 得到

$$\mathrm{d}l^2 = \gamma_{jk}\mathrm{d}x^j \mathrm{d}x^k, \tag{F.2.23}$$

式中

$$\gamma_{jk} = \frac{g_{0j}g_{0k}}{g_{00}} - g_{jk}, \tag{F.2.24}$$

称为**纯空间度规**.

5. 空–时坐标分离定理

自惯性系 $X^\mu = (cT, X^i)$ 变换至任意坐标系 $x^\mu = x^\mu(X^\nu)$, 设 Jacobian 不为零. 欲使坐标 x^μ 中的 x^0 表示时间坐标, x^i 表示空间坐标, 其充分且必要条件是

$$g_{00} > 0, \quad \begin{vmatrix} g_{00} & g_{01} \\ g_{10} & g_{11} \end{vmatrix} < 0,$$

$$\begin{vmatrix} g_{00} & g_{01} & g_{02} \\ g_{10} & g_{11} & g_{12} \\ g_{20} & g_{21} & g_{22} \end{vmatrix} > 0, \quad g < 0. \tag{F.2.25}$$

证明　由 (F.2.23) 根据高等数学中二次型 $\mathrm{d}l^2 = \gamma_{jk}\mathrm{d}x^j \mathrm{d}x^k$ 正定的充要条件, 直接得到

$$\gamma_{11} > 0, \quad \begin{vmatrix} \gamma_{11} & \gamma_{12} \\ \gamma_{21} & \gamma_{22} \end{vmatrix} > 0,$$

$$\begin{vmatrix} \gamma_{11} & \gamma_{12} & \gamma_{13} \\ \gamma_{21} & \gamma_{22} & \gamma_{23} \\ \gamma_{31} & \gamma_{32} & \gamma_{33} \end{vmatrix} > 0. \tag{F.2.26}$$

将此式代入 (F.2.24), 便得到 (F.2.25) 中的后三个不等式. 为了证明 $g_{00} > 0$, 我们考虑 $x^\mu = x^\mu(X^\nu)$ 系中一个空间固定点 $P(x^i = \text{const})$ 对惯性系 X^μ 的速度 v^i, 注意到 $\mathrm{d}x^i = 0$, 有

$$v^i = \frac{\mathrm{d}X^i}{\mathrm{d}T} = c\frac{\partial X^i}{\partial x^0} \Big/ \frac{\partial X^0}{\partial x^0}, \tag{F.2.27}$$

而

$$1 > \frac{v^i v^i}{c^2} = \frac{\partial X^i}{\partial x^0}\frac{\partial X^i}{\partial x^0} \Big/ \frac{\partial X^0}{\partial x^0}\frac{\partial X^0}{\partial x^0},$$

代入度规张量的变换式, 注意到 $\mathrm{d}x^i = 0$, 得到

$$g_{00} = \frac{\partial X^\alpha}{\partial x^0}\frac{\partial X^\beta}{\partial x^0}\eta_{\alpha\beta}$$
$$= \frac{\partial X^0}{\partial x^0}\frac{\partial X^0}{\partial x^0} - \frac{\partial X^i}{\partial x^0}\frac{\partial X^i}{\partial x^0} > 0.$$

式中 $\eta_{\alpha\beta} = \text{diag}(1, -1, -1, -1)$, 是闵可夫斯基空间的度规张量.

当 $g_{i0} = 0$(时间轴与空间轴正交) 时, 由 (F.2.26) 可得

$$g_{ii} < 0, \quad \begin{vmatrix} g_{ii} & g_{ik} \\ g_{ki} & g_{kk} \end{vmatrix} > 0,$$

$$\begin{vmatrix} g_{11} & g_{12} & g_{13} \\ g_{21} & g_{22} & g_{23} \\ g_{31} & g_{32} & g_{33} \end{vmatrix} < 0.$$

至此, 定理已证毕.

在闵可夫斯基空间中, 间隔可写为

$$\mathrm{d}s^2 = \mathrm{d}x^{0^2} - \mathrm{d}x^{1^2} - \mathrm{d}x^{2^2} - \mathrm{d}x^{3^2}, \tag{F.2.28}$$

度规张量

$$[\eta_{\mu\nu}] = \begin{pmatrix} 1 & 0 & 0 & 0 \\ 0 & -1 & 0 & 0 \\ 0 & 0 & -1 & 0 \\ 0 & 0 & 0 & -1 \end{pmatrix}.$$

此时我们说度规的符号为 $(+,-,-,-)$ 或者说号差为 (-2). 黎曼空间度规是闵可夫斯基空间度规的推广, 仍可类似地选取度规张量的符号, 即 $(+,-,-,-)$, 或者号差为 (-2). 按照 ds^2 的符号, 可把间隔分为三类

$ds^2 > 0$　　(类时间隔)

$ds^2 = 0$　　(零间隔)

$ds^2 < 0$　　(类空间隔)

F.3　张量密度

如果一个集合 $\mathscr{A}_{\nu\cdots}^{\mu\cdots}$ 在坐标变换 (F.1.1) 下按下式变换:

$$\mathscr{A'}_{\nu'\cdots}^{\mu\cdots} = \tilde{a}^w a_\beta^{\mu'} \cdots a_{\nu'}^\alpha \cdots \mathscr{A}_{\alpha\cdots}^{\beta\cdots}, \tag{F.3.1}$$

则集合 $\mathscr{A}_{\nu\cdots}^{\mu\cdots}$ 叫做张量密度, 式中 $\tilde{a}$ 为坐标变换的雅克比行列式:

$$\tilde{a} = J\left(\frac{x^\mu}{x'^\nu}\right) = \det a_{\nu'}^\mu,$$

w 是一个正的或负的整数, 叫做张量密度的**权**. 可见张量密度的变换规律和张量的只差一个因子 $\tilde{a}^w$, 前面讲的张量是张量密度的特殊情况 (权为零).

一阶张量密度叫做**矢量密度**, 零阶张量密度叫做**标量密度**.

标量密度的一个例子是二阶张量 $T_{\alpha\beta}$ 的行列式, 由 $T_{\mu\nu}$ 的变换式

$$T'_{\mu\nu} = a_{\mu'}^\alpha a_{\nu'}^\beta T_{\alpha\beta} \tag{F.3.2}$$

可以得到

$$\det T'_{\mu\nu} = \tilde{a}^2 \det T_{\alpha\beta}, \tag{F.3.3}$$

因此, 二阶协变张量的行列式是权为 2 的标量密度.

将 (F.3.3) 用于度规张量 $g_{\mu\nu}$, 在坐标变换下有

$$g' = \tilde{a}^2 g. \tag{F.3.4}$$

另一方面, 对于四维体元 $\mathrm{d}^4 x$, 在坐标变换下按雅可比的定义有

$$\mathrm{d}^4 x' = a\mathrm{d}^4 x, \tag{F.3.5}$$

由 (F.3.4) 和 (F.3.5) 可知有

$$\sqrt{-g'}\mathrm{d}^4 x' = \sqrt{-g}\mathrm{d}^4 x. \tag{F.3.6}$$

所以, $\mathrm{d}\Sigma = \sqrt{-g}\mathrm{d}^4 x$ 是**四维标量体元**.

由 (F.3.4) 可得

$$\widetilde{a} = \left(\frac{-g'}{-g}\right)^{1/2},$$

于是 (F.3.1) 可写为

$$(-g')^{-\frac{w}{2}}\mathscr{A}'^{\mu\cdots}_{\nu\cdots} = (-g)^{-\frac{w}{2}}a^{\mu}_{\alpha}{}'a^{\beta}_{\nu'}\mathscr{A}^{\alpha\cdots}_{\beta\cdots}, \qquad (\text{F.3.7})$$

由此可见, 张量密度乘以 $(-g)^{-w/2}$ 即量 $(-g)^{-w/2}\mathscr{A}^{\beta\cdots}_{\alpha\cdots}$, 具有和普通张量 $\mathscr{A}^{\beta\cdots}_{\alpha\cdots}$ 相同的变换规律. 这就是说, 权为 w 的张量密度乘以因子 $(-g)^{-w/2}$ 就变为权是零的张量密度, 换言之, 一个张量, 乘以 $(-g)^{-w/2}$ 就成为权为 w 的张量密度. 特殊地, 张量乘以 $\sqrt{-g}$, 就是权为 1 的张量密度.

可以证明, 用度规张量升降张量密度的指标时不改变它的权.

Levi-Civita 张量密度 $\varepsilon_{\mu\nu\tau\lambda}$ 在计算中是经常用到的, 它的定义是: $\varepsilon_{0123} = 1$, 若四个指标中有两个相同则等于 0, 交换任意两个指标时则改变符号. 下面我们证明 $\varepsilon_{\mu\nu\tau\lambda}$ 是张量密度. 任一张量 $T_{\mu\nu}$ 的行列式 T 按定义可写为

$$T\varepsilon_{\mu\nu\tau\lambda} = \varepsilon_{\alpha\beta\delta\sigma}T_{\alpha\mu}T_{\beta\nu}T_{\delta\tau}T_{\sigma\lambda}, \qquad (\text{F.3.8})$$

由 (F.3.8), (F.3.2) 和 (F.3.3) 得到

$$\varepsilon'_{\mu\nu\tau\lambda} = (\widetilde{a})^{-1}a^{\alpha}_{\mu'}a^{\beta}_{\nu'}a^{\delta}_{\tau'}a^{\sigma}_{\lambda'}\varepsilon_{\alpha\beta\delta\sigma}, \qquad (\text{F.3.9})$$

即 $\varepsilon_{\mu\nu\tau\lambda}$ 是权为 -1 的张量密度.

$\varepsilon^{\mu\nu\tau\lambda}$ 定义为

$$\varepsilon^{\mu\nu\tau\lambda} = (-g)g^{\mu\alpha}g^{\nu\beta}g^{\tau\delta}g^{\lambda\sigma}\varepsilon_{\alpha\beta\delta\sigma}, \qquad (\text{F.3.10})$$

同样可以证明 $\varepsilon^{\mu\nu\tau\lambda}$ 是权为 $+1$ 的张量密度. 它的分量 $\varepsilon^{0123} = -1$.

张量密度 $\varepsilon_{\mu\nu\tau\lambda}$ 和 $\varepsilon^{\mu\nu\tau\lambda}$ 有一个很有用的性质, 它们的分量在坐标变换下保持不变: $\varepsilon'^{0123} = \varepsilon^{0123}, \cdots, \varepsilon'_{0123} = \varepsilon_{0123}, \cdots$, 根据 (F.3.8) 很容易证明这一点.

我们还可以用 Levi-Civita 张量密度定义两个张量

$$\epsilon^{\mu\nu\tau\lambda} \equiv (-g)^{-1/2}\varepsilon^{\mu\nu\tau\lambda},$$
$$\epsilon_{\mu\nu\tau\lambda} \equiv (-g)^{1/2}\varepsilon_{\mu\nu\tau\lambda}. \qquad (\text{F.3.11})$$

根据 g 的变换式可直接证明它们是张量. 通常用这两个张量定义对偶张量. 设 $F^{\mu\nu}$ 和 $F_{\mu\nu}$ 是反对称张量, 则张量

$$\widetilde{F}^{\mu\nu} \equiv \frac{1}{2}\epsilon^{\mu\nu\alpha\beta}F_{\alpha\beta} \qquad (\text{F.3.12})$$

叫做 $F_{\alpha\beta}$ 的**对偶张量**. 同样有

$$\widetilde{F}_{\mu\nu} \equiv \frac{1}{2}\epsilon_{\mu\nu\alpha\beta}F^{\alpha\beta} \tag{F.3.13}$$

F.4　联络和克里斯托费尔符号

由度规张量 $g_{\mu\nu}$ 和 $g^{\mu\nu}$ 可以构成两个函数

$$\Gamma_{\mu\nu\tau} \equiv \frac{1}{2}(g_{\mu\nu,\ \tau} + g_{\mu\tau,\ \nu} - g_{\nu\tau,\ \mu}), \tag{F.4.1}$$

$$\Gamma^{\mu}_{\nu\tau} = g^{\mu\lambda}\Gamma_{\lambda\nu\tau} = \frac{1}{2}(g_{\lambda\nu,\ \tau} + g_{\lambda\tau,\ \nu} - g_{\nu\tau,\ \lambda}), \tag{F.4.2}$$

式中符号 ", " 表示普通微商: $A_{,\ \alpha} \equiv \partial A/\partial x^{\alpha}$. 函数 $\Gamma_{\lambda\nu\tau}$ 叫做第一类克里斯托费尔符号, $\Gamma^{\mu}_{\nu\tau}$ 叫做第二类克里斯托费尔符号, 由定义可知, 它们对指标 $\nu\tau$ 是对称的. 由上二式还可得到

$$g_{\alpha\beta,\ \rho} = \Gamma_{\alpha\beta\rho} + \Gamma_{\beta\alpha\rho} = g_{\alpha\lambda}\Gamma^{\alpha}_{\beta\rho} + g_{\beta\lambda}\Gamma^{\lambda}_{\alpha\rho}. \tag{F.4.3}$$

在黎曼几何中, 克里斯托费尔符号 $\Gamma^{\mu}_{\nu\tau}$ 就是仿射联络. 通常把克里斯托费尔符号计作 $\{\mu, \nu\tau\}$ 和 $\{^{\mu}_{\nu\tau}\}$. 在非黎曼几何中, $\Gamma^{\mu}_{\nu\tau}$ 表示仿射联络, 它对于指标 $\nu\tau$ 是非对称的, 因此在非黎曼几何中, $\Gamma^{\mu}_{\nu\tau}$ 不等于克里斯托费尔符号 $\{^{\mu}_{\nu\tau}\}$, $\Gamma^{\mu}_{\nu\tau} \neq \Gamma^{\mu}_{\tau\nu}$, 量 $\Gamma^{\mu}_{[\nu,\tau]} \neq 0$, 称为**空–时挠率**. 在黎曼几何中, 空–时是无挠的. 下面我们限于黎曼几何的情况, 因此认为仿射联络 $\Gamma^{\mu}_{\nu\tau}$ 就是克里斯托费尔符号 $\{^{\mu}_{\nu\tau}\}$.

在 n 维空间中, $\Gamma^{\mu}_{\nu\tau}$ 有 $n^2(n+1)/2$ 个独立分量, 在我们所研究的四维空–时中有 40 个独立分量.

由定义 (F.4.1) 和 (F.4.2), 可以得到克里斯托费尔符号的变换式

$$\Gamma'_{\mu\nu\tau} = a^{\alpha}_{\mu'}a^{\beta}_{\nu'}a^{\delta}_{\tau'}\Gamma_{\alpha\beta\delta} + a^{\alpha}_{\mu'}\frac{\partial^2 x^{\beta}}{\partial x'^{\nu}\partial x'^{\tau}}g_{\alpha\beta}, \tag{F.4.4}$$

$$\Gamma'^{\mu}_{\nu\tau} = a^{\mu'}_{\alpha}a^{\beta}_{\nu'}a^{\delta}_{\tau'}\Gamma^{\alpha}_{\beta\delta} + a^{\mu}_{\beta}\frac{\partial^2 x^{\beta}}{\partial x'^{\nu}\partial x'^{\tau}}. \tag{F.4.5}$$

证明　按定义有

$$\begin{aligned}
\Gamma'_{\mu\nu\tau} &= \frac{1}{2}(g'_{\mu\nu,\ \tau} + g'_{\mu\tau,\ \nu} - g'_{\nu\tau,\ \mu}) \\
&= \frac{1}{2}\left[\frac{\partial}{\partial x'^{\tau}}(a^{\sigma}_{\mu'}a^{\beta}_{\nu'}g_{\beta\sigma}) + \frac{\partial}{\partial x'^{\nu}}(a^{\beta}_{\mu'}a^{\sigma}_{\tau'}g_{\beta\sigma}) - \frac{\partial}{\partial x'^{\mu}}(a^{\beta}_{\nu'}a^{\sigma}_{\tau'}g_{\beta\sigma})\right] \\
&= \frac{1}{2}\left(a^{\beta}_{\mu'}a^{\sigma}_{\nu'}\frac{\partial g_{\beta\sigma}}{\partial x'^{\tau}} + a^{\beta}_{\mu'}a^{\sigma}_{\tau'}\frac{\partial g_{\beta\sigma}}{\partial x'^{\nu}} - a^{\beta}_{\nu'}a^{\sigma}_{\tau'}\frac{\partial g_{\beta\sigma}}{\partial x'^{\mu}}\right)
\end{aligned}$$

$$+\frac{1}{2}\left[\frac{\partial}{\partial x'^\tau}(a^\beta_{\mu'}a^\sigma_{\nu'})+\frac{\partial}{\partial x'^\nu}(a^\beta_{\mu'}a^\sigma_{\tau'})-\frac{\partial}{\partial x'^\mu}(a^\beta_{\nu'}a^\sigma_{\tau'})\right]g_{\beta\sigma}. \tag{F.4.6}$$

上式右端第一项给出

$$\frac{1}{2}(a^\beta_{\mu'}a^\sigma_{\nu'}a^\tau_{\tau'}+a^\beta_{\mu'}a^\sigma_{\tau'}a^\rho_{\nu'}-a^\beta_{\nu'}a^\sigma_{\tau'}a^\rho_{\mu'})\frac{\partial g_{\beta\sigma}}{\partial x^\rho},$$

最后这个表达式经过交换指标, 可写为

$$\frac{1}{2}a^\rho_{\mu'}a^\beta_{\nu'}a^\sigma_{\tau'}\left(\frac{\partial g_{\rho\beta}}{\partial x^\sigma}+\frac{\partial g_{\sigma\rho}}{\partial x^\beta}-\frac{\partial g_{\sigma\beta}}{\partial x^\rho}\right)=a^\rho_{\mu'}a^\beta_{\nu'}a^\sigma_{\tau'}\Gamma_{\rho\beta\sigma}. \tag{F.4.7}$$

式 (F.4.6) 右端第二项为

$$\frac{1}{2}\left(a^\sigma_{\nu'}\frac{\partial^2 x^\beta}{\partial x'^\tau \partial x'^\mu}+a^\beta_{\mu'}\frac{\partial^2 x^\sigma}{\partial x'^\tau \partial x'^\nu}+a^\sigma_{\tau'}\frac{\partial^2 x^\beta}{\partial x'^\nu \partial x'^\mu}\right.$$
$$\left.+a^\beta_{\mu'}\frac{\partial^2 x^\sigma}{\partial x'^\nu \partial x'^\tau}-a^\sigma_{\tau'}\frac{\partial^2 x^\beta}{\partial x'^\mu \partial x'^\nu}-a^\beta_{\nu'}\frac{\partial^2 x^\sigma}{\partial x'^\mu \partial x'^\tau}\right)g_{\beta\sigma}=a^\beta_{\mu'}\frac{\partial^2 x^\sigma}{\partial x'^\tau \partial x'^\nu}g_{\beta\sigma}, \tag{F.4.8}$$

将 (F.4.7) 和 (F.4.8) 代入 (F.4.6), 便得到 (F.4.4).

对于第二类克里斯托费尔符号, 按定义有

$$\begin{aligned}
\Gamma'^\mu_{\nu\tau}&=g'^{\mu\sigma}\Gamma'_{\sigma\nu\tau}\\
&=a^{\mu'}_\alpha a^{\sigma'}_\beta g^{\alpha\beta}\left(a^\delta_{\sigma'}a^\lambda_{\nu'}a^\rho_{\tau'}\Gamma_{\delta\lambda\rho}+a^\delta_{\sigma'}\frac{\partial^2 x^\lambda}{\partial x'^\nu \partial x'^\tau}g_{\delta\lambda}\right)\\
&=a^{\mu'}_\alpha\delta^{\beta'}_\delta g^{\alpha\delta}a^\lambda_{\nu'}a^\sigma_{\tau'}\Gamma_{\beta\lambda\sigma}+a^{\mu'}_\beta\delta^{\alpha'}_\lambda g^{\beta\lambda}\frac{\partial^2 x^\sigma}{\partial x'^\nu \partial x'^\tau}g_{\alpha\sigma}\\
&=a^{\mu'}_\alpha a^\beta_{\nu'}a^\delta_{\tau'}\Gamma^\alpha_{\beta\delta}+a^\mu_\beta\frac{\partial^2 x^\beta}{\partial x'^\nu \partial x'^\tau}.
\end{aligned} \tag{F.4.9}$$

由 (F.4.4) 和 (F.4.5) 可见, 克里斯托费尔符号不是张量.

F.5 协 变 微 分

本节中我们研究如何将微分运算推广到黎曼空间.

1. 矢量的协变微分

设坐标 x^μ 系中有一个逆变矢量 A^μ, 它在 x'^μ 系中为 A'^ν, 我们有变换式

$$A^\mu=a^\mu_{\nu'}A'^\nu, \quad a^\mu_{\nu'}\equiv\frac{\partial x^\mu}{\partial x'^\nu}. \tag{F.5.1}$$

将上式对 x^β 微分, 得到

$$\frac{\partial A^\mu}{\partial x^\beta}=a^\mu_{\nu'}a^{\rho'}_\beta\frac{\partial A'^\nu}{\partial x'^\rho}+a^{\rho'}_\beta\frac{\partial^2 x^\mu}{\partial x'^\nu \partial x'^\rho}A'^\nu. \tag{F.5.2}$$

由 (F.1.9) 式可知, 标量的导数是一个黎曼空间中的协变矢量. 由上式可以发现, 一个矢量的普通导数在黎曼空间中不是一个二阶张量. 我们设法构成一种微分运算, 使得一个矢量的导数为一个二阶张量, 从而将普通微分运算推广到黎曼空间. 自然, 这种新的微分运算中的导数, 当空间趋于平直时, 应该等于普通导数.

由克里斯托费尔符号的变换法则可以得到

$$\frac{\partial^2 x^\mu}{\partial x'^\nu \partial x'^\rho} = \Gamma'^\beta_{\rho\nu} a^\mu_{\beta'} - a^\sigma_{\rho'} a^\beta_{\nu'} \Gamma'^\mu_{\sigma\beta}, \tag{F.5.3}$$

代入 (F.5.2) 得

$$\frac{\partial A^\mu}{\partial x^\beta} = a^\mu_{\sigma'} a^{\rho'}_\beta \left(\frac{\partial A'^\sigma}{\partial x'^\rho} + \Gamma'^\sigma_{\rho\nu} A'^\nu \right) - a^\sigma_{\nu'} \Gamma^\mu_{\beta\sigma} A'^\nu. \tag{F.5.4}$$

此式最后一项可用 (F.5.1) 简化为

$$a^\sigma_{\nu'} \Gamma^\mu_{\beta\sigma} A'^\nu = \Gamma^\mu_{\beta\sigma} A^\sigma. \tag{F.5.5}$$

由 (F.5.2)~(F.5.5) 得到

$$\left(\frac{\partial A^\mu}{\partial x^\beta} + \Gamma^\mu_{\beta\sigma} A^\sigma \right) = a^\mu_{\sigma'} a^{\rho'}_\beta \left(\frac{\partial A'^{\sigma'}}{\partial x'^\rho} + \Gamma'^\sigma_{\rho\nu} A'^\nu \right). \tag{F.5.6}$$

我们构成了一个二阶张量 $(A^\mu_{,\,\beta} + \Gamma^\mu_{\beta\lambda} A^\lambda)$, 称为**矢量 A'^μ 的协变导数**, 记作

$$A^\mu_{;\,\beta} \equiv \nabla_\beta A^\mu \equiv A^\mu_{,\,\beta} + \Gamma^\mu_{\beta\lambda} A^\lambda. \tag{F.5.7}$$

这样, (F.5.6) 表示为

$$A^\mu_{;\,\beta} = a^\mu_{\sigma'} a^{\rho'}_\beta A'^\sigma_{;\,\rho}. \tag{F.5.8}$$

当空间趋于平直时, $\Gamma^\mu_{\beta\lambda} = 0$, $A^\mu_{;\,\beta} = A^\mu_{,\,\beta}$. 协变导数由两项组成, 第一项为普通导数; 第二项纯粹是由于空间的弯曲引起的, 对应于矢量 A^μ 由 x^α 点平移至 $x^\alpha + dx^\alpha$ 点所产生的变化 (在平直空间中这一变化等于零).

用 $a^\beta_{\tau'} a^{\nu'}_\mu$ 乘 (F.5.8) 式, 我们得到

$$A'^\nu_{;\,\tau} = a^\beta_{\tau'} a^{\nu'}_\mu A^\mu_{;\,\beta}. \tag{F.5.9}$$

由 (F.5.8) 和 (F.5.9) 可知, 逆变矢量的协变导数为二阶混合张量. 类似地可以定义协变矢量 A_μ 的协变导数

$$A_{\mu;\,\beta} \equiv \nabla_\beta A_\mu \equiv A_{\mu,\,\beta} - \Gamma^\sigma_{\beta\mu} A_\sigma. \tag{F.5.10}$$

同样可以导出 $A_{\mu;\,\beta}$ 的变换式

$$A'_{\mu;\,\beta} = a^{\sigma}_{\mu'} a^{\lambda}_{\beta'} A_{\sigma;\,\lambda}, \tag{F.5.11}$$

$$A_{\mu;\,\beta} = a^{\sigma'}_{\mu} a^{\lambda'}_{\beta} A'_{\sigma;\,\lambda}, \tag{F.5.12}$$

即协变矢量的协变导数为二阶协变张量.

2. 张量的协变微分

上述协变微分的概念可以推广到任意阶张量

$$\Gamma^{\mu\nu\cdots}_{;\,\beta} = \Gamma^{\mu\nu\cdots}_{,\,\beta} + \Gamma^{\mu}_{\beta\lambda}\Gamma^{\lambda\nu\cdots} + \Gamma^{\nu}_{\beta\lambda}\Gamma^{\mu\lambda\cdots} + \cdots,$$

$$\Gamma_{\mu\nu\cdots;\,\beta} = \Gamma_{\mu\nu\cdots,\,\beta} - \Gamma^{\lambda}_{\beta\mu}\Gamma_{\lambda\nu\cdots} - \Gamma^{\lambda}_{\beta\nu}\Gamma_{\lambda\mu\cdots} - \cdots,$$

$$\Gamma^{\mu\cdots}_{\nu\cdots;\,\beta} = \Gamma^{\mu\cdots}_{\nu\cdots,\,\beta} + \Gamma^{\mu}_{\beta\lambda}\Gamma^{\lambda\cdots}_{\nu\cdots} + \cdots - \Gamma^{\lambda}_{\beta\nu}\Gamma^{\mu\cdots}_{\lambda\cdots} - \cdots. \tag{F.5.13}$$

协变微分法则与普通微分法则相同. 例如

$$(A_{\mu\nu}B^{\tau})_{;\,\sigma} = A_{\mu\nu;\,\sigma}B^{\tau} + A_{\mu\nu}B^{\tau}_{;\,\sigma}, \tag{F.5.14}$$

$$(A_{\mu}B^{\mu})_{;\,\sigma} = A_{\mu;\,\sigma}B^{\mu} + A_{\mu}B^{\mu}_{;\,\sigma} = (A_{\mu}B^{\mu})_{,\,\sigma}. \tag{F.5.15}$$

3. 张量密度的协变微分

设 $\mathscr{A}^{\mu}$ 是权为 w 的逆变矢量密度

$$\mathscr{A}^{\mu} = (-g)^{w/2}A^{\mu}, \tag{F.5.16}$$

则 $(-g)^{-w/2}\mathscr{A}^{\mu} = A^{\mu}$ 是逆变矢量, 于是有变换关系

$$(-g)^{-w/2}\mathscr{A}^{\mu} = a^{\mu}_{\nu'}(-g')^{-w/2}\mathscr{A}'^{\nu}. \tag{F.5.17}$$

取上式的偏导数, 与前面导出 A^{μ} 的协变导数的过程类似, 我们得到矢量密度 $\mathscr{A}^{\mu}$ 的协变导数的表达式

$$\mathscr{A}^{\mu}_{;\,\alpha} = \mathscr{A}^{\mu}_{,\,\alpha} + \Gamma^{\mu}_{\alpha\lambda}\mathscr{A}^{\lambda} - w\Gamma^{\lambda}_{\alpha\lambda}\mathscr{A}^{\mu}. \tag{F.5.18}$$

用同样的方法可以得到张量密度的协变导数. 例如, 权为 w 的二阶逆变张量密度 $\mathscr{T}^{\mu\nu}$ 的协变导数为

$$\mathscr{T}^{\mu\nu}_{;\,\alpha} = \mathscr{T}^{\mu\nu}_{,\,\alpha} + \Gamma^{\mu}_{\alpha\lambda}\mathscr{T}^{\lambda\nu} + \Gamma^{\nu}_{\alpha\lambda}\mathscr{T}^{\mu\lambda} - w\Gamma^{\lambda}_{\lambda\alpha}\mathscr{T}^{\mu\nu}. \tag{F.5.19}$$

由此可得权为 $+1$ 的二阶逆变张量密度的协变散度

$$\mathscr{T}^{\mu\nu}_{;\,\nu} = \mathscr{T}^{\mu\nu}_{,\,\nu} + \Gamma^{\mu}_{\lambda\sigma}\mathscr{T}^{\lambda\sigma}. \tag{F.5.20}$$

4. 一些有用的公式和推导方法

(1) 度规张量的协变导数等于零

$$g^{\mu\nu}_{;\,\tau} = 0, \quad g_{\mu\nu;\,\tau} = 0, \quad g_{;\,\tau} = 0. \tag{F.5.21}$$

由协变导数和克里斯托费尔符号的定义式可以直接证明上式.

(2) Kronecker 符号 (δ 张量) 的协变导数等于零

$$\delta^{\mu}_{\nu;\,\tau} = \delta^{\mu}_{\nu,\,\tau} + \Gamma^{\mu}_{\tau\alpha}\delta^{\alpha}_{\nu} - \Gamma^{\alpha}_{\tau\nu}\delta^{\mu}_{\alpha} = \Gamma^{\mu}_{\tau\nu} - \Gamma^{\mu}_{\tau\nu} = 0. \tag{F.5.22}$$

(3) 标量函数的协变导数等于普通偏导数

$$\phi_{;\,\mu} = \phi_{,\,\mu}. \tag{F.5.23}$$

(4) 协变导数指标和其他张量指标同样用 $g^{\mu\nu}$ 和 $g_{\mu\nu}$ 升降:

$$g^{\mu\alpha}A_{\mu;\,\nu} = A^{\alpha}_{;\,\nu}, \quad g^{\mu\alpha}A_{\nu;\,\alpha} = A^{;\,\mu}_{\nu},$$
$$g^{\lambda\alpha}T^{\mu}_{\nu;\,\alpha} = T^{\mu;\,\lambda}_{\nu}, \quad g_{\alpha\tau}T^{\mu;\,\alpha}_{\nu} = T^{\mu}_{\nu;\,\tau}. \tag{F.5.24}$$

(5) $\Gamma^{\mu}_{\alpha\mu} = g^{\mu\nu}\Gamma_{\nu\alpha\mu} = \dfrac{1}{2}g^{\mu\nu}g_{\mu\nu,\alpha} + \dfrac{1}{2}g^{\mu\nu}(g_{\nu\alpha,\mu} - g_{\mu\alpha,\nu}) = \dfrac{1}{2}g^{\mu\nu}g_{\mu\nu,\alpha}.$ (F.5.25)

下面我们将 $\Gamma^{\mu}_{\alpha\mu}$ 用另一个形式给出. 由行列式的展开规则可得

$$\frac{\partial g}{\partial g^{\mu\nu}} = \Delta^{\mu\nu}. \tag{F.5.26}$$

式中 $\Delta^{\mu\nu}$ 是行列式 g 中元素 $g_{\mu\nu}$ 的余子式. 根据求行列式的逆的规则和逆变度规张量 $g^{\mu\nu}$ 的定义, (F.5.26) 可写为

$$\frac{\partial g}{\partial g^{\mu\nu}} = gg^{\mu\nu}, \tag{F.5.27}$$

从而有

$$\mathrm{d}g = gg^{\mu\nu}\mathrm{d}g_{\mu\nu} = -gg_{\mu\nu}\mathrm{d}g^{\mu\nu}.$$

后一等式由 $\mathrm{d}(g_{\mu\nu}g^{\mu\nu}) = 0$ 得到. 由上式可得

$$g_{,\,\alpha} = gg^{\mu\nu}g_{\mu\nu,\,\alpha} = -gg_{\mu\nu}g^{\mu\nu}_{,\,\alpha}. \tag{F.5.28}$$

将 (F.5.28) 代入 (F.5.25) 得

$$\Gamma^{\mu}_{\alpha\mu} = -\frac{1}{2}g_{\mu\nu}g^{\mu\nu}_{,\,\alpha} = \frac{1}{2g}g_{,\,\alpha} = (\ln\sqrt{-g})_{,\,\alpha}. \tag{F.5.29}$$

(6) 由 (F.5.29) 可将矢量的协变散度 $A^\mu_{;\,\mu}$ 写为

$$A^\mu_{;\,\mu} = A^\mu_{,\,\mu} + \Gamma^\mu_{\alpha\mu}A^\alpha = \frac{1}{\sqrt{-g}}(A^\mu\sqrt{-g})_{,\,\mu}. \qquad (\text{F.5.30})$$

(7) 由 (F.5.29) 可将二阶张量的协变散度写为

$$T^{\mu\nu}_{;\,\nu} = \frac{1}{\sqrt{-g}}(T^{\mu\nu}\sqrt{-g})_{,\,\nu} + \Gamma^\mu_{\alpha\beta}T^{\alpha\beta}, \qquad (\text{F.5.31})$$

$$T^\nu_{\mu;\,\nu} = \frac{1}{\sqrt{-g}}(T^\nu_\mu\sqrt{-g})_{,\,\nu} - \Gamma^\nu_{\mu\alpha}T^\alpha_\nu. \qquad (\text{F.5.32})$$

如果张量 $F^{\mu\nu}$ 是反对称的, 由 (F.5.31) 得到

$$F^{\mu\nu}_{;\,\nu} = \frac{1}{\sqrt{-g}}(F^{\mu\nu}\sqrt{-g})_{,\,\nu}. \qquad (\text{F.5.33})$$

如果是 $S^{\mu\nu}$ 对称的, 则由 (F.5.32) 得到

$$S^\nu_{\mu;\,\nu} = \frac{1}{\sqrt{-g}}(S^\nu_\mu\sqrt{-g})_{,\,\nu} - \frac{1}{2}S^{\alpha\beta}g_{\alpha\beta,\,\mu}. \qquad (\text{F.5.34})$$

(8) 矢量 A_μ 的**旋度**. 由协变导数的定义可得:

$$A_{\mu;\,\nu} - A_{\nu;\,\mu} = A_{\mu,\,\nu} - A_{\nu,\,\mu}. \qquad (\text{F.5.35})$$

此式表明, $A_{\mu;\,\nu} = A_{\nu;\,\mu}$ 的充分且必要条件是 $A_\mu = \phi_{,\,\mu}$, 式中 ϕ 为 x^ν 的一个标量函数.

(9) 如果 $F_{\mu\nu}$ 是反对称的, 则有

$$F_{\mu\nu;\,\tau} + F_{\nu\tau;\,\mu} + F_{\tau\mu;\,\nu} = F_{\mu\nu,\,\tau} + F_{\nu\tau,\,\mu} + F_{\tau\mu,\,\nu}. \qquad (\text{F.5.36})$$

如果 $F_{\mu\nu}$ 是某一矢量 A_μ 的旋度

$$F_{\mu\nu} = A_{\mu;\,\nu} - A_{\nu;\,\mu}, \qquad (\text{F.5.37})$$

则有

$$F_{\mu\nu;\,\tau} + F_{\nu\tau;\,\mu} + F_{\tau\mu;\,\nu} = 0. \qquad (\text{F.5.38})$$

以上诸式均可由协变导数的定义和克里斯托费尔符号的对称性予以证明.

(10) 式 (F.5.28) 可以用 $F_{\mu\nu}$ 的对偶张量 (F.3.12) 表示

$$\widetilde{F}_{\mu\nu} \equiv \frac{1}{2}\epsilon^{\mu\nu\alpha\beta}F_{\alpha\beta}, \quad \widetilde{F}^{\mu\nu}_{;\,\nu} = 0. \qquad (\text{F.5.39})$$

(11) 由定义可直接证明

$$\varepsilon_{\alpha\beta\delta\sigma;\,\mu} = 0, \quad \varepsilon^{\alpha\beta\delta\sigma}_{;\,\mu} = 0. \qquad (\text{F.5.40})$$

F.6   短程线坐标系

根据克里斯托费尔符号的变换性质 (F.4.5), 可以证明一个定理: 在空间中一点 p 总可以选择一个坐标系, 使得克里斯托费尔符号的所有分量在 p 点都等于零. 这一坐标系叫做**短程线坐标系**.

下面我们证明这一定理. 假设在某一坐标系 x^μ 中, 在给定点 p 克里斯托费尔符号不等于零, 引入坐标变换

$$x'^\mu = x^\mu - x_p^\mu + \frac{1}{2}\Gamma_{\alpha\beta}^\mu(p)(x^\alpha - x_p^\alpha)(x^\beta - x_p^\beta), \tag{F.6.1}$$

式中标记 p 表示在给定点 p 的值, 此式给出 $x_p'^\mu = 0$. 对于一般的变换系数有

$$a_\sigma^{\mu'} a_{\nu'}^\sigma = \delta_\nu^\mu, \quad (a_\sigma^{\mu'} a_{\nu'}^\sigma)_{,\,\tau'} = 0,$$

即

$$a_{\sigma,\,\tau'}^{\mu'} a_{\nu'}^\sigma = -a_{\nu',\,\tau'}^\sigma a_\sigma^{\mu'},$$

由此得

$$a_{\sigma,\,\lambda}^{\mu'} a_{\nu'}^\sigma a_{\tau'}^\lambda = \frac{\partial}{\partial x^\lambda} a_\sigma^{\mu'} \frac{\partial x^\lambda}{\partial x'^\tau} a_{\nu'}^\sigma = a_{\sigma,\,\tau'}^{\mu'} a_{\nu'}^\sigma = -a_{\nu',\,\tau'}^\sigma a_\sigma^{\mu'}. \tag{F.6.2}$$

克里斯托费尔符号的变换式为 (F.4.5):

$$\Gamma_{\nu\tau}'^\mu = a_\lambda^{\mu'} a_{\nu'}^\sigma a_{\tau'}^\rho \Gamma_{\sigma\rho}^\lambda - a_{\sigma,\,\lambda}^{\mu'} a_{\nu'}^\sigma a_{\tau'}^\lambda. \tag{F.6.3}$$

把 (F.6.2) 代入 (F.6.3), 得到

$$\Gamma_{\nu\tau}'^\mu = a_\lambda^{\mu'}(a_{\nu',\tau'}^\lambda + a_{\nu'}^\sigma a_{\tau'}^\rho \Gamma_{\sigma\rho}^\lambda). \tag{F.6.4}$$

(F.6.1) 对 x'^ν 求偏微商, 得到

$$a_{\nu'}^\mu + \Gamma_{\sigma\rho}^\mu(p) a_{\nu'}^\sigma (x^\rho - x_p^\rho) = \delta_\nu^\mu. \tag{F.6.5}$$

此式再对 x'^τ 求偏微商, 然后代入点 p 的值, 得到

$$a_{\nu',\tau'}^\mu + \Gamma_{\sigma\rho}^\mu(p) a_{\nu'}^\sigma a_{\tau'}^\rho = 0. \tag{F.6.6}$$

将 (F.6.6) 代入 (F.6.4), 得到 $\Gamma_{\nu\tau}'^\mu(p) = 0$. 定理证毕.

根据广义相对论中的等效原理, 引力场的局部动力学效应与惯性力场等效, 而引力场就是度规张量场. 因此, 在引力场中一点 p 可以和惯性力场中一样引入一坐标变换, 变至 "自由落下" 参考系 x'^μ. 在 x'^μ 系中, 引力场不存在, 空-时是平直的. 这一参考系叫做**局部惯性系**. 这就是上述短程线坐标系的物理意义.

F.7 曲率张量

1. 黎曼曲率张量的定义

在平直空间中有 $A^{\mu}_{;\,\nu\tau} = A^{\mu}_{;\,\tau\nu}$, 在黎曼空间的一般情况下 $A^{\mu}_{;\,\nu\tau} \neq A^{\mu}_{;\,\tau\nu}$, 式中 $A^{\mu}_{;\,\nu\tau} \equiv A^{\mu}_{;\,\tau;\,\nu}$. 我们计算上述两个张量的差, 这个差表明空间的弯曲性质.

由 (F.5.7) 可得

$$A^{\mu}_{;\,\nu\tau} = (A^{\mu}_{;\,\nu})_{;\,\tau} + \Gamma^{\mu}_{\alpha\tau} A^{\alpha}_{,\,\nu} - \Gamma^{\alpha}_{\nu\tau} A^{\mu}_{;\,\alpha}$$
$$= A^{\mu}_{,\,\nu\tau} + \Gamma^{\mu}_{\alpha\nu,\,\tau} A^{\alpha} + \Gamma^{\mu}_{\alpha\nu} A^{\alpha}_{,\,\tau} + \Gamma^{\mu}_{\alpha\tau}(A^{\alpha}_{,\,\nu} + \Gamma^{\alpha}_{\lambda\nu} A^{\lambda}) - \Gamma^{\alpha}_{\nu\tau} A^{\mu}_{;\,\alpha}, \quad (F.7.1)$$

$$A^{\mu}_{;\,\tau\nu} = A^{\mu}_{,\,\tau\nu} + \Gamma^{\mu}_{\alpha\tau,\,\nu} A^{\alpha} + \Gamma^{\mu}_{\alpha\tau} A^{\alpha}_{,\,\nu} + \Gamma^{\mu}_{\alpha\nu}(A^{\alpha}_{,\,\tau} + \Gamma^{\alpha}_{\lambda\tau} A^{\lambda}) - \Gamma^{\alpha}_{\tau\nu} A^{\mu}_{;\,\alpha}. \quad (F.7.2)$$

由此得到

$$A^{\mu}_{;\,\nu\tau} - A^{\mu}_{;\,\tau\nu} = -R^{\mu}_{\alpha\nu\tau} A^{\alpha}. \quad (F.7.3)$$

式中

$$R^{\mu}_{\alpha\nu\tau} \equiv \Gamma^{\mu}_{\alpha\tau,\,\nu} - \Gamma^{\mu}_{\alpha\nu,\,\tau} + \Gamma^{\mu}_{\lambda\nu} \Gamma^{\lambda}_{\alpha\tau} - \Gamma^{\mu}_{\lambda\tau} \Gamma^{\lambda}_{\alpha\nu}, \quad (F.7.4)$$

称为**黎曼曲率张量**, 可以直接证明它符合张量的变换法则. 同样, 对于协变矢量有

$$A_{\mu;\,\nu\tau} - A_{\mu;\,\tau\nu} = R^{\alpha}_{\mu\nu\tau} A_{\alpha}. \quad (F.7.5)$$

可以证明, $R^{\mu}_{\nu\tau\lambda}$ 是仅依赖于联络及其一阶导数且对一阶导数为线性的唯一一个四阶张量.

对于一平直空间区域, 因为度规张量 $g_{\mu\nu}$ 为常数, 所以曲率张量等于零. 如果在这一区域进行坐标变换, 由于 $R^{\mu}_{\alpha\tau\lambda}$ 的张量性质, 变换后, 它的所有分量仍等于零. 由此得出结论: 空间为平直的必要条件是曲率张量的所有分量 $R^{\mu}_{\alpha\nu\tau}$ 等于零. 反之, 如果 $R^{\mu}_{\alpha\nu\tau}$ 处处为零, 则由 (F.7.3) 可知 $A^{\mu}_{;\,\nu\tau} = A^{\mu}_{;\,\tau\nu}$, 所有的克里斯托费尔符号 $\Gamma^{\mu}_{\nu\tau}$ 处处为零, 度规张量 $g_{\mu\nu}$ 的所有一阶导数也处处为零. 因此, 空间为平直的充分且必要条件是曲率张量的所有分量 $R^{\mu}_{\alpha\tau\nu}$ 处处等于零.

将 (F.4.1)、(F.4.2) 代入 (F.7.4)、(F.7.5), 得到 $R_{\mu\nu\tau\lambda}$ 的另一表达式

$$R_{\mu\nu\tau\lambda} = g_{\alpha\mu} R^{\alpha}_{\nu\tau\lambda}$$
$$= \frac{1}{2}(g_{\mu\lambda,\,\nu\tau} + g_{\nu\tau,\,\mu\lambda} - g_{\mu\tau,\,\nu\lambda} - g_{\nu\lambda,\,\mu\tau})$$
$$+ g_{\alpha\beta}(\Gamma^{\alpha}_{\nu\tau} \Gamma^{\beta}_{\mu\lambda} - \Gamma^{\alpha}_{\nu\lambda} \Gamma^{\beta}_{\mu\tau}). \quad (F.7.6)$$

2. 曲率张量的性质

(1) 对称性质. 由定义式 (F.7.4) 和 (F.7.5) 可以直接得到曲率张量的下列对称性质: 对于前后两对指标对称, 即

$$R_{\mu\nu\tau\lambda} = R_{\tau\lambda\mu\nu}, \quad R^{\mu}_{\cdot\nu\tau\lambda} = R_{\tau\lambda\cdot}{}^{\mu}{}_{\nu}. \tag{F.7.7}$$

对于前两个指标反对称, 即

$$R_{\mu\nu\tau\lambda} = -R_{\nu\mu\tau\lambda}, \quad R^{\mu}_{\cdot\nu\tau\lambda} = -R_{\nu\cdot}{}^{\mu}{}_{\tau\lambda}. \tag{F.7.8}$$

对于后两个指标反对称, 即

$$R_{\mu\nu\tau\lambda} = -R_{\mu\nu\lambda\tau}, \quad R^{\mu}_{\nu\tau\lambda} = -R^{\mu}_{\nu\lambda\tau}. \tag{F.7.9}$$

(2) 里奇 (Ricci) 恒等式. 由 (F.7.6)~(F.7.9) 可以证明, 对于曲率张量的后三个指标轮换取和, 结果等于零, 即

$$R^{\mu}_{\nu\tau\lambda} + R^{\mu}_{\lambda\nu\tau} + R^{\mu}_{\tau\lambda\nu} = 0. \tag{F.7.10}$$

(3) 比安基 (Bianchi) 恒等式. 由 F.6 节可以证明一个重要的微分恒等式

$$R^{\mu}_{\nu\tau\lambda;\,\alpha} + R^{\mu}_{\nu\alpha\tau;\,\lambda} + R^{\mu}_{\nu\lambda\alpha;\,\tau} = 0. \tag{F.7.11}$$

这一等式的证明很简单, 在空间中某一点 p 引入短程线坐标系, 则在 p 点克里斯托费尔符号等于零, 于是由 (F.7.4) 得到

$$R^{\mu}_{\nu\tau\lambda;\,\alpha} = \Gamma^{\mu}_{\nu\lambda;\,\tau\alpha} - \Gamma^{\mu}_{\nu\tau;\,\lambda\alpha}. \tag{F.7.12}$$

由此得到 (F.7.11). 此式左端为张量, 只要它在某一坐标系中所有分量都为零, 则在任意坐标系中它的所有分量自然也为零; 即 (F.7.11) 对任意坐标系均成立. 此式称为**比安基恒等式**.

3. 里奇张量

对曲率张量降阶而构成的二阶张量

$$R_{\mu\nu} \equiv R^{\alpha}_{\mu\alpha\nu} = \Gamma^{\alpha}_{\mu\nu;\,\alpha} - \Gamma^{\alpha}_{\mu\alpha;\,\nu} + \Gamma^{\alpha}_{\mu\nu}\Gamma^{\beta}_{\alpha\beta} - \Gamma^{\alpha}_{\mu\beta}\Gamma^{\beta}_{\nu\alpha} \tag{F.7.13}$$

称为**里奇张量**. 由定义式可知, 里奇张量是对称的:

$$R_{\mu\nu} = R_{\nu\mu}. \tag{F.7.14}$$

对里奇张量降阶, 构成的标量

$$R \equiv g^{\mu\nu} R_{\mu\nu}$$

称为**曲率标量**.

将 (F.7.11) 缩并, 得到

$$R^\lambda_{\nu\tau\lambda;\ \alpha} + R^\lambda_{\nu\alpha\tau;\ \lambda} + R^\lambda_{\nu\lambda\alpha;\ \tau} = 0, \tag{F.7.15}$$

即

$$R_{\nu\alpha;\tau} - R_{\nu\tau;\alpha} + R^\lambda_{\nu\alpha\tau;\lambda} = 0,$$

乘以 $g^{\nu\alpha}$ 并注意 $g^{\nu\alpha}_{;\tau} = 0$, 得到

$$R_{;\tau} - R^\alpha_{\tau;\alpha} - R^\lambda_{\tau;\lambda} = 0,$$

即

$$\left(R^\nu_\tau - \frac{1}{2} \delta^\nu_\tau R \right)_{;\nu} = 0,$$

或者写为

$$G^{\mu\nu}_{;\nu} = \left(R^{\mu\nu} - \frac{1}{2} g^{\mu\nu} R \right)_{;\nu} = 0. \tag{F.7.16}$$

式中

$$G^{\mu\nu} \equiv R^{\mu\nu} - \frac{1}{2} g^{\mu\nu} R \tag{F.7.17}$$

称为**爱因斯坦张量**.

张量

$$S_{\mu\nu} = R_{\mu\nu} - \frac{1}{4} R g_{\mu\nu} \tag{F.7.18}$$

称为**零迹里奇张量**. 容易证明它的迹等于零:

$$S = g^{\mu\nu} S_{\mu\nu} = 0. \tag{F.7.19}$$

式 (F.7.16) 是由比安基恒等式导出的唯一的协变微分守恒定律. 由于 $G^{\mu\nu} = G^{\nu\mu}$, 加上 (F.7.16) 的限制, 实际上 $G^{\mu\nu}$ 只有 6 个独立分量.

F.8 短 程 线

在黎曼空间中, 连接空间两个给定点的曲线长度表示为

$$I = \int \mathrm{d}s = \int (g_{\mu\nu} \mathrm{d}x^{\mu} \mathrm{d}x^{\nu})^{\frac{1}{2}}$$
$$= \int (g_{\mu\nu} \dot{x}^{\mu} \dot{x}^{\nu})^{\frac{1}{2}} \mathrm{d}\lambda. \tag{F.8.1}$$

满足条件

$$\delta I = \delta \int (g_{\mu\nu} \dot{x}^{\mu} \dot{x}^{\nu})^{\frac{1}{2}} \mathrm{d}\lambda = 0 \tag{F.8.2}$$

的曲线称为**短程线**, 即黎曼空间中连接两个给定点的最短的线. 式中 $\dot{x}^{\mu} \equiv \dfrac{\mathrm{d}x^{\mu}}{\mathrm{d}\lambda}$, λ 为沿着曲线的某一参量. (F.8.2) 对应的拉格朗日函数为

$$L = (g_{\mu\nu} \dot{x}^{\mu} \dot{x}^{\nu})^{\frac{1}{2}}, \tag{F.8.3}$$

取 $\lambda = s(\mathrm{d}s \neq 0)$, 则沿短程线有 $L = 1$. 此时由 (F.8.2) 导致的拉格朗日方程

$$\frac{\mathrm{d}}{\mathrm{d}\lambda} \frac{\partial L}{\partial \dot{x}^{\mu}} - \frac{\partial L}{\partial x^{\mu}} = 0 \tag{F.8.4}$$

给出

$$\frac{\mathrm{d}}{\mathrm{d}s}(g_{\mu\tau} \dot{x}^{\tau}) = \frac{1}{2} g_{\nu\tau;\,\mu} \dot{x}^{\nu} \dot{x}^{\tau}. \tag{F.8.5}$$

此即**短程线方程**.

短程线方程还可以写成较为对称的形式. 把 (F.8.5) 改写为

$$g_{\mu\tau} \ddot{x}^{\tau} + g_{\mu\tau,\,\nu} \dot{x}^{\nu} \dot{x}^{\tau} = \frac{1}{2} g_{\nu\tau,\,\mu} \dot{x}^{\nu} \dot{x}^{\tau},$$

式中 $\ddot{x}^{\tau} \equiv \dfrac{\mathrm{d}^2 x^{\tau}}{\mathrm{d}s^2}$. 上式即

$$g_{\mu\nu} \ddot{x}^{\tau} + \frac{1}{2}(2g_{\mu\tau,\,\nu} - g_{\nu\tau,\,\mu}) \dot{x}^{\nu} \dot{x}^{\tau} = 0. \tag{F.8.6}$$

注意到

$$2g_{\mu\tau,\,\nu} \dot{x}^{\nu} \dot{x}^{\tau} = (g_{\mu\nu,\,\tau} + g_{\mu\tau,\,\nu}) \dot{x}^{\nu} \dot{x}^{\tau},$$

(F.8.6) 可改写为

$$g_{\mu\tau} \ddot{x}^{\tau} + \Gamma_{\mu\nu\tau} \dot{x}^{\nu} \dot{x}^{\tau} = 0, \tag{F.8.7}$$

或乘以 $g^{\mu\alpha}$, 得到

$$\frac{\mathrm{d}^2 x^{\alpha}}{\mathrm{d}s^2} + \Gamma^{\alpha}_{\nu\tau} \frac{\mathrm{d}x^{\nu}}{\mathrm{d}s} \frac{\mathrm{d}x^{\tau}}{\mathrm{d}s} = 0. \tag{F.8.8}$$

这就是常见的较为对称的短程线方程. 引入切矢量 u^μ, 还可以将短程线方程写为另外的形式. 切矢量 u^μ 定义为

$$u^\mu \equiv \frac{\mathrm{d}x^\mu}{\mathrm{d}s}. \tag{F.8.9}$$

由定义有

$$u^\mu u_\mu = g_{\mu\nu}\frac{\mathrm{d}x^\mu \mathrm{d}x^\nu}{\mathrm{d}s^2} = 1. \tag{F.8.10}$$

短程线方程 (F.8.8) 可改写为

$$u^\rho u^\alpha_{;\,\rho} = \frac{\mathrm{d}u^\alpha}{\mathrm{d}s} + \Gamma^\alpha_{\nu\tau}u^\nu u^\tau = 0. \tag{F.8.11}$$

在惯性系 X^μ 中, 自由粒子的运动方程为欧几里得直线, 即闵可夫斯基空间中的短程线

$$\delta \int \mathrm{d}s = \delta \int (\eta_{\mu\nu}X^\mu X^\nu)^{1/2}\mathrm{d}\lambda = 0,$$
$$\frac{\mathrm{d}}{\mathrm{d}s}(\eta_{\mu\tau}\dot{X}^\tau) = \frac{1}{2}\eta_{\nu\tau,\,\mu}\dot{X}^\nu \dot{X}^\tau.$$

按广义相对性原理, 变换到加速系 x^μ 中, 自由粒子运动方程应该是广义协变的, 即为 (F.8.5) 式. 根据等效原理, 加速场即引力场, 因此引力场中的自由粒子的运动方程也应具有形式 (F.8.5). 这就是说, 引力场中的**自由粒子沿短程线运动**. 在黎曼空间中, 满足条件

$$\delta \int \mathrm{d}s = 0, \quad \mathrm{d}s^2 = 0 \tag{F.8.12}$$

的曲线称为**零短程线**. 由于 $\mathrm{d}s=0$, 所以在 (F.8.1)~(F.8.2) 中不能取 $\lambda = s$, λ 应为另一参量, $\mathrm{d}\lambda \neq 0$. 此时方程 (F.8.12) 可写为

$$\frac{\mathrm{d}^2 x^\mu}{\mathrm{d}\lambda^2} + \Gamma^\mu_{\nu\tau}\frac{\mathrm{d}x^\nu}{\mathrm{d}\lambda}\frac{\mathrm{d}x^\tau}{\mathrm{d}\lambda} = 0,$$
$$g_{\mu\nu}\mathrm{d}x^\mu \mathrm{d}x^\nu = 0. \tag{F.8.13}$$

此即**零短程线方程**.

在引力场中, **静止质量为零的粒子**(如光子)**沿零短程线运动**.

F.9 共形曲率张量

1. 共形变换

设在同一个流形上由度规

$$\mathrm{d}s^2 = g_{\mu\nu}\mathrm{d}x^\mu \mathrm{d}x^\nu$$

和

$$\mathrm{d}\tilde{s}^2 = \tilde{g}_{\mu\nu}\mathrm{d}x^\mu \mathrm{d}x^\nu \tag{F.9.1}$$

确定两个黎曼空间 V_n 和 $\tilde{V}_n$, $\mathrm{d}s^2$ 和 $\mathrm{d}\tilde{s}^2$ 之间存在变换关系

$$\mathrm{d}\tilde{s}^2 = \mathrm{e}^{2\sigma(x)}\mathrm{d}s^2 \quad \text{或} \quad \tilde{g}_{\mu\nu} = \mathrm{e}^{2\sigma(x)}g_{\mu\nu}. \tag{F.9.2}$$

变换 (9.2) 称为**共形变换**, 空间 V_n 和 $\tilde{V}_n$ 称为**共形空间**.

在流形中任意一点 p, 两个方向 $\mathrm{d}x^\mu$ 和 δx^μ 之间的夹角在空间 V_n 中表示为

$$\begin{aligned}
\cos\alpha &= g_{\mu\nu}\frac{\mathrm{d}x^\mu}{\mathrm{d}s}\frac{\delta x^\nu}{\delta s} \\
&= g_{\mu\nu}\mathrm{d}x^\mu \delta x^\nu (g_{\alpha\beta}\mathrm{d}x^\alpha \mathrm{d}x^\beta)^{-\frac{1}{2}}(g_{\nu\tau}\delta x^\nu \delta x^\tau)^{-\frac{1}{2}};
\end{aligned}$$

在空间 $\tilde{V}_n$ 中表示为

$$\begin{aligned}
\cos\tilde{\alpha} &= \tilde{g}_{\mu\nu}\frac{\mathrm{d}x^\mu}{\mathrm{d}\tilde{s}}\frac{\delta x^\nu}{\delta \tilde{s}} \\
&= \tilde{g}_{\mu\nu}\mathrm{d}x^\mu \delta x^\nu (\tilde{g}_{\alpha\beta}\mathrm{d}x^\alpha \mathrm{d}x^\beta)^{-\frac{1}{2}}(\tilde{g}_{\nu\tau}\delta x^\nu \delta x^\tau)^{-\frac{1}{2}}.
\end{aligned}$$

将 (F.9.2) 代入, 得到

$$\cos\alpha = \cos\tilde{\alpha}.$$

所以共形变换又称**保角变换**.

2. Weyl 张量

由曲率张量和度规张量构成一个具有重要性质的张量 $C_{\mu\nu\rho\sigma}$, 称为**共形张量**, 或外尔 (Weyl) **张量**; 它的定义为

$$\begin{aligned}
C_{\mu\nu\rho\sigma} &\equiv R_{\mu\nu\rho\sigma} - \frac{1}{2}(g_{\mu\rho}R_{\nu\sigma} - g_{\mu\sigma}R_{\nu\rho} - g_{\nu\rho}R_{\mu\sigma} + g_{\nu\sigma}R_{\mu\rho}) \\
&\quad - \frac{1}{6}(g_{\mu\sigma}g_{\nu\rho} - g_{\mu\rho}g_{\nu\sigma})R.
\end{aligned} \tag{F.9.3}$$

下面我们讨论外尔张量的一系列重要性质.

外尔张量具有和曲率张量相同的对称性

$$C_{\mu\nu\rho\sigma} = -C_{\nu\mu\rho\sigma} = -C_{\mu\nu\sigma\rho}, \tag{F.9.4}$$

$$C_{\mu\nu\rho\sigma} = C_{\rho\sigma\mu\nu}, \tag{F.9.5}$$

$$C_{\mu\nu\rho\sigma} + C_{\mu\sigma\nu\rho} + C_{\mu\rho\sigma\nu} = 0. \tag{F.9.6}$$

外尔张量对任意二指标缩并都等于零, 所以是无迹的

$$C^\rho_{\alpha\rho\beta} = g^{\rho\sigma}C_{\sigma\rho\beta} = 0. \tag{F.9.7}$$

在一维、二维和三维空间中, 外尔张量恒等于零; 在四维空间中, 它有 10 个独立分量. 下面我们证明, 在共形变换下外尔张量保持不变:

$$\tilde{C}^\mu_{\nu\tau\lambda} = C^\mu_{\nu\tau\lambda}. \tag{F.9.8}$$

由 (F.9.2) 可得

$$\tilde{g}^{\mu\nu} = \mathrm{e}^{-2\sigma(x)}g^{\mu\nu}, \tag{F.9.9}$$

于是得到克里斯托费尔符号的变换关系为

$$\tilde{\Gamma}_{\mu\nu\tau} = \mathrm{e}^{2\sigma}(\Gamma_{\mu\nu\tau} + g_{\mu\nu}\sigma_{,\tau} + g_{\mu\tau}\sigma_{,\nu} - g_{\nu\tau}\sigma_{,\mu}), \tag{F.9.10}$$

$$\tilde{\Gamma}^\mu_{\nu\tau} = \tilde{g}^{\mu\alpha}\tilde{\Gamma}_{\alpha\nu\tau} = \Gamma^\mu_{\nu\tau} + \delta^\mu_\nu\sigma_{,\tau} + \delta^\mu_\tau\sigma_{,\nu} - g_{\nu\tau}g^{\mu\alpha}\sigma_{,\alpha}). \tag{F.9.11}$$

由此可得

$$\begin{aligned}
\tilde{R}_{\mu\nu\tau\lambda} &= \frac{1}{2}(\tilde{g}_{\mu\lambda,\nu\tau} + \tilde{g}_{\nu\tau,\mu\lambda} - \tilde{g}_{\mu\tau,\nu\lambda} - \tilde{g}_{\nu\lambda,\mu\tau}) \\
&\quad + \tilde{g}_{\alpha\beta}(\tilde{\Gamma}^\alpha_{\nu\tau}\tilde{\Gamma}^\beta_{\mu\lambda} - \tilde{\Gamma}^\alpha_{\nu\lambda}\tilde{\Gamma}^\beta_{\mu\tau}) \\
&= \mathrm{e}^{2\sigma}[R_{\mu\nu\tau\lambda} + (g_{\mu\lambda}\sigma_{\nu\tau} + g_{\nu\tau}\sigma_{\mu\lambda} - g_{\mu\tau}\sigma_{\nu\lambda} \\
&\quad - g_{\nu\lambda}\sigma_{\mu\tau}) + (g_{\mu\lambda}g_{\nu\tau} - g_{\mu\tau}g_{\nu\lambda})(\sigma_{;\alpha}\sigma^{;\alpha})],
\end{aligned} \tag{F.9.12}$$

式中

$$\sigma_{\mu\nu} = \sigma_{\nu\mu} \equiv \sigma_{;\mu\nu} - \sigma_{;\mu}\sigma_{;\nu}, \tag{F.9.13}$$

$$\sigma_{;\mu}\sigma^{;\mu} = g^{\mu\nu}\sigma_{;\mu}\sigma_{;\nu}. = g^{\mu\nu}\sigma_{,\mu}\sigma_{,\nu}. \tag{F.9.14}$$

里奇张量的变换式可由上式得到:

$$\begin{aligned}
\tilde{R}_{\mu\nu} &= \tilde{g}^{\alpha\beta}\tilde{R}_{\alpha\mu\beta\nu} \\
&= R_{\mu\nu} - 2\sigma_{\mu\nu} - (\Box\sigma + 2\sigma_{;\rho}\sigma^{;\rho})g_{\mu\nu},
\end{aligned} \tag{F.9.15}$$

$$\Box\sigma = \sigma^{;\mu}_{;\mu} = g^{\mu\nu}\sigma_{;\mu\nu}. \tag{F.9.16}$$

从而得到曲率标量的变换式

$$\tilde{R} = \tilde{g}^{\mu\nu}\tilde{R}_{\mu\nu} = \mathrm{e}^{-2\sigma}(R - 6\Box\sigma - 6\sigma^{;\mu}_{;\mu}). \tag{F.9.17}$$

由 (F.9.15) 和 (F.9.17) 得到

$$\sigma_{\mu\nu} = -\frac{1}{2}(\tilde{R}_{\mu\nu} - R_{\mu\nu}) + \frac{1}{12}(\tilde{R}g_{\mu\nu} - Rg_{\mu\nu})$$
$$+ \frac{1}{2}(\sigma^{;\rho}\sigma_{;\rho})g_{\mu\nu}. \tag{F.9.18}$$

把 (F.9.12) 中指标 μ 升高, 然后将 (F.9.18) 代入, 便得到

$$\tilde{C}^{\mu}_{\nu\tau\lambda} = C^{\mu}_{\nu\tau\lambda}. \tag{F.9.19}$$

即在共形变换下外尔张量保持不变. 还可以证明, 常曲率空间的外尔张量恒等于零, 这表明常曲率空间和欧几里得空间是共形的.

参 考 文 献

何香涛. 2002. 观测宇宙学. 北京：科学出版社.

李宗伟, 肖兴华. 2000. 天体物理学. 北京：高等教育出版社.

梁灿彬, 周彬. 2006. 微分几何入门与广义相对论. 第 2 版. 北京：科学出版社.

刘辽, 赵峥. 2004. 广义相对论. 第 2 版. 北京：高等教育出版社.

刘辽, 赵峥, 田贵花, 等. 2008. 黑洞与时间的性质. 北京：北京大学出版社.

王永久, 唐智明. 1990. 引力理论和引力效应. 长沙：湖南科学技术出版社.

王永久. 2008. 经典黑洞和量子黑洞. 北京：科学出版社.

王永久. 2010. 经典宇宙和量子宇宙. 北京：科学出版社.

俞允强. 2003. 热大爆炸宇宙学. 北京：北京大学出版社.

赵书城. 1991. 可积 (度量)Weyl 时空中的引力和共形规范场理论. 物理学报, 40: 849.

赵峥. 1999. 黑洞的热性质与时空奇异性. 北京：北京师范大学出版社.

赵峥, 刘文彪. 2010. 广义相对论基础. 北京：清华大学出版社.

Adam M G. 1959. A new determination of the center mass. MNRAS, 119: 460.

Albrecht A, Steinhardt P J. 1982. Cosmology for grand unified theories with radiatively induced symmetry. Phys Rev Lett, 48: 1220.

Alexander S, Malecki J, Smolin L. 2004. Quantum gravity and inflation. Phys Rev D, 70: 044025. Malecki J. 2004. Inflationary quantum cosmology: General framework and exact Bianchi solution. Phys Rev D, 70: 084040.

Andersson N, Howls C J. 2004. The asymptotic quasinormal mode spectrum of non-rotating black holes. Class Quantum Grav, 21: 1623.

Andersson N. 1997. Evolving test fields in a black-hole geometry. Phys Rev D, 55: 468.

Anninos P, Hbbill D, Sdidel E, et al. 1993. Collision of two black holes. Phys Rev Lett, 71: 2851

Arkani-Hamed N, Dimopoulos S, Dvali G. 1998. The hierarchy problem and new dimensions at a millimeter. Phys Lett B, 429: 263.

Ashtekar A, Bojowald M. 2006. Quantum geometry and the Schwarzschild singularity. Class. Quantum Grav, 23: 391. Ashtekar A, Bojowald M, Lewandowski J. 2003. Mathematical structure of loop quantum cosmology. Adv Theo Math Phys, 7: 233-268. Ashtekar A, Bojowald M, Willis J. 2004. Corrections to Friedmann equations induced by quantum geometry. IGPG preprint.

Ashtekar A, Bombeli L, Corichi A. 2005. Semiclassical states for constrained systems. Phys Rev D, 72: 025008. Ashtekar A, Lewandowski J. 2001. Relation between polymer and fock excitations. Class Quantum Grav, 18: L117. Ashtekar A, Lewandowski J. 2004.

Background independent quantum gravity: A status report. Class. Quantum Grav, 21: R53. Ashtekar A, Pawlowski T, Singh P. 2006. Quantum nature of the big bang. Phys Rev Lett, 96: 141301.

Barack L. 1999. Late time dynamics of scalar perturbations outside black holes I a shell toy model. Phys. Rev D, 59: 044016.

Barbon J L, Emparan R. 1995. Quantum black hole entropy and Newton constant renormalization. Phys Rev D, 52: 4527.

Barrero T, Decarlos B, Copeland E J. 1998. Stabilizing the dilaton in superstring cosmology. Phys Rev D, 58: 083513.

Basseler S. Improved test of the equivolence principle for gravitational self-energy. Phys Rev Lett, 83: 3583.

Bateman H, Erdelyi A. 1954. Tables of Integral Transformations. New York: Mc Graw-Hill Book Company.

Beams J M, et al. Determination of the gravitational constant G. Phys Rev Lett, 23: 655.

Bekenstein J D. 1973. Do we understand black hole entropy? 7th Marcel Grossman meeting on general relativity at Stanford University. Phys Rev D, 7: 2333.

Bennett D. 1986. Evolution of cosmic strings. Phys Rev D, 33: 872.

Bento M C, Bertolami O, Sen A A. 2003. Generalized chaplygin gas and CMBR constraints. Phys Rev D, 67: 063003.

Bergmamm P G. 1976. Introduction to The Theory of Relativity. New York: Dover Publications INC.

Berti E, Cardoso V, Yoshida S. 2004. Highly damped quansinormal modes of Kerr black holes: A complete numerical investigation. Phys Rev D, 69: 124018.

Birkhoff G D. 1927. Relativity and Modern Physics. Cambridge: Cambridge University Press.

Blamont J E. Roddier F. 1961. Precise observation of the profile of the fraunhofer strontium resonance line evidence for the gravitational red shift on the sun. Phys Rev Lett, 7: 437.

Blau S, Guth A. 1987. Inflationary cosmology. in: Three Hundred Years of Gravitation. Hawking S, Israel W. eds. Cambridge: Cambridge University Press.

Bojowald M, Date G. 2004. Quantum suppression of the general chaotic behavior close to cosmological singularities. Phys Rev Lett, 92: 071302. Bojowald M, Date G, Vandersloot K. 2004. Homogeneous loop quantum cosmology: The role of the spin connection. Class Quantum Grav, 21: 1253. Bojowald M, Hernandez H H, Morales-Tecotl H A. 2001. Perturbative degrees of freedom in loop quantum gravity: Anisotropies. Class Quantum Grav, 18: L117. Bojowald M, Hinterleitner F. 2003. Isotropic loop quantum cosmology with matter II: The Lorentzian constraint. Phys Rev D, 68: 124023. Bojowald M, Maartens R, Singh P. 2004. Loop quantum gravity and the cyclic universe.

Phys Rev D, 70: 083517.

Bojowald M. 2001. Absence of singularity in loop quantum cosmology. Phys Rev Lett, 86: 52275230. Bojowald M. 2002. Isotropic loop quantum cosmology. Class Quantum Grav, 19: 2717. Bojowald M. 2002. Inflation from quantum geometry. Phys Rev Lett, 89: 261301. Bojowald M. 2005. Non-singular black holes and degrees of freedom in quantum gravity. Phys Rev Lett, 95: 061301. Bojowald M. 2005. Loop quantum cosmology. Liv Rev Rel, 8: 11. Bojowald M. 2006. Spherically symmetric quantum geometry: Hamiltonian constraint. Class Quantum Grav, 23: 2129.

Bondi H, Gold T. 1948. The Steady- state theory of the expanding universe. Mon Not R Astron Soc, 108: 252.

Bonnor W B. 1979. A three-parameter solution of the static Einstein-Maxwell equations. J Phys A, 12: 851.

Bousso R, Hawking S W. 1996. Pair creation of black holes during inflation. Phys Rev D, 54: 6312.

Brans C, Dicke R H. 1961. Mach's principle and a relativistic theory of gravitation. Phys Rev, 124: 925.

Brault J. 1963. The gravitational redshift in the solar spectrum. Bull Amer Phys Soc, 8: 28.

Brax P, van de Bruck C. 2003. Cosmology and brane worlds. Class Quant Grav, 20: R201.

Bruni M, Germani C, Maartens R. 2001. Gravitational Collapse on the Brane: A No-Go Theorem. Phys Rev Lett, 87: 231302.

Brustein R, Veneziano G. 1994. The graceful exit problem in string cosmology. Phys Lett B, 329: 429.

Bucher M, Goldhaber A S, Turok N. 1995. An open universe from inflation. Phys Rev D, 54: 3314.

Bucher M, Turok N. 1995. Open inflation with an arbitrary false vacuum mass. Phys Rev D, 52: 5538.

Burko L M, Khanna G. 2003 Radiative falloff in the background of rotating black holes. Phys Rev D, 67: 081502(R).

Burko L M, Khanna G. 2004. Universality of massive scalar field late-time tails in black-hole spacetimes. Phys Rev D, 70: 044018.

Caldarelli M M, Cognola G, Klemm D. 1998. Thermodynamics of Kerr-Newman-AdS black holes and conformal field theories. hep-th/9908022.

Canuto V, et al. Superdense neutron matter. ApJ, 221: 274.

Cardoso V, Lemos J P S. 2003. Quasinormal modes of the near extremal Schwarzschild-de Sitter black hole. Phys Rev D, 67: 084020. Cardoso V, Yoshida S, Dias O J C, et al. 2003. Late-time tails of wave propagation in higher dimensional spacetimes. Phys Rev D, 68: 061503(R).

Carlip S. 1995. Entropy from conformal field theory at killing horizons//Carlip S. 1995. Logarithmic corrections to black hole entropy from the Cardy formula. Statistical mechanics of the (2+1)-dimensional black hole. Phys Rev D, 51: 632. Carlip S. 1997. Statistical mechanics of the threedimensional Euclidean black hole. Phys Rev D, 55: 878.

Carmeli M. 1982. Classical Fields: General Relativity and Gauge Theory. New York: John Wiley and Sons.

Carrol S, Press W, Turner E. 1992. The cosmological constant. Annu Rev Astron Astrophys, 30: 499.

Chandrasekhar S. 1939. An Introduction to the Study of Stellar Structure. Chicago: University of Chicago Press.

Cheeger J. 1983. Spectral geometry of singular Riemannian spaces. J Differential Geometry, 18: 575.

Cheng H. 1988. Possible Existence of Weyl's Vector Meson. Phys Rev Lett, 61: 2182.

Chillingworth D. 1976. Differential Topology with a View to Applications. London: Pitman Publishing.

Ching E S C, Leung P T, Suen W M, et al. 1995. Wave propagation in gravitational systems: Late time behavior. Phys Rev D, 52: 2118.

Cho H T. 2003. Dirac quasinormal modes in Schwarzschild black hole spacetimes. Phys Rev D, 68: 024003.

Christodoulou D. 1970. Reversible and irreversible transformation in black-hole physics. Phys Rev Lett, 25: 1596.

Cline J M, Jeon S, Moore G D. 2004. The phantom menaced: constraints on low-energy effective ghosts. Phys Rev D, 70: 043543.

Coleman S, De Luccia F. 1980. Gravitational effects on and of vacuum decay. Phys Rev D, 21: 3305.

Coleman S. 1988. Why there is nothing rather than something: A theory of the cosmological constant. Nucl Phys B, 310: 643.

Copeland E J, Easther R, Wands D. 1997. Vacuum fluctuations in axion-dilatom cosmologies. Phys Rev D, 56: 873.

Cox A N. 1999. Allen's Astrophysical Quantities. 4th ed. New York: Springer Verlag.

Damour T, Nordtvedt K. 1993. Phys. General relativity as a cosmological attractor of tensor-scalar theories. Phys Rev Lett, 70: 2217.

Damour T, Ruffini R. 1976. Black-hole evaporation in the Klein-Saute-Heisenberg-Euler formalism. Phys Rev D, 14: 332.

Das S, Ghosh A, Mitra P. 2003. Statistical entropy of Schwarzschild black strings and black holes. Hep-th/0005108. de Alwis S P, Ohta N. 1995. Thermodynamics of quantum fields in black hole backgrounds. Phys Rev D, 52: 3529.

Date G, Hossain G M. 2005. Genericity of inflation in isotropic loop quantum cosmology. Phys Rev Lett, 94: 011301. Date G, Hossain G M. 2005. Genericity of big bounce in isotropic loop quantum cosmology. Phys Rev Lett, 94: 011302.

Date G. 2005. Absence of Kasner singularity in the effective dynamics of loop quantum cosmology. Phys Rev D, 71: 127502.

Demers J G, Lafrance R, Myers R C. 1995. Black hole entropy without brick walls. Phys Rev D, 52: 2245.

Deser S. 1970. Self-interaction and gauge invariance. Gen Rel Grav, 1: 9.

Dicke R H. 1964. Relativity, Group and Topology, New York: Gorden and Breach, 167. D:cke R H, 1965. Cosmic-black-body radiation. ApJ, 142: 414. ibid. 1974 The oblateness of the Sun and relativity. Science, 184:419.

Dolgov A, Zeldovich Y. 1981. Cosmology and elementary particles. Rev Mod Phys, 53: 1.

Dowker J S. 1994. A note on Polyakovs non-local form of the effective action. Class Quantum Grav, 11: L7.

Dreyer O. 2003. Quasinormal modes, the area spectrum, and black hole entropy. Phys Rev Lett, 90: 081301.

Duncombe R L. 1965. Relativity effects for the three inner planets. Astron J, 61: 174.

Dvail G, Gabadadze G, Kolanovic M, Nitti F. 2001. The power of brane-induced gravity. Phys Rev D, 64: 084004.

Eddington A S. 1922. The Mathematical Theory of Relativity. Cambridge: Cambridge Univercity Press.

Einstein A. 1916. Die Grundlage der allgemeinen Relativitatstheorie. Annalen der Phys, 49: 769. Einstein A. et al. 1923. The Principle of Relativity. Dover: Dover publications, 35.

Ernst F J. 1968. New Formulation of the Axially Symmetric Gravitational Field Problem. Phys Rev, 167:1175.

Farle F J M, et al. The anomolous magnetic moment of the negative muon. Nuovo Cimento A, 45: 281.

Felder G N, Frolov A V, Kofman L, Linde A V. 2002. Cosmology with negative potentials. Phys Rev D, 66: 023507.

Ferrari V, Mashoon B. 1984. New approach to the quasinormal modes of a black hole. Phys Rev D, 30: 295.

Ferrari V, Mashoon B. 1984. Oscillations of a black hole. Phys Rev Lett, 52: 1361.

Freedman W, et al. 2001. Final results from the hubble space telescope key project to measure the hubble constant. Astrophys J, 553: 47.

Frolov V P, Fursaev D V, Zelnikov A I. 1996. Black hole entropy: Off shell versus on shell. Phys Rev D, 54: 2711. Frolov V P, Fursaev D V. 1998. Thermal fields, entropy and black holes. Class Quantum Grav, 15: 2041. Frolov V P, Novikov I. 1993. Dynamical origin of the entropy of a black hole. Phys Rev D, 48: 4545. Frolov V P, Israel W, Solodukhin S N. 1996. One-loop quantum corrections to the thermodynamics of charged black holes. Phys Rev D, 54: 2732. Frolov V P, Zelenikov A I. 1998. Quantum Gravity: Proceedings of the Fourth Seminar on Quantum Gravity. Singapore: World Scientific Publishing Company.

Frolov V P. 1992. Two-dimensional black hole physics. Phys Rev D, 46: 5383.

Fronsdal C. 1959. Completion and embedding of the Schwarzschild solution. Phys Rev, 116: 778.

Fukui T. 1993. 5D geometrical property and 4D property of matter. General Relativity and Gravitation, 25: 731.

Fulton T, Rohrlich F, Witten L. 1962. Conformal invariance in physics. Rev Mod Phys, 34: 442.

Fursaev D V. 1995. Temperature and entropy of a quantum black hole and conformal anomaly. Phys Rev D, 51: 5352.

Fursaev D. Euclidean and canonical formulations of statistical mechanics in the presence of killing horizons. hep-th/9709213.

Gamow G. 1946. Prescient paper predicting the existence of a uniform and diffuse relic radiation field from the Hot Big Bang. Phy Rev, 70: 572.

Gao C J, Shen Y G. 2002. Relation between black holes entropy and quantum field spin. Phys Rev D, 56:084043.

Gasperini M, Veneziano G. 2003. The pre-big bang scenario in string cosmology. Phys Rept, 373: 1.

Geroch R A, Jang P S. 1975. Motion of a body in general relativity. J Math Phys, 16: 65.

Geroch R A. 1971. A Method for generating solutions of Einstein's equations. Journal of Mathematics and Physics, 12: 918.

Gleiser R J, Nicasio C O, Price R H, et al. 1996. Colliding black holes: how far can the close approximation go? Phys Rev Lett, 77: 4483.

Glendenning N K. 1997. Compact Stars. New York: Springer-Verlag.

Gradshteyn I S, Ryzhik I M. 1994. Table of Integrals, Series, and Products. New York: A Cademic Press.

Granshow T E, et al. 1960. Measurement of the gravitational red shift using the Mossbauer effect in Fe^{57}. Phys Rev Lett, 4: 163.

Greenstein J L, et al. 1971. Spectra of white Dwarfs with circular polarization. ApJ, 169: L63.

Gui Y X. 1990. Quantum-field in Eta-Zeta-spacetime. Phys Rev D, 42: 1988. Gui Y X. 1992a. $\eta - \xi$ spacetime and thermo fields. Phys Rev D, 46: 1869. Gui Y X. 1992b. Fermion fields in $\eta - \xi$ spacetime. Phys Rev D, 45: 697.

Gundlach C, Price R H, Pullin J. 1994. Late-time behavior of stellar collapse and explosions

I. Linearized perturbations. Phys Rev D, 49: 883. Gundlach C, Price R H, Pullin J. 1994. Late-time behavior of stellar collapse and explosions II Nonlinear evoution. Phys Rev D, 49: 890.

Gupta S N. 1957. Einstein's and other theories of gravitation. Rev Mod Physics, 29: 334.

Gusev Yu, Zelnikov A. 1989. Finite temperature nonlocal effective action for scalar fields. hp-th/0709074.

Guth A H. 1981. Inflationary universe: a possible solution to the horizon and flatness problems. Phys Rev D, 23: 347.

Guth A H. 1983. Speculations on the orgin of the matter, energy and entropy of the universe. In: Asymptotic Realms of Physics: Essays in Honor of Francis E Low. Guth A H, Huang K, Jaffe R L. eds. Cambridge: MIT Press.

Hafele J C, Keating R E. 1972. Around-the-world atomic clocks: predicted relativistic time gains. Science, 177:166; Around-the-world atomic clocks: observed relativistic time gains. Science, 177:168.

Halliwel J J, Hawking S W. 1985. Origin of structure in the universe. Phys Rev D, 31: 1777

Harrison E R, et al. 1965. Gravitation Theory and Gravitational Collaps. Chicago: University of Chicago Press.

Hartle J B, Hawking S W. 1976. Path-integral derivation of black-hole radiance. Phys Rev D, 13: 2188.

Hartle J B, Hawking S W. 1983. Wave function of the universe. Phys Rev D, 28: 2960.

Hawking S W, Ellis G F R. 1973. The Large Scale Structrue of Space-Time. Cambridge: Cambridge University Press. Hawking S W, Luttrell J C. 1984. Higher derivatives in quantum cosmology: (I) The isotropic case. Nucl Phys, B247: 250. Hawking S W, Turok N. 1998. Comment on 'Quantum creation of an open universe', by Andrei Linde. gr-qc/9802062. ibid. 1998. Open inflation without false vacua. Phy Lett B, 425: 25. Hawking S W, Moss I G. 1985. Fluctuations in the inflationary universe. Nucl Phys. B 224: 180.

Hawking S W. 1976. Breakdown of predictability in gravitational collapse. Phys Rev D, 14: 2460. ibid. 1966. Singularities in the Universe. Phys Rev Lett, 17: 444. ibid.1966. Pertubations of an expanding universe. ApJ, 145: 544. ibid. 1966. The occurrence of singularities in cosmology. Proc Roy Soc London A, 295: 490.

Hertog T, Horowitz G. 2005. Holomorphic description of ADS cosmologies. JHEP, 0504: 005.

Heusler M. 1996. Black Hole Uniqueness Theorems. Cambridge: Cambridge University Press.

Hill H A, Clavton P D, Patz D L, et al. 1974. Solar oblateness, excess brightness and relativity. Phys Rev Lett, 33: 1497.

Ho J, Kim W T, Park Y J, et al. 2000. Entropy in the Kerr-Newman black hole. gr-qc/9704032.

Hod S. 1998. Both's correspondence principle and the area spectrum of quantum black holes. Phys Rev Lett, 81: 4293. Hod S. 2000. Radiative tail of realistic rotating gravitational collapse. Phys Rev Lett, 84: 10. Hod S, Prain T. 1998. Late-time evolution of charged gravitational collapse and decay of charged scalar hair II Phys Rev D, 58: 024018. Hod S, Piran T. 1998. Late-time tails in gravitational collapse of a selfinteracting(massive) scalar-field and decay of a self-interacting scalar hair. Phys Rev D, 58: 044018.

Hofmann S, Winkler O. The spectrum of fluctuations in inflationary quantum cosmology. astro-ph/0411124.

Hossain G M. 2005. Primordial density perturbations in effective loop quantum cosmology. Class. Quantum Grav, 22: 2511.

Hovdebo J L, Myers R C. 2003. Bouncing braneworlds go crunch! JCAP, 0311: 012.

Hoyle F. 1948. A new model for the expanding universe. Mon Not R Astron Soc, 108: 372

Hubble E. 1929. A relation between distance and radial velocity among extragalactic nebulae. Proc Nat Acad Sci U S, 15: 168.

Hwang J C. 2002. Cosmological structure problem of the ekpyrotic scenario. Phys Rev D, 65: 063514.

Israel W. 1967. Event horizons in static vacuum space-times. Phys Rev, 164: 1776.

Ivanitzkaya O S. 1979. Lorentz base and effects of gravitation. Minsk: Science Press.

Iyer S, Will C M. 1987. Black-hole normal modes: A WKB approach. I Foundations and application of a higher-order WKB analysis of potential-barrier scattering. Phys Rev D, 35: 3621. Iyer S, Will C M. 1987. Black-hole normal modes: A WKB approach. II Schwarzschild black holes. Phys Rev D, 35: 3632.

Jacobson T. 2003. Black hole entropy and induced gravity. gr-qc/9404039.

Jaffe A H, et al. 2001. Cosmology from maxima-1,boomerang and COBE/DMRCMB observations. Phys Rev Lett, 86: 3475.

Jing J L,Wang S L. 2005a. Can the "brick wall" model present the same results in different coordinate representations? Phys Rev D, 69: 024011. Jing J L,Wang S L. 2005b. Dirac quasinormal modes of the Reissner-Nordstrom de Sitter black hole. Phys Rev D, 72: 084009. Jing J L,Wang S L. 2005c. Late-time evolution of charged massive Dirac fields in the Reissner-Nordström black-hole background. Phys Rev D, 72: 027501.

Jing J L.2005. Dirac Quasinormal modes of Schwarzschild black hole. Phys Rev D, 71: 124006. Jing J L. 2004a. Late-time behavior of massive Dirac fields in a Schwarzschild background. Phys Rev D, 70: 065004. Jing J L.2004b. Dirac quasinormal modes of the Reissner-Norstrom-de Sitter black hole. Phys Rev D, 69: 084009. Jing J L. 2001. Quantum entropy of the Kerr black hole arising from the gravitational perturbation. Phys Rev D, 64: 064015. Jing J L.1999.Quantum entropy of a nonextreme stationary axisymmetric black hole due to a minimally coupled quantum scalar field. Phys Rev D, 60: 084015. Jing J L, Pan Q Y. 2005. Dirac quasinormal frequencies of Schwarzschild-anti-de sitter and Reissner-Nordstrom-anti-de sitter black hole. Phys Rev D, 72: 124011.

Johnson M, Ruffini R. 1974. Generalized Wilkins effect and selected orbits in a Kerr-Newman geometry. Phys Rev D, 10: 2324.

Kabat D, Strassler M J. 1994. A comment on entropy and area. Phys Lett B, 329: 46.

Kallosh R, Kofman L, Linde A D, et al. 2001. BPS branes in cosmology. Phys Rev D, 64: 123524.

Kanno S, Soda J. 2002. Radion and holographic brane gravity. Phys Rev D, 66: 083506.

Karori K D, Barua J. 1975. A singularity-free solution for a charged fluid sphere in general relativity. J Phys A, 8: 508.

Kaul R K, Majumdar P. Logarithmic correction to the Bekenstein- Hawking entropy. gr-qc/0002040.

Kerr R P. 1963. Gravitational field of a spinning mass as an example of algebraically speciametric. Phys Rev Lett, 11: 237.

Khoury J, Ovrut B A, Seiberg N, et al. 2001. The Ekpyrotic universe: colliding branes and the origin of the hot big bang. Phys Rev D, 64: 123522. Khoury J, Ovrut B A, Steinhardt J P, et al. 2002. From big crunch to big bang. Phys Rev D, 65: 086007. Khoury J, Ovrut B A, Steinhardt P. J, et al. 2002. Density perturbations in the ekpyrotic scenario. Phys Rev D, 66: 046005. Khoury J, Zhang R. 2002. The friedmann equation in brane-world scenarios. Phys Rev Lett, 89: 061302.

Kinnerleg W, Chitre D M. 1978. Group Transformation That Generates the Kerr and Tomimatsu-Sato Metrics. Phys Rev Lett, 40: 1608.

Kinnersley W. 1969. Field of an arbitrarily accelerating point mass. Phys Rev,186: 1335.

Kiselev V V. 2003. Quintessence and blackhole. Class Quant Grav, 22: 4651.

Kokkotas K D, Schmidt B G. 1999. Quasi-normal modes of stars and black holes. Living Rev Relativ, 2: 2.

Kolb E W, Turner M S. 1990. The Early Universe. Redwood: Addison-Wesley Publishing Company.

Koyama H, Tomimatsu A. 2001. Asymptotic tails of massive scalar fields in a Schwarzschild background. Phys Rev D, 64: 044014. Koyama H, Tomimatsu A. 2001. Asymptotic power-law tails of massive scalar fields in a Reissner-Nordstrom background. Phys Rev D, 63: 064032. Koyama H, Tomimatsu A. 2002. Sloly decaying tails of massive scalar fields in spherically symmetric spacetimes. Phys Rev D, 65: 084031.

Kramer D, Stephani H, Lerlt E, et al. 1980. Exact Solutions of Einstein's Field Equations. Cambridge: Cambridge University Press.

Krivan W. 1999. Late-time dynamics of scalar fields on rotating black hole backgrounds. Phys Rev D, 60: 101501.

Kruskal M D. 1960. Maximal extension of Schwarzschild metric. Phys Rev, 119: 1743.

Kuang Z Q, Li J Z, Liang C B. 1986. Gauge freedom of plane-symmetric line elements with semi-plane-symmetric null electromagnetic fields. Phys Rev D, 34: 2241.

Leaver E W. 1985. An analytic representation for quasi-normal modes of Kerr black holes. Proc R Soc London A, 402: 285. Leaver E W. 1986. Spectral decomposition of the perturbation response of the Schwarzschild geometry. Phys Rev D, 34: 384.

Li X Z. 1994. Dimensionally continued wormhole solutions. Phys Rev D, 50: 3787-3794. Li X Z, Hao J G. 2002. Global monopole in asymptotically dS/AdS space-time. Phys Rev D, 66: 107701. Li X Z, Hao J G. 2003. Kantowski - Sachs universe cannot be closed. Phys Rev D, 68: 083512. Li X Z, Hao J G. 2004. Phantom field with O(n) symmetry in an exponential potential. Phys Rev D, 69: 107303. Li X Z, Sun C B, Xi P. 2009. Torsion cosmological dynamics. Phys Rev D, 79: 027301 .

Liang C B. 1995. A family of cylindrically symmetric solutions to Einstein-Maxwell equations. Gen Rela Grav, 27: 669.

Lidsey J E. 2004. Early universe dynamics in semiclassical loop quantum cosmology. JCAP, 0412: 007.

Linde A D. 1982. A new inflationary universe scenario: A Possible solution of the horizon, flatness, homogeneity, isotropy and primordial monopole problems. Phys Lett B, 108: 389. Linde A D. 1995. Inflation with variable Ω. Phys Lett B, 351: 99. Linde A D, Mezhlumian A. 1995. Inflation with $\Omega \neq 1$. Phys Rev D, 52: 6789.

Linder E. V. 2003. Exploring the expansion history of the universe. Phys Rev Lett, 90: 091301.

Liu L. 1993. Wormhole created from vacuum fluctuation. Phys Rev D, 48: R5463.

Longair M S. 1998. Galaxy Formation. Berlin: Springer-Verlag.

Lukas A, Ovrut B. A, Stelle K. S, et al. 1999. Universe as a domain wall. Phys Rev D, 59: 086001. Lukas A, Ovrut B. A, Stelle K. S, et al. 1999. Heterotic M-theory in five dimensions. Nucl Phys B, 552: 246.

Maartens R, Wands D, Bassett B. A, et al. 2000. Chaotic inflation on the brane. Phys Rev D, 62: 041301.

Mäkelä J, et al. 2001. Quantum-mechnical model of the Kerr-Newman black hole. Phys Rev D, 64: 024018. Mäkelä J, Repo P. 1998. Quantum-mechanical model of the Reissner-Nordstrom black hole. Phys Rev D, 57: 4899.

Malecki J. 2004. Inflationary quantum cosmology: General framework and exact Bianchi solution. Phys Rev D, 70: 084040.

Mann R B, Solodukhin S N. 1996. Conical geometry and quantum entropy of a charged Kerr black hole. Phys Rev D, 54: 3932. Mann R B, Tarasov L, Zelnikov A. 1992. Brick walls for black holes. Class Quantum Grav, 9: 1487.

Mather J C, et al. 1990. First result from COBE on the spectrum of the microwave background radition. ApJ, 354: L37.

Misner C W, Thorne K S, Wheeler J A. 1973. Gravitation. San Fracisco: W H Freeman and Company.

Modesto L. Loop quantum black hole. gr-qc/050978.

Moller C. 1955. The Theory of Relativity. London: Oxford Univ Press, 250 .

Moretti V, Iellici D. ς- function regularization and one-loop renormalization of field fluctuations in curved space-times. gr-qc/9705077.

Motl L. 2003. An analytical computation of asymptotic Schwarzschild quasinormal frequencies. Adv Theor Math Phys, 6: 1135. Motl L, Neitzke A. 2003. Asymptotic black hole quasinormal frequencies. Adv Theor Math Phys, 7: 307.

Movahed M. S, Rahvar S. 2006. Observational constraints on a variable dark energy model. Phys Rev D, 73: 083581.

Mück W, Viswanthan K S, Volovich I V.2000. Geodesics and Newton's law in brane backgrounds. Phys Rev D, 62: 105019.

Mukhanov V, Abramo L, Brandenberger R. 1997. Backreaction problem for cosmological perturbations. Phys Rev Lett, 78: 1624.

Mukhanov V, Feldman H, Brandenberger R. 1992. Theory of cosmological perturbations, Phys Rep, 215.

Mukherji S, Peloso M. 2002. Bouncing and cyclic universes from brane models. Phys Lett B, 547: 297.

Myers R C. 1994. Black hole entropy in two dimensions. Phys Rev D, 50:6412.

Nesseris S, Perivolaropoulos L. 2004. A comparison of cosmological models using recent supernova data. Phys Rev D, 70: 043531.

Newman E T, Penrose R. 1962. An approach to gravitational radiation by a method of spin coefficients. J Math Phys, 3:566.

Nojiri S, Odintsov S D , Tsujikawa S.2005. Properties of singularities in(phantom) dark energy universe,Phys Rev D, 71: 063004.

Nojiri S, Odintsov S D. 2003. Quantum de sitter cosmology and phantom matter. Phys Lett B, 562: 147. Nojiri S, Odintsov S D. 2003. De sitter brane universeinduced by phantom and quantum effects. Phys Lett B, 565: 1.

Nollert H P. 1993. Quasinormal modes of Schwarzschild black holes: The determination of quasinormal frequencies with very large imaginary parts. Phys Rev D, 47: 5253. Nollert H P. 1999. Quasinormal modes: The characteristic 'sound' of black holes and nertron stars. Class Quantum Grav, 16: R159.

Nordtvedt K J. 1977. Astady of one-and two-way Doppler tracking of a clock on an arrow toward the Sun. In. Procedings of the International Meeting on Experimental

Gravitation. Rome: Academia Nzionale dei Lincei, 247.

Novikov I D, Frolov V P. 1989. Physics of Black Holes. Dordrecht: Kluwer Academic Publishers.

Oppenheimer J R, Snyder H. On continued gravitational contraction. Phys Rev, 56: 455.

Oppenheimer J R, Volkoff G M. 1938. On massive neutron cores. Phys Rev, 55: 374.

Peebles P J E. 1993. Principles of Physical Cosmology. Princeton: Princeton University Press. Peebles P J E, Ratra B. 2003. The cosmological constant and dark energy. Rev Mod Phys, 75: 599.

Peiris H V, et al. 2003. First year Wilkinson Microwave Anisotropy Probe(WMAP) Observations: implications for inflation, Astrophys J Suppl, 148213.

Penrose R. 1964. Conformal treatment of infinity. In: Relativity, Groups and Topology, ed C DeWitt and B DeWitt. New York: Gordon and Breach. ibid. 1965. Gravitational collapse and space-time singularities. Phys Rev Lett, 14: 57. ibid. 1968. Lectures in Mathematics and Physics. New York: Benjamin.

Penzias A A, Wilson R W. A measurement of excess antenna temperature at 4080 Mc/s. ApJ, 142: 419.

Perez A. 2006. On the regularization ambiguities in loop quantum gravity. Phys Rev D, 73: 044007. Vandersloot K. 2005. Hamiltonian constraint of loop quantum cosmology. Phys Rev D, 71: 103506.

Perlmutter S, et al. 1999. Measurements of Ω and from 42 high-redshift supernovae. Astrophys J, 517: 565

Peter P, Pinto-Neto N. 2002. Primordial perturbations in a nonsingular bouncing universe model. Phys Rev D, 66: 063509.

Piao Y, Zhang Y. 2004. Phantom inflation and primordial perturbation spectrum. Phys Rev D, 70: 063513. Piao Y, Zhou E. 2003. Nearly scale-invariant spectrum of adiabatic fluctuations may be from a very slowly expanding phase of the universe. Phys Rev D, 68: 083513.

Polchinski J. 1999. String Theory: Two Volumes. Cambridge: Cambridge University Press.

Polyakov A M. 1981. Quantum geometry of bosonic strings. Phys Lett B, 103: 207.

Pound R V, Rebka G A Jr. 1960. Apparent weight of photons. Phys Rev Lett, 4: 337. Pound R V, Snider J L. 1965. Effect of gravity on gamma radiation. Phys Rev B, 140: 788. ound R V, Snider J L. 1964. Effect of gravity on nuclear resonance. Phys Rev Lett, 13: 539.

Randall L. 1999. An alternative to compactification. Phys Rev Lett, 83: 4690. Randall L, Sundrum R. 1999. Large mass hierarchy from a small extra dimension. Phys Rev Lett, 83: 3370. Randall L, Sundrum R. 1999. An alternative to compactification. Phys Rev Lett, 83: 4690.

Ratra B, Peebles P J E. 1998. Cosmological consequences of a rolling homogeneous scalar field. Phys Rev D, 37: 3406.

Riess A G, et al. 1998. Observational evidence from supernovae for an accelerationg universe and a cosmological constant. Astron J, 116: 1009.

Rindler W. 1982. Introduction to Special Relativity. Oxford: Clarendon Press.

Roades C E Jr, Ruffini R. 1974. Maximum mass of a neutron star. Phys Rev Lett, 32: 324.

Rovelli C. 2004. Quantum Grav, CUP, Cambridge.

Sawyer R F, Scalapino D J. 1973. Pion condensation in superdeuse nuclear matter. Phys Rev D, 7: 953.

Schiff L I. 1960. Possible new experimental test of general relativity theory. Phys Rev Lett, 4: 215. ibid. On Experimental tests of the general theory of relativity. Amercan Jouranl of Physics, 28: 340.

Schramm D N, Wagoner R. 1977. Element product in early universe. Ann Rev of Nuclear Science, 27: 37.

Schutz B F. 1980. Geometrical Methods of Mathematical Physics. Cambridge: Cambridge University Press. Schutz B, Will C. 1985. Black hole normal modes-A semianalytic approach. Astrophys J, 291: 133.

Schwarzschild K. 1916. Uber das Gravitationsfeld eines Massenpunktes nach der Einsteinschen Theorie Sitzber. Preuss Akad Wiss, 189.

Scranton R, et al. 2004. Physical evidence for dark energy. Astro-ph/0307335.

Shapiro I I. 1972 Mercury's perihelion advance:determination by radar. Phys Rev Lett, 28: 1594. ibid 1976. Verification of the principle of eguivalence for massive bodies. Phys Rev Lett, 36: 555.

Shen Y G. 2000. The femionic entropy of spherically symmetric blacd holes. Mod Phys Lett, A15: 1901. Gao C J, Shen Y G. 2002. Entropy in Kerr-Newman-Kasuya spacetime. Class Quantum Grav, 20: 119. Shen Y G. 2002. Entropy of Horowitz-Strominger black holes due to arbitrary spin fields. Physics Letters B, 537: 187.

Shtanov Y, Sahni V. 2003. Bouncing braneworlds. Phys Lett B, 557: 1.

Shu FW, Shen Y G. 2004. Quasinormal modes of charged black holes in string theory. Physic Review D, 70: 084046.

Simon J, Verde L, Jimenez R. 2005. Constraints on the redshift dependence of the dark energy potential. Phys Rev D, 71: 123001.

Singh P. 2005. Effective state metamorphosis in semiclassical loop quantum cosmology. Class. Quantum Grav. 22: 4203-4216. Singh P, Vandersloot K. 2005. Semiclassical states, effective dynamics and classical emergence in loop quantum cosmology. Phys Rev D, 72: 084004.

Solodukhin S N. 1995. Conical singularity and quantum corrections to the entropy of a black hole. Phys Rev D, 51: 609.

Soloviev V O. 2002. Black hole entropy from Poisson brackets(demystification of some calculation). Hep-th/9905220.

Stephani H. 1982. General Relativity. Cambridge: Cambridge University Press. Stephani H. 1982. General relativity: An Introduction to the Theory of the Gravitational Field. Cambridge: Cambridge University Press.

Straumann N. 1984. General Relativity and Relativistic Astrophysics. Berlin: Springer-Verlag

Sun Z Y, Shen Y G. 2006. Dark energy cosmology. Int J Theor Phys, 45: 813.

Suneeta V. 2003. Quasinormal modes for the SdS black hole: an analytical approximation scheme. Phys Rev D, 68: 024020.

Susskind L, Uglum J. 1994. Black hole entropy in canonical quantum gravity and super-string theory. Phys Rev D, 50: 2700.

Synge J L. 1960. Relativtiy, the general theory. Amsterdam: North-Holland.

't Hooft G. 1985. On the quantum structure of a black hole. Nucl Phys B, 256: 727.

Taub H. 1951. Empty space-times admitting a there parameter group of motions. Ann Math, 53: 472.

Tegmark M, et al. 2004. Cosomlogical parameters from SDSS and WMAP. Phys Rev D, 69: 103501.

Teukolsky S. 1972. Rotationg black holes-separable wave equations for gravitational and electromagnetic perturbations. Phys Rev Lett, 29: 1114.

Thirring W. 1961. An alternative approach to the theory of gravitation. Ann Phys(U. S. A), 16: 96.

Thome K S, Price R H, Macdonald D A. 1986. Black holes: the membrane paradigm. New Haven CT: Yale University Press.

Tolman R G. 1949. The age of the universe. Rev Mod Phys, 21: 374.

Tsujikawa S, Singh P, Maartens R. 2004. Loop quantum gravity effects on inflation and the CMB. Class. Quantum Grav, 21: 5767.

Turner M S. 1999. Dark matter, dark energy and fundamental physics. Astro-ph/9912211. Turner M S. 2002. The case for Ω =0.33±0.035. arXiv: astro-ph/0106035v2.

Van Patten H M, Everitt C W F. 1976. Possible experiment with two counter-orbiting drag-free satellites to obtain a new test of Einstein's general theory of relativity and improved measurements in geodesy. Phys Rev Lett, 36: 629.

Vishveshwara C. 1970. Scattering of gravitational radiation by a Schwarzschild black-hole. Natrue, 227: 936.

Volovik G E. 2004. Simulation of quantum field theory and gravity in superfluid He-3. condmat/9706172.

Wald R. 1984. General Relativity. Chicago: University of Chicago Press.

Wang Y J, Tang Z M. 2002a. Energy levels of electron near Kerr black hole. Astrophysics and Space Science, 281: 689. Wang Y J, Tang Z M. 2002b. Gravitational properties of an accelerating celestial body with a large number of monopoles. Astrophysics and Space Science, 282: 363. Wang Y J, Tang Z M. 2002c. On density perturbations and missing mass. Science in China, 45: 508. Wang Y J, Tang Z M.2001. Metric of the gravitational field outside the neutron star. Science in China, 44: 801. Aigen Li, Misset K A, Wang Y J. 2006. On the unusual depletions toward Sk 155. Astrophys J Lett, 640: 151. Jing J L, Wang Y J, Zhu J Y. 1994. Generalized first law of themody-namics for black-holes in spacetimes which Are not asymptotically Flat. Physics Letters A, 187: 31. Jing J L, Yu H W, Wang Y J. 1993. Thermodynamics of a black hole with a global monopole. Physics Letters A, 178: 59. Chen J H, Wang Y J. 2003. Chaotic dynamics of a test paricle around a grawitational field with a dipple. Class Quantum Grav, 20: 3897. Wang Y J, Tang Z M. 1986. Field of an accerlerating celestial body with a large number of magnetic monopoles. Scientia Sinica, 29: 639. Wang Y J, Peng Q H. 1985. Gravitational properties of the Neutron star with magnetic chargeand magnetic moment. Scientia Sinica, 28: 422.

Wang Y, Mukherjee P. 2006. Robust dark energy constraints from supernovae,galaxy clustering,and three-year Wilkinson microwave anisotropy probe observations. Astrophys J, 650: 1. Wang Y, Li A.2008. On dust extinctionof GR bursthost gal. Astrophys J, 685: 1046-1051. Li A, Chen J H, Wang Y J. 2008. On buckyonions as an interstellar grain component. Mon Not R Astron Soc, 390: 39. Wang Y J, Li A. 2006. On the unusual depletions toward Sk 155, Astrophys J Lett, 640: 151. 3. Chen J H, Wang Y J. 2003. Chaotic dynamics of test particle around gravitational field with a dipole, Class. Quantum Grav, 20: 3897.

Weber J. 1969. Evidence for discovery of gravitational radiation. Phys Rev Lett, 22: 1320

Weinberg S. 1972. Gravitation and Cosmology: Principles and Aplications of The General Theory of Relativity. New York: John Wiley. 邹振隆，张历宁等译. 1980. 引力论和宇宙论：广义相对论的原理和应用. 北京：科学出版社. Weinberg S. 1989. The cosmological constant problem. Mod Phys , 61: 1. Weinberg S. 1965. Photons and gravitons in perturbation theory: derivation of Maxwell/s and Einstein/s equations. Phys Rev B, 138: 988.

Weisberg J M, Taylor J H. 1984. Observations of post-Newtonian timing effects in the binary pulsar PSR 1913+16. Phys Rev Lett, 52: 1348.

Weyl H. 1922. Space Time Matter. London: Methuen, 238.

Wheeler J A. 1962. Geometrodynamics. In: Gravitation. Witten L ed. New York: John Wiley &Sons Inc, 412.

Will C M. 1981, 1993. Theory and Experiment in Gravitational Physics. Cambridge: Cambridge University Press.

Williams J G, Dicke R H, et al. 1976. New test of the equivalence principle from lunar laser ranjing. Phys Rev Lett, 36: 551.

Willis J. 2004. On the low energy ramifications and a mathematical extension of loop quantum gravity. Ph.D Dissertation, The Pennsylvaina State University. Ashtekar A, Bojowald M, Willis J. 2004. Corrections to Friedmann equations induced by quantum geometry. IGPG preprint..

Witten E. 1984. Cosmic separation of phases. Phys Rev D, 30: 272.

Wu P X, Yu H W. 2005. Avoidance of big rip in phantom cosmology by gravitational back reaction. Nucl Phys B, 727: 355.

Wu Z C. 2002. Quantum Kaluza-Klein Cosmologies (V). Gen Rel Grav, 34: 1121. Wu Z C. 2004. Dimensionality in the Freund-Rubin Cosmology Phys Lett B, 585: 6 .

Yang I-Ching, Yeh Ching-Tzung, Hsu Rue-Ron, et al. 2005. On the energy of a charged dilaton black hole. gr-qc/9609038.

Youm D. 2000. Extra force in brane worlds. Phys Rev D, 62: 084002.

Yu H W. 2002. Decay of massive scalar hair in the background of a black hole with a global monopole. Phys Rev D, 65: 087502. Yu H W, Zhu Z Y. 2006a. Spontaneous absorption of an accelerated hydrogen atom near a conducting plane in vacuum, Phys Rev D, 74: 044032. Yu H W, Zhu Z Y. 2006b. Spontaneous absorption of an accelerated hydrogen atom near a conducting plane in vacuum. Phys Rev D, 74: 044032. Yu H W, Zhou W T. 2007a. Relationship between Hawking radiation from black holes and spontaneous excitation of atoms. Phys Rev D, 76: 027503. Yu H W, Zhou W T. 2007b. Relationship between Hawking radiation from black holes and spontaneous excitation of atoms. Phys Rev D, 76: 027503. Yu H W, Zhou W T. 2007c. Do static atoms outside a Schwarzschild black hole spontaneously excite? Phys Rev D, 76: 044023. Wu P X, Yu H W. 2007. Constraints on the generalized Chaplygin gas model from recent Supemova date and baryonic acoustic oscillations. ApJ, 658:663.

Zaslavskii O B. 1996. Role of a boundary in the relationship between black hole temperature and the trace anomaly. Phys Rev D, 53: 4691.

Zeldovich Y A B, Novikov I D. 1971. Relativistic Astrophysics I. Chicago: Univ of Chicago Press, 110.

Zerilli F J. 1974. Perturbation analysis for gravitational and electromagnetic radiation in a Reissner-Nordstrom geometry. Phys Rev D, 9: 860.

Zhang L F. 2003. Geodesic in brane cosmology, Comm Theor Phys, 39 : 353.

Zhao Z. 1991. The transitivity of thermal equilibrium and the transitivity of clock rate synchronization. Science in China A, 34: 835-840. Zhao Z, Luo Z Q, Dai X X.1994. Hawking effect of some axially symmetric non-stationary black holes IL NUOVO CI-MENTO, 109B(5): 483. Tian G H, Zhao Z. 2003. Can an observer really catch up with light ? Classical and Quantum Gravity, 20: 3927. Zhang J Y, Zhao Z. 2006. Charged particles' tunneling from the Kerr-Newman black hole. Physics Letters B, 638: 110-113.

Zhidenko A. 2004. Quasi-normal modes of Schwarzschild-de sitter black holes. Class Quantum Grav, 21: 273.

Zurek W H, Thorne K S. 1985. Statistical mechanical origin of the entropy of a rotating, charged black hole. Phys Rev Lett, 54: 2171.

《现代物理基础丛书·典藏版》书目